C++

编程自学宝典

Beginning C++ Programming

[英] 理查德·格里姆斯（Richard Grimes） 著　邓世超 译

U0341217

人民邮电出版社

北　京

图书在版编目（CIP）数据

C++编程自学宝典 / （英）理查德·格里姆斯
（Richard Grimes）著；邓世超译. -- 北京：人民邮电
出版社，2018.12（2022.10重印）
ISBN 978-7-115-49240-1

Ⅰ. ①C… Ⅱ. ①理… ②邓… Ⅲ. ①C++语言—程序
设计 Ⅳ. ①TP312.8

中国版本图书馆CIP数据核字(2018)第200028号

版 权 声 明

◆ 著　　　[英] 理查德·格里姆斯（Richard Grimes）
　　译　　　邓世超
　　责任编辑　胡俊英
　　责任印制　焦志炜

◆ 人民邮电出版社出版发行　　北京市丰台区成寿寺路 11 号
　　邮编　100164　电子邮件　315@ptpress.com.cn
　　网址　http://www.ptpress.com.cn
　　固安县铭成印刷有限公司印刷

◆ 开本：787×1092　1/16
　　印张：22.25　　　　　　　　2018 年 12 月第 1 版
　　字数：572 千字　　　　　　　2022 年 10 月河北第 7 次印刷
　　著作权合同登记号　图字：01-2017-0545 号

定价：69.00 元

读者服务热线：**(010)81055410**　印装质量热线：**(010)81055316**
反盗版热线：**(010)81055315**
广告经营许可证：京东市监广登字20170147号

内容提要

作为一门广为人知的编程语言，C++已经诞生 30 多年了，这期间也出现并流行过许多种编程语言，但是 C++绝对是经得起考验的。如此经典的编程语言，值得每一位编程领域的新人认真学习，也适合有经验的程序员细细品味。

本书旨在通过全面细致的内容和代码示例，带领读者更加全方位地认识 C++语言。全书分为 10 章，由浅入深地介绍了 C++的各项特性，包括 C++语法、数据类型、指针、函数、类、面向对象特性、标准库容器、字符串、诊断和调试等。本书涵盖了 C++11 规范及相关的 C++11 标准库，是全面学习 C++编程的合适之选。

本书适合 C++零基础读者，但是希望读者有一些编程经验。通过书中丰富、典型的代码示例，读者将快速把握 C++的特性和编程技巧。

作者简介

Richard Grimes 有 20 多年 C++编程经验，曾经致力于汽车制造业远程设备的金融分析和科学控制等多个项目。他在 70 多场微软技术（其中包含 C++和 C#）的国际会议上发表重要讲话，共编写了 8 本书，在编程期刊上发表了 150 多篇文章，主讲了 5 期微软培训课程。他连续 10 年（1998—2007）获得微软 MVP 认证，对微软.net 框架和 C++的深刻理解以及对新技术的坦率评价使其在业内享有盛誉。

审稿人简介

Angel Hernandez 是一位备受瞩目的高级解决方案提供商、架构师，并且拥有超过 15 年的软件开发经验，擅长咨询领域。他曾经连续 11 年获得微软 Visual Studio 和开发技术（之前是 Visual C++）类别的 MVP 称号，他目前是微软 MVP 重新连接计划的成员，同时还是一名 TOGAF 从业者。他对微软和开源技术（*nix 系统）有深入的了解，也是托管和原生语言专家，最大的爱好是 C#和 C++。

致我的妻子 Ellinor：只有你的爱和支持能让我无往不胜。

前言

C++已经问世 30 多年了。在此期间，很多新的语言来了又走，但是 C++经得起考验。本书背后的一个大问题就是：为什么选择 C++？答案就分布于读者将要看到的本书的 10 章内容中。但作为一个"搅局者"，C++是一门灵活、强大的语言，并且拥有丰富、庞大的标准库提供支持。

C++一直是一门强大的语言，可以让用户直接访问内存，同时提供大量的高级特性，比如创建新类型和类的能力，以及重载运算符以满足用户需求。然而，更现代的 C++标准添加了不少特性：通过模板进行泛型编程，通过函数对象和 lambda 表达式进行函数式编程。用户可以根据需要充分地利用这些特性，也可以使用抽象接口指针或类 C 过程代码编写事件驱动代码。

在本书中，我们将介绍 C++11 规范以及通过该语言提供的标准库。本书使用简短的代码片段解释了如何使用这些特性，每一章包含一个实用示例来解释这些概念。在本书的最后，读者将了解该语言的所有功能以及 C++标准库可以实现的功能。假定读者是初学者，本书将引导和提示读者从零开始使用 C++。

内容概要

第 1 章"初识 C++"介绍了用于编写 C++应用程序的文件、文件引用依赖以及基本的 C++项目管理知识。

第 2 章"语言特性简介"涵盖了 C++语句、表达式、常量、变量和运算符，以及如何在应用程序中控制执行流程。

第 3 章"C++类型探秘"描述了 C++内置类型、聚合类型、类型别名、初始化器列表以及类型之间的转换。

第 4 章"内存、数组和指针"介绍了在 C++应用程序中如何分配和使用内存、如何使用内置类型、C++引用的角色以及如何使用 C++指针访问内存。

第 5 章"函数"解释了如何定义函数、如何使用可变数目的参数通过值和引用传递参数、创建和使用函数指针以及定义模板函数和重载运算符。

第 6 章"类"介绍了如何通过类定义新类型以及在类中使用多种专一化函数，如何将类实例化为对象以及如何将其销毁，如何通过指针访问对象以及如何编写模板类。

第 7 章"面向对象编程简介"介绍了继承和组合技术，以及它们如何影响指针、引用对象和类成员访问层级的使用，它们如何继承成员。本章还介绍了如何通过虚方法实现多态、通过抽象类实现继承编程。

第 8 章"标准库容器"介绍了 C++标准库容器类，以及如何将它们和迭代器、标准库算法搭配使用，以便用户可以访问容器中的数据。

第 9 章"字符串"介绍了标准 C++字符串类的特性、数字和字符串之间的转换、国际化字符串,以及如何使用正则表达式搜索和操作字符串。

第 10 章"诊断和调试"介绍了如何准备代码以便诊断和调试、如何优雅地终止应用程序以及如何使用 C++异常机制。

读者须知

本书涵盖了 C++11 规范以及相关的 C++标准库。对于本书的绝大多数内容,任何符合 C++11 规范的编译器都是适合的,这些编译器的厂家包括 Intel、IBM、Sun、Apple 和 Microsoft,以及开源的 GCC 编译器。

本书采用的开发环境是 Visual C++ 2017 社区版,因为它是一个功能齐全的编译器和开发环境,是可以免费下载的。这是作者的个人选择,不过也不会限制读者选择其他编译器。第 10 章的某些部分介绍了专属于 Microsoft 的一些特性,但是这些部分都已清楚地标记出来。

目标读者

本书适用于有一定编程经验,但还是 C++新手的程序员。希望读者在阅读本书之前已经知道什么是高级语言以及相关的基本概念,比如模块化代码和程序控制执行流程。

排版约定

在本书中,读者将发现一些用于区分不同信息的文本样式。以下是这些样式的一些示例及其含义的解释。

文本形式的代码、数据库表名、文件夹名、文件名、文件扩展名、路径名、简单的 URL 地址、用户输入、引用段落如下所示:"We can include other contexts through the use of the include directive"。

代码块设置如下所示:

```
class point
{
public:
    int x, y;
};
```

当我们希望某些代码片段引起读者注意时,相关的行或元素将以粗体表示:

```
class point
{
public:
    int x, y;
    point(int _x, int _y) : x(_x), y(_y) {}
};
```

任何命令行输入或输出如下所示:

```
C:\> cl /EHsc test.cpp
```

新术语或关键字都以粗体显示。读者在屏幕上看到的单词，比如在菜单或者对话框中，会以如下文本显示："Clicking the Next button moves you to the next screen"。

警告
警告或需要特别注意的内容。

提示
提示或者技巧。

资源与支持

本书由异步社区出品，社区（https://www.epubit.com/）为您提供相关资源和后续服务。

配套资源

本书提供如下资源：

- 本书源代码；
- 书中彩图文件。

要获得以上配套资源，请在异步社区本书页面中点击 配套资源 ，跳转到下载界面，按提示进行操作即可。注意：为保证购书读者的权益，该操作会给出相关提示，要求输入提取码进行验证。

如果您是教师，希望获得教学配套资源，请在社区本书页面中直接联系本书的责任编辑。

提交勘误

作者和编辑尽最大努力来确保书中内容的准确性，但难免会存在疏漏。欢迎您将发现的问题反馈给我们，帮助我们提升图书的质量。

当您发现错误时，请登录异步社区，按书名搜索，进入本书页面，点击"提交勘误"，输入勘误信息，点击"提交"按钮即可。本书的作者和编辑会对您提交的勘误进行审核，确认并接受后，您将获赠异步社区的 100 积分。积分可用于在异步社区兑换优惠券、样书或奖品。

扫码关注本书

扫描下方二维码，您将会在异步社区微信服务号中看到本书信息及相关的服务提示。

与我们联系

我们的联系邮箱是 contact@epubit.com.cn。

如果您对本书有任何疑问或建议，请您发邮件给我们，并请在邮件标题中注明本书书名，以便我们更高效地做出反馈。

如果您有兴趣出版图书、录制教学视频，或者参与图书翻译、技术审校等工作，可以发邮件给我们；有意出版图书的作者也可以到异步社区在线提交投稿（直接访问www.epubit.com/selfpublish/submission 即可）。

如果您是学校、培训机构或企业，想批量购买本书或异步社区出版的其他图书，也可以发邮件给我们。

如果您在网上发现有针对异步社区出品图书的各种形式的盗版行为，包括对图书全部或部分内容的非授权传播，请您将怀疑有侵权行为的链接发邮件给我们。您的这一举动是对作者权益的保护，也是我们持续为您提供有价值的内容的动力之源。

关于异步社区和异步图书

"异步社区"是人民邮电出版社旗下 IT 专业图书社区，致力于出版精品 IT 技术图书和相关学习产品，为作译者提供优质出版服务。异步社区创办于 2015 年 8 月，提供大量精品 IT 技术图书和电子书，以及高品质技术文章和视频课程。更多详情请访问异步社区官网 https://www.epubit.com。

"异步图书"是由异步社区编辑团队策划出版的精品 IT 专业图书的品牌，依托于人民邮电出版社近 30 年的计算机图书出版积累和专业编辑团队，相关图书在封面上印有异步图书的 LOGO。异步图书的出版领域包括软件开发、大数据、AI、测试、前端、网络技术等。

异步社区

微信服务号

目录

第 1 章
初识 C++

为什么选择 C++？从读者自身的实际情况来看，原因有很多。

读者选择 C++可能是因为必须为一个 C++项目提供技术支持。在超过 30 年的生命周期中，该项目中已经包含了数百万行 C++代码，并且大部分流行的应用程序和操作系统是使用 C++编写的，或者是使用了与之有关的组件和库。几乎不可能找到一台不包含 C++代码的电脑。

或者读者打算使用 C++编写新的代码。这可能是因为项目代码中将会用到一个使用 C++编写的程序库，而且有成千上万的程序库可供选择：开源的、共享的和商业软件。

或者读者可能是被 C++强大的功能和灵活性所吸引。现代高级程序语言的目标是将程序员从繁复的编程工作中解放出来。同时，C++还允许用户和机器保持尽可能紧密的联系，使得用户可以直接访问计算机内存（有时是比较危险的）。通过类和重载这些语言特性，C++是一门灵活的语言，我们可以对它进行功能扩展，并编写可复用的代码。

不论读者选择 C++的理由是什么，这个决定都是非常明智的，本书可以作为读者入门的起点。

1.1　本章的主要内容

本书是一本实用性的书，读者可以对其中的代码输入、编译和运行。为了编译代码，你将需要一个 C++编译器和链接器，在本书中它们是指提供 Visual C++的 Visual Studio 2017 社区版程序。选择该编译器是因为我们可以免费下载它，它符合 C++标准规范，并且包含大量能够提高编程效率的工具。Visual C++提供了对 C++11 语言特性的支持，并几乎兼容 C++14 和 C++17 的所有语言特性。Visual C++还包含了 C99 运行时库、C++11 标准库和 C++14 标准库。上述所有规范意味着读者在本书中将要学习的代码，将能够被其他所有标准的 C++编译器编译。

本章将从如何获取和安装 Visual Studio 2017 社区版程序的细节开始。如果你已经拥有了一个 C++ 编译器，那么可以跳过本小节。本书大部分内容是与编译器和链接器无关的。但是第 10 章介绍调试和诊断技术时会涉及一些专属于 Microsoft 的功能特性。Visual Studio 是一款功能齐全的代码编辑器，所以即使你不使用它来管理项目文件，也仍然会发现它对于编辑代码来说是非常有用的。

在介绍完程序安装之后，读者将学习一些 C++的基础知识：如何组织源码文件和项目，以及如何管理可能存在几千个文件的项目。

最后，本章将以一个循序渐进的结构化示例作为结尾。这里读者将学习如何使用 C++标准库编写简单的函数以及一种管理项目文件的机制。

1.2　C++是什么

C++的前身是 C 语言，C 语言是由 Dennis Richie 供职于贝尔实验室时设计的，于 1973 年首次发布。C 语言曾经广受青睐，并且用于编写早期的 Unix 和 Windows 版本。事实上，大部分操作系统的程序库和软件开发包仍然包含 C 语言接口。C 语言功能很强大，因为使用它编写的代码可以被编译成一种紧凑格式，它采用了静态类型系统（因此编译器可以进行类型检查），并且该语言的类型和结构支持直接访问内存的计算机架构。

不过 C 语言是过程式的并且基于函数，虽然它包含能够封装数据的记录类型（struct），但是它不包含类似对象的行为来表现被封装的状态。显然，用户迫切希望有一种语言既拥有 C 语言的强大功能，又拥有面向对象的类的灵活性和可扩展性，也就是一种支持类的 C 语言。1983年，Bjarne Stroustrup 发明了 C++，++符号来自 C 语言的增量运算符++。

> **警告**
>
> 严格来说，在作为变量后缀时，++运算符表示变量执行自增操作，但返回的变量值是它执行自增操作之前的。因此在 C 语言代码语句 "int c = 1; int d = c++;" 当中，变量 d 获得的返回值是 1，变量 c 的值是 2。从这一点来看，它并没有明确地表达 C++是 C 的增量这一理念。

1.3 安装 Visual C++

Microsoft 的 Visual Studio Community 2017 包含 Visual C++编译器、C++标准库和一组可以帮助我们编写和维护 C++项目的工具。本书不是专门讲述如何编写 Windows 代码的，而是主要讲述如何编写标准 C++程序和如何使用 C++标准库的。本书中的所有示例都能够在命令行中运行。选择 Visual Studio 的原因是它可以免费下载（当然你还必须使用一个 e-mail 地址注册一个 Microsoft 账户），并且它是符合标准的。如果读者已经安装了 C++编译器，那么可以跳过本小节。

1.3.1 安装配置

在开始安装上述程序之前，有一点读者需要注意，那就是将 Visual Studio 作为 Microsoft 的社区版程序的一部分安装时，你应该拥有一个 Microsoft 账号。我们可以在首次运行 Visual Studio 程序时创建一个 Microsoft 账号，如果跳过这个步骤，将获得为期 30 天的试用期。Visual Studio 在一个月之内将会正常运行，但是如果你希望在此之后继续使用 Visual Studio，则必须提供一个 Microsoft 账号。Microsoft 账号不会要求用户承担任何义务，并且在用户登录后使用 Visual C++时，相关的代码仍然在其本地计算机上，无需将它们发送给 Microsoft 公司。

当然，如果你在一个月之内读完本书，那么将能够在不需要使用 Microsoft 账号的情况下使用 Visual Studio，并且可以将之作为努力读完本书的一种动力！

1.3.2 下载安装文件

读者可以到 Visual Studio 官网下载其安装包，当单击 Visual Studio Community 2017 的 "Download" 按钮后，浏览器会自动下载一个名为 vs_community__1698485341. 1480883588.exe 的程序，其大小约为 1MB。当运行该程序后，它会要求你选择希望安装的语言和程序库，然后下载和安装所有必需的组件。

1.3.3 安装 Visual Studio

Visual Studio 2017 会将 Visual C++视为一个可选组件，所以我们必须显式声明希望通过自定义选项安装。当你首次执行这个安装程序时，将看到图 1-1 所示的对话框。

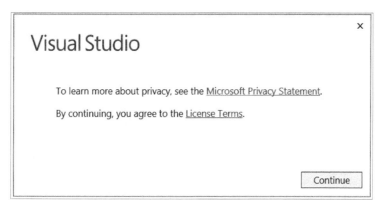

图 1-1

当你单击"Continue"按钮后，应用程序将配置安装程序，如图 1-2 所示。

对话框顶部有 3 个选项卡，分别是"Workloads""Individual Components"和"Language Packs"。你务必确保选择的是"Workloads"选项卡（如图 1-2 所示），然后选择名为"**Desktop development with C++**"的复选框。

图 1-2

安装程序将会为你选定的项目检查本地计算机是否拥有足够的磁盘空间。安装 Visual Studio 所需的最大磁盘空间是 8GB。当然，对于 Visual C++来说所需的磁盘空间会小很多。当你选择"**Desktop development with C++**"项目后，将会发现对话框的右侧发生了变化，其中列出了已经选择的项目和所需的磁盘空间大小，如图 1-3 所示。

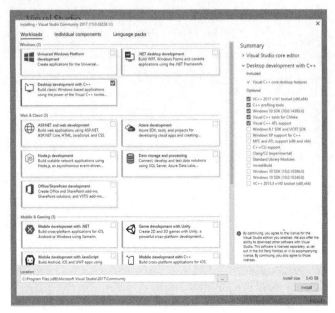

图 1-3

对于本书来说，请保留安装程序默认选择的内容，然后单击右下角的"Install"按钮即可。安装程序将会下载所有必需的内容，并通过图 1-4 所示的对话框显示安装进度。

图 1-4

安装完成后，Visual Studio Community 2017 程序将包含"Modify"和"Launch"两个按钮，如图 1-5 所示。

图 1-5

"**Modify**"按钮允许我们添加更多组件，单击"**Launch**"将启动 Visual Studio 的首次运行。

1.3.4 注册 Microsoft 账号

首次运行 Visual Studio 时，它会要求用户通过图 1-6 所示对话框登录 Microsoft 的服务。

图 1-6

如果用户不愿意，并不一定必须注册 Visual Studio。这种情况下，Visual Studio 将只能正常工作 30 天。注册 Microsoft 账号并不会让用户承担任何义务。如果用户愿意注册，那么可以马上注册。单击"Sign in"按钮提供你的 Microsoft 账号信息，如果你还没有账号，可以单击"Sign up"按钮注册一个账号。

> **提示**
>
>
>
> 当我们单击"**Launch**"按钮后，一个新的窗口将会打开，但是安装程序窗口仍然是打开状态。你会发现安装程序窗口挡住了"Welcome"窗口，因此应检查 Windows 任务栏，看另一个窗口是否处于打开状态。Visual Studio 程序启动之后，你就可以将安装程序窗口关闭。

现在我们可以使用 Visual Studio 编辑代码了，并且 Visual C++的编译器和链接器也安装到了计算机上，因此能够在 Visual Studio 或命令行中编译 C++代码。

1.4　C++项目结构简介

C++项目中可以包含几千个文件，并且管理这些文件甚至可以成为一个单独的工作任务。当构建项目时，如果应该编译某个文件，那么选择哪种工具编译它？文件应该按照什么顺序编译？这些编译器生成的输出结果又是什么？编译后的文件应该如何组织到一起构造可执行文件？

编译器工具还拥有大量的选项，比如调试信息、优化类型、为多种语言特性提供支持以及处理器特性。编译器选项的不同组合将会用于不同场景（比如版本构建和版本调试）。如果用户是在命令行上执行编译任务的，那么务必确保选择了正确的选项，并在编译所有源代码的过程中始终应用它们。

文件和编译器选项的管理可以变得很复杂。这也是用户应该使用一款构建工具处理即将上线的产品代码的原因。与 Visual Studio 一起安装的构建工具有：**MSBuild** 和 **nmake** 两款。当用户在 Visual Studio 环境下构建一个 Visual C++项目时，将使用 MSBuild，并且会把编译规则存放在一个 XML 文件中。用户甚至可以在命令行中调用 MSBuild，将 XML 项目文件传递给它。nmake 是 Microsoft 在多个编译器之间维护程序多个版本的实用性工具。在本章中，读者将学习如何充分利用 nmake 的实用性编写一个简单的 makefile 文件。

在介绍项目管理的基础知识之前，我们必须先了解用户通常会在 C++项目中找到哪些文件以及编译器会如何处理这些文件。

1.4.1　编译器

C++是一门高级程序语言，旨在为用户提供丰富的语言特性，以及为用户和其他开发人员提供良好的可读性。计算机的处理器执行底层代码，并且这也是编译器将 C++代码转化成处理器的机器码的主要目的。单个编译器也许可以兼容多种处理器，如果代码是符合 C++规范的，那么它们还可以被其他编译器编译，以便兼容其他处理器。

不过，编译器的功能远不止于此。如第 4 章所述，C++允许用户将代码分割成若干函数，这些函数可以接收参数并返回一个值，因此编译器可以配置内存来传递这些数据。此外，函数可以声明只在函数内部使用的变量（第 5 章将介绍更多细节），并且它将只在函数被调用时才存在。编译器配置的内存称为栈帧（**stack frame**）。编译器中包含如何创建栈帧的选项，比如Microsoft 的编译器选项/Gd、/Gr 和/Gz 决定了函数参数被推送到堆栈上的次序，以及调用方函数或被调用函数在调用结束时是否应该从堆栈中移除这些参数。当我们编写的代码需要和其他人共享时，这些选项将非常重要（不过基于本书的目的，应该会使用默认的堆栈结构）。这只是冰山一角，不过编译器选项为用户提供的强大功能和灵活性应该会让读者印象深刻。

编译器编译 C++代码，如果遇到代码中的错误，将向用户发送编译器错误提示信息。它是对代码的语法检查。这对于确保用户从语法角度编写完美的 C++代码非常重要，不过这仍然可能是在做无用功。编译器的语法检查对于检查代码来说非常重要，不过用户应该总是使用其他方法检查代码。比如下列代码声明了一个整数类型变量并为它赋值：

```
int i = 1 / 0;
```

编译器将向用户提示 C2124 错误：divide or mod by zero（除数不能为 0）。不过，下列代码将使用额外的变量执行相同的操作，但是编译器不会报错：

```
int j = 0;
int i = 1 / j;
```

当编译器提示出现错误时将停止编译。这意味两件事：首先，你将无法得到编译输出结果，因此将不会在一个可执行文件中找到该错误；其次，如果源代码中存在其他错误，我们只有在修复当前错误重新编译代码时才会发现它。如果你希望对代码执行语法检查并退出编译，可以使用/Zs 选项开关。

编译器还会生成警告信息。一个警告意味着代码将被编译，但是代码中的某个问题可能会对生成的可执行文件产生潜在的不良影响。Microsoft 编译器将警告分为 4 个级别：级别 1 是最严重的（应该立刻解决），级别 4 是信息性的。警告通常用于向用户声明被编译的语言特性可以正常运行，不过它需要的某个特定编译器选项，开发者并没有使用。

在开发代码期间，我们将会经常忽略警告信息，因为这可能是在测试某些语言特性。

不过，当开发的代码准备上线发布时，你最好对警告信息多加留意。默认情况下，Microsoft编译器将显示1级警告信息，你可以使用/W选项和一个数字来声明希望看到的警告信息级别（比如，/W2 表示用户希望看到 2 级警告以及 1 级警告）。在正式上线的产品代码中，你可能会使用/Wx 选项，这是告知编译器将警告信息也当作错误来看待，我们必须修复所有问题，以便能够顺利编译代码。你还可以使用 pragma 编译器（pragma 的概念将稍后介绍），并且编译器的选项还可以忽略特定警告信息。

1.4.2 链接代码

编译器将生成一个输出。对于 C++代码来说，这将是对象代码，不过你可能还会得到一些其他的编译器输出，比如被编译的资源文件。对于它们自身来说，这些文件无法被执行，尤其是操作系统需要设置特定的结构时。一个 C++项目将始终包含两个阶段：先将源代码编译成一个或者多个对象文件，然后将这些对象文件链接到一个可执行程序中。这意味着 C++编译器将提供另外一种工具，即链接器。

链接器也有决定它如何工作并指定输出和输入的选项供用户选择，并且它还会向我们发出错误和警告信息。与编译器类似，Microsoft 的链接器也有一个选项/WX，它可以将预览版程序中的警告信息当作错误来处理。

1.4.3 源文件

在最基本的层面，一个 C++项目将只包含一个文件，即 C++源代码文件。该文件一般是以 cpp 或者 cxx 后缀结尾的。

1. 一个简单示例

一个最简单的 C++程序如下：

```
#include <iostream>

//   程序的入口点
int main()
{
    std::cout << "Hello, world!n";
}
```

第一点需要注意的是，以//开头的行是注释。编译器将忽略直到该行末尾的所有文本。如果你希望使用多行注释，则注释的每行都必须以//开头。你还可以使用 C 语言风格的注释。一个 C 语言风格的注释是以/*开头、以*/结尾的，这两个标识符之间的内容就是一个注释，包括换行符。

C 语言风格的注释是一种对部分代码进行快速说明解释的方式。

大括号{}表示一个代码块。在这种情况下，C++代码就是函数 main。我们可以根据基本的格式判断这是一个函数，首先，它声明了返回值类型，然后具有一对括号的函数名，括号中常用于声明传递给该函数的参数（和它们的类型）。在这个示例中，函数名是 main，括号内是空的，说明该函数没有参数。函数名之前的标识符（int）表示该函数将返回一个整数。

C++中约定名为 main 的函数是可执行文件的入口，即在命令行中调用该可执行程序时，该函数将是项目代码中首个被调用的函数。

提示

这个简单示例函数会立即让读者陷入到可能激怒其他语言程序员的一个状态：该语言可能有一定规则，但是不一定总是需要遵循这些规则。在这种情况下，main 函数被声明为返回一个整数，但是相关代码却没有返回值。C++中的相关规则是，如果函数声明了返回值，那么它必须返回一个值。不过，该规则存在一个例外情况：如果 main 函数没有返回值，那么系统默认会将 0 作为它的返回值。C++包含很多类似的奇怪约定，不过你将很快了解这些内容并对此习以为常。

main 函数只包含一行代码：这个单条语句是以 std 开头，然后以一个分号（;）作为结尾的。C++中空格的使用非常灵活，与之相关的详情将在下一章介绍。不过，有一点读者必须特别留意，那就是在使用文本字符串时（比如本文中使用的），每个语句都是用分号分隔的。语句末尾缺少分号是编译器错误的常见来源。一个额外的分号只表示一个空语句，因此对于新手来说，项目代码中分号太少的问题比分号过多更致命。

示例中的单个语句会在控制台上打印输出字符串"Hello, world!"（以及一个换行符）。我们知道这是一个字符串，因为它是用双引号标记包裹起来的（""）。该语句的含义是使用运算符<<将上述字符串添加到流对象 std::cout 中。该对象名中的 std 表示一个命名空间，实际上代表一组包含类似目的的代码集合，或者来自单个供应源。在这种情况下，std 表示 cout 流对象是 C++标准库的一部分。双冒号::是域解析运算符，并表示你希望访问的 cout 对象是在 std 命名空间下声明的。你还可以定义属于自己的命名空间，并且在一个大型项目中用户应该定义自己的命名空间，因为它允许我们使用可能已经存在于其他命名空间的名称进行变量定义，并且这种语法使我们可以消除标识符的歧义。

对象 cout 是 ostream 类的一个实例，并且在 main 函数被调用之前已经创建。<<表示一个名为运算符<<的函数被调用，并传递了相关的字符串（它是一个字符型数组）。该函数会将字符串中的每个字符打印输出到控制台上，直到遇到一个 NUL 字符。

这是一个演示 C++灵活性的示例，即被称为运算符重载的特性。运算符<<经常会与整数一起使用，它被用于将某个整数向左移动指定数目的位置；x << y 将返回一个将 x 向左移动 y 位后的值，实际上返回的值是 x 乘以 2^y 后的值。不过，在上述代码中，代替整数 x 的是流对象 std::cout，并且代替左移索引的是一个字符串。很明显，运算符<<在 C++中的定义并未生效。当运算符<<出现在一个 ostream 对象的左边时，C++规范已经高效地对它进行了重新定义。此外，代码中的运算符<<将在控制台上打印输出一个字符串，因此它会接收位于右边的一个字符串。C++标准库中还定义了其他的<<运算符，使得用户可以将其他类型的数据打印输出到控制台。它们的调用方式都是一样的，编译器会根据使用的参数类型来决定使用哪个函数。

如前文所述，std::cout 对象已经作为 ostream 类的一个实例被创建，但是没有告知用户这是如何发生的。这将引出我们对这个简单源码文件没有解释的最后一个部分：以#include 开头的第一行代码。这里#会高效地向编译器声明某种类型的信息。

可供发送的信息有多种（比如#define、#ifdef、#pragma，本书后续的内容将会涉及它们）。在这种情况下，#include 告知编译器在此处将特定文件的内容拷贝到该源代码文件中，实际上这意味着上述文件的内容也将被编译。这种特定的文件也叫头文件，并且在文件管理和通过库复用代码方面很重要。

文件<iostream>是标准库的一部分，可以在 C++编译器附带的 include 目录下找到。尖括号（<>）表示编译器应该到用于存储头文件的标准目录中查找相关内容，不过我们可以通过双引号（""）提供头文件的绝对路径（或者当前文件的相对路径）。C++标准库按照惯例不使用文件的扩展名。你在命名自己的头文件时，最好使用 h（或者 hpp，但很少使用 hxx）作为文件的扩展名。C 运行时库（也可以在 C++代码中运行）中对它的头文件也会使用 h 作为其扩展名。

2．创建源文件

首先在"开始"菜单中找到 Visual Studio 2017 文件夹，然后单击"**Developer Command Prompt for VS2017**"项。这个操作将会启动一个 Windows 命令提示符并为 Visual C++ 2017 配置环境变量。不过遗憾的是，它还会将命令行程序停留在 Program Files 目录下的 Visual Studio 文件中。如果你希望进行程序开发工作，将会希望将命令行程序从该文件夹移动到其他文件夹中，以便在创建和删除文件时不会对上述目录下的文件造成不良影响。在执行此操作之前，请转到 Visual C++目录下，并列出其中文件：

```
C:\Program Files\Microsoft Visual Studio\2017\Community>cd
```

```
%VCToolsInstallDir%
C:\Program Files\Microsoft Visual
Studio\2017\Community\VC\Tools\MSVC\14.0.10.2517>dir
```

因为安装程序将把 C++文件放在一个包含当前版本编译器的文件夹中，所以为了确保系统采用了最新版本的程序（目前的版本号是 14.0.10.2517），通过环境变量 VCToolsInstallDir 要比声明特定的版本安全得多。

有几件事是需要留意的。首先是 C++项目文件中的 bin、include 和 lib 目录，关于这 3 个文件夹的用途如表 1-1 所列。

表 1-1

文件夹	用　　途
bin	它间接包含了 Visual C++的可执行文件程序。bin 目录下将根据用户使用的 CPU 类型包含若干独立的文件目录，因此用户必须导航到该目录下才能获取包含可执行程序的实际文件夹。两个主要的可执行文件分别是作为 C++编译器的 cl.exe 和作为链接器的 link.exe
include	该文件夹下包含 C 运行时库和 C++标准库的头文件
lib	该文件夹下包含 C 运行时库和 C++标准库的静态链接库文件。此外，还有专属于不同种类 CPU 的文件，本章后续的内容将详细介绍它们

本章后续的内容还会涉及这些文件夹。

另外要指出的是位于文件夹 VC\Auxillary\Build 下的 vcvarsall.bat 文件。当我们在"开始"菜单上单击"Developer Command Prompt for VS2017"项时，这个批处理文件将被执行。如果希望在一个现有的命令提示符中编译 C++代码，那么可以通过运行这个批处理文件进行设置。该批处理文件中 3 个最重要的操作是设置环境变量 PATH，以便其中包含 bin 文件的路径，然后将环境变量 INCLUDE 和 LIB 分别指向 include 和 lib 文件夹。

现在导航到根目录下，新建一个名为 Beginning_C++的文件夹，并导航到该目录下。接下来为本章创建一个名为 Chapter_01 的文件夹。现在你可以切换到 Visual Studio。如果该程序还未启动，则可以从"开始"菜单中启动。

在 Visual Studio 中，单击"文件"菜单，然后单击"新建"按钮，之后弹出一个新的对话框，在左边的树形视图中单击 Visual C++项目。在该面板中间你可以看到 **C++ File (.cpp)** 和 **Header File (.h)**两个选项以及打开文件夹时的 C++属性项，如图 1-7 所示。

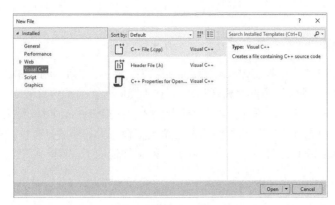

图 1-7

前两种文件类型主要用于 C++项目；第三种类型将创建一个 JSON 文件辅助 Visual Studio 实现代码自动补全功能（帮助我们输入代码），本书将不会使用这个选项。

单击这些选项中的第一项，然后单击"**Open**"按钮。该操作将创建一个名为 **Source1.cpp** 的空白文件，为了将它以 **simple.cpp** 的形式另存到本章项目文件夹下，可以通过单击"**File**"按钮，然后选择"**Save Source1.cpp As**"项，导航到上述新建的项目文件目录下，在单击"**Save**"按钮之前，在文件名输入框中将之重命名为 **simple.cpp**。

现在我们可以在该空白文件中输入简单程序的代码，代码内容如下：

```
#include <iostream>

int main()
{
    std::cout << "Hello, world!n";
}
```

当完成上述代码的输入后，可以通过单击"**File**"菜单，单击其中的"**Save simple.cpp**"项保存该文件。接下来我们就可以编译代码了。

3．编译代码

转到命令行提示符下，然后输入命令 **cl /?**。因为环境变量 PATH 配置引用了 bin 文件夹的路径，你将看到编译器的帮助页面。可以通过按下"回车"键对这些帮助信息进行滚动浏览，直到返回命令提示符。其中大多数选项的用途超出了本书的范围，但是我们将讨论表 1-2 中所列的编译器开关选项。

表 1-2

编译器开关	用　　途
/c	仅编译，不链接
/D<symbol>	定义常量或宏<符号>
/EHsc	启用 C++的异常处理机制，但声明不处理外部"C"函数（通常是操作系统的函数）引发的异常
/Fe:<file>	提供要链接的可执行文件的名称
/Fo:<file>	提供要编译的对象文件名称
/I <folder>	提供用于搜索引用文件的文件夹名称
/link<linker options>	将<链接器选项>传递给链接器，但必须位于源文件名和编译器开关之后
/Tp <file>	将<文件>作为 C++文件进行编译，即使该文件不包含.cpp 或者.cxx 文件扩展名
/U<symbol>	删除先前定义的<symbol>宏或常量
/Zi	启用调试信息
/Zs	仅限检查语法，不编译或者链接

对于某些选项需要注意，在开关和选项之间需要包含空格，有些选项则不能有空格，而对于其他选项，空格是可选的。一般来说，如果文件或者文件夹的名称中包含空格，那么最好使用双引号将它们引起来。在使用一个开关之前，我们最好查看相关的帮助文件，了解它们是如何处理空格的。

在命令行中，输入 **cl simple.cpp** 命令，你将发现编译器发出的警告信息 **C4530** 和 **C4577**。这是因为 C++标准库会使用异常机制，但是用户没有为编译器声明应该为异常机制提供必需的代码。可以通过开关/EHsc 解决这个问题。在命令行中，输入命令 cl /EHsc simple.cpp。如果输入正确无误，则将看到如下结果：

```
C:\Beginning_C++\Chapter_01>cl /EHsc simple.cpp
Microsoft (R) C/C++ Optimizing Compiler Version 19.00.25017 for x86
Copyright (C) Microsoft Corporation.  All rights reserved

simple.cpp

Microsoft (R) Incremental Linker Version 14.10.25017.0
Copyright (C) Microsoft Corporation.  All rights reserved.
/out:simple.exe

simple.obj
```

默认情况下，编译器会将源代码文件编译成一个对象文件，然后将该文件传递给链接器，并将之链接为一个与 C++源文件同名的命令行可执行文件，不过其文件扩展名为.exe。上述信息行指出/out:simple.exe 是由链接器生成的，/out 是一个链接器选项。

列出文件夹中的内容，你将会发现 3 个文件：源码文件 simple.cpp；编译器生成的对象文件 simple.obj；可执行文件 simple.exe，即链接器将对象文件和相应的运行时库链接之后生成的可执行文件。你可以通过在命令行中输入 simple 来运行这个可执行文件：

```
C:\Beginning_C++\Chapter_01>simple
Hello, World!
```

4. 在命令行和可执行文件之间传递参数

如前所述，读者发现 main 函数会返回一个值，默认情况下该值是 0。当应用程序执行完毕后，可以向命令行返回一个错误代码。这使得你可以在批处理文件和脚本中使用可执行程序，并且可以在脚本中使用上述返回值控制程序流。一般来说，当运行一个可执行程序时，可以在命令行上传递相关参数，这将对可执行程序的行为产生影响。

通过在命令行上输入 **simple** 命令来运行这个简单的应用程序。在 Windows 中，错误代码是通过伪环境变量 ERRORLEVEL 获取的，因此可以通过 **ECHO** 命令获得这个值：

```
C:\Beginning_C++\Chapter_01>simple
Hello, World!

C:\Beginning_C++\Chapter_01>ECHO %ERRORLEVEL%
0
```

为了演示上述值是通过该应用程序返回的，可以将 main 函数的返回值修改为一个大于 0 的值（本示例中是 99，并且予以加粗表示）：

```
int main()
{
    std::cout << "Hello, world!n";
    return 99;
}
```

编译上述代码并运行它，然后打印输出与前文类似的错误代码。你将看到现在输出的错误代码是 99。

这是一种非常基础的交流机制：它只允许传递整数值，脚本调用代码时必须知道每个整数值代码的具体含义。

我们更有可能将参数传递给应用程序，这些参数将通过 main 函数的形式参数进行传递。将 main 函数替换成如下形式：

```
int main(int argc, char *argv[])
{
    std::cout << "there are " << argc << " parameters" <<
    std::endl;
    for (int i = 0; i < argc; ++i)
    {
        std::cout << argv[i] << std::endl;
    }
}
```

当我们编写可以从命令行接收参数值的 main 函数时，按照约定它会包含两个参数。

第一个参数通常称为 argc。它是一个整数，并表明了传递给应用程序的参数格式。这个参数非常重要。因为我们将通过一个数组访问内存，该参数将对所访问的内存做一定限制。如果访问内存时超出了此限制，那么将会遇到麻烦。最好的情况是访问未初始化的内存，最糟糕的情况是出现访问冲突。非常重要的一点是，每当访问内存时，都要了解可以访问的内存数量，并确保在其限制范围之内。

第二个参数通常称为 argv，它是一个指向内存中 C 字符串的指针数组。第 4 章将详细介绍指针数组，第 9 章将详细介绍字符串，因此我们在这里不对它们进行深入讨论。

方括号（[]）表示参数是一个数组，并且数组中每个成员的类型是 char *。*表示数组的每个元素是指向内存的指针。一般来说，这将被解析为一个指向单个给定类型元素的指针，不过字符串比较特别：char *表示内存中的指针指向的是以 NUL 字符()结尾的 0 个或者多个字符。字符串的长度是根据字符数目到 NUL 字符的总数得出的。

上述代码中的第三行表示在控制台上打印输出传递给应用程序字符的长度。在这个示例中，我们将使用流 std::endl 替代转义换行符（n）来添加一个新行。有不少运算符可供选择，与之有关的详情将在第 6 章深入介绍。std::endl 运算符将把新行添加到输出流中，然后对流中的内容进行刷新。

该行表示 C++允许将输出运算符<<链接到一起并添加到流中，该行也向用户表明<<输出运算符被重载了，不同类型的参数对应的运算符版本也各不相同（有 3 种情况：一种是接收整数（用于 argv 参数），另一种是接收字符串参数，还有一种是接收运算符作为参数），不过这些运算符的语法调用几乎是一样的。

最后，用于打印输出 argv 数组中每个字符串的代码块如下：

```
for (int i = 0; i < argc; ++i)
{
```

```
    std::cout << argv[i] << std::endl;
}
```

for 语句表示该代码块在变量 i 的值小于 argc 的值之前会一直被调用，每次循环迭代成功后，变量 i 的值自动加 1（在它前面使用自增运算符）。数组中的元素是通过方括号进行访问的（[]）。传递的值是数组中的索引。

需要注意的是，变量 i 的起始值是 0，因此访问第一个元素是通过 argv[0] 进行的，因为 for 循环完成后，变量 i 中包含的是 argc 的值，这意味着访问数组中最后一个元素是通过 argv[argc-1] 实现的。数组的一种典型用法是：第一个索引是 0，如果数组中包含 n 个元素，那么最后一个元素的索引就是 n-1。

如前文所述，编译并运行这些代码，并且不提供任何参数：

```
C:\Beginning_C++\Chapter_01>simple
there are 1 parameters
simple
```

注意，即使你没有提供任何参数，程序本身也会认为你提供了一个参数，即可执行程序的名称。事实上，它不仅是程序名称，而且是命令行中调用可执行程序的命令。在这种情况下，输入 **simple** 命令（没有扩展名），会返回文件 simple 的值并将其作为参数打印输出到控制台上。再试一次，不过这次使用文件全名 simple.exe。现在你将会发现第一个参数是 simple.exe。

尝试使用一些实际的参数调用该代码。在命令行上输入命令 **simple test parameters**：

```
C:\Beginning_C++\Chapter_01>simple test parameters
there are 3 parameters
simple
test parameters
```

这次程序执行结果表明存在 3 个参数，并且使用空格对它们进行了分隔。如果你希望在单个参数中使用空格，那么可以将整个字符串放到双引号中：

```
C:\Beginning_C++\Chapter_01>simple "test parameters"
there are 2 parameters
simple
test parameters
```

请记住，argv 是一个字符串的指针数组，因此如果你希望在命令行中传递一个数字类型的参数，则必须通过 argv 对它的字符串进行类型转换。

1.4.4 预处理器和标识符

C++编译器编译源文件需要经过几个步骤。顾名思义，编译器的预处理器位于这个过程的开始部分。预处理器会对头文件进行定位并将它们插入到源文件中。它还会替换宏和定义的常量。

1. 定义常量

通过预处理器定义常量主要有两种方式：通过编译器开关和编写代码。为了了解它的运行机制，我们将修改 main 函数以便打印输出常量的值，其中比较重要的两行代码予以加粗显示：

```
#include <iostream>
#define NUMBER 4

int main()
{
    std::cout << NUMBER << std::endl;
}
```

以#define 开头的代码行是一条预处理器指令，它表示代码文本中任意标记为 NUMBER 的符号都应该被替换成 4。它是一个文本搜索和替换，但是只会替换整个符号（因此如果文件中包含一个名为 NUMBER99 的符号，则其中的 NUMBER 部分将被替换）。预处理器完成它的工作之后，编译器将看到如下内容：

```
int main()
{
    std::cout << 4 << std::endl;
}
```

编译原始代码并运行它们，将发现该程序会把4打印输出到控制台。

预处理器的文本搜索和替换功能可能会导致一些奇怪的结果，比如修改 main 函数，在其中声明一个名为 NUMBER 的变量，如下列代码所示：

```
int main()
{
    int NUMBER = 99;
    std::cout << NUMBER << std::endl;
}
```

现在编译代码，你将发现编译器报告了一个错误：

```
C:\Beginning_C++\Chapter_01>cl /EHhc simple.cpp
Microsoft (R) C/C++ Optimizing Compiler Version 19.00.25017 for x86
Copyright (C) Microsoft Corporation.  All rights reserved.

simple.cpp
simple.cpp(7): error C2143: syntax error: missing ';' before 'constant'
simple.cpp(7): error C2106: '=': left operand must be l-value
```

这表示第 7 行代码中存在一个错误，这是声明变量新增的代码行。不过，由于预处理器执行了搜索和替换工作，编译器看到的代码将如下列内容所示：

```
int 4 = 99;
```

这在 C++程序中是错误的！

在所输入的代码中，很明显导致该问题的原因是你在相同文件中拥有一个该标识符的#define 伪指令。在实际开发过程中，我们将引用若干头文件，这些文件可能会引用其自身，因此错误的#define 伪指令可能会在多个文件中被重复定义。同样，常量标识符可能会与引用的头文件中的变量重名，并可能会被预处理器替换。

使用#define 定义全局常量并不是一种好的解决方案，C++中有更好的方法，与之有关的详情将在第 3 章深入介绍。

如果你认为预处理器替换标识符过程中可能存在问题，那么可以通过检查经过预处理器处理后传递给编译器的源文件来确认自己的判断。为此，在编译时需要搭配开关/EP 一起使用。这将中断实际的编译过程，并将预处理器的执行结果输出到命令行窗口中。需要注意的是，这将生成大量的文本，因此最好将输出结果另存为一个文件，然后使用 Visual Studio 编辑器查看该文件。

为预处理器提供所需的值的方式是通过编译器开关传递它们。编辑上述代码并将以 #define 开头的代码行删除。像往常一样对代码进行编译（**cl /EHsc simple.cpp**）并运行它，然后确保打印输出到控制台上的值是 99，即分配给变量的值。现在再次通过下列命令对代码进行编译：

```
cl /EHsc simple.cpp /DNUMBER=4
```

注意，开关/D 与标识符之间没有空格。这会告知预处理器使用 4 替换每个 NUMBER 符号，并且这会导致与前文所述相同的错误，这表明预处理器正尝试使用你提供的值替换相关符号。

Visual C++这类工具和 nmake 项目将提供一种机制通过 C++编译器定义符号。开关/D 只能用来定义一个符号，如果你希望定义其他符号，将需要提供与之相关的/D 开关。

你现在应该理解为什么 C++会拥有这样一个看上去只会引起歧义的古怪特性。一旦明白了预处理器的工作机制，那么符号定义功能将非常有用。

2. 宏

宏是预处理器符号非常有用的特性之一。一个宏可以包含参数，并且预处理器将确保使用宏的参数搜索和替换宏中的符号。

编辑 main 函数如下列代码所示：

```cpp
#include <iostream>

#define MESSAGE(c, v)
for(int i = 1; i < c; ++i) std::cout << v[i] << std::endl;

int main(int argc, char *argv[])
{
    MESSAGE(argc, argv);
    std::cout << "invoked with " << argv[0] << std::endl;
}
```

main 函数调用了一个名为 MESSAGE 的宏，并将命令行参数传递给了它。该函数会将第一个命令行参数（调用命令）打印输出到控制台上。MESSAGE 并不是一个函数，而是一个宏，这意味着预处理器将使用先前定义的两个参数文本替换出现的每个 MESSAGE，使用传递给宏的第一个实际参数替换参数 c，使用传递给宏的第二个实际参数替换参数 v。预处理器处理完毕整个文件后，main 函数的内容如下：

```cpp
int main(int argc, char *argv[])
{
    for(int i = 1; i < argc; ++i)
        std::cout << argv[i] << std::endl;
    std::cout << "invoked with " << argv[0] << std::endl;
}
```

注意，在宏定义中，反斜杠（\）表示行连接符，因此我们可以定义包含多行的宏。通过一个或者多个参数编译和运行这些代码，然后确保 MESSAGE 能够打印输出命令行参数。

3. 标识符

我们可以定义一个不包含值的标识符，并且预处理器可以被告知测试验证某个标识符是否被定义。最常见的应用场景是编译调试版本的不同代码，而不是发布版程序。

编辑上述代码并添加加粗显示的代码行：

```
#ifdef DEBUG
#define MESSAGE(c, v)
for(int i = 1; i < c; ++i) std::cout << v[i] << std::endl;
#else
#define MESSAGE
#endif
```

第一行代码告知预处理器去查找 DEBUG 标识符。如果该标识符已经定义（不管其值是什么），则第一个 MESSAGE 宏定义将被使用。如果该标识符未定义（一个预览版构建），则 MESSAGE 标识符将被定义，不过它不执行任何操作，本质上来说，就是将代码中出现的包含两个参数的 MESSAGE 删除。

编译上述代码并通过一个或者多个参数运行该程序，比如下列内容：

```
C:\Beginning_C++\Chapter_01>simple test parameters
invoked with simple
```

这表示代码已经在不包含 DEBUG 定义的情况下被编译，因此 MESSAGE 的定义将不会执行任何操作。现在再次编译代码，不过这次使用/DDEBUG 开关来定义 DEBUG 标识符。再次运行该程序之后，用户将发现命令行参数被打印输出到控制台上：

```
C:\Beginning_C++\Chapter_01>simple test parameters
test parameters
invoked with simple
```

上述代码使用了宏，不过我们可以通过条件编译在任意 C++代码中使用标识符。这种标识符的使用方式允许编写灵活的代码，并且可以通过在编译器命令行中定义一个标识符来选择将要被编译的代码。此外，编译器自身也将定义一些标识符，比如 DATE 将包含当前日期、TIME 将包含当前时间、FILE 将包含当前文件名。

> **提示**
>
> Microsoft 和其他编译器厂商提供了一长串标识符供访问，建议在帮助手册中了解详情。你可能会发现以下几个非常有用：cplusplus 将专门用于 C++源代码（但是不适用于 C 文件）文件的定义，因此我们可以识别需要编译的 C++代码。_DEBUG 是用于设置调试构建过程的（注意它前面的下划线），_MSC_VER 包含当前 Visual C++编译器的版本信息，因此我们可以为多个版本的编译器使用相同的源。

4．pragma 指令

与标识符和条件编译有关的是编译器指令`#pragma once`。pragma 是专属于编译器的指令，不同编译器支持的 pragma 也不尽相同。Visual C++定义的`#pragma once`指令是为了解决多个头文件重复引用相同头文件的问题。该问题可能导致相同元素被重复定义一次以上，并且编译器会将之标记为错误。有两种方法可以执行此操作，并且<iostream>头文件下采用了这两种技术。你可以在 Visual C++的 include 文件夹下找到该文件。在该文件顶部将看到如下代码：

```
// ostream standard header
#pragma once
#ifndef _IOSTREAM_
#define _IOSTREAM_
```

在该文件底部，将看到如下代码行：

```
#endif /* _IOSTREAM_ */
```

首先是条件编译。该头文件的名称首次被引用，标识符`_IOSTREAM_`还未被定义，所以该标识符会被定义，然后其余的文件将被引用直到`#endif`代码行。上述过程演示了条件编译时的最佳实践。对于每个`#ifndef`，都有一个`#endif`与之对应，并且它们之间包含数百行代码。当使用`#ifdef`或者`#ifundef`时，为相应的`#else`和`#endif`提供注释说明信息是比较推荐的做法，这样做的目的是声明标识符引用的目标。

如果文件被再次引用，则标识符`_IOSTREAM_`将被定义，这样一来`#ifndef`和`#endif`之间的代码将被忽略。不过，非常重要的一点是，即使已经定义该标识符，头文件仍然将被载入和处理，因为相关的操作指令是被包含在文件中的。

`#pragma once`标识符会对条件编译执行相同的操作，不过它解决了可能存在的标识符重复定义的问题。如果你将这行代码添加到了自己的头文件顶部，将指示预处理器载入和处理该文件一次。预处理器维护着一份已经处理过的文件列表，如果后续的某个头文件尝试载入一个已经处理过的文件，则该文件将不会被载入和处理。这种做法可以减少项目预处理过程所需的时间。

在关闭<iostream>文件之前，可以查看该文件的代码行数。对于版本是 v6.50:0009 的<iostream>，它包含 55 行代码。这是一个小型文件，不过它引用的<istream>文件有（1157 行），引用的<ostream>文件有（1036 行），引用的<ios>文件有（374 行），引用的 <xlocnum>文件有（1630 行）。预处理的结果可能意味着你的源代码文件中将引用数万行代码，即使程序只包含一行代码！

1.4.5　依赖项

一个 C++项目将生成一个可执行文件或者库，它们是由链接器根据对象文件构建的。可执行文件或者库依赖于这些对象文件。一个对象文件是由一个 C++源代码文件（可能包含一个或者多个头文件）编译而来的。对象文件依赖于这些 C++源代码文件和头文件。理解这些依赖关系非常重要，它可以帮助我们了解项目代码的编译顺序，并且允许我们通过只编译已更改的文件来加快项目构建的速度。

1. 库

当你在自己的源代码文件中引用一个文件时，头文件中的代码将能够访问代码。我们引用的文件可能包含整个函数或者类的定义（与之有关的详情将在后续章节介绍），不过这将导致出现前面提及的问题：某个函数或者类被重复定义。相反，你可以声明一个类或者函数原型，这可以指示代码如何调用函数而不进行实际定义。显然，代码将在其他地方定义，这可能是在一个源文件或者库中，不过这对编译器来说很有利，因为它只看到了一个定义。

库就是已经定义的代码，它经过完全的调试和测试，因此将不需要访问源代码。C++标准库主要是通过头文件的形式共享的，这有助于调试项目代码，但是你必须抵制住任何临时编辑这些代码的诱惑。其他库将以已编译程序库的形式提供。

编译程序库一般有两种：静态库和动态链接库。如果使用的是静态库，那么编译器将从静态库中拷贝我们所需的代码，并将它们集成到可执行程序中。如果你使用的是动态链接（共享）库，那么链接器将在程序运行过程中（有可能是在可执行程序被加载后，或者可能被推迟到函数被调用时）添加一些信息，以便将共享库加载到内存中并访问其功能特性。

> **提示**
>
> Windows 使用 lib 作为静态库的文件扩展名，用 dll 作为动态链接库的文件扩展名。GNU **gcc** 使用 a 作为静态库的文件扩展名，使用 so 作为共享库的文件扩展名。

如果你所需的代码在某个静态库或者动态链接库中，编译器将需要精确地知道你调用函数的信息，以便确保函数调用时使用正确的参数个数和类型。这也是函数原型的主要用途：它在不提供实际函数体的情况下，为编译器提供了调用函数所需的信息，即函数定义。

本书将不会涉及如何编写程序库的细节，因为它是特定于编译器的，也不会详细介绍调用程序库代码，因为不同操作系统共享代码的方式也各不相同。一般来说，C++标准库将以标准头文件的形式引入项目中。C 运行时库（将为 C++标准库提供一些代码）将以静态链接库的形式引入，不过如果编译器提供了动态链接版本程序，那么我们可以通过编译器选项来使用它。

2. 预编译头文件

当我们将一个文件引入到源代码文件中时，预处理器将引入该文件的内容（在执行完所有条件编译指令之后），并且以递归的方式添加所有该文件引用的任意文件。如前所述，最终的结果可能涉及数千行代码。在程序开发过程中，我们将经常编译项目代码，以便对代码进行测试。每次编译代码时，在头文件中定义的代码也会被编译，即使头文件中的代码没有发生任何变化。对于大型项目，这使得编译过程需要耗费很长时间才能完成。

为了解决这个问题，编译器通常会提供一个选项，对没有发生变更的头文件进行预编译。预编译头文件的创建和使用是特定于编译器的。比如 GNU C++编译器 gcc，如果编译的某个头文件是一个 C++源代码文件（使用/x 开关），该编译器会创建一个扩展名为 gch 的文件。当 gcc 编译源代码文件需要用到该头文件时，它会去搜索该 gch 文件。如果它找到了该预编译头文件，将使用它；否则，它会使用对应的头文件。

在 Visual C++中该过程稍微有点复杂，因为必须在编译器编译源代码文件时，告知编译器去查找某个预编译头文件。Visual C++项目的约定是提供一个名为 stdafx.cpp 的源文件，其中包含一行引用 stdafx.h 文件的代码。你可以在 stdafx.h 文件中引用所有性能稳定的头文件。然后可以通过编译 stdafx.cpp 文件来创建一个预编译头文件，同时使用/Yc 编译器选项声明所有性能稳定并且需要被编译的头文件都包含在了 stdafx.h 文件中。这将创建一个 pch 文件（一般来说，Visual C++将在项目名称之后附加相关的名称），其中包含经过编译的所有 stdafx.h 头文件中引用的代码。其他源代码文件中必须将 stdafx.h 头文件作为第一个引用的文件进行引用，不过它们还可以引用其他文件。当编译源代码文件时，可以使用/Yu 开关声明性能稳定的头文件（staafx.h），编译器将使用预编译 pch 文件替代相关的头文件。

当在浏览大型项目文件时，经常会发现其中采用了不少预编译头文件。如你所见，它会改变项目的文件结构。本章后续的示例将向读者演示如何创建和使用预编译头文件。

3．项目结构

将项目代码进行模块化组织非常重要，这使得我们可以高效地对项目代码进行维护。第 7 章将介绍面向对象编程技术，它是一种组织和复用代码的方式。不过，即使你正在编写类似 C 语言的过程式代码（也就是说，代码是以线性的方式进行函数调用的），仍然可以将它们组织成模块化的形式，继而从中获益。比如，代码中的某些函数是与操作字符串有关的，其他函数是与文件访问有关的，那么我们可以将字符串函数的定义放在某个单独的源码文件中，即 string.cpp；与文件函数定义有关的内容放在其他文件中，即 file.cpp。这样一来，就可以方便项目文件中的其他模块调用这些文件，你必须在某个头文件中声明这些函数的原型，并在调用这些函数的模块中引用上述头文件。

在头文件和源代码文件之间包含函数的定义在语言层面并没有绝对的规则。你可能在 string.cpp 的函数中引用了一个名为 string.h 的头文件，或者在 file.cpp 的函数中引用了一个名为 file.h 的头文件。又或者我们可能只有一个 utilities.h 文件，其中包含上述两个文件中所有函数的声明。我们必须遵守的唯一规则是，在编译时，编译器必须能够通过某个头文件或者函数定义本身，在当前的源代码文件中访问函数的定义。

编译器在源代码中将不会向前查找，因此如果函数 A 准备调用函数 B，那么在同一源代码文件中函数 B 必须在函数 A 调用它之前就已经被定义，否则必须存在一个对应的原型声明。这导致了一个非常典型的约定，即每个包含头文件的源代码文件中包含函数的原型声明，并且该源文件引用上述头文件。当编写类时，这一约定变得更加重要。

4．管理依赖项

当通过构建工具构建项目时，将先检查构建的输出是否存在，如果不存在，则执行适当的构建操作。构建步骤的输出的通用术语一般称为目标，构建步骤的输入（比如源代码文件）是目标的依赖项。每个目标的依赖项是用于构建它们的文件。依赖项也可能自身就是某个构建动作的目标，并且拥有它们自己的依赖项。

比如，图 1-8 展示了一个项目的依赖关系。

在这个项目中，有 main.cpp、file1.cpp 和 file2.cpp 三个源代码文件。它们引用了相同的头文件 utils.h，它可以被预编译（因为有第四个源代码文件 utils.cpp，它只引用了 utils.h 头文件）。所有源代码文件都依赖于 utils.pch 文件，而 utils.pch 文件又依赖于 utils.h 文件。源代码文件 main.cpp 包含 main 函数，并调用了存在于 file1.cpp 和 file2.cpp 两个源代码文件的函数，而且是通过头文件 file1.h 和 file2.h 访问这些函数的。

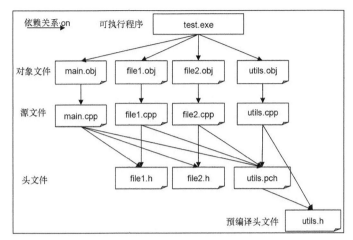

图 1-8 项目依赖项关系

在第一次编译时，构建工具将发现可执行程序依赖于 4 个对象文件，因此它将根据查找规则来构建每个对象文件。存在 3 个 C++源代码文件的情况下，这意味着需要编译源代码文件，不过因为 utils.obj 是用于支持预编译头文件的，因此构建规则将与其他文件不同。当构建工具生成这些对象文件时，它将使用任意库代码将它们链接到一起（这里未显示）。

随后，如果你修改了 file2.cpp 文件，然后构建该项目，构建工具将发现只有 file2.cpp 文件被修改，并且因为只有 file2.obj 文件依赖于 file2.cpp 文件，需要构建工具做的所有工作就是编译 file2.cpp 文件，然后使用现存的对象文件链接新的 file2.obj 文件，以便创建可执行程序。如果你修改了头文件 file2.h，构建工具将发现有两个文件依赖于该头文件，即 file2.cpp 和 main.cpp，因此构建工具将编译这两个源代码文件，然后使用现有的对象文件链接新生成的对象文件 file2.obj 和 main.obj，以便生成可执行文件。但是，如果预编译的头文件 util.h 发生了变化，这意味着所有源代码文件都必须重新编译。

对于小型项目来说，依赖关系的管理还比较容易。如你所见，对于单个源文件项目，我们甚至不需要为调用链接器操心，因为编译器会自动执行。但随着 C++项目规模不断增大，依赖项的管理会变得越来越复杂，这时诸如 Visual C++这样的开发环境就会变得至关重要。

5．makefile 文件

如果你正在维护一个 C++项目，则很有可能会遇到 makefile 文件。它是一个文本文件，其中包含用于构建目标文件的目标、依赖项以及项目构建规则。makefile 是通过 make 命令进行调用的，其中 Windows 平台的工具是 nmake、类 Unix 平台的工具是 make。一个 makefile 文件就是一系列与下列内容类似的规则：

```
targets : dependents
    commands
```

目标是一个文件还是多个文件取决于其依赖项（也可能是多个文件），因此如果有一个或者多个依赖项比目标文件中的版本更新（并且目标自上次构建之后已经发生变更），那么将需要再次构建目标文件，这些操作是通过运行相关命令完成的。可能有多个命令，每个命令都是以制表符为前缀处于单个行上。一个目标可能不包含任何依赖项，在这种情况下，这些命令仍然将被调用。

比如，使用上述示例时，可执行文件 test.exe 的构建规则如下：

```
test.exe : main.obj file1.obj file2.obj utils.obj
    link /out:test.exe main.obj file1.obj file2.obj utils.obj
```

因为对象文件 main.obj 依赖于源代码文件 main.cpp、头文件 File1.h 和 File2.h、预编译头文件 utils.pch，所以该文件的构建规则如下：

```
main.obj : main.cpp file1.h file2.h utils.pch
    cl /c /Ehsc main.cpp /Yuutils.h
```

编译器被调用时使用了/c 开关选项，这表明相关的代码会被编译成对象文件，但是编译器将不会调用链接器。/Yu 开关选项和头文件 utils.h 搭配使用，是告知编译器使用预编译头文件 utils.pch。其他两个源代码文件的构建规则与此类似。

生成预编译头文件的构建规则如下：

```
utils.pch : utils.cpp utils.h
    cl /c /EHsc utils.cpp /Ycutils.h
```

/Yc 开关是告知编译器使用头文件 utils.h 创建一个预编译头文件。

实际开发中 makefile 通常比上述内容更复杂。它们将包含宏，即组目标、依赖项和命令行开关。它们还会包含目标类型的一般规则，而不是这里描述的具体规则，而且它们还将包含条件测试的内容。如果需要维护或者编写 makefile，那么你应该详细了解构建工具帮助手册中的所有选项。

1.5 编写一个简单的项目程序

这个项目将向读者演示在本章学到的 C++语言和项目管理的特性。该项目将使用若干源代码文件，以便读者可以了解到依赖项的作用，以及构建工具是如何管理源代码变更的。这个项目非常简单，它将要求你输入名字，然后在命令行上打印输出名字以及相关的时间和日期。

1.5.1 项目结构

该项目包含 3 个函数：main 函数，它会调用其他另外两个函数 print_name 和 print_time。它们分别位于 3 个独立的源代码文件中，因为 main 函数将调用位于其他源代码文件中的两个函数，这意味着 main 函数源代码文件中必须包含这些函数的原型声明。在本示例中，这意味着引用每个文件的头文件。该项目还会使用一个预编译头文件，这表示存在一个源代码文件和一个头文件。总之，项目中将包含 3 个头文件和 4 个源代码文件。

1.5.2 创建预编译头文件

该代码将使用 C++标准库的流对象进行信息的输入和输出，因此我们将使用<iostream>头文件。代码中将使用 C++的字符串类型处理信息输入，因此还将使用<string>头文件。最后，它会访问 C 运行时库的 time 和 date 函数，因此代码中还将用到<ctime>头文件。这些都是标准的头文件，我们在进行程序开发时无需对它们进行修改，因此它们是预编译的理想目标。

在 Visual Studio 中创建一个 C++头文件，然后在其中添加如下代码：

```
#include <iostream>
#include <string>
#include <ctime>
```

将它另存为 utils.h。

新建一个 C++源代码文件，添加一行代码来引用刚才创建的头文件：

```
#include "utils.h"
```

将其另存为 utils.cpp，我们将需要为这个项目创建一个 makefile，因此在新建文件对话框中，选择文本文件作为文件类型。添加以下规则来构建预编译头文件：

```
utils.pch utils.obj :: utils.cpp utils.h
    cl /EHsc /c utils.cpp /Ycutils.h
```

将它另存为文件名为“makefile.”的文件，注意要在文件末尾加一个句点（.）符号。因为我们是以文本文件的形式创建该文件的，Visual Studio 将自动为它添加一个 txt 文件后缀，但是因为我们不希望使用该文件后缀，所以需要添加一个句点以表明该文件无后缀名。其中第一行表示 utils.pch 和 utils.obj 依赖于特定的源代码文件和头文件。第二行（以一个制表符作为前缀）告知编译器去编译 C++文件，但是不调用链接器，同时还告知编译器将预编译代码保存到 utils.h 文件中。该命令将创建 utils.pch 和 utils.obj 文件，即声明的两个目标。

当 make 实用程序发现有两个目标时，默认的动作（当目标和依赖项之间使用单个冒号时）是为每个目标都调用一次命令（你可以使用宏来决定哪个目标需要被构建）。这意味着相同的编译器命令将执行两次。这是我们不希望看到的，因为两个目标是通过调用一次命令构的。双冒号::是一个变通方案，它告知 nmake 不要采用为每个目标调用命令的行为。最终的结果就是，当 make 程序调用命令一次，并生成了 utils.pch 文件，然后它会尝试生成 utils.obj 文件，不过它发现该文件已经被生成了，所以不需要再次调用命令。

现在测试输出结果。在命令行中，导航到项目文件夹下，输入 nmake 命令。

如果没有提供 makefile 的名称，程序维护工具将自动使用名为 makefile 的文件（如果你希望使用一个其他名字的 makefile，可以使用/f 开关并指定文件名）：

```
C:\Beginning_C++\Chapter_01\Code>nmake
Microsoft (R) Program Maintenance Utility Version 14.00.24210.0
Copyright (C) Microsoft Corporation.  All rights reserved.

cl /EHsc /c utils.cpp /Ycutils.h
Microsoft (R) C/C++ Optimizing Compiler Version 19.00.24210 for x86
Copyright (C) Microsoft Corporation.  All rights reserved.

utils.cpp
```

查看文件目录列表，以确认 utils.pch 和 utils.obj 文件是否已经被创建。

1.5.3 创建主文件

现在创建一个 C++源代码文件并添加如下代码：

```
#include "utils.h"
#include "name.h"
#include "time.h"

void main()
{
    print_name();
    print_time();
}
```

将此文件另存为 main.cpp。

其中引用第一个文件是标准库头文件的预编译头文件。其他两个文件提供了被 main 函数调用的另外两个函数的函数原型声明。

现在用户需要为 main 文件添加一条规则到 makefile 文件。将下列加粗显示的代码行添加到文件顶部：

```
main.obj : main.cpp name.h time.h utils.pch
    cl /EHsc /c main.cpp /Yuutils.h

utils.pch utils.obj :: utils.cpp utils.h
    cl /EHsc /c utils.cpp /Ycutils.h
```

新增的一行表示目标文件 main.obj 依赖于两个头文件：一个源代码文件 main.cpp 和一个预编译头文件 utils.pch。目前 main.cpp 文件将无法编译，因为相关的头文件还不存在。所以我们可以测试 makefile 文件，创建两个 C++ 头文件。在第一个头文件中，添加函数原型声明：

```
void print_name();
```

将该文件另存为 name.h。在第二个头文件中，添加函数原型声明，例如：

```
void print_time();
```

将该文件另存为 time.h。

现在我们可以运行 make 程序，它将只编译 main.cpp 文件。测试它的输出结果：通过在命令行中输入 del main.obj utils.obj utils.pch 命令来删除所有目标文件，然后再次运行 make 程序。这次，用户将发现 make 程序首先编译了 utils.cpp 文件，然后编译了 main.cpp 文件。这样的编译顺序是因为首个目标是 main.obj 文件，但是因为它依赖于 utils.pch 文件，所以 make 程序在返回创建 main.obj 文件规则之前，移动到了下一个规则并采用此规则生成了预编译头文件。

需要注意的是，我们还没有定义 print_name 和 print_time 函数，不过编译器并不会对此有异议。因此编译器只创建对象文件，链接器负责链接函数。头文件中的函数原型声明满足了编译器的要求，该函数将在其他对象文件中被定义。

1.5.4 输入和输出流

目前为止，我们已经了解了如何通过 cout 对象将数据输出到控制台。标准库还提供了一个 cin 流对象，允许读取命令行中输入的值。

创建一个 C++ 源代码文件，并添加如下代码：

```
#include "utils.h"
#include "name.h"

void print_name()
{
    std::cout << "Your first name? ";
    std::string name;
    std::cin >> name;
    std::cout << name;
}
```

将该文件另存为 name.cpp。

其中首先引用的文件是预编译头文件，这将引用两个标准库头文件，即<iostream>和<string>，因此我们可以在这些文件中使用类型声明。

函数中第一行的含义是在控制台上打印输出字符串"Your first name?"。

注意，在该问题末尾有一个空格，因此光标将保持在同一行，等待输入信息。

接下来的一行声明了一个 C++字符串对象变量。字符串可以包含 0 个或者多个字符，并且每个字符都会占用内存。字符串类会处理字符串相关的分配和释放内存的所有工作，该类将在第 9 章详细介绍。cin 重载了运算符>>以便获取控制台的输入信息。当用户按下"回车"键之后，运算符>>将把输入内容传递给变量 name（将空格字符视为分隔符）。

该函数会将变量 name 中的内容打印输出到控制台，并且不带换行符。

现在为该源代码文件添加一条规则到 makefile 中，即添加如下代码到该文件的顶部：

```
name.obj : name.cpp name.h utils.pch
    cl /EHsc /c name.cpp /Yuutils.h
```

保存该文件，然后运行 make 工具，以确认它是否生成了 name.obj 目标文件。

1.5.5　time 函数

最终的源代码文件将会获取时间，并将它打印输出到控制台。创建一个 C++源代码文件并添加如下代码行：

```
#include "utils.h"
#include "time.h"

void print_time()
{
    std::time_t now = std::time(nullptr);
    std::cout << ", the time and date are "
            << std::ctime(&now) << std::endl;
}
```

std::time 和 std::gmtime 这两个函数是 C 函数，并且 std::time_t 是一个 C 类型，所有这些都是通过 C++标准库获得的。std::time 函数获取的时间是 1970 年 1 月 1 日午夜以来的秒数。该函数会返回一个 std::time_t 类型的值，即一个 64 位整数。如果用户通过指针传递变量在存储中的存储位置，则该函数可以将上述整数值拷贝到另外一个变量中。

在这个示例中，我们不需要这个工具，因此我们传递一个 C++的 nullptr 给该函数，以声明不需要执行拷贝操作。

接下来，我们需要将秒数转换成包含时间和日期的字符格式，以方便用户理解。这也是 std::ctime 函数的主要用途，它会接收一个指向保存秒数变量的指针作为参数。变量 now 保存了秒数，运算符&用于获取变量的内存地址。第 4 章将详细介绍变量和指针的细节。std::ctime 函数会返回一个字符串，不过我们还没有为该字符分配任何内存，也不应该尝试为该字符串分配内存。std::ctime 函数创建了一个静态分配内存缓冲区，它将被运行在当前执行线程的所有代码共享使用。每次在相同执行线程上调用 std::ctime 函数时，使用的内存地址是一样的。不过内存中的内容可能会发生变化。

此函数说明检查帮助手册，查看谁负责分配和释放内存是非常重要的。第 4 章将详细介绍分配内存的细节。

从 std::ctime 返回的字符被打印输出到控制台，并且是通过调用若干次运算符<<对输出结果进行格式化的。

现在给 makefile 添加一条构建规则，即添加如下规则到该文件顶部：

```
time.obj : time.cpp time.h utils.pch
    cl /EHsc /c time.cpp /Yuutils.h
```

保存该文件并运行 make 工具，然后确认该构建过程是否生成了 time.obj 目标文件。

1.5.6　构建可执行文件

现在我们已经拥有了项目所需的所有对象文件，因此下一个任务是将它们链接到一起。为此，将下列代码添加到 makefile 文件顶部：

```
time_test.exe : main.obj name.obj time.obj utils.obj
    link /out:$@ $**
```

这里的目标是可执行文件，并且依赖项是 4 个对象文件。命令行中为了构建可执行文件会调用链接器并使用特殊的语法。标识符$@会被 make 工具解析为使用目标，所以/out 开关实际的内容是/out:time_test.out。标识符$**会被 make 工具解析为使用所有依赖项，因此所有依赖项都将被链接。

保存该文件并运行 make 程序。用户将发现只有链接器被调用，并且它将链接所有对象文件继而创建可执行文件。

最后，添加一条规则来清理项目。提供一种机制移除编译过程中生成的文件，只保留源代码文件，从而保持项目结构的整洁是一个非常好的习惯。在链接对象文件的代码行之后，添加如下代码：

```
time_test.exe : main.obj name.obj time.obj utils.obj
    link /out:$@ $**
clean : @echo Cleaning the project...
    del main.obj name.obj time.obj utils.obj utils.pch
    del time_test.exe
```

clean 任务是一个伪目标，实际上并没有生成文件，因此也不存在依赖项。这说明了 make 程序的一个特性，如果调用 nmake 工具，并指定目标名称，那么该程序将只生成该目标。如果没有声明目标，那么该程序将生成 makefile 提及的第一个目标，在这种情况下是 time_test.exe。

clean 伪目标包含 3 个命令：第一个命令会将 "Cleaning the project..." 打印输出到控制台，

标识符@会告知命令行不要将该命令打印输出到控制台；第二个和第三个命令会调用命令行工具 `del` 删除文件。现在可以在命令行上输入 `nmake clean` 命令清理项目，然后确认项目目录下是否只包含头文件、源代码文件和 `makefile` 文件。

1.5.7 测试代码

再次运行 make 程序，以便构建可执行文件。在命令行中，可以通过输入 `time_test` 命令运行示例程序。你将被要求输入姓名；执行此操作，然后按"回车"键，此时将发现自己的名字、当前时间和日期被打印输出到控制台上：

```
C:\Beginning_C++\Chapter_01>time_test
Your first name? Richard
Richard, the time and date are Tue Sep  6 19:32:23 2016
```

1.5.8 修改项目

现在读者对基本的项目结构有所了解，通过 `makefile`，你可以对文件进行修改，并确保重新构建项目时，只对发生变更的文件进行编译。为了说明这一点，将修改 `name.cpp` 中的 `print_name` 函数，以更客气的方式询问你的姓名。修改函数体中第一行代码，比如下列代码中加粗显示的代码行：

```
void print_name()
{
    std::cout << "Please type your first name and press [Enter] ";
    std::string name;
```

保存该文件，然后运行 make 工具。这一次只有源代码文件 `main.cpp` 被编译，生成的 `name.obj` 文件会与已有的对象文件链接到一起。

现在修改头文件 `name.h`，并在其中添加一个注释信息：

```
// 更客气的版本
void print_name();
```

构建该项目。读者发现了什么？这一次，有两个源代码文件被编译，即 `name.cpp` 和 `main.cpp`。并且它们与已有的对象文件链接到一起，从而创建了可执行文件。为了细究这两个文件被编译的原因，可以查看 `makefile` 中的依赖项规则。唯一发生变更的文件是 `name.h`，并且该文件的名字出现在了 `ame.obj` 和 `main.obj` 依赖项列表上，因此这两个文件被重新构建。由于这两个文件出现在了 `time_test.exe` 的依赖项列表上，所以该可执行文件也将被重新构建。

1.6 小结

本章是对 C++进行温和但彻底的介绍。读者学习了选择使用该语言的原因，以及如何从某个厂商那里获取编译器并对其进行安装。同时学习了 C++项目的组织结构、源代码文件和头文件，以及如何通过程序库进行代码共享。然后学习了如何使用 makefile 维护项目，并通过一个简单示例获得了编辑和编译代码的实践经验。

读者现在已经有了编译器、编辑器和项目管理工具，那就已经准备好进一步了解 C++的更多详细信息。从下一章开始，本书将向读者介绍 C++语句和应用程序中的执行流控制。

第 2 章
语言特性简介

在上一章中，已经向读者介绍了如何安装 C++编译器，并开发了一个简单的应用程序。同时介绍了 C++项目的基本结构，以及如何管理它们。在本章中，读者将深入程序语言内部，学习多种语言特性，了解代码中的控制流。

2.1 编写 C++代码

当涉及格式和编码时，C++是一门非常灵活的语言。它也是一种强类型的语言，这意味着其中包含一些声明变量类型的规则，用户可以在编译器的帮助下编写更优质的代码。在本节中，我们将介绍如何格式化 C++代码，以及声明和限定变量作用域的规则。

2.1.1 空格

除了字符串之外，你可以随意地使用空格（空格、制表符、换行符），并且可以根据需要对这些符号进行增减。C++的语句之间是使用分号分隔的，因此下面的代码中包含 3 条语句，它们将被编译和运行：

```
int i = 4;
i = i / 2;
std::cout << "The result is" << i << std::endl;
```

整个代码还可以写成如下形式：

```
int i=4;i=i/2; std::cout<<"The result is "<<i<<std::endl;
```

在某些情况下空格是必需的（比如当声明一个变量时，类型和变量名之间的空格是必不可少的），但是编码规范的建议是尽可能编写易于阅读的代码。当代码在语言层面完全正确时，将所有语句压缩到一行（比如 JavaScript），这使得代码几乎完全不可读。

>
> **提示**
> 如果读者对将代码以更有创造性的方式进行混淆使得代码不可读感兴趣，那么可以前往年度国际模糊 C 程序代码大赛官方网站查看相关条目。作为 C++的前身，IOCCC 上很多使用 C 语言讲解的课程也适用于 C++。

请务必记住，如果你编写的代码能够正常运行，那么使用它的周期可能长达数十年，这意味着我们可能会在编写这些代码数年之后再次使用它们，同时也意味着其他人将需要对这些代码进行维护。让自己编写的代码具备可读性不仅是对其他开发人员的礼貌，不可读的代码早晚会成为被替换的对象。

2.1.2 格式化代码

无论如何，正在编写代码的人都将决定如何对代码进行格式化。有时这是很有道理的，比如，使用某种形式的预处理器提取代码和为代码创建文档规范。在大部分情况下，强加给你的编码风格往往只是其他人的个人偏好。

>
> **提示**
> Visual C++允许用户在代码中添加 XML 格式的注释。为此，用户可以在代码中 3 个斜杠（///）作为注释标记，然后使用/doc 开关编译源代码文件。这将创建一个名为 xdc 的中间过渡性 XML 文件，它是以<doc>作为根元素的，并且包含 3 个斜杠后面的所有注释信息。Visual C++文档中规定了标准的 XML 标签（比如<param>和<returns>分别表示文档参数和函数返回值）。该过渡性 XML 文件将通过 xdcmake 程序编译成最终的 XML 文件。

C++有两种比较常见的编码风格：**K&R** 风格和 **Allman** 风格。

Kernighan 和 Ritchie（K&R）编写了第一本也是最有影响力的 C 语言书籍（Dennis Ritchie 是 C 语言的发明人），K&R 风格是那本书中用于描述格式化代码的风格。一般来说，K&R 风格将代码块的大括号和最后一个语句放在同一行上。如果代码中存在嵌套语句（通常都会有），那么这种代码风格可能会有点混乱：

```
if (/* 某些测试 */) {
    // 测试结果为 true
    if (/* 某些其他测试*/) {
        // 第二个测试为 true
    } else {
        // 第二个测试为 false
    }
} else {
    // 测试为 false
}
```

这种风格通常用于 Unix（和类 Unix）代码中。

Allman 风格（以开发者 Eric Allman 的名字而命名）会将大括号放在新的一行上，因此嵌套代码示例如下：

```
if (/* 某些测试 */)
{
    // 测试为 true
    if (/* 某些其他测试*/)
    {
        // 第二个测试为 true
    }
    else
    {
```

```
        // 第二个测试为 false
    }
}
else
{
    // 测试为 false
}
```

Allman 风格通常被 Microsoft 公司所采用。

请记住，代码不太可能出现在纸上，所以更加紧凑的 K&R 风格并不会减少对木材的使用。如果有机会，我们应该选择最易读的编码风格。对于本书的作者来说，我们认为 Allman 风格更易读。

如果有多个嵌套的代码块，那么缩进可以帮助大家了解代码块的所在位置。不过注释也能帮上忙。具体来说，如果代码块中包含大量代码，添加一些注释说明该代码块的具体用途会非常有用。比如，在一个 if 语句中，将测试结果放在代码块中，以便了解该代码块中变量的值，这是非常有帮助的。同时，在测试的大括号结尾处添加注释信息也是非常有用的，例如：

```
if (x < 0)
{
    // x < 0
    /* lots of code */
}  // if (x < 0)

else
{
    // x >= 0
    /* lots of code */
}  // if (x < 0)
```

如果将测试作为一个注释添加到大括号末尾，这意味着我们有了一个搜索关键字，可以根据它查找代码块中的测试结果。前面的代码行使得这行注释看起来是多余的，不过，当用户代码块中包含数十行代码并且存在多级嵌套时，这样的注释信息将非常有用。

2.1.3   编写语句

一条语句可以是声明一个变量、一个求值表达式，或者是对一个类型的定义。一条语句也可能是一个影响代码执行流程的控制结构。

一条语句是以一个分号作为结束标记的。除此之外，如何格式化语句的规则非常少。你甚至可以在代码行中只使用分号自身，这通常被称为空语句。一个空语句什么也不做，因此代码中存在太多分号通常无伤大雅。

1. 表达式

一个表达式通常是某些值的运算符和操作数（变量或者语法）的序列。比如下列代码：

```
int i;
i = 6 * 7;
```

右边的 6 * 7 是一个表达式，赋值操作（从左边的 i 到右边的分号）是一个语句。

每个表达式既可以是一个左值（**lvalue**），也可以是一个右值（**rvalue**）。你很有可能在错误提示信息中对这些关键字已经司空见惯了。事实上,左值是指一个引用某些内存地址的表达式,赋值符号左边的元素必须是一个左值。不过,一个左值既可以出现在赋值符号的左边,也可以出现在它的右边,所有变量都是左值。一个右值是一个临时元素,表达式使用过它之后,它将被系统清理,不再存续。它可以拥有一个值,但是无法对它进行赋值操作,因此它只能存在于赋值符号的右边。文字常量就是右值。下面是一个简单的左值和右值的示例:

```
int i;
i = 6 * 7;
```

在第二行代码中,i 是一个左值,表达式 6 * 7 的结果是一个右值(42)。下列代码将无法通过编译,因为赋值符号左边是一个右值:

```
6 * 7 = i;
```

一般来说,当我们在一个表达式后面附加一个分号后,它就成了一条语句。比如下列代码都是语句:

```
42;
std::sqrt(2);
```

第一行是一个右值 42,不过因为它是临时元素,所以没有任何效果。C++编译器将对它进行优化。第二行代码调用了标准库的函数来计算 2 的平方根。因此,其计算结果是一个右值,并且没有被其他代码调用,因此编译器仍然会对它进行优化。不过,这说明了一个函数可以在不使用其返回值的情况下被调用。虽然 std::sqrt 不存在这种情况,但很多函数除了它的返回值之外,都具有持续性的效果。事实上,某个函数整体上通常会做一些事情,它的返回值通常仅用于指示函数的执行结果是否成功,很多开发人员经常会假设函数的操作能够执行成功并忽略其返回值。

2. 逗号运算符

本章稍后会详细介绍运算符,但是在这里介绍逗号运算符是很有用的。你可以在单个语句中使用逗号运算符来分隔一系列表达式。比如,以下代码在 C++中是合法的:

```
int a = 9;
int b = 4;
int c;
c = a + 8, b + 1;
```

本来打算输入 c = a + 8 / b + 1,但是因为其他人的失误,输入逗号替代了/。其本意是将 9+2+1 或者 12 赋值给 c。该代码将编译并运行,变量 c 会被赋予的值是 17。(也即 a + 8)。这是因为逗号将右边的赋值语句分隔成了两个表达式,即 a + 8 和 b + 1,并且系统使用第一个表达式的结果赋值给了 c。本章后续内容将介绍运算符的优先级。不过,这里值得一提的是,逗号的优先级最低,并且+的优先级高于 = ,因此语句按照加法的顺序执行:先是赋值运算符然后是逗号运算符(最后 b + 1 的计算结果被丢弃)。

你可以使用括号对表达式进行分组,继而达到修改优先级的目的。比如,代码可以改成如下所示的形式:

```
c = (a + 8, b + 1);
```

这个语句的结果是：（b + 1）的计算结果 5 被赋值给了变量 c。这是因为包含逗号运算符的表达式是从左到右执行的，因此表达式组的值是根据最近的计算结果获取的。在某些情况下，比如 for 循环的初始化或者循环表达式中，你将发现逗号运算符非常有用。但是如你所见，即使是有意使用逗号运算符，它也会生成一些难以理解的代码。

2.1.4   类型和变量

类型将在下一章详细介绍，不过这里介绍一些与之有关的基本信息是非常有用的。C++是一门强类型的语言，这意味着我们必须对将要使用的变量进行类型声明。这是因为编译器需要知道该为这些变量分配多少内存，并且它需要根据变量的类型来确定。此外，编译器需要知道如何初始化一个变量，如果没有显式地初始化，那么编译器需要知道将要执行初始化操作的变量类型。

提示

C++11 中提供了对关键字 auto 的支持，它拓宽了强类型这一概念，下一章将详细介绍。不过编译器的类型检查非常重要，应该尽可能多地使用类型检查。

C++的变量可以在代码中任意位置声明，只要在使用它们之前声明即可。声明变量的位置决定了它的使用方式（通常也称为变量作用域）。一般来说，尽可能在将要使用变量的位置附近声明它们，并且严格限定其作用域范围。这可以防止命名冲突，否则不得不添加其他信息来消除两个或者多个变量之间的歧义。

你可以并且也应该给变量提供描述性的名称这会使代码更易读，也更好理解。C++中的名称必须以字母或者下划线开头。它们可以包含除空格以外的字母或者数字，不过可以包含下划线，因此，以下变量名都是有效的名称：

```
numberOfCustomers
NumberOfCustomers
number_of_customers
```

C++中的名称区分大小写，名称中前 2 048 个字符是有效的。我们可以使用下划线作为某个变量名的开头，但是不能使用两个下划线，也不能使用大写字母之后紧跟一个下划线的形式（这些都是 C++的保留格式）。C++还保留了一些关键字（比如 while 和 if），并且很明显，我们不能使用类型名称作为变量名，其中既包括内置的类型名称（如 int、long 等），也不能使用自定义的类型名称。

在语句中声明一个变量时，要以分号作为结尾。声明一个变量的基本语法是声明类型，然后是变量名称以及可选地指定变量的初始值。

内置类型必须在用户使用它们之前被初始化：

```
int i;
i++;            // C4700 使用了未初始化的本地变量 'i'
std::cout << i;
```

初始化变量基本上有 3 种方法：可以给它赋一个值，也可以调用类型构造函数（类的构造函数将在第 6 章详细介绍），还可以使用函数语法初始化一个变量：

```
int i = 1;
int j = int(2);
int k(3);
```

这 3 种方法在 C++中都是合法的，但是第一种风格更好，因为它更明显，变量是一个整数类型，其名称是 i，它被赋值为 1。第三种看起来会让人感觉混乱。它看上去像是在声明一个函数，但实际上是声明一个变量。下一章将介绍使用初始化列表语法为一个变量赋值的变体，这也是读者希望将这些内容留在下一章的原因。

第 6 章将介绍类以及自定义类型。在定义一个自定义类型时可以给它设置默认值，这意味着你可以在使用前不对自定义类型初始化。不过，这将导致较差的执行性能，因为编译器将使用默认值初始化变量，随后程序代码又会给它赋值，这将导致执行两次赋值操作。

2.1.5 常量和文字

每一种类型都有一个文字表示。一个整数将是一个不包含小数点的数字，如果它是有符号整数，文字也可以使用加号或者减号来表示符号。类似地，实数可以使用一个包含小数点的文字值表示，甚至可以使用包含指数的科学（工程）计数格式。C++在代码中声明变量时有各式各样的规则，这些内容将在下一章详细介绍。下列是一些声明变量的示例：

```
int pos = +1;
int neg = -1;
double micro = 1e-6;
double unit = 1.;
std::string name = "Richard";
```

请注意变量 unit。编译器知道该变量表示一个实数，因为它的值包含一个小数点。对于整数，我们可以在代码中通过在数字前面添加 0x 前缀，提供十六进制的字面值，因此 0x100 表示 10 进制的 256。默认情况下，输出流将以 10 进制格式打印输出数值。不过你可以将一个控制符插入到输出流中，告知它使用不同进制格式。默认的行为是 std::dec，这意味着数字都会以 10 进制格式进行显示，std::oct 意味着以 8 进制格式显示数字（以 8 为基数），std::hex 意味着以 16 进制格式显示数字（以 16 为基数）。如果你希望打印输出数字的前缀，则可以使用流控制符 std::showbase（详情可以参考第 8 章）。

C++定义了一些字面量。对于布尔类型（即逻辑类型），其中包含 true 和 false 等常量，false 表示 0，true 表示 1。还有常量 nullptr，它表示 0，主要用于表示任何指针类型的无效值。

1. 定义常量

在某些情况下，我们希望提供可以在整个代码中使用的常量值。比如，你也许希望为 π 声明一个常量，并且不应该允许这个值可以被更改，因为它会改变代码中的基础逻辑。这意味着用户应该将这个变量标记为不可变的。执行此操作时，编译器将检查变量的使用情况，如果在使用过程中代码修改了此变量的值，则编译器会发出一个错误提示信息：

```
const double pi = 3.1415;
double radius = 5.0;
double circumference = 2 * pi * radius;
```

在这种情况下，标识符 pi 被声明为常量，因此它是无法被更改的。如果后续的代码修改了该常量，编译器会发出一个错误提示信息：

```
// add more precision, generates error C3892
pi += 0.00009265359;
```

一旦声明了一个常量，就可以确信编译器会确保它保持不变。我们可以按照如下方式为表达式分配常量：

```
#include <cmath>
const double sqrtOf2 = std::sqrt(2);
```

在这段代码中，声明了一个名为 sqrtof2 的全局常量，并使用 std::sqrt 函数为它赋值。因为该常量是在函数外部声明的，因此对该文件来说是全局的，在整个文件的任意位置都能够访问。

在上一章中，我们已经学习了使用标识符#define 定义一个常量。这方面的问题是，预处理器会执行简单的替换。使用 const 关键字声明常量时，C++编译器将执行类型检查，以确保正确地使用该常量。

你也可以使用 const 关键字来声明一个常量，它将被当作常量表达式使用。比如，可以使用方括号语法声明一个数组（详情可以参考第 4 章）：

```
int values[5];
```

这在堆栈上声明了一个包含 5 个整数的数组，其中的元素可以通过 values 数组变量访问。这里的 5 是一个常量表达式。当在堆栈上声明一个数组时，你必须给编译器提供一个常量表达式，以便它能够知道应该为数组分配多少内存，同时这也意味着编译期间编译器必须知道数组的长度（只能在运行时释放一个已知长度的数组，但是这需要用到动态内存释放技术，详情可以参考第 4 章）。在 C++中，我们可以声明一个常量来执行如下操作：

```
const int size = 5;
int values[size];
```

在代码的其他地方，当希望访问 values 数组时，可以使用常量 size 来确保访问该数组元素时不会越界。因为常量 size 只在一个地方声明，所以如果在后续开发过程中希望更改数组的大小，更改一个地方即可。

关键字 const 也适用于指针和引用（详情可以参考第 4 章）以及对象（详情可以参考第 6 章）。通常，你将发现它经常被用于声明函数的参数（详情可以参考第 5 章）。它还可以用于让编译器确保能够按照自己的意图正确地使用指针、引用和对象。

2. 常量表达式

C++11 中引入了一个名为 constexpr 的关键字。它用于处理表达式，并且表示该表达式应该在编译类型时被求值，而不是在运行时被求值：

```
constexpr double pi = 3.1415;
constexpr double twopi = 2 * pi;
```

这与使用关键字 const 初始化声明一个常量类似。不过，关键字 constexpr 还适用于在编译时可以对返回值求值的函数，并且这使得编译器能够对代码进行优化：

```
constexpr int triang(int i)
{
    return (i == 0) ? 0 : triang(i - 1) + i;
}
```

在这个示例中，函数 triang 会对三角数进行递归计算。该代码中使用了条件运算符，在括号中，函数参数会被测试是否为 0，如果参数为 0，函数则返回 0，有效地终止递归并将函数返回给原始调用方。如果参数不为 0，那么返回值是当前参数和 triang 函数将当前参数减 1 作为参数执行后的返回值之和。

该函数在代码中使用字面量调用时，可以在编译时对其进行求值。关键字 constexpr 会指示编译器检查该函数的使用情况，以确认它是否可以在编译时确定参数。如果符合这种情况，编译器可以计算返回值并生成比运行时调用该函数更高效的代码。如果编译器无法在编译时确定参数，则该函数将像其他普通函数那样被调用。一个使用关键字 constexpr 标记的函数必须只包含一个表达式（因此在 triang 函数中使用了条件运算符?:）。

3. 枚举

提供常量的最后一种方法是使用枚举变量。事实上，一个枚举变量是一组已经命名的常量，这意味着我们可以使用枚举变量作为函数的一个参数，比如：

```
enum suits {clubs, diamonds, hearts, spades};
```

这定义了一个名为 suits 的枚举变量，其中包含一副扑克套装中的所有花色名称值。默认情况下，枚举变量是整数类型，编译器将假定它是一个整数型变量，但是你可以通过在变量声明时指定该整数类型来修改其类型。因为扑克套装中只可能存在 4 种花色，使用 int 类型（通常是 4 字节）太浪费内存了，所以我们可以使用 char 类型来替代它（1 字节）：

```
enum suits : char {clubs, diamonds, hearts, spades};
```

当使用枚举值时，可以只使用它的名称，不过通常会使用枚举变量名来限定它，使得代码更易读：

```
suits card1 = diamonds;
suits card2 = suits::diamonds;
```

上述两个格式都是允许的，不过后者更明确地表示该值来自一个枚举变量。为了强制开发人员声明作用域，我们可以采用关键字 class：

```
enum class suits : char {clubs, diamonds, hearts, spades};
```

根据这个定义和前面的代码，声明变量 card2 的代码行将能够通过编译，而声明变量 card1 的代码行则无法通过编译。对于一个限定作用域的枚举变量，编译器将它视为一个新的类型，并没有内部的规范将新的类型转换成整数类型的变量。比如：

```
suits card = suits::diamonds;
char c = card + 10; // errors C2784 and C2676
```

该枚举类型是基于 char 类型的，但是在定义 suits 变量时限定了它的作用域（使用 class 关键字），第二行代码将无法通过编译。如果枚举类型没有限定作用域（没有使用关键字 class），那么编译器内置了枚举值和 char 类型之间的转换规则。

默认情况下，编译器将把 0 赋值给第一个枚举元素，然后通过自增的方式，依次为其余的枚举元素赋值。suits::diamonds 的值是 1，因为它是 suits 中的第二个元素。你还可以亲自为它们赋值：

```
enum ports {ftp=21, ssh, telnet, smtp=25, http=80};
```

在这种情况下，ports::ftp 的值是 21，ports::ssh 的值是 22（21 自动增加 1 之后的结果），ports::telnet 的值是 23，ports::smtp 的值是 25，ports::http 的值是 80。

提示

通常，枚举点在代码中是用于提供已命名标识符的，它们的值并不重要。谁会关心 suits::hearts 的值具体是什么呢？使用它的目的主要是确保它的值和其他元素的值不同。在其他情况下，这些值是非常重要的，因为它们是向其他函数提供值的一种方法。

枚举在 switch 语句中将非常有用（稍后会介绍详情），因为具名的值比只使用一个整数表达的含义更清晰。我们还可以使用枚举作为函数的参数，从而对通过该参数传递的值进行限制：

```
void stack(suits card)
{
    // 我们知道 card 只是 4 个元素值之一
}
```

4．声明指针

因为我们正在介绍变量的使用，所以用于定义指针和数组的语法也值得一提，因为其中存在一些陷阱。第 4 章将详细介绍指针和数组，因此这里我们只是介绍一些基本的语法，让读者对它们有一个初步的了解。

在 C++ 中，我们将使用某种类型的指针访问内存。该类型表示被指向的内存中保存的数据类型。因此，如果指针是一个整数型（4 字节）指针，那么它将指向一个可以用于存储整数的 4 字节。如果指针执行了自增操作，那么它就指向接下来的 4 字节，同样可以用来表示一个整数。

提示

如果读者现在对指针这一概念感觉迷惑，也不用担心。第 4 章将介绍与之有关的详情。此时引入指针的目的只是让读者熟悉一下它的语法。

C++ 是使用符号 * 来声明指针的，你可以使用运算符 & 来访问某个内存地址：

```
int *p;
int i = 42;
p = &i;
```

第一行代码声明了一个变量 p，它将用于保存整数的内存地址。第二行代码声明了一个整数型变量，并为其分配了一个值。第三行代码表示将指针 p 指向第二行声明的整数型变量的地址。非常重要的一点是，p 的值不是 42，它将存储保存整数 42 的内存地址。

注意，*在变量名上是如何进行声明的。这是一个常见的约定。因为如果在一条语句上声明了多个变量，*只会对其最近的变量产生影响。比如：

```
int* p1, p2;
```

乍一看，似乎声明了两个整数型指针。不过这行代码的含义并非如此，它只声明了一个名为 p1 的整数型指针，第二个变量是一个整数型变量 p2。上述代码行与下列内容等价：

```
int *p1;
int p2;
```

如果希望在一条语句中声明两个整数型指针，那么应该使用下列代码：

```
int *p1, *p2;
```

2.1.6 命名空间

命名空间提供了一种模块化代码机制。命名空间允许使用唯一的名称标记自定义类型、函数和变量，使用作用域解析运算符，你可以提供一个完整的限定名称。它的优点在于我们能够确切地知道将要调用哪个元素；缺点是使用完全限定名称实际上会关闭 C++重载函数的参数查找机制。编译器将根据传递给函数的参数来选择具有最佳拟合度的函数。

定义一个命名空间非常简单，使用关键字 namespace 来修饰类型、函数和全局变量，并且需要提供相应的名称。在下列示例中，命名空间 utilities 下定义了两个函数：

```
namespace utilities
{
    bool poll_data()
    {
        // 返回 bool 型
    }
    int get_data()
    {
        // 返回整型
    }
}
```

提示

不要在封闭的大括号末尾使用分号。

现在当我们使用这些标识符时，需要使用命名空间来限定名称：

```
if (utilities::poll_data())
{
    int i = utilities::get_data();
    // use i here...
}
```

命名空间中也可以只包含函数声明。在这种情况下，实际的函数定义必须在其他地方完成，并且需要使用命名空间限定函数名称：

```
namespace utilities
{
    // 声明函数
    bool poll_data();
    int get_data();
}

//定义函数
bool utilities::poll_data()
{
    // 返回 bool 型
}

int utilities::get_data()
{
    // 返回一个整数
}
```

对代码进行版本管理是命名空间的用途之一。第一版代码也许包含一些在功能特性之外的副作用，并在技术上是一个 Bug，但是某些调用该代码的用户仍然将使用和依赖它。当我们更新并修复了这个 Bug 时，可以决定让调用方有权选择旧版本的代码，以不会影响调用方代码的正常运行。用户可以使用命名空间执行此操作：

```
namespace utilities
{
    bool poll_data();
    int get_data();

    namespace V2
    {
        bool poll_data();
        int get_data();
        int new_feature();
    }
}
```

现在当调用方希望使用该代码的特定版本时，只需通过完整的限定名称即可，比如调用方可以通过 utilities::V2::poll_data 调用新版本程序，通过 utilities::poll_data 使用旧版本程序。当某个位于特定命名空间下的元素调用相同命名空间的另外一个元素时，它不需要使用完整的限定名称。因此，如果 new_feature 函数在调用 get_data 函数时，就意味着 utilities::V2::get_data 函数被调用。值得注意的一点是，为了声明一个嵌套的命名空间，我们必须进行手动完成嵌套结构，不能简单地声明一个名为 utilities::V2 的命名空间。

上述示例代码已经编写完毕，因此第一版的代码将使用命名空间 utilities。C++11 提供了一个名为内联命名空间的特性，它允许定义一个嵌套的命名空间，但是允许编译器在执行相关参数查找时，将该元素视为位于其父命名空间中：

```
namespace utilities
{
    inline namespace V1
    {
```

```
        bool poll_data();
        int get_data();
    }

    namespace V2
    {
        bool poll_data();
        int get_data();
        int new_feature();
    }
}
```

现在我们可以通过 utilities::get_data 或者 utilities::V1::get_data 调用第一版的 get_data 函数。

完整的限定名称会使得代码难以阅读，特别是代码中只使用了一个命名空间时。为了让大家能够多一些选择，可以使用 using 语句来表示没有完整限定名称的情况下使用特定命名空间下声明的符号：

```
using namespace utilities;
int i = get_data();
int j = V2::get_data();
```

你仍然可以使用完整的限定名称，不过该语句允许用户放宽要求。注意，嵌套的命名空间是命名空间的一个成员，因此上述代码中使用 using 语句意味着可以通过 utilities::V2::get_data 或者 V2::get_data 调用第二版的 get_data 函数。如果使用了不完整的名称，则意味着用户将要调用 utilities::get_data 函数。

一个命名空间下可以包含多个元素，用户可以只希望对其中的部分元素放宽对完整限定名称的使用。为此，可以使用 using 语句，并提供元素名称：

```
using std::cout;
using std::endl;
cout << "Hello, World!" << endl;
```

上述代码的含义是，在调用 cout 时，它都是引用自 std::cout 的。你可以在一个函数的内部使用 using，或者将它当作文件作用域，为相关文件构造全局的目标。

我们不必只在一处声明命名空间，而是可以在多个文件之间使用它。以下代码可以位于上述声明 utilities 的不同文件中：

```
namespace utilities
{
    namespace V2
    {
        void print_data();
    }
}
```

print_data 函数仍然是 utilities::V2 命名空间下的一部分。

你还可以将一个#include 标识符添加到某个命名空间中。这种情况下，引用的头文件中的内容将成为命名空间下的一部分。标准库头文件中文件前缀以 c 开头的文件（比如 cmath、cstdlib 和 ctime）是通过引用命名空间 std 下相应的 C 头文件来访问 C 运行时库函数的。

命名空间比较显著的优点是可以在其中通过一些比较常见的名称对自己的元素进行定义，不过可以针对那些不知道该命名空间的代码进行信息隐藏。命名空间意味着我们通过完整的限定名称仍然可以访问这些代码。不过，这只有当我们使用了一个独一无二的命名空间时才会生效，非常有可能的情况是，命名空间的名称越长，其唯一性的可能性就越大。Java 程序员经常会使用一个 URL 作为其命名空间，这样也可以做类似的事情：

```
namespace com_packtpub_richard_grimes
{
    int get_data();
}
```

问题是文件中的限定名称会变得相当长：

```
int i = com_packtpub_richard_grimes::get_data();
```

你可以使用别名来解决这个问题：

```
namespace packtRG = com_packtpub_richard_grimes;
int i = packtRG::get_data();
```

C++允许定义一个没有名字的命名空间，即匿名命名空间。如前所述，命名空间可以防止若干源代码文件之间的命名冲突。如果希望只在某个文件中使用某个名称，那么可以定义一个独一无二的命名空间名。但是如果需要在多个文件中执行此操作，这可能会变得很乏味。一个没有名字的命名空间的特定含义是其具有内部连接，即其中的元素只适用于当前的编译单元、当前文件，而不是在其他文件中。

未在命名空间中声明的代码将是全局命名空间的一员。用户可以在不提供命名空间名称的情况下调用这些代码，不过也可以在通过域解析运算符并且不提供命名空间名称的情况下，显式声明该元素属于全局命名空间：

```
int version = 42;

void print_version()
{
    std::cout << "Version = " << ::version << std::endl;
}
```

2.1.7　C++的变量作用域

如上一章所述，编译器将把用户的源代码文件当作被称为编译单元的独立元素进行处理。编译器将确定用户声明的对象、变量以及所定义的类型和函数，一旦声明完毕，用户就可以在后续声明的作用域内使用它们。在最大范围内，我们可以通过在某个头文件中声明某个元素，使其位于全局作用域，以便项目文件中所有源代码文件都可以访问该元素。当使用这类全局变量时不使用命名空间通常是明智之举，这使得该元素成为全局命名空间的一部分：

```
// in version.h
extern int version;

// in version.cpp
#include "version.h"
version = 17;
```

```
// print.cpp
#include "version.h"
void print_version()
{
    std::cout << "Version = " << ::version << std::endl;
}
```

上述 C++代码分别位于两个源代码文件（version.cpp 和 print.cpp）以及被上述两个文件引用的头文件（version.h）中。头文件中声明了全局变量 version，这个变量可以被上述两个源文件中的代码访问；它声明了该变量，但是没有对变量进行定义。该全局变量实际上是在 version.cpp 中定义和初始化的，此时编译器将为这个变量分配内存。在头文件中声明变量时使用关键字 extern，是为了向编译器声明变量 version 包含外部连接，即该变量名在定义该变量之外的文件是可见的。源代码文件 print.cpp 用到了 version 变量。在这个文件中，使用了作用域解析运算符（::），并且没有指定命名空间名称，因此表明该变量位于全局命名空间下。

你还可以声明仅在当前编译单元有效的元素，通过在源代码文件中在被调用之前对它们进行声明（通常是在该文件的顶部）。这将构造一个模块化的层级，使得我们可以对其他源代码文件中的代码隐藏实现细节。比如：

```
// in print.h
void usage();

// print.cpp
#include "version.h"
std::string app_name = "My Utility";
void print_version()
{
    std::cout << "Version = " << ::version << std::endl;
}

void usage()
{
    std::cout << app_name << " ";
    print_version();
}
```

头文件 print.h 包含文件 print.cpp 中代码的接口。只有这些在头文件中声明的函数才能被其他源代码文件调用。调用方并不需要知道 usage 函数的实现细节，并且如你所见，它调用了一个名为 print_version 的函数，该函数只在 print.cpp 文件内部是有效的。变量 app_name 是在文件范围内声明的，因此它也只能被 print.cpp 内部的代码访问。

如果其他源代码文件在文件范围内声明了一个名为 app_name 的变量，并且也是 std::string 类型的，那么该文件将被编译，但是链接器在连接对象文件时将报错。因为链接器将发现同一变量分别在两个不同的地方被定义，它不知道该选用哪一个。

一个函数也可以定义作用域，函数内部定义的变量只能通过名称访问。函数参数也可以被当作函数内部的变量。因此当声明其他变量时，必须使用与参数名不同的变量名。如果参数没有被关键字 const 修饰，那么可以在函数内部修改参数的值。

我们可以在使用变量之前，在函数内部的任意位置声明它们。大括号（{}）用于定义代码块，它还定义了本地作用域；如果在一个代码块内部声明了一个变量，则该变量只在其内部是有效的。这意味着我们可以在代码块外面声明同名的变量，编译器将使用最接近其作用域的变量。

在本小节结束之前，值得一提的方面是 C++的存储类。一个在函数内部声明的变量意味着编译器将在创建该函数的栈帧上为该变量分配内存。当函数执行完毕后，栈帧将被卸载并且内存会被回收。这意味着某个函数返回时，其中本地变量的值都将丢失。当函数再次被调用时，系统将重新创建和初始化本地变量。

C++提供的关键字 static 可以改变这种行为。关键字 static 意味着被它修饰的变量是程序启动时分配内存的，就像在全局作用域声明变量一样。在一个函数中使用关键字 static 修饰一个被声明的变量时，意味着该变量拥有内部连接，即编译器将对该变量的访问限制为该函数：

```cpp
int inc(int i)
{
    static int value;
    value += i;
    return value;
}

int main()
{
    std::cout << inc(10) << std::endl;
    std::cout << inc(5) << std::endl;
}
```

默认情况下，编译器会把一个静态变量的值初始化为 0，但是可以为它提供一个初始值，并且这将在首次给该变量分配内存时使用。当程序启动后，变量 value 的值会在 main 被调用之前被初始化为 0。inc 函数第一次被调用时，变量 value 的值会增加为 10，然后被该函数返回并打印输出到控制台上，因此当 inc 函数再次被调用时，变量 value 的值变成了 15。

2.2　运算符

运算符是用于根据一个或者多个操作数计算出一个值的。表 2-1 列出了所有具有相同优先级的运算符，并列出了它们的结合性。表格中排名越靠前的运算符，在表达式中执行的优先级就越高。如果表达式中包含若干运算符，编译器会在优先级低的运算符之前执行优先级高的运算符。如果表达式中包含相同优先级的运算符，那么编译器会根据左结合性或者右结合性对操作数进行分组。

提示

这张表中的内容可能会给读者带来一些困扰。一对括号可以代表一个函数调用或者一个类型转换，在表 2-1 中它们的形式是以 function()和 cast()出现的。在实际开发过程中，我们会使用()这样的简写形式。符号+和-既可以用于表示运算符号（一元加号和一元负号，在表格中是

以+x 和-x 表示的），也可以是加法和减法（表格中是以+
和-表示的）。符号&既可以表示"取某个变量的内存地址"
（表格中是以&x 表示的），也可以是按位与（AND）运算
（表格中是以&表示的）。最后，后缀自增和自减运算符
（在表格中是以 x++ 和 x-- 形式出现的）比等价的前缀运
算符（表格中是以++x 和--x 形式出现的）优先级高。

表 2-1

优先级和结合性	运　算　符
无结合性	`::`
结合性从左到右	`.`或者`->`、`[]`、`function()`、`{}`、`x++`、`x--`、`typeid`、`const_cast`、`dynamic_cast`、`reinterpret_cast`、`static_cast`
结合性从右到左	`sizeof`、`++x`、`--x`、`~`、`!`、`-x`、`+x`、`&x`、`*`、`new`、`delete`、`cast()`
结合性从左到右	`.*`或者`->*`
结合性从左到右	`*`、`/`、`%`
结合性从左到右	`+`、`-`
结合性从左到右	`<<`、`>>`
结合性从左到右	`<`、`>`、`<=`、`>=`
结合性从左到右	`==`、`!=`
结合性从左到右	`&`
结合性从左到右	`^`
结合性从左到右	`|`
结合性从左到右	`&&`
结合性从左到右	`||`
结合性从右到左	`?:`
结合性从右到左	`=`、`*=`、`/=`、`%=`、`+=`、`-=`、`<<=`、`>>=`、`&=`、`|=`、`^=`
结合性从右到左	`throw`
结合性从右到左	`,`

比如下列代码：

```
int a = b + c * d;
```

该代码被解析为首先执行乘法操作，然后执行加法操作。上述代码更清晰的表达方式如下：

```
int a = b + (c * d);
```

这是因为*比+的优先级高，因此先执行乘法，然后再执行加法：

```
int a = b + c + d;
```

在这种情况下，运算符+具有相同的优先级，并且高于赋值符号的优先级，因此+按照从左到右的结合性执行相关操作，该语句会被解析成如下形式：

```
int a = ((b + c) + d);
```

也就是说，第一个动作是 a 加 b，然后它们的计算结果与 d 相加，最后的计算结果会赋值给 a。这看上去没什么特别的，不过需要注意的是，+可以位于函数之间（函数调用的优先级高于+）：

```
int a = b() + c() + d();
```

上述代码表示 b、c、d 这 3 个函数将顺次被调用，然后它们的返回值将根据从左到右的结合性相加求和。这也许非常重要，因为 d 可能会依赖于被其他两个函数修改的全局数据。

如果使用括号对表达式进行分组来明确指定它们的优先级，那么这些代码可能会更容易阅读和理解。编写 b+(c*d) 这样形式的代码，使得我们非常清楚首先执行哪个表达式，而 b+c*d 这样的代码表示我们必须知道每个运算符的优先级才能做出准确的判断。

内置的运算符都是经过重载的，即使用相同的语法，无论使用哪种类型的运算符处理操作数，操作数的类型都必须相同；如果需要处理不同类型的操作数，编译器将执行一些默认的转换操作，但是在其他情况下（具体来说，当处理相同类型的不同长度时），我们将不得不显式执行一个转型操作来明确自己的意图。下一节将对此作更详细的解释。

内置运算符简介

C++内置的运算符涵盖范围很广，本小节将介绍大部分算术或者逻辑运算符。转型运算符将在下一章详细介绍，内存运算符将在第 4 章和第 6 章详细介绍。

1. 算术运算符

算术运算符+、-、/、*和%中，除了除法和取模运算符之外，其他运算符可能还需要作一些解释。除了%只能用于处理整数类型之外，其他运算符都是以整数类型和实数类型作为操作对象的。如果在算术操作中混合了其中两种类型（比如将一个整数和一个浮点数相加），那么编译器将如下一章所述自动执行类型转换操作。除法运算符/会按照预期处理浮点型变量的方式执行相关操作：它生成了两个操作数相除之后的结果。当在两个整数型变量之间执行 a/b 这样的操作时，整个表达式的结果是除数（b）被 a 整除，除数的余数通过取模操作（%）获得。因此，对于任意整数 b（不为 0），可以说，整数 a 可以用下列表达式表示：

```
(a / b) * b + (a % b)
```

注意，取模运算符只适用于整数。如果希望获取浮点型操作数之间相除后的余数，那么需要使用标准函数 std::remainder 来实现。

在对整数执行除法操作时需要格外小心，因为计算结果的小数部分将被丢弃。如果需要保留小数部分，那么需要将该数字显式地转换成实数，例如：

```
int height = 480;
int width = 640;
float aspect_ratio = width / height;
```

当长宽比应该是 1.3333（4∶3）时，给定的比值却是 1。为了确保程序执行的是浮点数除法，而不是整数除法，我们可以将除数或者被除数转型为一个浮点数，详情将在下一章深入介绍。

2．自增和自减运算符

这些运算符有前缀版和后缀版两个版本。顾名思义，前缀版意味着运算符位于运算符的左侧（比如++i），后缀版的运算符位于操作数的右侧（i++）。

运算符++将对操作数执行自增操作，运算符--将让操作数执行自减操作。前缀版运算符表示"操作完成后返回执行结果"，后缀版运算符表示"在执行操作之前返回其值"。因此，下列代码将对变量执行自增操作后，将操作结果赋值给另外一个变量：

```
a = ++b;
```

这里的前缀运算符主要用于对变量 b 执行自增操作，然后变量 b 自增后的值会被赋值给变量 a。它的另外一种表示方式如下：

```
a = (b = b + 1);
```

下面的代码是使用后缀运算符为变量赋值：

```
a = b++;
```

这意味变量 b 会执行自增操作，但是赋给变量 a 的值是变量 b 执行自增操作之前的值。它的另外一种表达方式如下：

```
int t;
a = (t = b, b = b + 1, t);
```

提示

注意此语句中使用了逗号运算符，因此 a 会在最右侧的表达式中被赋值为临时变量 t。

自增和自减运算符都可以应用于整数和浮点数。这两个运算符还可以应用于指针，它们在其中将具有特殊的含义。当对一个指针变量执行自增操作时，意味着该指针将根据指向的数据类型大小来自动增加。

3．位运算符

整数可以看作是一系列由 0 或者 1 组成的位。位运算符会将操作数中相同位置的位和其他操作数进行比较。有符号整数会使用一位来表示其符号，但是位运算符会对整数中的每一位一视同仁，因此采用无符号整数进行位比较通常是比较明智的。在后续的章节中，所有类型的数据都是无符号的，因此它们被当作没有符号位的数据。

运算符&表示按位与（and）操作。这意味着左侧操作数中的每个位将与右侧操作数相同位置的位进行比较。如果两者都是 1，那么相同位置的比较结果位的值是 1，否则，结果位上的

值是 0:

```
unsigned int a = 0x0a0a; //其二进制格式为 0000101000001010
unsigned int b = 0x00ff; //其二进制格式为 0000000000001111
unsigned int c = a & b;  //其二进制格式为 0000000000001010
std::cout << std::hex << std::showbase << c << std::endl;
```

在这个示例中,使用位运算符&的 0x00ff 和提供一个屏蔽除了低位以外的掩码效果是一样的。

运算符|表示按位或 (OR) 操作,在两边相同位置上的任意一方的值是 1 或者两者都是 1,则返回的结果位的值是 1, 仅当两边的值都为 0 时,结果位的值才是 0:

```
unsigned int a = 0x0a0a; //其二进制格式为 0000101000001010
unsigned int b = 0x00ff; //其二进制格式为 0000000000001111
unsigned int c = a & b;  //其二进制格式为 0000101000001111
std::cout << std::hex << std::showbase << c << std::endl;
```

运算符&的用途之一是判断某些特定位 (或者特定的一组位域) 是否被设置:

```
unsigned int flags = 0x0a0a; // 0000101000001010
unsigned int test = 0x00ff;  // 0000000000001111

// 0000101000001111 is (flags & test)
if ((flags & test) == flags)
{
    //当 test 中所有标记位都已设置时
}
if ((flags & test) != 0)
{
    // 当 test 中部分标记位已设置时
}
```

变量 flags 包含我们需要的位,变量 test 中包含我们需要检查的位。其检查结果 (flags&test) 将只包含变量 test 中的设置位,同时包含变量 flags 的设置位。即,如果结果非 0,则意味着至少有一位既在 test 也在 flags 中的设置位;如果比较结果与变量 flags 几乎一致,那么说明在 flags 中的设置位也存在于 test 中。

运算符^表示异或 (XOR) 操作,它主要用于测试操作数之间的差异位。如果两个操作数的相同位置的位不同,则结果位的值是 1;如果它们相同,则结果位的值是 0。异或操作可以用于翻转特定位:

```
int value = 0xf1;
int flags = 0x02;
int result = value ^ flags; // 0xf3
std::cout << std::hex << result << std::endl;
```

最后要介绍的运算符是按位补码 (~)。该运算符可以用于处理单个整数操作数,返回的值中每个位是操作数相应位的补码。如果操作数中位的值为 1,那么结果位的值将是 0;如果操作数中位的值为 0,那么结果位的值将是 1。注意,所有位都会被检查,所以需要留意整数的长度。

4. 布尔运算符

运算符==将测试两个值是否完全相同。如果对两个整数进行测试,那么结果是显而易见的。

比如，当 x=2 并且 y=3 时，x==y 的结果很显然是 false。

不过，两个实数的比较结果可能与你的预期并不一致：

```
double x = 1.000001 * 1000000000000;
double y = 1000001000000;
if (x == y) std::cout << "numbers are the same";
```

double 类型是一个 8 字节的浮点类型，但是在这里使用时，显然精度不能满足要求；存储在变量 x 中的值是 1000000999999.9999（保留小数点后 4 位）。

运算符!=用于测试两个值是否不相等。运算符>和<用于测试左边的操作数是否大于或者小于右边的操作数，运算符>=用于测试左边的操作数是否大于或者等于右边的操作数，运算符<=用于测试左边的操作数是否小于或者等于右边的操作数。这些运算符可以在 if 语句中使用，类似前面示例中使用的运算符==。使用运算符的表达式将返回一个布尔型的值，因此可以将它们赋值给一个布尔型的变量：

```
int x = 10;
int y = 11;
bool b = (x > y);
if (b) std::cout << "numbers same";
else   std::cout << "numbers not same";
```

赋值运算符（=）拥有比运算符>=更高的优先级，但是我们使用括号来明确表示该值在被赋值给变量之前需要先进行测试。你可以使用运算符! 对一个逻辑值进行取反操作。因此，如果使用上述示例中获取 b 的值时，可以编写如下代码：

```
if (!b) std::cout << "numbers not same";
else    std::cout << "numbers same";
```

你还可以使用运算符&&（AND）和||（OR）对两个逻辑表达式进行比较。一个包含运算符&&的表达式中，只有其中两个操作数的结果都为 true 时，该表达式的结果才能为 true。一个包含运算符||的表达式中，操作数中任意一个或者两者的结果都为 true 时，该表达式的结果为 true：

```
int x = 10, y = 10, z = 9;
if ((x == y) || (y < z))
    std::cout << "one or both are true";
```

上述代码涉及 3 个测试：第一个测试是检查变量 x 和变量 y 是否具有相同的值；第二个测试是检查变量 y 是否小于变量 z；第三个测试是检查前两个测试的结果是否都为 true。

类似这样包含||的表达式中，第一个操作数（x==y）的结果是 true，不管其他操作数（这里是 y<z）的结果如何，该表达式最终的结果都将为 true。所以测试第二个表达式在这种情况下是没有意义的。相应地，在包含运算符&&的表达式中，如果第一个操作数的结果是 false，则整个表达式的结果必为 false，那么表达式右侧的部分将不需要再执行测试。编译器还为用户提供了执行此操作的短路式代码：

```
if ((x != 0) && (0.5 > 1/x))
{
    // 倒数值小于 0.5
}
```

上述代码将测试变量 x 的倒数是否小于 0.5（或者相反，x 大于 2）。如果变量 x 的值是 0，那么 1/x 将会报错，不过在这种情况下，将永远不会执行该表达式，因为 && 左边的操作数的结果为 false。

5. 移位运算符

移位运算符会将左侧操作数整数中的位按照指定方向移动右侧操作数指定的位数。左移一位表示将该数字乘以 2，右移一位表示将该数字除以 2。下列代码是一个 2 字节整数的移位示例：

```
unsigned short s1 = 0x0010;
unsigned short s2 = s1 << 8;
std::cout << std::hex << std::showbase;
std::cout << s2 << std::endl;
// 0x1000
s2 = s2 << 3;
std::cout << s2 << std::endl;
// 0x8000
```

在本示例中，变量 s1 由一个 5 位 16 进制数组成（0x0010 或者 16）。变量 s2 获得了变量 s1 向左移动 8 位的计算结果，因此单个位被移动到了第 13 位，底部位的 8 位全部置为 0（0x10000 或者 4096）。这意味着 0x0010 和 28 或者 256 相乘后，获得的结果是 0x1000。接下来，该值向左移动 3 位，最终的结果为 0x8000；顶部位发生了变化。

该运算符将丢弃任何溢出的位，因此如果设置了顶部位并且将整数左移了一位，那么被移除的顶部位将被丢弃。

```
s2 = s2 << 1;
std::cout << s2 << std::endl;
// 0
```

最后左移一位后导致该值变成 0。

非常重要的一点是，在与流对象一起使用时，运算符 << 表示插入到该流中；当与整数一起使用时，其含义表示按位移动。

6. 赋值运算符

赋值运算符 = 表示将等号右边的右值（一个变量或者表达式）的计算结果赋值给左侧的左值（一个变量）：

```
int x = 10;
x = x + 10;
```

第一行代码表示声明了一个整数类型的变量，并将它的初始值设置为 10。第二行代码表示通过让变量与 10 相加来修改它，因此现在的变量值将是 20。这是一个赋值过程。C++ 允许使用缩略语法根据变量来修改该变量的值。上述代码还可以写成如下形式：

```
int x = 10;
x += 10;
```

像这样的自增运算符（以及自减运算符）可以应用于整数和浮点数。如果将运算符应用于一个指针，那么操作数表示被指针修改的所有元素地址数目。比如，如果一个整数是 4 字节的，给指针增加了 10 之后，那么实际指针的值增加了 40（10 个 4 字节）。

除了自增（+=）和自减（-=）赋值以外，还可以使用乘法（*=）、除法（/=）和取余（%=）赋值。除了最后一个（%=）之外，其余两个都可以用于处理浮点数和整数。取余只能用于处理整数。

你还可以对整数执行移位赋值操作：左移赋值（<<=）、右移赋值（>>=）、按位与赋值（&=）、按位或赋值（|=）以及按位异或赋值 OR（^=）。因此，乘以 8 可以通过下列两行代码实现：

```
i *= 8;
i <<= 3;
```

2.3 执行流控制

C++提供了多种方式测试值和循环执行代码。

2.3.1 条件语句

最常用的条件语句是 if。在其最简单的形式中，if 语句后面的一对括号中包含一个逻辑表达式，并且如果表达式的结果为 true，则紧跟在它后面的语句将被执行：

```
int i;
std::cin >> i;
if (i > 10) std::cout << "much too high!" << std::endl;
```

当条件表达式的结果为 false 时，我们还可以使用 else 语句来处理这种情况：

```
int i;
std::cin >> i;
if (i > 10) std::cout << "much too high!" << std::endl;
else        std::cout << "within range" << std::endl;
```

如果你希望执行多条语句，可以使用大括号（{}）来定义一个代码块。

该条件是一个逻辑表达式，并且 C++将把数字类型转换成布尔类型，0 表示 false，其他非 0 值表示 true。如果你粗心大意，这可能会是一个不容易察觉的错误源，而且还会产生一些意想不到的副作用。

请看下列代码，它会要求我们通过控制台输入信息，然后测试输入的值是否为-1：

```
int i;
std::cin >> i;
if (i == -1) std::cout << "typed -1" << endl;
std::cout << "i = " << i << endl;
```

这看起来不太自然，不过我们可能会在一个循环中被请求输入相应的值，然后对这些值进行处理，除了当输入-1 时，此时循环将结束。如果输入错误，最后完成的代码可能如下所示：

```
int i;
std::cin >> i;
if (i = -1) std::cout << "typed -1" << endl;
std::cout << "i = " << i << endl;
```

在这种情况下，我们使用赋值运算符（=）代替了判等运算符（==）。虽然只是一字之差，但是它们仍然是正确的 C++代码，并且也能通过编译器的编译。

结果是，无论在控制台上输入什么，-1 都会赋值给变量 i，并且因为-1 是一个非零值，if 语句中的条件表达式的结果为 true，所以该语句的 true 子句将被执行。由于变量被赋值为-1，这可能会进一步改变代码中的逻辑。避免这个 Bug 的方法是利用赋值语句中左侧必须是左值这一特性，按照以下步骤执行测试：

```
if (-1 == i) std::cout << "typed -1" << endl;
```

这里的逻辑表达式是（-1 == i），因为运算符==是可交换的（操作数的顺序并不重要，用户将得到相同的结果），这与前面提到的测试几乎一致。不过，如果你因为粗心，输入了错误的运算符：

```
if (-1 = i) std::cout << "typed -1" << endl;
```

在这种情况下，赋值语句的左侧存在一个右值，这将导致编译报错（在 Visual C++中该错误提示信息为 "C2106 '=' : left operand must be l-value"）。

还可以在 if 语句中声明一个变量，并且该变量的作用域是该语句块。比如，一个返回整数的函数能够以下列方式被调用：

```
if (int i = getValue()) {
    // i != 0    // can use i here
} else {
    // i == 0    // can use i here
}
```

虽然这是完全合乎 C++语法的，但是我们几乎没有理由要这样做。

在某些情况下，可以使用条件运算符?:来代替 if 语句。该运算符会执行运算符?左边的一个表达式，如果该条件表达式结果为 true，那么它会执行运算符?右边的表达式。如果条件表达式的结果为 false，它会执行运算符:右边的表达式。表达式的执行结果是条件运算符的返回值。

比如，下列代码需要确定两个变量 a 和 b 中的更大者：

```
int max;
if (a > b) max = a;
else       max = b;
```

上述代码还可以使用下列一条语句来完成：

```
int max = (a > b) ? a : b;
```

在选择时，主要考虑的因素是代码的可读性。很明显，如果赋值表达式很大，那么最好在 if 语句中将它们分割成若干行。不过，在其他语句中使用条件语句将非常有用。比如：

```
int number;
std::cin  >> number;
std::cout << "there "
          << ((number == 1) ? "is " : "are ")
          << number << " item"
          << ((number == 1) ? "" : "s")
          << std::endl;
```

　　该代码主要是为了确定变量 number 的值是否为 1，如果条件为 true，那么控制台将打印输出存在一个元素。这时因为在两个条件表达式中，如果变量 number 的值是 1，那么条件为 true，将采用第一个表达式中的结果。注意，整个表达式是用括号括起来的。因为流对象中的<<运算符被重载了，并且我们希望编译器选择接受字符串的版本，运算符返回的类型不是布尔型的，而是表达式的类型（number==1）。

　　如果条件运算符的返回值是一个左值，那么可以在赋值语句的左侧使用它。这意味着你可以编写下列更古怪的代码：

```
int i = 10, j = 0;
((i < j) ? i : j) = 7;
// i is 10, j is 7

i = 0, j = 10;
((i < j) ? i : j) = 7;
// i is 7, j is 10
```

　　条件运算符会检查 i 是否小于 j，如果结果为 true，将给 i 赋值，否则将给 j 赋值。该代码非常简单，但是缺乏可读性，这种情况下使用 if 语句效果会更好。

2.3.2　选择

　　如果你希望测试某个变量是否是几个值之一，使用多个 if 语句会变得很麻烦。C++的 switch 语句能够更好地满足这一需求。它的基本语法如下：

```
int i;
std::cin >> i;
switch(i)
{
    case 1:
        std::cout << "one" << std::endl;
        break;
    case 2:
        std::cout << "two" << std::endl;
        break;
    default:
        std::cout << "other" << std::endl;
}
```

　　如果被选中的变量等于特定的值，那么每种 case 本质上就是和将要执行操作相匹配的特定代码标签。default 子句是专门处理不存在相关值的情况。我们不必提供 default 子句，这意味着将只针对特定情况进行测试。default 子句可以用于处理最常见的情况（在这种情况下，case 语句会过滤掉较不可能的值），或者也可以是异常值（在这种情况下，case 语句用于处理最可能出现的值）。

　　switch 只能用于测试整数类型（包括枚举类型），你只能选择常量进行测试。字符型（char）是一个整数，这意味着我们可以在 case 语句中使用字符，但是只能使用单个字符，不能使用字符串：

```
char c;
std::cin >> c;
switch(c)
```

```
{
    case 'a':
        std::cout << "character a" << std::endl;
        break;
    case 'z':
        std::cout << "character z" << std::endl;
        break;
    default:
        std::cout << "other character" << std::endl;
}
```

break 语句表示某个 case 语句执行结束。如果没有 break 语句，程序将接着执行后面的 case 语句，即使它们是专门为一个不同的 case 语句而声明的：

```
switch(i)
{
    case 1:
        std::cout << "one" << std::endl;
        // fall thru
    case 2:
        std::cout << "less than three" << std::endl;
        break;
    case 3:
        std::cout << "three" << std::endl;
        break;
    case 4:
        break;
        default:
        std::cout << "other" << std::endl;
}
```

上述代码显示了 break 语句的重要性。i 的值为 1 的情况下，将把"one"和"less than three"都打印输出到控制台上，因为程序会沿着上一个 case 语句顺序执行，即使该 case 子句是为了处理其他值的。

对于不同的情况，通常都会用不同的代码表示，因此我们最好在每个 case 子句末尾加一个 break 语句。非常容易因为粗心而漏掉添加 break 语句，并且这将导致代码出现一些异常行为。刻意遗漏 break 语句，从而对代码进行记录是一个比较推荐的做法，这样用户可以知道如果缺少一个 break 语句，可能会导致出现一个错误。

用户可以为每个 case 子句提供 0 个或者多个语句。如果存在多个语句，那么它们都将针对该特定 case 子句执行。如果用户没有提供任何语句（比如上述代码中的 case 4），那么意味着将不会执行任何语句，即使是在 default 子句中也一样。

break 语句表示退出该代码块，并且它在循环语句 while 和 for 中的作用也是如此。还有其他方式可以退出 switch 语句。一个 case 子句中可以调用 return 语句结束整个函数的执行，从而达到退出 switch 语句的目的；还可以调用 goto 语句跳转到某个标签，或者调用 throw 语句来抛出一个异常，从而让位于 switch 语句之外或者该函数外部的异常处理代码捕获该异常。

到目前为止，这些 case 都是按照数字序号排序的，这并不是必需的，但是这提高了代码的可读性，并且结构也更清晰。如果用户希望沿着 case 语句顺序执行（比如 case 1），那么最好应该留意 case 元素的顺序。

如果需要在某个 case 子句中声明一个临时变量，则必须使用大括号来定义一个代码块，这将使得这个本地变量的作用域仅限于该代码块。用户也可以在 case 子句中使用 switch 语句之外声明的任何变量。

因为枚举常量是整数，所以用户可以在一个 switch 语句中对一个枚举常量进行测试：

```
enum suits { clubs, diamonds, hearts, spades };

void print_name(suits card)
{
    switch(card)
    {
        case suits::clubs:
            std::cout << "card is a club";
            break;
        default:
            std::cout << "card is not a club";
    }
}
```

虽然这里的枚举常量并没有限定作用域（它既不是枚举类也不是枚举结构体），它并不需要在 case 子句中限定枚举值的作用域，但是这种形式使得代码更清晰，告知读者常量引用的内容是什么。

2.3.3　循环

大部分程序需要循环执行一些代码，C++提供了多种方式来执行这种操作。其中既包括迭代访问索引值，也包括测试逻辑条件。

1．迭代循环

for 语句有两种版本，即迭代循环和基于区间的循环。后者是在 C++11 中引入的。迭代循环的基本格式如下：

```
for (init_expression; condition; loop_expression)
    loop_statement;
```

你可以用一个或者多个循环语句，并且对于多个语句来说，最好使用大括号将它们括起来。循环的目的可能是为了服务于循环表达式，在这种情况下，我们并不希望某个循环语句被执行。因此，可以使用空语句替代，单独的;表示什么也不做。

括号内包含 3 个用分号分隔的表达式。第一个表达式允许用户声明循环的初始变量。该变量的作用域被限定在 for 语句内部，因此只能在 for 语句表达式或者循环语句内部使用它。如果希望使用多个循环变量，则可以在表达式中使用逗号运算符分隔它们。

条件表达式结果为 true 时，for 语句将循环执行；如果使用了一个循环变量，那么可以使用该表达式来测试该循环变量的值。第三个表达式会在循环结束时调用。最后，该条件表达式将被调用，以确认是否该继续执行循环。最终的表达式经常被用来更新循环变量的值。比如下列代码：

```
for (int i = 0; i < 10; ++i)
{
    std::cout << i;
}
```

在这段代码中，循环变量是 i，并且它的初始值是 0。接下来会检查条件表达式，因为 i 的值小于 10，所以循环语句将被执行（打印其值到控制台上）。下一个动作是循环表达式，++i 会被调用，这将对循环变量 i 执行自增操作，然后是对条件表达式进行检查，循环往复这一过程。因为条件表达式是 i<10，这意味着将根据变量 i 的值从 0～9 循环执行 10 次（用户将在控制台上看到 0123456789 这样的输出结果）。

循环表达式可以是你喜欢的任意表达式，不过通常它会执行对某个变量的自增或自减操作。我们不一定必须修改循环变量的一个单位。比如，可以使用 i-=5 作为循环表达式，以便每次循环中对变量减去 5。循环变量可以是任意类型，不一定必须是整数类型，甚至不一定必须是数字（例如，它可以是一个指针或者一个迭代器对象，与之有关的详情可以参考第 8 章）。条件和循环表达式也不一定必须使用循环变量。事实上，我们甚至根本不必声明一个循环变量！

如果没有提供循环条件，那么该循环将执行无限循环操作，除非你在循环中提供一个检验条件：

```
for (int i = 0; ; ++i)
{
    std::cout << i << std::endl;
    if (i == 10) break;
}
```

这里用到了前面介绍的 break 语句。它表示退出该循环，并且还可以使用 return、goto 和 throw 语句来达到上述目的。你将发现 goto 语句使用的概率非常小，不过，我们可能会遇到类似下列内容的代码：

```
for (;;)
{
    // code
}
```

在这种情况下，没有循环变量，没有循环表达式，也没有条件表达式。这是一个无限循环，循环内部的代码确定何时结束循环。

for 语句中的第三个表达式，即循环表达式，可以是你偏好的任意类型，它的唯一特点是会在一次循环结束后被执行。你也可能会希望在该表达式中修改其他变量的值，或者还可以使用逗号运算符提供多个表达式。比如，如果有两个函数，一个叫 poll_data，它用于判断如果存在更多可用的数据则返回 true，如果没有更多可用的数据则返回 false；另外一个函数叫 get_data，它会返回下一个可用的数据元素，你可以通过如下形式使用它们（记住，这只是一个演示性的示例）：

```
for (int i = -1; poll_data(); i = get_data())
{
    if (i != -1) std::cout << i << std::endl;
}
```

当函数 poll_data 的返回值是 false 时，循环将结束。其中的 if 语句是必需的，因为循环第一次执行时，get_data 函数还未被调用。下面是一个更好的版本：

```
for (; poll_data() ;)
{
    int i = get_data();
```

```
    std::cout << i << std::endl;
}
```

请留意该示例，因为下一小节还会用到它。

还有一个可以在 for 循环中使用的关键字。大部分情况下，for 循环内部将包含若干行代码，在某些时候，我们认为当前循环已经完成，并且需要启动执行下一次循环（或者更确切地说，执行循环表达式，然后对条件表达式进行测试）。为此，可以使用关键字 continue：

```
for (float divisor = 0.f; divisor < 10.f; ++divisor)
{
    std::cout << divisor;
    if (divisor == 0)
    {
        std::cout << std::endl;
        continue;
    }
    std::cout << " " << (1 / divisor) << std::endl;
}
```

在上述代码中，打印输出了数字 0～9 的倒数（0.f 是一个 4 字节的浮点数）。for 循环中的第一行代码打印输出了循环变量，接下来的一行用于检查变量值是否为 0。如果该值为 0，那么程序会打印输出新的一行并继续，for 循环中的最后一行代码将不会执行。因为最后一行是打印输出该变量值的倒数的，将任何数字除以 0 都会报错。

C++11 中引入了另外一种使用 for 循环的方法，旨在将之与容器搭配使用。C++标准库中包含容器类的模板。这些类包含一组对象集合，并提供了访问这些元素的标准方法。该标准方法是使用一个迭代器对象遍历访问该集合，与之有关的详情可以参考第 8 章。上述方法的具体使用涉及指针和迭代器的语法，因此我们在这里不对它们进行深入介绍。基于区间的 for 循环在不显式使用迭代器的情况下，提供了一种访问容器元素的简单方法。

它的语法很简单：

```
for (for_declaration : expression) loop_statement;
```

首先需要指出的是，它只包含两个表达式，并且是用冒号（:）分隔的。第一个表达式用于声明循环变量，该变量的类型由需要迭代访问的集合中的元素类型决定。第二个表达式可以访问该集合。

提示

在 C++术语中，可以使用的集合是那些定义了 begin 函数和 end 函数，它们可以供迭代器以及基于堆栈的数组访问（编译器知道该数组的长度）。

标准库中定义了一个名为 vector 的容器对象。vector 模板是一个包含在尖括号（<>）中声明类型的元素类。在下列代码中，vector 是采用 C++11 规范中新增的语法进行初始化的，它被称为列表初始化。该语法允许在一个大括号包裹的列表中声明 vector 的初始值。下列代码将创建和初始化一个 vector，然后使用 for 循环迭代打印输出其中的所有值：

```
using namespace std;
vector<string> beatles = { "John", "Paul", "George", "Ringo" };
```

```
for (int i = 0; i < beatles.size(); ++i)
{
    cout << beatles.at(i) << endl;
}
```

提示

这里使用 using 语句是为了让类 vector 和 string 不必使用完整的限定名称。

vector 类有一个名为 size 的成员函数（使用.运算符进行调用，其含义是"在这个对象上调用该函数"），它会返回 vector 的元素数量。

每个元素是使用 at 函数和元素索引进行访问的。该代码中一个很大的问题是它采用了随机访问，即它是使用元素的索引访问每个元素的。这是 vector 的一个特性，但是其他标准库容器类并不支持随机访问。下列代码将使用基于区间的 for 循环：

```
vector<string> beatles = { "John", "Paul", "George", "Ringo" };

for (string musician : beatles)
{
    cout << musician << endl;
}
```

此语法适用于任何标准容器类型和分配在堆栈上的数组：

```
int birth_years[] = { 1940, 1942, 1943, 1940 };

for (int birth_year : birth_years)
{
    cout << birth_year << endl;
}
```

在这种情况下，编译器知道数组的长度（因为编译器会给数组分配内存），因此它能够确定区间的范围。基于区间的 for 循环将遍历访问容器中的所有元素，但是与前面提到的版本一样，你可以使用 break、return、throw 和 goto 语句退出循环，同时也可以使用 continue 语句指示程序执行下一次循环。

2. 条件循环

在上一小节中，我们提供了一个演示性的示例，其中 for 循环中的条件语句用来轮询查找数据：

```
for (; poll_data() ;)
{
    int i = get_data();
    std::cout << i << std::endl;
}
```

在这个例子中，条件表达式中并没有用到循环变量。这也适用于 while 条件循环：

```
while (poll_data())
{
    int i = get_data();
```

```
    std::cout << i << std::endl;
}
```

该语句将一直执行，直到表达式（在这里是 poll_data()）的执行结果为 false。与 for 语句一样，用户也可以使用 break、return、throw 和 goto 语句退出 while 循环，并且可以使用 continue 语句指示程序执行下一次循环。

while 语句在第一次执行时，会在循环执行前对条件表达式进行测试。在某些情况下，用户也许会希望至少执行循环一次，然后再对条件表达式进行测试（很可能取决于循环中的行为），以确认是否应该重复执行相关操作。执行此操作的访问是使用 do-while 循环：

```
int i = 5;
do
{
    std::cout << i-- << std::endl;
} while (i > 0);
```

注意，while 子句后面有一个分号，这是必不可少的。

该循环将以逆序打印输出 1~5 这 5 个数字。因为循环变量 i 的初始值是 5。循环中的语句将通过后缀运算符对该变量进行自减操作，这意味着执行自减操作之前的值会被传递给流对象。在循环末尾，while 子句会测试变量的值是否大于 0。如果测试结果为 true，循环将继续执行。当循环执行过程中将 1 赋值给 i 时，1 将被打印输出到控制台上，然后变量 i 的值会自减为 0，while 子句中表达式测试结果将是 false，然后循环结束。

这两种循环之间的区别在于，在 while 循环被执行前，其条件表达式已经被测试，因此该循环可能并不会被执行。在 do-while 循环中，条件表达式是在循环之后调用的，这意味着对于一个 do-while 循环来说，其循环语句至少被执行了一次。

2.3.4　跳转

C++支持跳转，并且在大部分情况下有更好的办法处理代码分支的问题。不过，为了完整起见，我们在这里将介绍这种机制。跳转一般包括两个部分：跳转语句标签和 goto 语句。一个标签和变量的命名规则类似；声明标签时需要在变量名后添加冒号作为后缀，并且它必须在某个语句的前面。goto 语句在被调用时会使用标签的名称：

```
int main()
{
    for (int i = 0; i < 10; ++i)
    {
        std::cout << i << std::endl;
        if (i == 5) goto end;
    }

end:
    std::cout << "end";
}
```

标签声明必须位于调用 goto 语句的同一函数内部。

用到跳转的地方很少，因为主流的开发理念鼓励用户编写非结构化的代码。不过，如果用户需要处理高度嵌套的循环或者 if 语句，使用 goto 跳转语句可以让代码结构更清晰，也更容易理解。

2.4 C++语言特性应用

接下来我们使用本章向读者介绍过的语言特性编写一个应用程序。该示例程序是一个简单的命令行计算器，用户输入诸如 6 * 7 这样的算式，然后计算器解析用户的输入并执行相关计算。

启动 Visual C++并单击"File"菜单，然后选择"New"选项，最后单击"File..."选项，系统弹出新建文件夹对话框。在左边的选项卡中，单击"Visual C++"，在中间的选项列表中选项 C++文件（.cpp），然后单击"Open"按钮。在开始编码之前，先保存该文件。通过 Visual C++控制台（一个包含 Visual C++环境的命令行程序），导航到之前创建的 Beginning_C++文件夹下，然后在其中新建一个名为 Chapter_02 的文件夹。现在，在 Visual C++的"File"菜单中，单击"Save Source1.cpp As..."项，然后将保存文件对话框定位到刚才创建的 Chapter_02 文件下。在文件名输入框中，将该文件命名为 calc.cpp，然后单击"Save"按钮。

该应用程序将用到 std::cout 和 std::string。因此在文件顶部，添加所需的头文件，并使用一个 using 语句引用相关的命名空间，以便用户不需要使用完整的限定名称：

```
#include <iostream>
#include <string>

using namespace std;
```

用户将需要通过命令行传递算式，因此在文件底部添加一个 main 函数来接收命令行参数：

```
int main(int argc, char *argv[])
{
}
```

应用程序是以 arg1 op arg2 的形式处理算式的，其中 op 是运算符，arg1 和 arg2 是操作数。这意味着当该应用程序执行时，必须为它提供 4 个参数，第一个参数用于启动应用程序的命令，其余的 3 个参数是算式。main 函数中的代码首先应该确保用户提供了正确的参数个数，因此在该函数的顶部添加一个条件判断，代码如下：

```
if (argc != 4)
{
    usage();
    return 1;
}
```

如果执行函数的命令参数多于或者少于 4 个，将调用一个名为 usage 的函数，然后 main 函数会返回，终止该应用程序的运行。

在 main 函数之前添加 usage 函数，代码如下：

```
void usage()
{
    cout << endl;
    cout << "calc arg1 op arg2" << endl;
    cout << "arg1 and arg2 are the arguments" << endl;
    cout << "op is an operator, one of + - / or *" << endl;
}
```

这只是简单地解释了命令行参数的用法。此时，我们可以对该应用程序进行编译。因为使用了 C++ 标准库，我们将需要编译器支持 C++ 的异常处理机制，在命令行中输入如下代码：

```
C:\Beginning_C++Chapter_02\cl /EHsc calc.cpp
```

如果输入的内容没有任何错误，该文件将被编译。如果编译报错，则需要仔细地对该源代码进行检查。用户可能会收到如下错误提示：

```
'cl' is not recognized as an internal or external command,
operable program or batch file.
```

这意味着控制台并没有配置 Visual C++ 环境，因此可以将它关闭，通过 Windows 的开始菜单或者运行 vcvarsall.bat 批处理文件启动控制台程序。上述两种方法在之前已经详细介绍过。

一旦源代码通过编译，就可以运行它。通过提供正确数量的参数来启动和运行该程序（比如 calc 6 * 7），然后尝试提供不正确的参数个数来运行它（比如 calc 6 * 7 / 3）。注意，参数之间的空格是非常重要的：

```
C:\Beginning_C++Chapter_02>calc 6 * 7

C:\Beginning_C++Chapter_02>calc 6 * 7 / 3

calc arg1 op arg2
arg1 and arg2 are the arguments
op is an operator, one of + - / or *
```

在第一种情况下，应用程序什么都不做，所以看到的只是一行空白行。在第二个例子中，程序检测到你没有提供足够的参数，所以它将该程序相关的使用信息打印输出到了控制台。

接下来，程序将需要对参数进行简单的解析，以检查是否输入了有效的值。在 main 函数底部，添加如下代码：

```
string opArg = argv[2];
if (opArg.length() > 1)
{
    cout << endl << "operator should be a single character" << endl;
    usage();
    return 1;
}
```

上述内容中的第一行代码为命令行中的第三个参数初始化了一个 C++ 的 std::string 对象，该参数将是算式中的运算符。

这个简单示例程序只允许使用一个字符来表示运算符，因此接下来的代码用于检查并确保运算符是一个单个字符。C++ 的 std::string 类有一个名为 length 的成员函数，它会返回字符串中的字符个数。

参数 argv[2] 将包含至少一个字符长度（一个没有长度的参数将不会被视为命令行参数），因此我们必须检查所输入的运算符长度是否大于一个字符。

接下来需要测试并确保该参数是否是限制使用的字符集之一，如果输入了其他运算符，那么系统将输出一个错误提示信息并终止程序的运行。在 main 函数底部添加如下代码：

```
char op = opArg.at(0);
if (op == 44 || op == 46 || op < 42 || op > 47)
{
```

```
        cout << endl << "operator not recognized" << endl;
        usage();
        return 1;
    }
```

该测试将在一个字符上执行，因此需要将该字符从字符串对象中提取出来。上述代码中用到了 at 函数，它将需要我们提供希望获取的字符对应的索引作为参数（std::string 类的成员将在第 8 章详细介绍）。接下来的一行代码将检查程序是否支持该字符。该代码依赖于表 2-2 中的字符对应的值。

表 2-2

字　　符	值
+	42
*	43
-	45
/	47

如你所见，如果字符的值小于 42 或者大于 47 将是错误的，但是如果有 42 和 47 之间的两个字符，我们也将拒绝执行相关操作：,（44）和.（46）。这也是我们提供上述条件约束的原因："if the character is less than 42 or greater than 47, or it is 44 or 46, then reject it"。

字符的数据类型是整数类型，这也是我们使用整数语法进行测试的原因。你可能曾经使用过字符语法，因此下列经过修改的代码依然是合法的：

```
if (op == ',' || op == '.' || op < '+' || op > '/')
{
    cout << endl << "operator not recognized" << endl;
    usage();
    return 1;
}
```

我们应该采用最易读的方式编写代码。由于需要检查某个字符是否比另外一个大，所以本书选用了这种形式。

现在，你可以编译代码并运行它。首先，尝试使用一个以上的字符来表示运算符（比如**），然后确认程序是否会提示应该使用单个字符来表示运算符。其次，使用一个程序无法识别的字符进行测试，尝试除了+、*、-和/之外的任意字符，不过.和,也值得尝试。

注意，命令提示符对于某些特殊的标识符会提供特别的响应动作，比如"&"和"|"，命令提示符可能会在执行该示例程序之前，向我们显示一些错误提示信息。

接下来要做的是将参数值转换为程序可以使用的格式。命令行参数是以字符串数组的形式传递到程序中的，不过我们将把其中的某些参数解析为浮点数（实际上是双精度浮点数）。C 运行时库提供了一个名为 atof 的函数，它可以通过 C++ 标准库调用（在这种情况下，<iostream> 引用的文件包含<cmath>，其中也包括 atof 函数）。

提示

通过引用与输入和输出流相关的文件来访问诸如 atof 这样的数学函数是有点不太自然。如果这让你感觉别扭，可以在 include 行之后添加一行代码来引用<cmath>文件。如前一章所述，它已经写入了 C++标准库头文件，以确保头文件只被引用一次，因此引用<cmath>两次并没有什么不良影响。前面的代码还不完善，因为有人认为 atof 是一个字符串函数，代码引用了<string>头文件，引用<cmath>是通过<string>头文件中的代码实现的。

添加下列代码到main函数的底部。前两行代码的作用是将第二和第四个参数（注意，C++数组是从 0 开始索引计数的）转换成双精度值。最后一行声明了一个变量用于保存最终结果：

```
double arg1 = atof(argv[1]);
double arg2 = atof(argv[3]);
double result = 0;
```

现在我们需要确定哪个运算符被传递给了程序并执行请求的操作。我们将使用一个 switch 语句来处理它们。现在已经知道变量 op 是合法有效的，因此我们不需提供 default 子句来捕获未经测试的值。在函数底部添加 switch 语句：

```
double arg1 = atof(argv[1]);
double arg2 = atof(argv[3]);
double result = 0;

switch(op)
{
}
```

前 3 种情况是+、–和*等简单的运算：

```
switch (op)
{
    case '+':
        result = arg1 + arg2;
        break;
    case '-':
        result = arg1 - arg2;
        break;
    case '*':
        result = arg1 * arg2;
        break;
}
```

此外，由于 char 是一个整数，因此我们可以在 switch 语句中使用它，但是 C++允许检查字符的值。在这种情况下，使用字符而不是数字可以使得代码更容易理解。

switch 语句之后，添加最终的代码打印输出执行结果：

```
cout << endl;
cout << arg1 << " " << op << " " << arg2;
cout << " = " << result << endl;
```

你现在可以编译代码并使用+、–和*等符号对代码的计算功能进行测试了。

除法有一个问题，因为除以 0 的操作是无效的。为了测试这种情况，在 switch 语句下面添加如下代码：

```
case '/':
    result = arg1 / arg2;
    break;
```

编译并运行代码，将 0 作为最后一个参数传递给应用程序：

```
C:\Beginning_C++Chapter_02>calc 1 / 0
1 / 0 = inf
```

上述代码能够成功执行，并且打印输出了表达式。但是它说计算结果是一个奇怪的值，即 inf。那么到底发生了什么？

除以 0 之后的结果是一个名为 NAN 的值，它是一个在<math.h>中定义的常量，其含义是 "not a number"。cout 对象插入运算符的双重重载操作会检查传入的数字是否为一个有效数值，如果该数字的值是 NAN，那么它会打印输出字符串 inf。在应用程序中，我们可以对除数为 0 的情况进行测试，并将传入 0 作为除数的情况当作一个错误来处理。因此，将代码修改成如下内容，使其读取一些错误提示信息：

```
case '/':
if (arg2 == 0) {
    cout << endl << "divide by zero!" << endl;
    return 1;
} else {
    result = arg1 / arg2;
}
break;
```

现在，当我们将 0 作为除数传给应用程序时，将得到 "divide by zero!" 这样的错误提示信息。

现在可以对完整的程序代码进行编译并测试它的输出结果。该应用程序支持使用+、-、*和/等运算符进行浮点数算术运算，并且可以处理除数为 0 的情况。

2.5 小结

在本章中，读者学习了如何格式化代码以及如何辨别表达式和语句。然后学习了如何确定变量的作用域，如何对函数集合进行分组，以及给变量指定命名空间，以解决命名冲突的问题。读者还学习了 C++中循环和选择分支的基本流程代码，以及内置运算符的工作原理。最后，将前面学习的所有内容综合应用于一个简单的应用程序，使得我们能够在命令行中执行简单的算术运算。

在下一章，读者将学习 C++的类型以及不同类型之间的转换。

第 3 章
C++类型探秘

在前两章中，读者学习了如何将 C++程序整合到一起、了解需要用到的文件以及控制执行流的方法。本章将向读者介绍在程序中要用到的数据：数据类型和保存该数据的变量。

变量是可以处理特定格式和行为的数据，并且还与变量的类型有关。变量的类型决定了用户在输入和查看数据时可以对这种数据执行的操作。

实际上，我们经常会用到的常规类型有内置类型、自定义类型和指针 3 种。指针将在下一章详细介绍，自定义类型或者类将在第 6 章详细介绍，本章主要介绍作为 C++语言中的类型。

3.1　内置类型

C++支持整数类型、浮点数类型和布尔类型。char 类型是整数类型的一种，不过它可以用来处理单个字符，因此其数据可以被视为单个数字或者字符。C++标准库提供的字符串类允许使用和操作包含多个字符的字符串。字符串将在第 9 章详细介绍。

顾名思义，整数类型包含没有小数部分的整数值。如果希望使用整数执行计算，那么应该希望计算结果的任何小数部分将被丢弃，除非采用特定的步骤保留它们（比如通过余数运算符%）。浮点数类型包含具有小数部分的数字。因为浮点数类型可以通过尾数指数的形式存储数字，所以它们可以保存非常大或者非常小的数字。

一个变量就是一种类型的实例，同时也会分配相应的内存来保存这种类型的数据。可以修改整数类型和浮点数类型的变量声明，告知编译器为它们分配多少内存，从而修改变量可容纳数据量的大小以及对变量执行的计算精度。此外，还可以声明是否对重要的数字保留符号位。如果该数字是用于保存位图的（其中的位由不同数字构成，但是它们具有自己单独的含义），那么使用有符号类型通常是无意义的。

在某些情况下，需要使用 C++从一个文件或者网络流中解析数据，以便可以操作它们。在这种情况下，需要知道这些数据是浮点数类型还是整数类型，有符号还是无符号，占用了多少字节，以及字节序是什么。字节序（多字节数字中的第一个字节是从最低位还是最高位开始）一般由编译器正在使用的处理器决定，大部分情况下，我们无需为此操心。

类似地，有时你可能需要知道变量的大小，以及它们在内存中对齐的方式，特别是当我们在使用 C++中诸如结构体这种数据类型记录数据时。C++提供了运算符 sizeof 来计算变量的字节数,使用运算符 alignof 来确定变量在内存中的对齐方式。对于基本类型,运算符 sizeof 和 alignof 会返回相同的值。只有在需要对自定义类型上调用运算符 alignof 时,它将返回类型中最大的数据成员的对齐方式。

3.1.1 整数类型

顾名思义，一个整数类型是只包含整数，不包含小数部分的数字。因此，对于小数部分很重要的计算来说，整数运算的意义不大。在这种情况下，用户应该使用浮点数类型进行运算。下面是一段上一章的示例代码：

```
int height = 480;
int width = 640;
int aspect_ratio = width / height;
```

上述代码计算的长宽比值为 1，很明显这是不真实的，因此也失去了任何意义。即使将计算结果赋值给一个浮点数，仍然会得到相同的结果：

```
float aspect_ratio = width / height;
```

原因在于算术运算是在表达式 width/height 之上执行的，它们会对整数使用除法运算符，并把计算结果的小数部分丢弃。为了使用浮点数除法运算符，我们必须将其中的操作数转换成浮点数，以便能够使用浮点数运算符：

```
float aspect_ratio = width / (float)height;
```

上述代码执行后将给变量 aspect_ratio 赋值为 1.3333 (或者 4∶3)。这里采用的转型运算符是 C 语言中的转型运算符，它会强制性地将某种数据类型转换成另外一种（采用它是因为我们还没有介绍 C++的转型运算符，C 语言的转型运算符的语法更简洁）。在上述转型过程中并不是类型安全的。后续内容将介绍 C++提供的转型运算符，其中某些运算符能够以类型安全的方式进行转型，这在用户使用指向自定义类型对象的指针时是非常重要的。

C++提供的整数类型有多种尺寸，如表 3-1 所列是 5 种标准的整数类型。从这个表格中可以知道，int 型是处理器天生就支持的尺寸，并且其取值范围位于 INT_MIN 和 INT_MAX 之间（它们是在头文件<climits>中定义的）。整数类型的大小至少与上述列表中表示的存储空间一样多。对于 int 来说，其至少与一个短整型和一个超长整数类型一样大，或者至少与一个长整型的大小一样。如果类型长度一样，那么语句至少不会太长，所以头文件<climits>中还定义了其他基本整数类型的取值范围。它是需要多少字节来存储这些整数区间的特定实现。该表格给出了在 x86 架构下 32 位处理器中基本类型的取值区间。

表 3-1

类　　型	区　　间	字节大小
signed char	−128~127	1
short int	−32768~32767	2
int	−2147483648~2147483647	4
long int	−2147483648~2147483647	4
long long int	−9223372036854775808~9223372036854775807	8

在实际开发过程中，我们更偏向于使用 short 来代替 short int，使用 long 代替 long int；对于 long long int，可以使用 long long 替代。如你所见，int 和 long int 的

长度大小是一样的，但是它们是两种不同的类型。

除了 char 类型之外，默认情况下，整数类型是有符号的，也就是说，它们既可以存储负数也可以存储正数（比如，一个短整型变量的取值区间是−32768～32767）。你可以使用关键字 signed 显式声明该变量的数据类型是有符号的。还可以使用关键字 unsigned 声明变量是无符号的，这意味着变量将获得额外的字节位，不过也表示位操作和移位操作将按照用户的预期执行。有时读者也许会发现关键字 unsigned 修饰的变量没有指定变量类型，这种情况下它是 signed int 的简写形式。

char 类型中 unsigned char 和 signed char 是各自独立的。语言规范中说 char 类型中每一位都是用来保存字符信息的，因此一个 char 类型变量中是否可以存储负数是与具体实现有关的。如果你希望 char 类型变量中能够保存有符号数字，那么应该特别使用 signed char 来标记该变量。

规范中对于整数类型大小的定义并不精确，因此这对于正在进行程序开发的用户来说处理字节流可能存在问题（比如访问某个文件或者网络流中的数据）。头文件<cstdlib>中定义了具名类型将保存特定区间的数据。这些类型在该范围内具有具名的可使用字节数（虽然实际的类型可能需要更多字节）。因此这些类型包含诸如 int16_t 和 uint16_t 这样的名称，第一种是一个保存 16 位字节值的有符号整数，第二种是无符号整数。同时还有为 8 字节值、32 字节值和 64 字节值声明的类型。

下列代码演示了在 x86 机器上通过 sizeof 运算符获得的这些类型占用的实际字节大小：

```
// #include <cstdint>
using namespace std;          // Values for x86
cout << sizeof(int8_t)  << endl;  // 1
cout << sizeof(int16_t) << endl;  // 2
cout << sizeof(int32_t) << endl;  // 4
cout << sizeof(int64_t) << endl;  // 8
```

此外，头文件<cstdlib>中定义的诸如 int_least16_t 和 uint_least16_t 这样的类型名，它们采用的命名规则与前面介绍的类型名是一样的，并且还有 8 字节、16 字节、32 字节和 64 字节的版本。类型名中包含 least 的部分表示该类型至少能够保存的字节数，不过它能保存的字节数可以更多。还有诸如 int_fast16_t 和 uint_fast16_t 这样的类型名称，并且还包括它们的 8 字节、16 字节、32 字节和 64 字节版本，它们被认为是可以保存该字节数的最高效类型。

1．声明整数类型

为了给一个整型变量赋值，你必须提供一个不包含小数部分的数字。编译器将使用最接近的数字表示精度来识别该数据的类型，并尝试为它分配一个整数，如有必要还会对它执行类型转换。

为了显式声明一个 long 类型的数值，你可以使用后缀 l 或者 L。类似地，对于一个 unsigned long 类型，用户可以使用后缀 ul 或者 UL。对于 long long 类型，可以使用后缀 ll 或者 LL，对 unsigned long long 类型，可以使用后缀 ull 或者 ULL。后缀 u（或者 U）表示无符号类型 unsigned（即无符号整数类型 unsigned int），并且不需要为 int 添加相应的后缀。下列代码使用大写后缀名演示了这一点：

```
int i = 3;
```

```
signed s = 3;
unsigned int ui = 3U;
long l = 3L;
unsigned long ul = 3UL;
long long ll = 3LL;
unsigned long long ull = 3ULL;
```

使用基于十进制的数字系统声明一个位图的数字会令人困惑和产生麻烦。位图中的位是用 2 的幂表示的，因此使用一个 2 的幂的数字系统更自然一些。C++允许用户使用八进制（基数是 8）或者十六进制（基数是 16）的数字。为了使用八进制的字面值，你需要在该字面值中以字符零（0）作为前缀。为了使用一个十六进制形式的字面值，你必须使用字符序列 0x 作为该数字的前缀。八进制数字采用的是数字 0~7，但是十六进制数字需要 16 位数字，这意味它是由 0~9 以及 a~f（或者 A~F）这些内容组成，其中 A 代表以 10 为基数的 10，F 代表以 10 为基数的 15：

```
unsigned long long every_other = 0xAAAAAAAAAAAAAAAA;
unsigned long long each_other  = 0x5555555555555555;
cout << hex << showbase << uppercase;
cout << every_other << endl;
cout << each_other  << endl;
```

在此代码中，两个 64 位（在 Visual C ++中）整数被分配位图值，其他位设置为 1。第一个变量以底部位设置开始，第二个变量以底部位未设置开始，并且是第二低的字节位设置。在插入数字之前，流对象会被 3 个控制符修改。第一个 hex 表示整数应该以十六进制的形式打印输出到控制台，showbase 表示数字中将显示以 0x 开头的前缀。默认情况下，字母数字（A~F）将以小写字母的形式输出，为了使用大写字母，必须使用 uppercase 显式声明这一点。一旦流对象被修改，它将一直保留这些设置，直到它再次被修改。为了让流对象输出小写字母形式的十六进制数字，可以将控制符 nouppercase 插入到流对象中；为了输出不带进制基数符号的数字，可以插入控制符 noshowbase。为了打印输出八进制格式数字，可以插入控制符 oct；为了显示数字的小数位，可以插入控制符 dec。

当声明类似上述代码取值是很大的数字时，那么就可能不容易辨别是否声明了正确的数字位数，这时可以使用单引号（'）对这些数字进行分组：

```
unsigned long long every_other = 0xAAAA'AAAA'AAAA'AAAA;
int billion = 1'000'000'000;
```

编译器将忽略这些引号，它们只起到辅助用户视觉的作用。在第一个示例中，单引号将数字分隔成了两个字节组；在第二个示例中，单引号标记了十进制数的千位和百万位。

2. 使用 bitset 显示位模式

没有现成的控制符可以告知 cout 对象将一个整数以位图格式输出，不过可以使用 bitset 对象来模拟这种行为：

```
// #include <bitset>
unsigned long long every_other = 0xAAAAAAAAAAAAAAAA;
unsigned long long each_other  = 0x5555555555555555;
bitset<64> bs_every(every_other);
bitset<64> bs_each(each_other);
```

```
cout << bs_every << endl;
cout << bs_each << endl;
```

其结果是：

```
1010101010101010101010101010101010101010101010101010101010101010
0101010101010101010101010101010101010101010101010101010101010101
```

这里的 bitset 类已经参数化，这意味着我们可以通过尖括号（<>）提供一个参数，本示例中其参数是 64，表示 bitset 对象能够容纳的对象大小是 64 位。在这两种情况下，bitset 对象初始化采用的语法与一个函数调用类似（事实上，它调用了一个名为 constructor 的函数），这也是对象初始化的首选方法。在将 bitset 对象插入流对象时，会打印输出每个最高位字节开始的字节位（因为这是在运算符<<函数中定义的，它占用了一个 bitset 对象，并且兼容大部分标准库类）。

bitset 类非常适合作为位操作符的替代方案访问和设置单个字节位：

```
bs_every.set(0);
every_other = bs_every.to_ullong();
cout << bs_every << endl;
cout << every_other << endl;
```

set 函数将把给定位置上的值设为 1。to_ullong 函数将返回一个 bitset 表示的 long long 型数字。

set 函数的调用和赋值操作的结果与下列内容一致：

```
every_other |= 0x0000000000000001;
```

3. 确定整数字节序列

整数中的字节顺序依赖于其自身的具体实现，取决于处理器处理整数的方式。在大部分情况下，无需为此操心。不过，当以二进制模式读取某个文件或者从网络流中读取若干字节时，并且需要解析包含两个或者多个字节的整数，那么需要事先知道它们的字节序，并且在必要的情况下要将它们转换成处理器能够识别的字节序。

C 网络库（在 Windows 中，它叫 **Winsock** 库）中包含一组函数，可以将 unsigned short 和 unsigned long 类型从网络字节序转换成主机字节序（即当前计算机处理器采用的字节序），反之亦然。网络字节序是大端的。大端（**big endian**）意味着整数中的第一个字节是从最高位开始的，同时小端（**little endian**）第一个字节是从最低位开始的。当我们将一个整数传输到另外一台计算机上时，首先将源计算机使用的字节序转换成网络字节序，目标计算机将整数从网络字节序转换成该计算机采用的主机字节序。

用于修改字节序的函数是 ntohs 和 ntohl，它们可以将 unsigned short 和 unsigned long 类型的数据从网络字节序转换成主机字节序，htons 和 htonl 函数可以将上述类型从主机字节序转换成网络字节序。当你在调试程序查看内存时，知道字节序是非常重要的（例如第10 章诊断和调试中的应用）。

使用代码翻转字节序非常简单：

```
unsigned short reverse(unsigned short us)
{
    return ((us & 0xff) << 8) | ((us & 0xff00) >> 8);
```

```
}
```

上述代码使用了位操作符将某个 unsigned short 类型的变量进行了移位翻转，即将低位字节向左移动了 8 位、高位字节向右移动了 8 位，然后将上述移动后的数字使用逻辑或运算符|进行重新组合生成一个新的 unsigned short 类型的变量。编写移动 4 字节和 8 字节整数的函数也非常简单。

3.1.2　浮点类型

有 3 种基本的浮点数类型：

- float（单精度）；
- double（双精度）；
- long double（扩展双精度）。

上述所有类型都是有符号的。数字在内存中的实际格式和采用的字节数与特定的 C++实现版本有关，不过头文件<cfloat>中给出了它们的取值区间。表 3-2 中给出了在 x86 架构下，32 位处理上正数的取值区间和字节数大小。

表 3-2

类　型	区　间	字节大小
float	1.175 494 351e-38～3.402 823 466e+38	4
double	2.225 073 858 507 2014e-308～1.797 693 134 862 3158e+308	8
long double	2.225 073 858 507 201 4e-308～1.797 693 134 862 3158e+308	8

如你所见，在 Visual C++中 double 和 long double 类型的取值区间是一样的，不过它们仍然是两种不同的类型。

声明浮点类型

既可以使用科学计数法格式，也可以使用一个小数点来初始化声明一个 double 类型的浮点数变量：

```
double one = 1.0;
double two = 2.;
double one_million = 1e6;
```

第一个示例表示变量 one 将被赋值为一个浮点数 1.0。末尾的 0 并不重要，如第二个变量 two 所示，不过末尾的 0 可以让代码更易于理解，因为小数点很容易被忽视。第三个示例使用了科学计数法标记，第一部分是尾数，并且可以带符号，e 之后的部分是指数。指数表示以 10 为底的幂运算中的数量级（可以是负数）。赋值给该变量的尾数会乘以 10 并执行相应指数的幂运算。虽然不是推荐的做法，不过用户可以编写如下代码：

```
double one = 0.0001e4;
double one_billion = 1000e6;
```

编译器将正确地解析这些数字。第一个示例很少见，不过第二个示例是很有意义的，它表示 10 亿是由 1000 个百万构成的。

这些示例是将双精度浮点数赋值给了 double 类型的变量。为了声明一个单精度变量，以便用户可以给这样一个浮点型变量赋值，可以使用后缀 f（或者 F）。类似地，对于一个 long double 类型的变量，可以使用后缀 l（或者 L）：

```
float one = 1.f;
float two = 2f; // 错误
long double one_million = 1e6L;
```

如果用户使用了这些后缀，仍然需要提供正确的数字格式。类似 2f 这样的语法是不正确的，用户必须提供一个小数点，即 2.f。当用户需要声明一个数量级比较大的浮点型数字时，可以使用单引号（'）对这些数字进行分组。如前所述，它的作用只是程序员的视觉辅助：

```
double one_billion = 1'000'000'000.;
```

3.1.3 字符和字符串

string 类和 C 字符函数将在第 9 章详细介绍。本小节介绍程序开发过程中字符变量的基本用法。

1. 字符类型

char 类型是一个整数，因此 signed char 和 unsigned char 类型都存在。它们是 3 种不同的类型，signed char 和 unsigned char 类型应该被当作数字类型。char 类型用于保存字符集实现中的单个字符。在 Visual C++中，这是一个 8 位整数，可以用于保存 ISO-8859 或者 UTF-8 字符集中的字符。这些字符集可以用来表示英语和欧洲语言。来自其他语言的字符会占用多个字节，并且 C++提供的 char16_t 类型用于保存 16 位字符，char32_t 类型用于保存 32 位字符。

还有一种名为 wchar_t（宽字符）的类型，它可以用于保存最大的扩展字符集。一般来说，当用户看到某个 C 运行时库或者 C++标准库函数名称包含一个 w 前缀时，它将使用宽字符构成的字符串，而不是字符型构成的字符串。因此，cout 对象将允许插入字符型的字符串，wcout 对象将允许插入宽字符构成的字符串。

C++标准中指出，一个字符的每一位都是用于保存字符信息的，因此一个字符能否保存负数取决于它的具体实现。下列代码说明了这一点：

```
char c = '~';
cout << c << " " << (signed short)c << endl;
c += 2;
cout << c << " " << (signed short)c << endl;
```

一个 signed char 类型的取值范围在−128～127，但是上述代码使用了单独的 char 类型，并尝试采用相同的方式使用它。变量 c 首先被赋值为一个 ASCII 字符～(126)。当插入一个字符到输出流中时，它会尝试打印输出一个字符而不是数字。因此下一行代码是将该字符打印输出到控制台上，并且会获取该代码的数字值，以便将变量转型为一个 signed short 类型的整数（同样，为了表达清楚，采用了 C 风格的转型方式）。接下来，该变量会自增两个单位，即字符变成了字符集中当前字符之后两位的字符。这意味第一个字符位于 ASCII 扩展字符集中。其结果如下：

```
~ 126
C -128
```

扩展字符集中的第一个字符是 C 的变音符号。非常违反常规的是 126 增加两个单位后的结果是-128，这是由于有符号类型的溢出计算导致的。即使有意如此，最好也尽量避免这么做。

在 Visual C++中，C 的变音字符对应的数字是-128，因此常规可以编写下列代码达到同样的目的：

```
char c = -128;
```

这是与特定实现有关的，因此对于可移植性的代码，用户最好不要对它产生依赖。

2. 字符宏

头文件<cctype>中包含多种可以用于检查某个字符型变量中字符类型的宏。它们是在头文件<ctype.h>声明的 C 运行时宏。一些很有用的测试字符值的宏在表 3-3 中进行了详细说明。不过需要注意的是，因为它们是 C 程序，所以不会返回布尔值，取而代之的是返回一个 int 类型的非零值用于表示 true，返回零表示 false。

表 3-3

宏	测试字符是否为以下类型
isalnum	字母和数字，其范围包括 A~Z，a~z，以及 0~9
isalpha	一个字母字符，其范围包括 A~Z，以及 a~z
isascii	一个 ASCII 字符，其范围包括 0x00~0x7f
isblank	一个空格或者制表符
iscntrl	一个控制字符，其范围包括 0x00~0x1f 或者 0x7f
isdigit	一个十进制数字，其范围包括 0~9
isgraph	一个除空格以外的可打印字符，其范围包括 0x21~0x7e
islower	一个小写字母，其范围包括 a~z
isprint	一个可打印字符，其范围包括 0x20~ 0x7e
ispunct	一个标点符号，其中包括! " # $ % & ' ( ) * + , - . / : ; < = > ? @ [ ] ^ _ ` {	} ~ \
isspace	一个空格
isupper	一个大写字母，其范围包括 A~Z
isxdigit	一个十六进制数字，其范围包括 0~9，a~f，以及 A~F

比如，下列 while 循环代码执行时会读取输入流中的单个字符（读取每个字符后，需要按下"回车"键）。当输入一个非数字值后，循环结束：

```
char c;
do
{
```

```
    cin >> c
} while(isdigit(c));
```

如表 3-4 所示，还有一些可以用来修改字符的宏。再次重申，它们将返回一个 int 类型的值，应该将它转换成一个 char 类型。

表 3-4

宏	返　回　值
toupper	字符的大写版本
tolower	字符的小写版本

在下列代码中，在用户输入 q 或者 Q 之前，控制台将回显用户输入的字符。如果输入的是小写字母，回显的字符将被转换成大写字母：

```
char c;
do
{
    cin >> c;
    if (islower(c)) c = toupper(c);
    cout << c << endl;
} while (c != 'Q');
```

3. 声明字符变量

我们可以使用字符语法声明一个 char 类型的变量，它将是字符集支持的某个字符。

如表 3-5 所示，ASCII 字符集中包含一些不可打印的字符，因此可以使用它们，C++使用反斜杠（\）来表示转义字符。

表 3-5

名　　称	ASCII 名称	C++序列
换行符	LF	\n
水平制表符	HT	\t
竖直制表符	VT	\v
退格符	BS	\b
回车符	CR	\r
换页符	FF	\f
警告符	BEL	\a
反斜杠	\	\\
问号	?	\?
单引号	'	\'
双引号	"	\"

此外，你还可以使用八进制或者十六进制数字的形式为字符型变量赋值。要提供一个八进

制数字,可以将该数字当作 3 个字符(如有必要,前缀字符中还可以添加一个或者两个 0 作为前缀)并添加一个反斜杠作为前缀。对于一个十六进制数字,我们需要使用\x 作为它的前缀。字符 M 对应的十进制字符整数是 77,八进制格式是 115,十六进制格式是 4d,因此,可以通过 3 种方式使用字符 M 初始化一个字符型变量:

```
char m1 = 'M';
char m2 = '\115';
char m3 = '\x4d';
```

为了完整起见,值得一提的是,你可以使用一个整数对 char 类型的变量初始化,因此下列代码也会将每个 char 类型变量初始化为字符 M:

```
char m4 = 0115;  // 八进制
char m5 = 0x4d;  // 十六进制
```

所有这些方法都是有效的。

4. 声明字符串

字符串是由一个或者多个字符构成的,并且用户还可以在字符串语法中使用转义字符:

```
cout << "This is \x43\x2b\05\3n";
```

这个难以理解的字符串将在控制台上输出“This is C++”这个字符,并紧跟一个换行符。大写字母 C 是通过它的十六进制形式 43 表示的,+是通过它的十六进制形式 2b 和它的八进制形式 53 来表示的。\n 字符表示换行符。转义字符对于打印那些编译器不兼容的字符集以及某些不可打印的字符来说是非常有用的(比如\t 表示插入一个水平制表符)。cout 对象会在将这些字符写入输出流之前缓冲存储它们。如果在缓冲区中像对待其他字符那样处理换行符,endl 操作符将把\n 插入到缓冲区,然后立刻刷新以便将字符打印输出到控制台上。

空或者 NULL 字符对应的转义字符是\0。这是一个非常重要的字符,因为它是不可打印的,并且它除了作为字符串序列结尾标记之外,没有其他用处。空字符串是用“ ”表示的,但是因为字符串是由空字符分隔的,所以使用空字符初始化的字符串变量在内存中将包含一个字符,即\0。

换行符允许我们将一个换行符插入某个字符串的内部。当你在对某些文章段落进行格式化时,这一特性将会非常有用,并且可以打印输出比较短小的段落:

```
cout << "Mary had a little lamb,n its fleece was white as snow."
     << endl;
```

上述代码将在控制台打印输出两行内容:

```
Mary had a little lamb,
its fleece was white as snow.
```

不过,也许你会希望使用一个很长的字符序列初始化某个字符串,但是因为编辑器的限制,不得不将它们分割成几行显示。我们可以将每个字符串片段放在双引号之内:

```
cout << "And everywhere that Mary went, "
        "the lamb was sure to go."
     << endl;
```

用户将在控制台上看到如下输出结果：

And everywhere that Mary went, the lamb was sure to go.

除了末尾明确要求使用的一个 endl 符号之外，字符串中并没有使用换行符。该语法使得代码中的长字符串更易读。当然，还可以在这类字符串中使用换行符\n。

（1）声明 Unicode 类型

wchar_t 类型变量还可以使用一个字符进行初始化，编译器将通过使用字符的字节，并将剩余的（较高）字节位分配零值来达到将该字符提升为宽字符的形式。不过将一个宽字符分配给这样一个变量更有意义，你可以使用 L 前缀达到此目的：

```
wchar_t dollar = L'$';
wchar_t euro = L'\u20a0';
wcout << dollar;
```

注意，上述代码中没有使用 cout 对象，取而代之的是 wcout 对象，即宽字符版本。引号内部使用了\u 前缀，这表明其后的字符是一个 Unicode 字符。

需要留意的是，为了显示 Unicode 字符，需要选用能够兼容 Unicode 字符的控制台环境，并且默认情况下，Windows 的控制台环境采用的是不兼容 Unicode 字符的 Code Page 850 模式。我们可以通过调用标准输出流上的_setmode（在头文件<io.h>中定义）、stdout 以及声明 UTF-16 文件模式（使用的_O_U16TEXT 是在头文件<fcntl.h>中定义的）等方法修改控制台输出：

```
_setmode(_fileno(stdout), _O_U16TEXT);
```

UTF-16 字符还可以被赋值给 char16_t 类型的变量，UTF-32 字符可以被赋值给 char32_t 类型的变量。

（2）原生字符串

当使用一个原生字符串时，从本质上来说意味着关闭了对转义字符的支持。无论输入什么，它都会变成字符内容的一部分，即使其中包含空格和换行符。原生字符是被 R" (和) "界定的，即字符串位于内部括号之间。

```
cout << R"(newline is \n in C++ and "quoted text" use quotes)";
```

注意，() 是语法的一部分，而不是字符串的一部分。上述代码将在控制台上打印输出下列内容：

newline is \n in C++ and "quoted text" use quotes

一般来说，字符串中的\n 是一个转义字符，将被当作一个换行符处理，但是在一个原生字符串中，它不会被解析转义，只会作为两个字符被原样打印输出。

在一般的 C++字符串中，我们不得不对某些字符转义，比如，双引号将被写成\"，反斜杠将被写成\\。下列内容是不使用原生字符串的情况下，将给出相同的结果：

```
cout << "newline is \\n in C++ and \"quoted text\" use quotes";
```

用户还可以在原生字符串中添加换行符：

```
cout << R"(Mary had a little lamb,
```

```
                                its fleece was white as snow)"
    cout << endl;
```

在上述代码中，逗号后面的换行符将打印输出到控制台上。不幸的是，所有空格也将被打印输出到控制台上，所以假设前面的代码中缩进包含单个空格并且 cout 对象再次缩进了一次，那么你将在控制台上看到如下内容：

Mary had a little lamb,
　　　　　　　its fleece was white as snow

its 前面有 14 个空格，因为源代码中的 its 前面就包含 14 个空格。为此，我们应该谨慎使用原生字符串。

也许，原生字符串的最佳用途是初始化包含 Windows 文件路径的变量。Windows 中的文件夹分隔符是反斜杠，这意味着对于表示文件路径的字符串，必须对这些分隔符进行转义，字符串中将包含很多双斜杠，很有可能会因为失误而丢失某个反斜杠。在原生字符中这种转义是不必要的。下列两个字符串变量表示的内容是相同的：

```
    string path1 = "C:\\Beginning_C++\\Chapter_03\\readme.txt";
    string path2 = R"(C:\Beginning_C++\Chapter_03\readme.txt)";
```

这两个字符串包含的内容相同，但是第二个字符串更易读，因为 C++语法字符串中不包含用于转义的反斜杠。

转义反斜杠只在声明字符串时才是必需的，它的主要用途是告知编译器如何解析字符。如果从某个函数获取了一个文件路径（或者通过 argv[0] 获取），那么其分隔符将是反斜杠。

（3）字符串字节序

扩展字符集中的每个字符都会占用一个以上的字节表示。如果这些字符存储在某个文件中，字节顺序将变得非常重要。在这种情况下，字符集的作者和其潜在的读者必须采用相同的字节顺序。

解决这个问题的一种办法是使用字节序列标记（**Byte Order Mark，BOM**）。这是一种已知模式和已知字节数方法，并且通常被设置为流的第一项，以便流读取器能够确定流中其余字符的字节序列。Unicode 中定义 16 位字符的字节序标记是\uFEFF，非字符标记是\uFFFE。这种情况下的\uFEFF，除了第 8 位字节之外（如果最低位被标记为 0），所有字符位都进行了设置。此 BOM 可以作为不同机器之间传递数据的前缀。目标机器可以读取 BOM 的 16 位字节变量并测试字节位。如果第 8 字节位是 0，则意味着两台机器采用的字节序是一样的，因此流中的字符可以按照这样的字节序作为两个字节值被读取。如果第 0 字节位的值是 0，则意味着目标机器和源机器是以相反的顺序读取 16 位字节变量的，因此必须采取措施以便确保 16 位字符能够以正确的顺序被读取。

Unicode 字节序列标记（BOM）是按照如表 3-6 所示的方式序列化的（十六进制）。

表 3-6

字　符　集	字节序列标记
UTF-8	EF BB BF
UTF-16 大端序	FE FF
UTF-16 小端序	FF FE

字　符　集	字节序列标记
UTF-32 大端序	00 00 FE FF
UTF-32 小端序	FF FE 00 00

当我们从某个文件中读取数据时务必留意，字符序列 FE 和 FF 在非 Unicode 文件中非常罕见，如果读取文件的头两个字节值是上述内容，则意味着该文件不是 Unicode 格式。因为\uFEFF 和 \uFFFE 是不可打印的 Unicode 字符，这意味着任意以上述两种字符开头的文件都包含一种字节序列标记，并且可以使用 BOM 来确定如何解析文件中剩余的字节。

3.1.4　布尔类型

布尔类型能够保存一个布尔值，即 true 和 false 两个值之一。C++允许将 0（零）视为 false，将其他非零值视为 true，不过这可能会导致产生某些错误，因此最好养成明确检查值的习惯：

```
int use_pointer(int *p)
{
    if (p)             { /* 非空指针 */ }
    if (p != nullptr) { /* 非空指针 */ }
    return 0;
}
```

第二种方式是比较推荐的做法，因为它明确表明了我们希望比较的内容。

注意，即使一个指针不是 nullptr，它仍然可能不是一个有效的指针，但是通常的做法是将 nullptr 赋值给某个指针来表达一些其他含义，也许是表示指针操作是不恰当的。

你可以将布尔值插入到一个输出流中。不过，默认的行为是将布尔值当作一个整数处理。如果希望 cout 对象使用字符串名称输出布尔值，那么可以将控制符 boolalpha 插入流中，这将使得控制台打印输出 true 或者 fasle。可以通过控制符 noboolalpha 来实现默认的行为。

3.1.5　void

在某些情况下，你可能需要指出某个函数不包含参数或者没有返回值。在这两种情况下，可以使用关键字 void：

```
void print_message(void)
{
    cout << "no inputs, no return value" << endl;
}
```

在参数列表中，void 的使用是可选的。一对空的圆括号也是可以接受的，并且是比较推荐的做法。这是声明函数将不会返回除 void 之外的值的唯一方法。

注意，void 不是真正的类型，我们无法创建一个 void 的变量，它是没有类型的。如后续的章节所述，你可以创建一个 void 类型的指针，但是无法在将它们转换为某种类型之前，使用这些指针指向的内存。为了使用内存，必须先确定内存存储的数据类型。

3.1.6　初始化器

上一章已经介绍过初始化器，本小节将会对它进行进一步的探讨。对于内置类型，你必须在使用变量之前对它进行初始化。对于自定义类型，它可以定义一个默认值，但是这样做会存在一些问题，与之有关的详情将在第 6 章详细介绍。

在所有版本的 C++ 中，初始化一个内置类型有赋值、函数语法和调用构造函数 3 种方法。在 C++11 中，引入了另外一种初始化变量的方式，可以通过列表初始化器进行构造。这 4 种方式分别如下列代码所示：

```
int i = 1;
int j = int(2);
int k(3);
int m{4};
```

前 3 行代码中的第一个示例表述最清楚，它使用了一种非常容易理解的语法来表示变量正在被某个值初始化。第二个示例是通过像函数调用那样对变量进行初始化。第三个示例是调用了 int 类型的构造函数，这是初始化自定义类型的常用方法，因此最好只为自定义类型保留这种语法。

第 4 种语法是 C++11 中新增的，它是通过大括号（{}）之间的初始化列表对变量进行初始化的。让人有点困惑的是，你也可以使用相同的语法，使用单个元素列表为某个内置类型赋值来对该变量进行初始化：

```
int n = { 5 };
```

这的确会让人感到困惑，变量 n 是整数类型，而不是一个数组。回想一下，在上一章中，我们创建了一个披头士乐队成员出生日期的数组：

```
int birth_years[] = { 1940, 1942, 1943, 1940 };
```

上述代码创建了一个包含 4 个整数的数组，其中每个元素的类型是 int，但是数组的类型却是 int*，变量指向的内存将保存 4 个整数。同样，你还可以将某个变量初始化为包含一个元素的数组：

```
int john[] = { 1940 };
```

上述代码与 C++11 中初始化单个整数的代码几乎一样。此外，相同的语法还可以用于初始化一个记录类型实例（结构体），这使得从另外一个层面增加了该语法表述含义的歧义性。

最好避免使用大括号语法进行变量初始化，而是专门将它用于初始化列表。不过如前所述，这种语法在转型方面有很多优点。

大括号语法还可以用于为任意 C++ 标准库中的集合类以及 C++ 数组提供初始值。即使在用于初始化某个集合对象时，有可能会带来潜在的歧义性。比如集合类 vector，它可以用于通过一对尖括号（<>）来存储某个类型的集合。该类对象的容量可以随着我们添加更多元素而增长，不过可以为它声明一个初始容量实现性能优化：

```
vector<int> a1 (42);
cout << " size " << a1.size() << endl;
for (int i : a1) cout << i << endl;
```

第一行代码的含义是创建一个可以保存整数的 vector 对象，并通过为 42 个整数预留空间开始，其中每个元素的初始值是 0。第二行会将 vector 的大小（42）打印输出框控制台，然后第三行代码将把数组中的所有元素打印输出到控制台，并将打印 42 个 0 到控制台上。

现在考虑如下代码：

```
vector<int> a2 {42};
cout << " size " << a2.size() << endl;
for (int i : a2) cout << i << endl;
```

上述代码只存在一处变动，即括号变成了大括号，但是这意味着初始化过程完全不同。第一行代码现在的含义是创建一个可以保存整数的 vector，并使用单个整数对它进行初始化，即 42。a2 的大小是 1，最后一行代码打印输出的值有一个，即 42。

C++的强大之处就在于，它可以非常轻松地编写出正确的代码，并要求编译器辅助我们避免错误。使用大括号进行单个元素的初始化可能会增大出现难以觉察错误的可能性。

3.1.7 默认值

内置类型的变量应该在使用它们之前就被初始化，不过某些情况下编译器会为它提供一个默认值。

如果在文件级别或者项目全局范围声明了一个变量，并且不给它提供初始值，编译器将给它一个默认值。比如：

```
int outside;

int main()
{
    outside++;
    cout << outside << endl;
}
```

上述代码将被编译和运行，并打印输出 1；编译器会将 outside 的值初始化为 0，然后它执行自增运算变成 1。以下代码将不会通过编译：

```
int main()
{
    int inside;
    inside++;
    cout << inside << endl;
}
```

编译器会向用户抱怨，说在一个未初始化的变量上使用了自增运算符。

在上一章中，我们还介绍了另外一个编译器提供默认值的示例：

```
int counter()
{
    static int count;
    return ++count;
}
```

这是一个维护计数的简单函数。变量 count 是由 static 存储类修饰符标记的，这意味着该变量和应用程序的生命周期相同（当程序启动时分配内存，程序结束时释放内存）。不过，它包含内部链接,这意味着该变量的作用域仅限于其声明的代码块,即 counter 函数内部。编译器将使用 0 作为默认值初始化变量 count,因此 counter 函数首次被调用时,它的返回值是 1。

C++11 中新增的列表初始化语法为用户提供了一种声明变量的方式,并且用户可以声明希望编译器为该类型提供默认值:

```
int a {};
```

当然,阅读上述代码时,你必须事先知道 int 类型的默认值是什么(其值为 0)。此外,简单地将变量初始化为某个值就会容易很多:

```
int a = 0;
```

默认值的规则很简单,其值为 0。整数和浮点数类型的默认值是 0,字符型的默认值是\0,布尔值类型的默认值是 false,指针类型的默认值是一个常量,即 nullptr。

3.1.8　无类型的变量声明

C++11 中引入了用于声明变量类型的机制,其声明的变量类型应该由初始化数据来确定,即 auto。

这里可能会引起小小的混乱,因为 C++11 之前,关键字 auto 主要用于声明自动变量,即函数中自动分配被分配到堆栈上的变量。除了在文件范围或者关键字 static 声明的变量之外,本书迄今为止涉及的所有变量都是自动变量,它是应用最广泛的存储类(稍后会解释)。因为它是可选的并且适用于大多数变量,且 C++中很少使用关键字 auto,所以 C++11 利用这一点,移除了它旧的含义,并赋予关键字 auto 新的含义。

如果使用 C++11 版本的编译器编译旧的 C++代码,并且上述代码中使用了关键字 auto,你将收到编译错误提示,因为编译将假定关键字 auto 专门用于修饰没有声明类型的变量。如果发生了这种情况,只需找到每个 auto 实例并删除它们即可。它在 C++11 之前的 C++中代码是多余的,开发人员并没有必须使用它的理由。

关键字 auto 意味着编译器应该创建一个给它分配数据的类型一致的变量。该变量只能有一个类型,即编译器确定给它分配赋值数据的类型,并且我们不能使用该变量保存其他类型的数据。因为编译器需要根据初始化器来确定所需的类型,这意味着所有由 auto 关键字修饰的变量都必须被初始化:

```
auto i  = 42;    // int
auto l  = 42l;   // long
auto ll = 42ll;  // long long
auto f  = 1.0f;  // float
auto d  = 1.0;   // double
auto c  = 'q';   // char
auto b  = true;  // bool
```

注意,并没有语法为声明一个整数值是单字节或者双字节提供支持,因此不能用这种方式声明一个 unsigned char 或者 short 类型的变量。

这并不是 auto 关键字的主要用途,并且不应该以这种方式使用它。auto 关键字主要的应用场景是当我们使用会产生非常复杂的外观类型的容器时:

```
// #include <string>
// #include <vector>
// #include <tuple>

vector<tuple<string, int> > beatles;
beatles.push_back(make_tuple("John", 1940));
beatles.push_back(make_tuple("Paul", 1942));
beatles.push_back(make_tuple("George", 1943));
beatles.push_back(make_tuple("Ringo", 1940));

for (tuple<string, int> musician : beatles)
{
    cout << get<0>(musician) << " " << get<1>(musician) << endl;
}
```

上述代码采用了我们之前使用的 vector 容器，不过是使用一个 tuple 存储两个值元素的。tuple 类非常简单，用户在 tuple 对象的尖括号内声明了一组元素类型的列表。因此 tuple<string, int>表示该对象将按照顺序保存一个字符串和一个整数。函数 make_tuple 是由 C++标准库提供的，它将创建一个包含两个值的 tuple 对象。push_back 函数将把元素添加到 vector 容器中。调用 push_back 函数 4 次之后，变量 beatles 将包含 4 个元素，其中每个元素是由姓名和出生日期的 tuple 构成。

for 循环的区间涵盖了容器的大小，每次循环都会把容器中的下一个元素赋值给变量 musician。for 循环语句中会将 tuple 中的值打印输出到控制台。tuple 中的元素是通过参数化函数 get（来自<tuple>）访问的，尖括号中的参数表示元素的索引（索引是从 0 开始的），括号中的 tuple 对象是作为参数进行传递的。在本示例中，调用 get<0>的目的是获取姓名并打印输出，然后是一个空格；调用 get<1>的目的是获取 tuple 中的年份元素。上述代码的执行结果如下：

```
John 1940
Paul 1942
George 1943
Ringo 1940
```

上述文本格式不佳，因为它没有考虑姓名的长度。这可以使用第 9 章介绍的字符串控制符来解决。

再来看一个 for 循环：

```
for (tuple<string, int> musician : beatles)
{
    cout << get<0>(musician) << " " << get<1>(musician) << endl;
}
```

变量 musician 的类型是 tuple<string, int>，这是一种非常简单的类型，并且随着我们使用更多标准模板时，将遇到一些更复杂的类型（特别是使用迭代器时），这也是关键字 auto 的用武之地。下列代码的作用是一样的，不过更容易理解：

```
for (auto musician : beatles)
{
    cout << get<0>(musician) << " " << get<1>(musician) << endl;
}
```

变量 musician 仍然具有类型，即 tuple<string, int>，不过不必在代码中显式声明这一点。

3.1.9 存储类

当声明一个变量时，可以指定它的存储类，以声明它的生命周期、链接（方便其他代码访问它）以及变量的内存地址。

变量的作用域只限于该函数内部，但它的生命周期是与应用程序一样的。不过，关键字 static 还可以用于修饰文件级的变量。在这种情况下，它表示该变量只能在该文件内部使用，有时也称之为内部链接。

如果在文件级别上声明变量时省略了关键字 static，那么该变量将具有外部链接，这意味着该变量名对于其他文件中的代码是可见的。关键字 static 还可以用于修饰类的成员数据以及类中定义的方法。它们产生的有趣效果将在第 6 章详细介绍。

关键字 static 表示相关变量的作用域只限于当前文件，关键字 extern 的作用与此相反，变量（函数）包含外部链接，并可以被项目中的其他文件访问。大部分情况下，我们将在单个源代码文件中定义一个变量，然后在头文件中将其对外公开，以便同一变量可以被其他源代码文件调用。

最终的存储类声明符是 thread_local。这是 C++11 新增的功能，它只适用于多线程代码。本书的内容将不会涉及多线程，因此这里只给出一个简短的描述。

一个线程就是一个并发执行单元。你可以在一个应用程序中运行多个线程，并且让两个或者多个线程同时执行相同的代码。这意味着正在执行的两个不同线程可能会访问和修改同一变量。

因为并发访问可能会产生一些不良影响，所以多线程代码通常会引入一些控制措施，以便确保同时只有一个线程能够随意地访问数据。如果没有仔细地构造这类代码，则可能引发死锁的问题，其中的线程会被暂停执行（最坏的情况下会导致无限期地暂停执行），以确保相关变量的独占访问，这样就不能充分发挥线程的优势。

存储类 thread_local 表示每个线程自身都拥有变量的副本。因此，如果两个线程访问了同一函数，函数中的一个变量会被标记为 thread_local，这意味着每个线程只能看到它自己生成的变更。

有时读者可能会看到以前的 C++ 代码中采用了存储类寄存器。现在这一特性已经被弃用。它曾经被用作编译器的信息提示，该变量对程序的性能存在重要影响，如果有可能，建议编译器应该使用一个 CPU 寄存器来保存该变量。

编译器可能会忽略该建议。事实上，在 C++11 编译器从字面上会忽略该关键字；与寄存器变量有关的代码将被编译并显示任何错误或者警告信息，编译器在必要的情况下会自动对代码进行性能优化。

虽然并不是一个存储类声明符，但关键字 volatile 会对编译器代码性能产生影响。关键字 volatile 表示一个变量可以通过外部行为被修改，也许是通过直接内存读取访问（Direct Memory Access，DMA）方式访问某些硬件，因此编译器不对代码应用任何优化操作就变得很重要。

还有另外一个名为 mutable 的存储类修饰符。它只适用于类成员，因此与之有关的详情将在第 6 章深入介绍。

3.1.10 类型别名

有时，类型的名称可能会变得非常麻烦。如果你采用了嵌套命名空间，类型名称将包含所有采用的命名空间。如果希望定义参数化类型（到目前为止，本章使用的示例是 vector 和 tuple），参数将增加类型的名称。比如，前面章节我们介绍过一个存储音乐家姓名和出生年份的容器：

```
// #include <string>
// #include <vector>
// #include <tuple>

vector<tuple<string, int> > beatles;
```

这里的容器是一个 vector，并且它保存的元素是 tuple 元素，其中每个元素会保存一个字符串和一个整数。为了让类型更易使用，可以定义一个预处理器标识符：

```
#define name_year tuple<string, int>
```

现在可以使用 name_year 来替代代码中的 tuple，并且预处理器会在代码被编译之前使用相关类型替换该符号：

```
vector<name_year> beatles;
```

不过，因为#define 只是执行简单的搜索和替换，它存在的问题本书前文已经介绍过。C++提供的 typedef 语句可以为某个类型创建别名：

```
typedef tuple<string, int> name_year_t;
vector<name_year_t> beatles;
```

上述代码为 tuple<string, int>创建了一个名为 name_year_t 的别名。在使用 typedef 时，别名通常会被放在类型声明的行尾。这与#define 的顺序是相反的，标识符在 #define 之后，随后是它的相关定义。注意，typedef 也是以分号作为结束标志的。它在函数指针中的应用会更复杂一些，与之有关的详情可以参考第 5 章。

现在，当我们希望使用上述 tuple 时，就可以使用别名来替代它：

```
for (name_year_t musician : beatles)
{
    cout << get<0>(musician) << " " << get<1>(musician) << endl;
}
```

你还可以使用 typedef 进行别名嵌套：

```
typedef tuple<string, int> name_year_t;
typedef vector<name_year_t> musician_collection_t;
musician_collection_t beatles2;
```

变量 beatles2 的类型是 vector<tuple<string, int>>。非常重要的一点是，typedef 只是创建了一个别名，而并没有创建一种新的类型，因此可以在原生类型和其别名之间切换。

关键字 typedef 是 C++中创建别名的一种比较完美的方法。C++11 引入了另外一种机制来创建别名，即 using 语句：

```
using name_year = tuple<string, int>;
```

再次强调一下，上述代码并没有创建一种新类型，只是为同一类型创建了一个新的名称，并且在语法上与 typedef 是一样的。

using 语句的语法比 typedef 语句的语法更易于理解，同时它还允许使用模板。创建别名的 using 方法比 typedef 更易于理解，这是因为它的赋值过程遵循了使用变量的规范，即左侧的新名称将用于=右侧的类型。

3.1.11 记录类型中的聚合数据

通常，我们将用到一些彼此相关的数据并且需要一起使用：聚合类型。这种记录类型允许将数据封装到单个变量中。C++集成了 C 语言的结构体和联合体，将它们作为提供数据记录的方式。

1. 结构体

在大部分应用程序中，我们将需要把若干数据项关联到一起。比如，你也许希望为以下各项定义一个整数的时间记录：小时、分钟和指定时间的秒数，那么可以这样进行声明：

```
// 开始工作
int start_sec = 0;
int start_min = 30;
int start_hour = 8;

// 结束工作
int end_sec = 0;
int end_min = 0;
int end_hour = 17;
```

这种方法非常麻烦并且容易出错。数据没有封装，变量 _min 可以独立于其他变量单独使用。分钟数超过小时引用的区间是否有意义？你可以定义一个结构体将这些元素关联起来：

```
struct time_of_day
{
    int sec;
    int min;
    int hour;
};
```

现在，上述 3 个值是作为一条记录的一部分而存在的，这意味着我们可以声明这种类型的变量。虽然你可以访问其中的单个项目，但显然它们是与其他数据成员相关联的：

```
time_of_day start_work;
start_work.sec = 0;
start_work.min = 30;
start_work.hour = 8;

time_of_day end_work;
end_work.sec = 0;
end_work.min = 0;
```

```
end_work.hour = 17;

print_time(start_work);
print_time(end_work);
```

现在我们有了两个变量：一个表示起始时间，另一个表示终止时间。结构体成员被封装到了结构体中，即用户需要通过结构体实例访问其中的成员。在上述代码中，start_work.sec 表示用户正在访问结构体 time_of_day 的实例 start_work 的成员 sec。结构体成员默认是公开访问的，即结构体外部的代码能够访问它的成员。

> **提示**
> 类和结构可以声明成员访问的级别，在第 6 章中，将演示如何执行此操作。例如，可以将结构体的某些成员标记为私有，这意味着只有类型成员的代码才能访问该成员。

调用名为 print_time 的辅助函数将数据打印输出到控制台：

```
void print_time(time_of_day time)
{
    cout << setw(2) << setfill('0') << time.hour << ":";
    cout << setw(2) << setfill('0') << time.min << ":";
    cout << setw(2) << setfill('0') << time.sec << endl;
}
```

在这种情况下，控制符 setw 和 setfill 用于将下一个插入元素设置成两个字符宽度，并将使用'0'填充未被填充的空位（详情可以参考第 9 章）。事实上，setw 给出了下一个插入数据占用的列宽度，setfill 指定了填充字符。

第 5 章将详细介绍将结构体传递给函数的机制以及最有效的方法。但是在本节，我们将使用最简单的语法。很重要的一点是，调用方已经通过一个结构体将这 3 个数据元素关联在一起，并且所有项目可以作为一个单元传递给函数。

（1）初始化

初始化一个结构体的实例有多种方法。上述代码演示了一种方法，使用点运算符访问成员并给它赋值。你还可以通过一种名为构造函数的特殊函数来为结构体的实例赋值。因为构造函数的命名和使用有特定的规则，因此与之有关的详情可以参考第 6 章。

你还可以通过大括号使用列表初始化器语法对结构体进行初始化。大括号中的项目应该按照结构体中声明的成员顺序进行匹配。如果所提供的项目少于上述 3 个数据成员，那么其余成员的值将被初始化为 0。事实上，如果大括号中间没有提供任何数据项，则所有成员将被设置为 0。提供比成员数量多的初始化数据项会导致系统报错。因此可以通过如下代码对之前的记录类型 time_of_day 进行初始化：

```
time_of_day lunch {0, 0, 13};
time_of_day midnight {};
time_of_day midnight_30 {0, 30};
```

在第一个示例中，变量 lunch 将被初始化为下午 1 点。注意，因为成员 hour 在类型中是在第三个位置声明的，因此会使用初始化列表中的第三个元素对它进行初始化。在第二示例中，所有成员的值都被设置为 0。当然，0 点表示午夜。第三个示例提供了两个初始值，因此它们是用于初始化分钟和秒的。

还可以让某个结构体自身作为结构体的成员，并且需要使用大括号嵌套的方式对它进行初始化：

```
struct working_hours
{
    time_of_day start_work;
    time_of_day end_work;
};

working_hours weekday{ {0, 30, 8}, {0, 0, 17} };
cout << "weekday:" << endl;
print_time(weekday.start_work);
print_time(weekday.end_work);
```

（2）结构体字段

一个结构还支持拥有只占用单一位的成员，它被称为位域。在这种情况下，声明一个整数类型的成员时，还需要指定该成员所需的位数。当然，还可以声明未命名的成员。比如，你可能会拥有保存某个元素长度信息的结构体，以及上述元素是否被修改过（脏了）。该元素引用的最大长度是 1023，因此需要一个至少 10 位的整数来保存这一信息。我们可以使用一个 unsigned short 类型来保存长度和被修改的信息：

```
void print_item_data(unsigned short item)
{
    unsigned short size = (item & 0x3ff);
    char *dirty = (item > 0x7fff) ? "yes" : "no";
    cout << "length " << size << ", ";
    cout << "is dirty: " << dirty << endl;
}
```

上述代码将信息分为两个部分，并会将它们定义输出到控制台。一个类似上述内容的位图将对代码很不友好。你可以使用一个结构体来保存这类信息，使用一个 unsigned short 类型来保存 10 位的长度信息，使用一个布尔类型来保存是否被修改过的信息。通过位域，可以定义如下结构体：

```
struct item_length
{
    unsigned short len : 10;
    unsigned short : 5;
    bool dirty : 1;
};
```

成员 len 被标记为 unsigned short 类型，但是只需要占用 10 位，并且这里还使用了之前提及的冒号语法。类似地，一个布尔值 yes/no 只需要占用一位。该结构体表明，两个值之间有 5 位没被使用，并且也没有名称。

域只是一个简单的约定。即使类似 item_length 这样的结构体应该占用 16 位（unsigned short），但也并不能保证编译器一定会这么做。如果从某个文件或者网络流中接收到一个 unsigned short 类型，那么必须亲自提取它的占用位：

```
unsigned short us = get_length();
```

```
item_length slen;
slen.len = us & 0x3ff;
slen.dirty = us > 0x7fff;
```

（3）结构体名称

在某些情况下，我们也许会在实际定义某个类型之前使用它。只要不使用该类型的成员，就可以在定义该类型之前声明它：

```
struct time_of_day;
void print_day(time_of_day time);
```

这可以在一个头文件中进行声明，它表示有一个定义在其他地方的函数需要调用 time_of_day 记录并将它打印出来。为了能够声明 print_day 函数，你必须事先声明 time_of_day 的名称。time_of_day 必须在该函数被定义之前已经存在定义，否则你将看到编译器提示的未定义类型的错误提示。

但是有一个例外，在类型被完整声明之前，类型可以保存指向相同类型实例的指针。这是因为编译器知道指针的大小，因此可以为成员分配足够的内存。直到整个类型都被定义，才能创建类型的实例。这个经典的例子是一个链表，但由于这需要用到指针和动态分配内存的知识，所以留待下一章再深入讨论。

（4）字节对齐

结构体的用途之一是，如果你知道数据在内存中的存放方式，就可以将结构体当作一个内存块来处理。如果有映射到内存中的硬件设备，那么这将是非常有用的，其中不同的内存地址引用的参数值可以用于控制或者返回来自上述设备的值。访问该设备的一种办法可以是定义一个结构体来匹配该设备直接内存访问到 C++ 类型的内存布局。

此外，结构体还对文件和需要通过网络传输的数据包非常有用，我们可以控制结构体，然后将结构体占用的内存拷贝到文件或者网络流。

结构体的成员是以它们在类型声明时的顺序在内存中排列分布的。这些元素至少将占用比每种类型必需的内存更多的空间，这是由于一种被称为对齐的机制导致的。

编译器将以最高效的方式将变量存放于内存中，其考虑的主要因素包括内存利用率和访问速度。多种类型将根据校准边界进行对齐。比如，一个 32 位整数将根据一个 4 字节边界对齐，并且如果下一个可用的内存地址不在该边界上，编译器将跳过若干字节，并将整数放置在下一个对齐边界上。我们可以使用运算符 alignof 并将相应的类型名称传递给它，以便测试特定类型的对齐方式：

```
cout << "alignment boundary for int is " 0
    << alignof(int) << endl;              // 4
cout << "alignment boundary for double is "
    << alignof(double) << endl;           // 8
```

一个 int 类型的对齐边界是 4，这意味着一个 int 类型的变量将在内存中位于后 4 字节的边界空间。double 类型的对齐边界是 8，这是因为在 Visual C++ 中，一个 double 类型的变量将占用 8 字节。目前为止，看上去运算符 alignof 与运算符 sizeof 的运算结果是一样的，不过事实并非如此。

```
cout << "alignment boundary for time_of_day is "
    << alignof(time_of_day) << endl;      // 4
```

上述示例将打印输出结构体 time_of_day 的对齐边界，之前我们已经为它定义了 3 个整数成员。该结构体的对齐边界是 4，即结构体中占用字节数最大的元素的对齐边界。这意味着 time_of_day 实例将占用一个 4 字节的边界，但是它并没有说 time_of_day 中内部成员是如何对齐的。

例如，考虑下列结构体，其中的 4 个成员分别占用 1、2、4 和 8 字节：

```
struct test
{
    uint8_t  uc;
    uint16_t us;
    uint32_t ui;
    uint64_t ull;
}
```

编译器将告诉你对齐边界是 8（最大的元素 ull 的对齐边界），但是它的大小却是 16，这看上去可能会有一点奇怪。如果每个元素都采用 8 字节的边界进行对齐，那么它们的大小将是 32（8 的4 倍）。如果元素存放在内存中并被高效地打包压缩，那么其大小将是 15。相反，如果第二个元素是以 2 字节边界进行对齐的，则意味着在 uc 和 us 之间存在未使用的 1 字节，如图 3-1 所示。

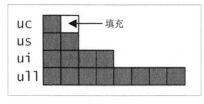

图 3-1

如果你希望采用某个内部元素的边界进行对齐，比如使用 uint32_t 类型变量的边界，则可以使用 alignas 对目标元素进行标记，并给出所需的对齐方式。注意，由于 8 大于 4，所以任何采用 8 字节边界对齐的元素同时也可以采用 4 字节边界进行对齐：

```
struct test
{
    uint8_t uc;
    alignas(uint32_t) uint16_t us;
    uint32_t ui;
    uint64_t ull;
}
```

元素 uc 将以 4 字节边界进行对齐，alignof(test) 的结果将是 8，并且它会具有 1 字节。成员 us 的类型是 uint16_t，但是它被 alignas(uint32_t) 所标记，这说明它将使用与 uint32_t 类型一样的方式进行对齐，即采用 4 字节边界。这意味着 uc 和 us 都将采用 4 字节边界对齐，并使用补丁补足未使用的部分。当然，成员 ui 也会使用 4 字节的边界，因为它的类型是 uint32_t。

如果该结构体只有前 3 个元素，那么它的大小将是 12。不过，该结构体还有另外一个成员，即 8 字节的成员 ull。它必须采用 8 字节边界进行对齐，这意味着从结构体起始位置就需要 16 个字节。为此，在 ui 和 ull 之间需要添加 4 字节的补丁。作为一个序列，test 的大小现在是 24：uc 和 us 占用 4 字节（因为接下来的元素 ui 必须与下 4 字节对齐），ull 占用 8 字节（因为它是一个 8 字节整数），ui 占用 8 字节，因为随后的元素（ull）必须在下 8 字节边界上。

图 3-2 显示了 test 中不同成员在内存中的地址分布。

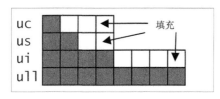

图 3-2

我们不能使用 alignas 放宽对齐的要求，因此不能将一个 uint64_t 类型的变量标记为采用双字节边界对齐，并且它也不是一个 8 字节边界。

在大部分情况下，我们无需为字节对齐操心。不过，当我们正在访问内存映射的设备或者文件中的二进制数据时，如果可以直接将上述数据映射为一个结构体，那么就需要密切关注对齐问题。它也被称为旧文本数据（**Plain Old Data，POD**），并且会经常遇到被当作 POD 类型的结构体。

> **提示**
>
> POD 是一种非正式的描述，有时它用于描述的类型构造简单且没有虚拟成员（参见第 6 章和第 7 章）。标准库在头文件<type_traits>中提供了一个名为 is_pod 的函数，用于测试这些成员的类型。

2. 使用联合体在同一内存中存储数据

联合体是所有成员占用同一内存的结构体，这种类型的大小是其最大成员的尺寸。因为一个联合体只能保存数据的一个元素，它是一种通过多种方式解析数据的机制。

联合体的一个应用场景是在 VARIANT 类型中，它主要用于在 Microsoft 的组建对象模型（**Component Object Model，COM**）中的嵌入式链接对象（**Object Linking and Embedding，OLE**）之间传递数据。VARIANT 类型可以保存任何 COM 能够在 OLE 对象之间传递的数据类型。有时 OLE 对象将处于同一进程中，但是它们也可能在相同机器或者不同机器上的不同进程中。COM 可以确保开发人员不提供任何额外网络代码的情况下传输 VARIANT。其结构非常复杂，不过一个经过编辑的版本如下：

```
//经过修改的结构体
struct VARIANT
{
    unsigned short vt;
    union
    {
        unsigned char bVal;
        short iVal;
        long lVal;
        long long llVal;
        float fltVal;
        double dblVal;
    };
};
```

注意，你可以使用一个没有名字的联合体：这是一个匿名联合体，从成员访问的角度来看，我们访问联合体的某个成员就像是 VARIANT 中已包含的成员一样。联合体中包含的每种成员都可以在 OLE 对象之间传递，并且成员 vt 声明了被调用的某个成员。当创建一个 VARIANT 实例时，必须为成员 vt 设置相应的值，然后初始化相关的成员：

```
enum VARENUM
{
    VT_EMPTY = 0,
    VT_NULL  = 1,
    VT_UI1   = 17,
    VT_I2    = 2,
    VT_I4    = 3,
    VT_I8    = 20,
    VT_R4    = 4,
    VT_R8    = 5
};
```

该记录确保仅使用必需的内存，并且将数据从一个进程传输到另外一个进程的代码将能够读取 vt 成员，从而确定如何处理能够被传输的数据：

```
// 伪代码，实际的 VARIANT 不应该这样处理
VARIANT var {};         // 清空所有元素
var.vt = VT_I4;         // 声明类型
var.lVal = 42;          // 设置相应的成员
pass_to_object(var);
```

注意，我们必须循规蹈矩，只初始化相应的成员。当代码中接收到一个 VARIANT 时，必须先读取 vt，以确定用于访问数据的成员是哪一个。

一般来说，使用联合体时，应该只访问被初始化过的成员：

```
union d_or_i {double d; long long i};
d_or_i test;
test.i = 42;
cout << test.i << endl; // 正确用法
cout << test.d << endl; // 没有输出
```

3.1.12　访问运行时类型信息

C++提供了一种名为 typeid 的运算符，它将返回程序运行时某个变量的类型信息。运行时类型信息（**Runtime Type Information，RTTI**）对于使用多态机制中的自定义类型非常重要，与之有关的详情将在后续章节深入介绍。RTTI 允许检查某个变量的运行时类型信息，并对该变量进行相应的处理。RTTI 是通过 type_info 对象（在头文件<typeinfo>中定义）返回的：

```
cout << "int type name: " << typeid(int).name() << endl;
int i = 42;
cout << "i type name: " << typeid(i).name() << endl;
```

在这两种情况下，你将看到 int 类型的输出。type_info 类定义了比较运算符（==和!=），因此可以对类型进行比较：

```
auto a = i;
if (typeid(a) == typeid(int))
```

```
{
    cout << "we can treat a as an int" << endl;
}
```

3.1.13 类型取值范围

头文件<limits>中包含一个名为 numeric_limits 的模板类，它是用于为每个内置类型确定取值范围的。使用这些类的方法是在尖括号中提供目标类型的信息，然后使用域解析运算符（::）来调用类上的静态成员（类的静态函数将在第 6 章详细介绍）。下列代码将把 int类型的取值范围打印输出到控制台：

```
cout << "The int type can have values between ";
cout << numeric_limits<int>::min() << " and ";
cout << numeric_limits<int>::max() << endl;
```

3.2 类型之间的转换

即使我们竭尽全力尝试在代码中使用正确的类型，但有时也会发现不得不进行类型转换。比如，你可能正在使用某个返回特定类型值的库函数，或者正在从某个外部数据源中读取与当前程序不同类型的数据。

对于内置类型，不同类型之间的转换有标准的规则，其中一些是自动执行的。比如，如果你有一个类似 a + b 的表达式，并且 a 和 b 的类型不同，编译器将把其中某个变量值的类型自动转换成与另外一个变量相同的类型，然后在这种类型上调用运算符+。

在其他情况下，你可能需要将一种类型强制转换成另外一种类型，以便运算符能够被正确调用，并且这需要某种类型的转换。C++允许使用类 C 风格的转型，但是它们不支持运行时检查，因此使用 C++风格的转型要好得多，它具有多个层级的运行时检查和类型安全性。

3.2.1 类型转换

内置类型转换可能存在扩大转换和收缩转换两种情况之一。扩大转换是将较小的类型转换成较大的类型，并不会丢失数据。收缩转换是将一个较大类型的值转换成一个较小类型的值，潜在地会发生数据丢失。

1．扩大转换

在一个包含多种类型的表达式中，编译器会尝试将较小类型的值转换成较大类型。因此在使用 int 类型的表达式中，可以使用一个 char 或者 short 类型，因为它们可以被转换成较大类型，并且不会丢失数据。

考虑以下包含一个 int 类型参数的函数：

```
void f(int i);
```

我们可以编写这样的代码：

```
short s = 42;
f(s); // s 的类型会被提升为 int
```

这里的变量 s 的类型会被自动转化成 int。有些可能会出现一些奇怪的结果：

```
bool b = true;
f(b); // b 的类型被提升为 int
```

此外，上述转换是静默的。编译器会假定你知道自己在做什么，意图希望将 false 当作 0 处理，将 true 当作 1 处理。

2．收缩转换

在某些情况下，会发生收缩转换。你必须非常小心地处理这种情况，因为它会丢失数据。在下列示例中，将尝试将一个 double 类型转换成一个 int 类型。

```
int i = 0.0;
```

这是允许的，不过编译器将向用户发出警告：

C4244: 'initializing': conversion from 'double' to 'int', possible loss of data

上述代码的错误很明显，不过这并不是一个错误，因为它可能是有意为之的。比如，在下列代码中，我们有一个包含一个浮点数参数的函数，在该程序中，这个参数用于初始化一个 int 类型的变量：

```
void calculation(double d)
{
    // code
    int i = d;

    // use i
    // other code
}
```

这可能是有意义的，不过因为可能会导致数据精度的损失，所以应该附加注释，解释自己这么做的原因。至少使用一个转型运算符，以表明开发者知道这一系列行为会产生的结果。

3．收缩到布尔类型

如前所述，指针、整数和浮点数类型的值都可以隐式转换成布尔值，其中非零值转换成 true，零值转换成 false。这可能会导致一个很难觉察的错误：

```
int x = 0;
if (x = 1) cout << "not zero" << endl;
else       cout << "is zero" << endl;
```

在这里，编译器将看到赋值表达式 x = 1，但是实际上这是一个错误，正确的内容应该是比较表达式 x == 1。不过这在 C++中是合法的，因此上述表达式的值是 1，编译器会自动将它转换成布尔值 true。上述代码可以顺利地通过编译，它不仅会产生一个与用户期望值相反的结果（你将不会看到 0 被打印输出到控制台），而且赋值操作会改变变量的值，继而在整个程序中传播开来。

很容易通过养成在比较表达式中将右值放在左边的方式来避免这一错误。在一个比较表达式中，并不存在左值和右值的概念，因此这使得编译器能够捕获一个错误的赋值操作：

```
if (1 = x) // 错误
cout << "not zero" << endl;
```

4. 转换有符号类型

有符号类型和无符号类型之间的转换是可能发生的，并且可能会导致一些不可预料的结果。比如：

```
int s = -3;
unsigned int u = s;
```

上述代码将把 0xfffffffd 赋值给 unsigned short 类型的变量，即 2 的补码 3。这也许是我们期望的结果，但是达成该目的的方式有点古怪。

有趣的是，如果你尝试对这两个变量进行比较，编译器将报错：

```
if (u < s) // C4018
cout << "u is smaller than s" << endl;
```

这里 Visual C++报告的 C4018 错误的含义是指'<'符号不能用于有符号和无符号数之间的比较，这意味着不能对一个有符号和一个无符号类型进行比较。要达到上述目的，需要执行转型操作。

3.2.2 转型

在某些情况下，我们不得不在类型之间转换。当提供的数据和应用程序能够处理的数据类型不一致。也许有一个可以处理浮点数的库，但是程序输入的数据却是 double 类型的。你一定知道转换过程中会造成精度损失，但是这对最终结果几乎没有影响，因此希望编译器发出警告。我们希望做的是告诉编译器，强制将一种类型转换成另外一种类型是可以接受的。

表 3-7 是 C++11 中兼容的多种类型转换操作。

表 3-7

名　　称	语　　法
构造	{}
可以省略关键字 const	const_cast
无运行时检查的转型	static_cast
类型的位转型	reinterpret_cast
包含运行时检查的类指针转型	dynamic_cast
C 风格	()
函数风格	()

1. 常量转型

如上一章所述，const 声明符是用于告知编译器某个元素将不会发生变更，并且在代码中任何尝试修改该元素的操作都会报错。该声明符还有另外一种用法，与之有关的详情将在下一章详细讨论。当 const 用于修饰一个指针时，它表示该指针指向的内存不能被更改：

```
char *ptr = "0123456";
// 其他代码
ptr[3] = '\0'; //运行时错误!
```

上述糟糕的代码将告知编译器创建一个值为 0123456 的字符串常量,并将它的内存的地址放入字符串指针 ptr。最后一行代码尝试对字符串执行写入操作。这可以通过编译器的编译,但是将导致运行时访问冲突。将关键字 const 应用于指针声明将确保编译器对这类情况进行安全检查:

```
const char *ptr = "0123456";
```

更常见的情况是将 const 用于修饰函数参数的指针,并且它们的作用是相同的,这是告知编译器该指针指向的数据是只读的。不过,也存在一些人希望删除修饰指针的 const 属性的情况,并且这可以通过使用运算符 const_cast 来实现:

```
char * pWriteable = const_cast<char *>(ptr);
pWriteable[3] = '\0';
```

它的语法非常简单,希望转换的类型是在尖括号(<>)中声明的,变量(一个常量指针)是在括号中给出的。

你还可以将一个指针转型为一个常量指针,这意味着我们拥有一个可以访问内存的指针,以便读写内存,然后读写内存完毕之后,可以创建一个指向内存的常量指针,从而使得该指针只能以只读方式访问内存。

很明显,一旦对一个常量型的指针进行转型,就必须为自己写入内存造成的损害负责,因此代码中的 const_cast 运算符是代码复核过程中的一个良好标记。

2.无运行时检查的转型

大部分转型是通过运算符 static_cast 执行的,并且还可以用于相关类型指针之间的转换,就像数值类型之间的转换那样。因为没有执行运行时类型检查,所以我们应该确保这些转换是合法的:

```
double pi = 3.1415;
int pi_whole = static_cast<int>(pi);
```

上述代码中 double 类型转换成了 int 类型,这意味着其中的小数部分被丢弃了。一般来说,编译器会对数据丢失的情况发出警告,但是运算符 static_cast 表明这是开发人员的真实意图,因此不会给出警告信息。

该运算符还常用于将 void* 指针转换成一个类型化的指针。在下列代码中,函数 unsafe_d 会假定其参数是一个指向内存中 double 类型的指针,然后它就可以将 void* 指针转换成一个 double* 指针。运算符*和指针 pd 一起使用的目的是解析给定指针数据指向的引用。因此,表达式*pd 将返回一个 double 类型的值。

```
void unsafe_d(void* pData)
{
    double* pd = static_cast<double*>(pData);
    cout << *pd << endl;
}
```

这不是类型安全的，因为我们依靠调用方来确保指针实际指向一个 double 类型。它也可以进行如下调用：

```
void main()
{
    double pi = 3.1415;
    unsafe_d(&pi);          // 可以按照预期工作

    int pi_whole = static_cast<int>(pi);
    unsafe_d(&pi_whole); // 错误了！
}
```

运算符 & 的作用是为类型化的指针返回操作数的内存地址。在第一种情况下，会获取一个 double* 指针，并传递给 unsafe_d 函数。编译器会自动将该指针转化成 void* 参数。编译器会自动执行该操作，并且不会检查该指针是否能够在函数内部正确使用。这是通过第二次调用 unsafe_d 函数来说明的，其中 int* 指针被转换成了 void* 指针，然后在 unsafe_d 函数内部，它通过 static_cast 被转换成了 double*，不过该指针实际上执行的类型是 int。因此，间接引用返回的数据将是不可预料的，并且 cout 没有打印输出相应的结果。

3. 无运行时检查的指针转型

运算符 reinterpret_cast 允许将指针从一种类型转换成另外一种类型，并且它可以将指针和整数相互转换：

```
double pi = 3.1415;
int i = reinterpret_cast<int>(&pi);
cout << hex << i << endl;
```

与 static_cast 不同，该运算符永远都会涉及指针（指针之间的转换），将指针转化成一个整数类型，或者将一个整数类型转换成一个指针。在本示例中，一个指向 double 类型的指针被转换成了一个 int 类型，其值被打印输出到了控制台。事实上，这会打印输出变量的内存地址。

4. 包含运行时检查的转型

运算符 dynamic_cast 用于在相关类之间进行指针转换，因此与之有关的详情将在第 6 章深入介绍。该运算符引入了运行时检查机制，因此只有操作数被转换成特定类型之后，该转换才会成功执行。如果不能成功转换，那么该运算符将返回 nullptr，这使得我们有机会只使用已经成功转型的指针来指向该类型的实际对象。

5. 使用初始化器列表转型

C++编译器支持一些隐式转换。在某些情况下，它们可能是开发人员有意为之，在某些情况下则可能不是。比如，以下代码与前面的示例代码类似：一个变量被一个 double 类型的值初始化，然后在代码中该变量又被用于初始化一个 int 类型的变量。编译器将执行该转型操作，并向用户发出警告：

```
double pi = 3.1415;
// 其他代码
int i = pi;
```

如果忽略该警告，则可能不会注意到数据精度的损失，这可能会导致一个问题。解决这个问题的一种方法是使用大括号进行初始化：

```
int i = {pi};
```

在这种情况下，如果 pi 可以被转换成一个 int 类型并且不损失数据精度（比如 pi 是一个 short 类型），那么代码将顺利通过编译器的编译，甚至连一个警告信息都不会出现。不过，如果 pi 是一种不兼容的类型（在这种情况下是一个 double 类型），编译器将发出一个错误提示信息：

C2397: conversion from 'double' to 'int' requires a narrowing conversion

这里有一个有趣的示例。char 类型是一个整数，但是 osteam 类中的运算符<<会将一个 char 类型的变量解析为一个字符，而不是一个数字，代码如下所示：

```
char c = 35;
cout << c << endl;
```

上述代码将把#打印输出到控制台上，而不是数字 35，因为"#"的 ASCII 码就是 35。要将变量视为一个数字，可以使用如下方法：

```
cout << static_cast<short>(c) << endl;
cout << short{ c } << endl;
```

如你所见，第二个版本（构造）不仅易于理解，而且比第一个版本的更简洁。

6．C 风格转型

最后，你可以使用 C 风格的转型，但是系统提供这类支持只是为了方便我们编译遗留代码。最好应该使用 C++风格的转型操作取而代之，C 风格的转型操作如下：

```
double pi = 3.1415;
float f1 = (float)pi;
float f2 = float(pi);
```

上述代码包含两个版本：第一个版本中转型运算符是通过将要转换的类型用括号括起来的方式实现的，在第二个版本中转型操作更像是一个函数调用。在这两种情况下，最好使用关键字 static_cast 对它们进行修饰，以便对这些操作执行编译过程检查。

3.3　C++类型应用

在本章最后的部分，我们将开发一个命令行应用程序，它允许将混合了字母、数字和十六进制格式的文件内容打印输出到控制台上。运行该应用程序时必须指定相关的文件名，不过你可以选择需要打印输出文件内容的行数。该应用程序将把文件内容打印输出到控制台，每行 16 字节。在左侧会显示文件内容的十六进制格式，右侧会显示文件可打印输出的内容（如果该字符不在可打印的非扩展 ASCII 字符区间中，将会使用一个点符号表示）。

在 C:\Beginning_C++文件夹下新建一个名为 Chapter_03 的新文件夹。先启动 Visual C++，然后创建一个 C++源代码文件，将它保存到刚才新建的文件夹下，并将之命名为

hexdump.cpp。在该源代码文件中添加一个 main 函数，使得应用程序能够接收参数，并引用
C++流为输入和输出提供支持：

```
#include <iostream>

using namespace std;

int main(int argc, char* argv[])
{
}
```

该应用程序将最多包含两个参数：第一个是文件的名称，第二个是在命令行中打印输出的 16
字节块数量，这意味着需要检查参数的有效性。首先为该应用程序参数添加一个 usage 函数，
如果使用一个非空参数调用该程序，则输出一个错误提示信息（结果如图 3-3 所示）：

```
void usage(const char* msg)
{
    cout << "filedump filename blocks" << endl;
    cout << "filename (mandatory) is the name of the file to dump"
        << endl;
    cout << "blocks (option) is the number of 16 byte blocks "
        << endl;
    if (nullptr == msg) return;
    cout << endl << "Error! ";
    cout << msg << endl;
}
```

图 3-3

将此函数添加到 main 之前，方便我们调用。该函数可以被一个指向 C 字符串的指针或者
nullptr 调用。其中的参数被 const 修饰，这是告知编译器该字符串在函数内部将不会发生
变更，因此如果存在任何尝试修改字符串的行为，编译器将报错。

添加如下代码到 main 函数中：

```
int main(int argc, char* argv[])
{
    if (argc < 2) {
        usage("not enough parameters");
        return 1;
    }
    if (argc > 3) {
        usage("too many parameters");
        return 1;
    }    // 第二个参数是文件名
    string filename = argv[1];
}
```

编译该文件并确保不存在任何拼写错误。因为该应用程序采用的是 C++标准库，因此必须使用/EHsc 开关选项为 C++异常提供支持：

cl /EHsc hexdump.cpp

我们可以使用 0、1、2 和 3 个参数对应用程序进行测试，从而确认该应用将只允许在命令行中通过 1 个或者 2 个参数对其进行调用（实际上是 2 个或者 3 个参数，因为 argc 和 argv 中还包含应用程序名称）。

下一个任务是确定你是否提供了有效的数字来声明需要将多少 16 字节文本块打印输出到控制台，如果符合要求，将通过控制台输入的字符串转换成一个整数。该代码将使用 istringstream 类将一个字符串转换成一个数字，因此需要引用定义该类的头文件。将如下内容添加到文件顶部：

```
#include <iostream>
#include <sstream>
```

在声明变量 filename 之后，添加下列内容中加粗显示的代码到源代码文件中：

```
string filename = argv[1];
int blocks = 1;  // 默认值
if (3 == argc)    {
    // 我们已经传递了 blocks 的数目
    istringstream ss(argv[2]);
    ss >> blocks;
    if (ss.fail() || 0 >= blocks) {
        //无法转换成数字
        usage("second parameter: must be a number," "and greater than
zero");
        return 1;
    }
}
```

默认情况下，应用程序将从文件中转储一行数据（最多不超过 16 字节）。如果提供了不同的行数，这个被字符串格式化的数字将通过一个 istringstream 对象转换成一个整数。它是用参数初始化的，然后从 stream 对象提取该数字。如果输入的值为 0 或者输入的内容不能被解析为一个字符串，程序会打印输出一个错误提示。错误提示信息字符串会被分成两行显示，但是它仍然是一个字符串。

注意，if 语句采用的是短路设计，即如果第一个表达式 ss.fail() 为 true（即转换失败），那么第二个表达式 0 >= blocks（即文本块数量必须大于 0）将不会被执行。

编译上述代码并尝试多运行该程序几次。比如：

```
hexdump readme.txt
hexdump readme.txt 10
hexdump readme.txt 0
hexdump readme.txt -1
```

前两个命令能够正常运行，后两个会产生一个错误提示。

提示

不用担心，readme.txt 文件并不存在，这里只是将它用作测试参数。

接下来，用户将需要把代码添加到源代码文件中并对它们进行一些处理。因为我们将用到 ifstream 类，以从文件中输入数据，将下列头文件信息添加到文件顶部：

```
#include <iostream>
#include <sstream>
#include <fstream>
```

然后在 main 函数的底部添加下列打开文件的代码：

```
ifstream file(filename, ios::binary);
if (!file.good())
{
    usage("first parameter: file does not exist");
    return;
}

while (blocks-- && read16(file) != -1);
file.close();
```

第一行创建了一个名为 file 的 stream 对象，并且可以通过 filename 指定特定的文件路径。如果无法找到目标，good 函数将返回 false。该代码会使用运算符 ! 对数值取反，以在文件不存在的情况下执行 if 语句大括号内部的代码。如果文件存在，ifstream 对象就可以打开该文件，在 while 循环中每次读取的数据是 16 字节。注意，在代码末尾 file 对象会调用 close 函数。当访问文件完毕之后，显式关闭这些资源是一个非常好的习惯。

该文件将被 read16 函数以逐个字节的形式访问，其中包括不可打印的字符，因此类似 \r 或者 \n 等没有特殊含义的控制符也会被读取。不过，stream 类会以特殊的方式处理 \r：它会被视为行的结尾，通常 stream 将静默处理该字符。为了防止出现这种情况，我们是使用 ios::binary 以二进制模式打开文件的。

再次查看 while 语句：

```
while (blocks-- && read16(file) != -1);
```

这里有两个表达式。第一个表达式对变量 blocks 执行递减操作，该变量将保存将要打印输出 16 字节文本块的数量。自减后缀符号表示表达式的计算结果是变量执行自减操作之前的值，因此当变量 blocks 的值是 0 时，表达式自动短路并且 while 循环也随之结束。如果第一个表达式的计算结果是非零值，然后 read16 函数被调用，如果它返回的值是-1（抵达文件尾部），循环也会结束。循环的实际工作其实发生在 read16 函数内部，因此 while 循环体内部是空语句。

现在必须在 main 函数上方实现 read16 函数的具体内容。该函数将使用一个常量来定义每个文本块的长度，因此在文件顶部声明如下内容：

```cpp
using namespace std;
const int block_length = 16;
```

在 main 函数前面添加如下内容：

```cpp
int read16(ifstream& stm)
{
    if (stm.eof()) return -1;
    int flags = cout.flags();
    cout << hex;

    string line;

    // 打印字节

    cout.setf(flags);
    return line.length();
}
```

这些代码只是该函数的框架，稍后需要添加更多代码。

该函数每次最多会读取 16 字节，并将这些字节的内容打印输出到控制台。其返回值是读取的字节数量，如果返回值是-1，这表示抵达文件末尾。注意用于将 stream 对象传递给函数的语法。它是一个引用，某种指向实际对象的指针。这里采用指针的原因是，如果我们不这么做，该函数将得到一个 stream 对象的拷贝。引用的概念将在第 4 章详细介绍，对象引用作为函数参数的方法将在第 5 章详细介绍。

该函数的第一行代码是用于验证是否抵达文件末尾，如果抵达文件末尾，则不再进行处理，并且会将-1 作为函数返回值。该代码将操纵 cout 对象（比如插入十六进制控制符），并且用户将始终清楚该对象在函数外部的状态，该函数将确保它在被调用时返回的 cout 对象和它保持相同的状态。cout 对象的状态初始化是通过调用 flags 函数完成的，并且它还可以用于在 setf 函数对于该函数之前 cout 对象进行状态重置。

该函数没有做任何事，因此尝试对源代码文件进行编译以确认是否存在拼写错误。

read16 函数将做如下 3 件事：

- 逐字节读取文件数据，最多 16 字节；
- 打印输出每个字节的十六进制值；
- 打印输出每个字节的可打印值。

这意味着每行内容包括两个部分：左边十六进制值的部分和右边可打印字符的部分。使用下列代码中加粗显示的代码替换函数中的注释：

```cpp
string line;
for (int i = 0; i < block_length; ++i) {
    // 从 steam 中读取单个字符
```

```
    unsigned char c = stm.get();
    if (stm.eof())
        break;
    //需要确保每个十六进制值都被打印,使用 0 作为字符补丁填充
    cout << setw(2) << setfill('0');
    cout << static_cast<short>(c) << " ";
    if (isprint(c) == 0) line += '.';
    else line += c;
}
```

for 循环的最大次数是由 block_length 的值决定的。第一个语句将从 stream 中读取单个字符。该字节是以原生数据的形式读取的。如果程序发现 stream 中没有更多的字符可供读取,将在 stream 对象中设置一个标记,并且这会通过调用 eof 函数进行测试验证。如果 eof 函数的返回值是 true,则意味着抵达了文件尾部,因此循环也会随之结束,不过该函数并不会马上返回。其原因是某些字节已被读取,必须执行更多的处理工作。

循环中的其余代码做了以下两件事:
- 某些语句将字符的十六进制值打印输出到控制台;
- 一条语句将字符以可打印格式存储到变量 line 中。

现在我们已经将 cout 对象设置为输出十六进制格式的值,不过当字节值小于 0x10 时,其值将不会将 0 作为前缀打印输出。为了采用这种格式,我们插入了控制符 setw 以声明插入的数据将占用两个字符的位置,setfill 用于声明采用字符'0'作为填充字符串。这两个控制符是在头文件<iomanip>中定义的,因此需要在文件顶部添加对它的引用:

```
#include <fstream>
#include <iomanip>
```

一般来说,当插入一个 char 到 stream 中后,其字符值将被显示,因此该 char 类型变量会转型为一个 short 类型,stream 将打印输出它的十六进制数字值。

最后,每个元素之间会插入一个空格。

for 循环中最后一行代码如下:

```
if (isprint(c) == 0) line += '.';
else  line += c;
```

该代码会使用宏 isprint 检查字节值是否为一个可打印字符(" "到"~"),如果该字符是可打印的,则将它附加到 line 变量中。如果该字节值是不可打印的,一个点标记将附加到变量 line 的末尾作为占位符。

到目前为止,代码将逐个把字节值的十六进制值打印输出到控制台,唯一的格式是字节之间的空格。如果希望对代码进行测试,可以编译源代码并运行它:

```
hexdump hexdump.cpp 5
```

用户将看到一些难以理解的输出结果,比如:

```
    C:\Beginning_C++\Chapter_03>hexdump hexdump.cpp 5

23 69 6e 63 6c 75 64 65 20 3c 69 6f 73 74 72 65 61 6d 3e 0d 0a
23 69 6e 63 6c 75 64 65 20 3c 73 73 74 72 65 61 6d 3e 0d 0a 23
69 6e 63 6c 75 64 65 20 3c 66 73 74 72 65 61 6d 3e 0d 0a 23 69
6e 63 6c 75 64 65 20 3c 69 6f 6d 61 6e 69 70 3e 0d
```

23 表示#，20 表示空格，0d 表示回车，0a 表示换行符。

现在我们需要打印变量 line 中的字符，并对其中的内容进行一些格式化操作，以及添加换行符。在 for 循环之后，添加如下内容：

```
string padding = " ";
if (line.length() < block_length)
{
    padding += string(
        3 * (block_length - line.length()), ' ');
}

cout << padding;
cout << line << endl;
```

现在十六进制值和字符值之间至少会存在两个空格。第一个空格来自 for 循环中打印输出的最后一个字符，第二个空格是变量 padding 初始化过程中提供的。

每行的最大字节数应该是 16 字节（block_length），因此 16 字节的十六进制值将被打印输出到控制台。如果读取的字节数较少，那么需要额外的补丁进行填充，以便在连续的行上实现字符对齐。实际读取的字节数量，变量 line 将通过调用函数 length 获取，因此缺少的字节数是 block_length - line.length()。因为每个十六进制值占用了 3 个字符（两个用于表示数字，一个用于表示空格），所需的补丁长度是丢失字节数的 3 倍。为了创建相应的空格数量，字符串构造函数将通过两个参数进行调用，即拷贝的数量和要拷贝的字符。

最后，这个填充字符串会紧跟在字节字符值打印输出到控制台。

现在应该能够顺利地编译代码。当我们在源代码文件上运行该程序时，应该会看到如下执行结果：

```
C:\Beginning_C++\Chapter_03>hexdump hexdump.cpp 5

23 69 6e 63 6c 75 64 65 20 3c 69 6f 73 74 72 65  #include <iostre
61 6d 3e 0d 0a 23 69 6e 63 6c 75 64 65 20 3c 73  am>..#include <s
73 74 72 65 61 6d 3e 0d 0a 23 69 6e 63 6c 75 64  stream>..#includ
65 20 3c 66 73 74 72 65 61 6d 3e 0d 0a 23 69 6e  e <fstream>..#in
63 6c 75 64 65 20 3c 69 6f 6d 61 6e 69 70 3e 0d  clude <iomanip>.
```

现在字节值更容易理解了。因为应用程序并不会改变其转储的文件，因此可以安全地用此程序处理二进制文件，甚至包括其自身：

```
C:\Beginning_C++\Chapter_03>hexdump hexdump.exe 17

4d 5a 90 00 03 00 00 00 04 00 00 00 ff ff 00 00  MZ..............
b8 00 00 00 00 00 00 00 40 00 00 00 00 00 00 00  ........@.......
00 00 00 00 00 00 00 00 00 00 00 00 00 00 00 00  ................
00 00 00 00 00 00 00 00 00 00 00 00 01 00 00 00  ................
0e 1f ba 0e 00 b4 09 cd 21 b8 01 4c cd 21 54 68  ........!..L.!Th
69 73 20 70 72 6f 67 72 61 6d 20 63 61 6e 6e 6f  is program canno
74 20 62 65 20 72 75 6e 20 69 6e 20 44 4f 53 20  t be run in DOS
6d 6f 64 65 2e 0d 0d 0a 24 00 00 00 00 00 00 00  mode....$.......
2b c4 3f 01 6f a5 51 52 6f a5 51 52 6f a5 51 52  +.?.o.QRo.QRo.QR
db 39 a0 52 62 a5 51 52 db 39 a2 52 fa a5 51 52  .9.Rb.QR.9.R..QR
db 39 a3 52 73 a5 51 52 b2 5a 9a 52 6a a5 51 52  .9.Rs.QR.Z.Rj.QR
6f a5 50 52 30 a5 51 52 8a fc 52 53 79 a5 51 52  o.PR0.QR..RSy.QR
```

```
8a fc 54 53 54 a5 51 52 8a fc 55 53 2f a5 51 52  ..TST.QR..US/.QR
9d fc 54 53 6e a5 51 52 9d fc 53 53 6e a5 51 52  ..TSn.QR..SSn.QR
52 69 63 68 6f a5 51 52 00 00 00 00 00 00 00 00  Richo.QR........
00 00 00 00 00 00 00 00 00 00 00 00 00 00 00 00  ................
50 45 00 00 4c 01 05 00 6b e7 07 58 00 00 00 00  PE..L...k..X....
```

MZ 表示这是 Microsoft 便携式可执行文件格式 DOS 头文件的一部分。实际的 PE 头文件在底部行中是以字符 PE 开头的。

3.4 小结

在本章中，你已经了解了 C++中的多种内置类型，以及如何初始化和使用它们。同时还学习了如何使用转型运算符将变量转换成不同类型。本章还向读者介绍了记录类型，一个与之有关的扩展主题将在第 6 章详细介绍。最后，读者了解了指针的多个示例，与之有关的一个主题将在第 4 章深入介绍。

第 4 章
内存、数组和指针

C++允许我们通过指针直接访问内存这提供了很大的灵活性，并且有可能通过避免一些不必要的数据赋值来提高应用程序性能。不过，这也额外增加了程序代码错误的来源：其中某些错误对于应用程序来说可能是致命的或者更糟（比致命的错误更糟糕），因为错误地使用了内存缓冲区可能会在代码中产生安全漏洞，从而让不怀好意之人接管整个机器的控制权。很明显，指针是 C++中非常重要的内容。

在本章中，读者将了解如何声明指针并将其初始化为内存地址，如何在堆栈上分配内存，以及 C++的自由存储和数组的用法。

4.1　C++中的使用内存

C++采用了与 C 一样的语法来声明指针并为它们分配内存地址，并且还有类 C 风格的指针运算。与 C 类似，C++也允许在堆栈上分配内存，因此当栈帧被销毁时，系统会自动进行内存清理；同时在动态分配内存时，程序员有责任负责释放内存的工作。本章将介绍这些概念。

4.1.1　C++指针语法

C++中访问内存的语法非常简单。运算符&会返回对象的地址。该对象可以是一个变量、一个内置类型或者某个自定义类型的实例，甚至是一个函数（函数指针将在第 5 章详细介绍）。该地址将分配给一个类型化的指针变量或者一个 void* 指针。一个 void* 指针应该只能被视为存储了一个内存地址，因为我们无法在一个 void* 指针上访问数据，并且也不能执行指针的算术运算（使用算术运算符控制指针的值）。指针变量通常是通过类型和*符号进行声明的。比如：

```
int i = 42;
int *pi = &i;
```

在上述代码中，变量 i 是整数类型，编译器和链接器将确定该变量被分配的位置。同时，一个在函数中的变量将分配到堆栈帧上，与之有关的详情将稍后介绍。在运行时，将创建堆栈（本质上是分配一块内存），并会为变量 i 在堆栈内存上保留空间。然后该程序会将一个值（42）添加到内存中。

接下来，为变量 i 分配的内存地址将放到变量 pi 中。上述代码的内存使用情况如图 4-1 所示。

指针中保存的值是 0x007ef88c（注意，最低位字节存储在内存的低字节中，这是专门针对 x86 机器的）。内存地址为 0x007ef88c 对应的值是 0x0000002a，即 42，也是变量 i 的值。因为 pi 也是一个变量，它会占用内存空间，并且在这种情况下编译器会将指针存放于比它指向的值更低的位置。在这种情况下，两个变量是不连续的。

图 4-1

类似这样在堆栈上分配的变量，我们不应该假定为变量分配的内存和变量的内存地址存在相关性。

上述代码假定采用的是 32 位操作系统，因此指针 pi 将占用 32 字节并包含一个 32 位的地址。如果采用的操作系统是 64 位的，那么该指针将是 64 位宽度（不过整数仍然是 32 位的）。在本书中，为了方便起见，将采用 32 位指针以及 32 位地址，它们主要是比 64 位的地址占用更少的篇幅。

类型化的指针将通过*符号进行声明，并且我们会将它们视为一个 int*指针，因此指针指向的内存保存的值是 int 类型。当声明一个指针时，按照约定是将*符号紧挨着变量名而不是旁边的类型。这种语法强调指向的类型是 int。不过，在单个语句中声明多个变量时，采用这种语法就变得很重要：

```
int *pi, i;
```

很明显，第一个变量是一个 int*类型的指针，第二个变量的类型是 int。下列代码的含义就不是那么清晰了：

```
int* pi, i;
```

你可能会将上述代码的含义理解为其中的两个变量都是 int*，但是事实并非如此，因为上述代码声明了一个指针和一个 int 变量。如果你希望声明两个指针，需要对每个变量都使用*符号：

```
int *p1, *p2;
```

将两个指针分开声明可能效果会更好一些。

当对一个指针使用 sizeof 运算符时，将获得该指针的大小，而不是它指向的内容。因此，在 x86 机器上，sizeof(int*) 的返回结果是 4，同时在 x64 机器上，它将返回的结果是 8。这是一个非常重要的观察数据，特别是我们在后续章节讨论 C++数组时。

为了访问一个指针指向的数据，我们必须使用*运算符对它进行解析：

```
int i = 42;
int *pi = &i;
int j = *pi;
```

与赋值运算右手边的用法类似，间接引用的指针能够访问该指针指向的值。因此变量 j 被初始化为 42。将它与指针声明相比较，虽然也使用了*符号，但是它们的含义是不同的。

间接引用运算符的功能不仅限于通过内存地址访问相关数据。只要指针没有限制它（使用关键字 const，详情稍后介绍），你还可以间接引用指针写入某个内存地址：

```
int i = 42;
cout << i << endl;
int *pi { &i };
*pi = 99;
cout << i << endl;
```

在上述代码中，指针 pi 指向的是变量 i 的内存地址（在这种情况下使用的是大括号语法）。间接引用的指针将指针指向的地址赋了一个新的值。结果可以在最后一行看到，变量 i 的值是99 而非 42。

4.1.2   空指针

指针可以指向计算机中内存的任何位置，并且可以通过间接引用赋值，这意味着我们可能会写入操作系统使用的敏感内存地址，或者（通过直接内存访问）写入计算机硬件使用的内存地址。不过，操作系统通常会为可执行程序划定能够访问的特定内存区间，尝试访问该区间之外的内存地址将导致操作系统内存访问冲突。

因此，你应该总是使用&运算符或者通过操作系统的函数调用来获取指针的值，而不应该给指针提供一个绝对地址。这种情况唯一的例外是 C++中表示无效内存地址的常量 nullptr：

```
int *pi = nullptr;
// 代码
int i = 42;
pi = &i;
// 代码
if (nullptr != pi) cout << *pi << endl;
```

上述代码会将指针 pi 初始化为 nullptr。后续的代码中，该指针会被初始化为指向一个整数类型变量的地址。稍后的代码中，该指针被使用了，但不是马上调用它，首先会对该指针检查以确保它被初始化为一个非空值。编译器将检查代码中是否包含未被初始化的变量，不过如果你正在编写库代码，编译器将无法确认代码的调用方是否能够正确地使用指针。

> **提示**
> 常量 nullptr 的类型并不是整数，而是 std::nullptr_t。所有指针类型都可以隐式转换成该类型，因此 nullptr 可以用来初始化任意指针类型的变量。

4.1.3   内存类型

一般来说，内存类型有以下 4 种：
- 静态或全局；
- 字符串池；
- 自动或者堆栈型；
- 自由存储。

当你在全局层面声明一个变量时，或者如果有一个在函数内使用关键字 static 修饰的变量，编译器将确保为该变量分配的内存与应用程序拥有同样的生命周期——该变量在应用程序启动时创建，在应用程序关闭后删除。

当使用一个字符串时，当然它也是一个全局变量，但是它被存储于可执行程序的不同部分。

对于一个 Windows 可执行程序，字符串是存储在可执行程序内部 PE/COFF 的 .rdata 中的。文件中的 .rdata 部分是用于存放只读初始化数据的，因此将无法修改这些数据。Visual C++为用户提供了更高级的功能，并为用户提供了一个字符串池的选项。考虑如下代码：

```
char *p1 { "hello" };
char *p2 { "hello" };
cout << hex;
cout << reinterpret_cast<int>(p1) << endl;
cout << reinterpret_cast<int>(p2) << endl;
```

在上述代码中，两个指针被初始化为字符串"hello"的地址。在接下来的两行代码中，每个指针保存的地址会被打印输出到控制台。因为运算符<<会将 char*修饰的运算符当作一个指向字符串的指针，所以它将打印字符串而不是指针的地址。为了解决这个问题，我们可以使用运算符 reinterpret_cast 将指针转换成一个整数，然后打印该整数值。

如果使用 Visual C++对上述代码进行编译，将发现控制台上打印输出了两个不同的地址。这两个地址都在 .rdata 中并且都是只读的。如果在编译该代码时使用/GF 开关启用了字符串池（Visual C++项目会默认启用该功能），编译器将看到两条相同的字符串，同时在 .rdata 中只保存一份拷贝，因此上述代码的执行结果将是单个地址在控制台上打印输出了两次。

在上述代码中，p1 和 p2 这两个变量是自动变量，即它们是在为当前函数创建的堆栈上创建的。当某个函数被调用时，系统会为该函数分配一块内存，并且其中包含了传递给该函数的参数、调用该函数的代码返回地址所需的空间，以及在函数内部声明的自动变量所需的空间。当函数执行完毕后，栈帧将被销毁。

提示

函数的调用约定要确定调用函数或被调用函数是否有责任处理此任务。在 Visual C++中，默认会选择__cdecl 调用约定，这意味着调用函数会清理堆栈。__stdcall 是 Windows 系统函数采用的调用约定，堆栈清理是由被调用函数负责的。更多细节将在第 5 章介绍。

自动变量的存续时间是与函数一致的，并且该变量地址只在该函数内部才有效。在本章后续的内容中，你将了解如何创建数据的数组的方法。数组会在编译期间作为自动变量以固定大小在堆栈上分配空间。它也可能是一个大小超过堆栈容量的大型数组，特别是在使用递归调用时。在 Windows 中，堆栈的默认容量是 1MB；在 x86 的 Linux 中，它的容量是 2MB。Visual C++允许通过/F 编译器开关声明一个容量更大的堆栈（或者使用/STACK 链接器开关）。gcc 编译器允许通过--stack 选项修改默认堆栈的容量大小。

内存的最后一种类型是在自由存储中创建的动态内存，有时也称之为堆（Heap）。这是一种最灵活的内存使用方式。顾名思义，我们可以在运行时确定分配内存的大小。自由存储的实现依赖于具体的 C++实现，但是应该将自由存储视为与应用程序具有相同的生命周期，因此通过自由存储分配的内存存续的时间至少与应用程序一样长。

不过，这里也存在一些潜在的危险，特别是对于长期运行的应用程序来说。所有通过自由存储分配的内存都应该在使用完毕之后返回自由存储，以便自由存储管理器能够对这些内存复用。如果不能恰当地返回内存，那么自由存储管理器有可能就会耗尽现有的内存资源，这将使得它必须向操作系统请求更多的内存资源。因此，应用程序的内存使用量会随着时间的推移逐步增长，继而导致内存分页的性能问题。

4.1.4 指针算术

一个指针指向内存，并且该指针的类型是由能够通过它访问的数据类型决定的。因此，一个 int* 指针将指向内存中的一个整数，并且可以间接引用指针（*）来获取该整数。如果条件允许（指针没有被关键字 const 修饰），那么可以通过指针算术修改指针的值。比如可以对指针执行自增或者自减操作。内存地址的变化将依赖于指针的类型，因为一个类型化的指针指向一个类型，任何指针算术操作都将按照该类型的大小为单位修改指针。

如果对一个 int* 指针执行自增操作，它将指向内存中的下一个整数，并且内存地址的修改是依赖于整数的尺寸的。这与数组索引类似，类似 v[1] 这样的表达式表示应该从 v 中第一个元素的内存地址开始，然后在内存中进一步移动一个元素并将其返回：

```
int v[] { 1, 2, 3, 4, 5 };
int *pv = v;
*pv = 11;
v[1] = 12;
pv[2] = 13;
*(pv + 3) = 14;
```

第一行代码在堆栈上创建了一个包含 5 个整数的数组，并使用数字 1~5 对它们进行初始化。在这个示例中，因为使用了一个初始化列表，编译器将为请求的若干元素创建空间，因为并没有指定该数组的大小。如果在方括号中指定了数组的大小，则初始化包含的元素必须小于数组的长度。如果列表包含的元素比较少，则数组中其余的元素将使用默认值进行初始化（默认值一般是 0）。

接下来的一行代码获取了指向该数组第一个元素的指针。这行代码很重要，数组名可以被当作指向该数组第一个元素的指针。接下来的代码会以多种方式修改数组元素。第一个指针（*pv）是通过间接引用指针并为其赋值的方式修改数组的第一个元素的。第二个（v[1]）采用了数组索引为数组中的第二个元素赋值。第三个（v[2]）使用了索引，不过这次是通过一个指针为数组的第三个元素赋值的。在最后一个示例中（*(pv+3)）采用了指针算术操作来确定数组元素中第四个元素的地址（记住，第一个元素的索引是 0），然后通过间接引用指针为元素赋值。上述代码执行完毕之后，数组中包含的值为 { 11, 12, 13, 14, 5 }，内存布局如图 4-2 所示。

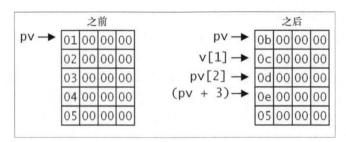

图 4-2

如果有一个包含数值的内存缓冲区（在本示例中，是通过一个数组分配的），并且希望让其中的每个值乘以 3，那么可以使用指针算术执行如下操作：

```
int v[] { 1, 2, 3, 4, 5 };
int *pv = v;
for (int i = 0; i < 5; ++i)
{
    *pv++ *= 3;
}
```

循环语句中的代码比较复杂，我们需要参考第 2 章介绍的运算符优先级的内容。其中后缀自增运算符具有最高的优先级，间接引用运算符(*)拥有次高优先级，运算符*=拥有的优先级最低，因此运算符的执行顺序是++、*、*=。该后缀运算符将在执行自增操作之前返回其值，因此尽管指针会指向内存中的下一个元素，表达式会使用执行自增操作之前的地址。该地址随后通过间接引用，即通过赋值运算符使用该元素值乘以 3 后的结果替换原来的元素。这说明了值与数组名称之间很重要的一个差别，即用户可以对一个指针执行自增操作，但是无法让一个数组执行自增操作：

```
pv += 1; // 正确
v += 1; // 错误
```

当然，你还可以在数组名和指针上使用索引（[]）。

4.2 数组

顾名思义，一个 C++数组是由相同类型的零个或者多个数据项构成的。在 C++中，方括号用于声明数组和访问数组元素：

```
int squares[4];
for (int i = 0; i < 4; ++i)
{
    squares[i] = i * i;
}
```

变量 squares 是一个整数数组。第一行代码为 4 个整数分配了足够的内存，然后 for 循环使用前 4 个自然数的平方数对该数组进行初始化。编译器从堆栈上分配的内存是连续的，数组中的元素也是按序排列的，因此 squares[3]的内存地址根据 sizeof(int)运算可知，是紧跟着 squares[2]的地址的。因此数组是在堆栈上创建的，数组的大小是编译器的一条指令；这不是动态分配的，所以其大小必须是一个常数。

这里有一个潜在的问题，即数组的大小被提到了两次：一次是在声明数组时；另一次是在 for 循环中。如果使用了两个不同的值，则可能会初始化较少的元素或者可能潜在地发生数组访问越界的问题。声明数组区间的语法使得我们能够访问数组中的每个元素；编译器能够确定数组的大小，并在 for 循环中使用该大小作为数组区间。在下列代码中，存在一个刻意的错误来演示数组大小的问题：

```
int squares[5];
for (int i = 0; i < 4; ++i)
{
    squares[i] = i * i;
}
for(int i : squares)
{
```

```
    cout << i << endl;
}
```

数组大小与第一个 for 循环的区间并不一致，因此数组的最后一个元素将不会被初始化。不过 for 循环区间中，将会循环遍历数组的前 5 个元素，同时将打印输出数组最后一个元素的随机值。假如采用相同的代码，但是声明数组 squares 时只包含 3 个元素，结果会怎样呢？这取决于你正在使用的编译器以及是否在使用编译器调试模式，不过很明显将写入数组区间之外的内存。

有一些方法可以解决这些问题。第一种方法在前面的章节已经有所提及，即使用一个常量为数组声明大小，并且在代码需要知道数组大小的地方使用它：

```
constexpr int sq_size = 4;
int squares[sq_size];
for (int i = 0; i < sq_size; ++i)
{
    squares[i] = i * i;
}
```

声明数组时必须使用一个常量为它指定大小，并且这是通过常量 sq_size 进行管理的。你可能还希望计算已分配内存的数组大小，当在一个数组上执行 sizeof 运算符时，它会返回实际数组的字节大小，因此可以通过将该值除以单个元素的大小来确定数组的大小：

```
int squares[4];
for (int i = 0; i < sizeof(squares)/sizeof(squares[0]); ++i)
{
    squares[i] = i * i;
}
```

上述代码更安全一些，不过很显然也更冗长。C 运行时库包含一个名为 _countof 的宏可以执行上述计算。

4.2.1　函数参数

如前所述，数组自动转换为适当的指针类型，如果将一个数组传递给某个函数，或者从某个函数返回一个数组，那么就会发生这种情况。这种简化为一个哑指针的操作意味着其他代码将无法知道数组的大小。一个指针可以指向分配在堆栈上的内存，该内存的生命周期是由函数决定的，或者一个全局变量，其生命周期是由应用程序决定的，也可以是动态分配的内存，该内存的生命周期是由开发者决定的。声明指针时并没有内存类型的信息，或者表明谁应该为释放内存负责。一个哑指针中并不包含任何该指针指向内存大小的相关信息。当使用指针时，必须遵循有关如何使用它们的规定。

一个函数可以有一个数组参数，但是这意味着它展示的信息比它包含的内容要少得多：

```
// 每辆轿车有 4 个轮胎
bool safe_car(double tire_pressures[4]);
```

该函数将检查数组中每个成员是否包含允许的最大值和最小值区间之内的值。轿车上任何时候都有 4 个轮胎，因此该函数应该被数组中的 4 个元素调用。问题是尽管看起来编译器应该检查传递给函数的数组是否拥有合适的尺寸，但实际上它并不会这么做。用户可以像下列代码那样调用该函数：

```
double car[4] = get_car_tire_pressures();
if (!safe_car(car)) cout << "take off the road!" << endl;
double truck[8] = get_truck_tire_pressures();
if (!safe_car(truck)) cout << "take off the road!" << endl;
```

当然，开发者应该明白卡车不是轿车，因此开发者应该不会编写这样的代码，但是编译语言的通用特性就是编译器将执行一些完整性检查。对于数组参数的这种情况，编译器将不会这么做。

因为数组是作为一个指针传递给函数的，即使参数看上去是一个内置数组也是如此，我们无法将其作为一个区间数组来使用。事实上，函数 safe_car 调用 sizeof(tire_pressures) 后，它的执行结果将是一个 double 指针的大小，而不是 16，即数组 4 个整数的字节大小。

数组参数退化为一个指针的特性意味着如果不显式声明数组的长度，该函数将无法知道该数组参数的大小。你可以使用一对空的方括号来表示该参数元素将传递一个数组，但是它实际上与一个指针相同：

```
bool safe_car(double tire_pressures[], int size);
```

上述函数包含一个声明数组大小的参数。前面的函数与将第一个参数声明为指针的效果几乎一样。下面的函数并不是一个重载函数，它们是相同的函数：

```
bool safe_car(double *tire_pressures, int size);
```

很重要的一点是，当我们将一个数组传递给一个函数时，一维数组将被视为一个指针。到目前为止介绍的函数都是一维的，但是它们也可能是多维数组。

4.2.2 多维数组

数组可以是多维的，你可以通过新增一组方括号来添加一个维度：

```
int two[2];
int four_by_three[4][3];
```

第一个示例创建了一个包含两个整数的数组，第二个示例创建了一个包含 12 个整数的二维数组阵列，因此它是一个 4 行 3 列的阵列。当然，行和列都是任意的，处理二维数组的方式与传统的电子表格类似，但是它有助于读者直观地理解数据在内存中的排列方式。

注意，每个维度都有对应的方括号。C++在这方面与其他语言不同，因此类似 int x[10,10] 这样的声明方式，编译器会向用户报错。

初始化多维数组采用了一对花括号和其中的数据序列，它们将用于初始化多维数组：

```
int four_by_three[4][3] { 11,12,13,21,22,23,31,32,33,41,42,43 };
```

在此示例中，具有最大数字的值表示最左侧的索引，而具有较低数字的值表示最右边的索引（在这两种情况下，其值都比实际的索引值多一个）。很明显，我们可以将它们分割成几行，并使用空格将这些值进行分组，使它们更容易理解。你还可以使用花括号的嵌套语法，比如：

```
int four_by_three[4][3] = { {11,12,13}, {21,22,23},
                            {31,32,33}, {41,42,43} };
```

如果是从左到右读取多维数组的，可以从初始部分读取并延伸到更深层次的嵌套。其中有

4 行，所以外部花括号内包含 4 组嵌套的大括号。因为有 3 列，所以嵌套的大括号中包含 3 个初始值。

大括号嵌套为格式化 C++ 代码提供了便利，如果使用了一对空的大括号，那么编译器将使用默认值进行初始化：

```
int four_by_three[4][3] = { {11,12,13}, {}, {31,32,33}, {41,42,43} };
```

上述代码中，第二行元素的值被初始化为 0。

当增加维度时，其应用规则为对最右边的维度增加嵌套：

```
int four_by_three_by_two[4][3][2]
  = { { {111,112}, {121,122}, {131,132} },
      { {211,212}, {221,222}, {231,232} },
      { {311,312}, {321,322}, {331,332} },
      { {411,412}, {421,422}, {431,432} }
    };
```

这是两组 3 列 4 行的数组（如你所见，当维度增加时，行和列等术语大体上是很随意的）。你可以使用相同的语法访问其中的元素：

```
cout << four_by_three_by_two[3][2][0] << endl; // 打印输出 431
```

在内存布局方面，编译器将以如下方式解析语法。第一个索引以 6 个整数的大小确定从数组起始的偏移（3 * 2），第二个索引表示这 6 个整数块自身之一的两个整数之间的偏移，第三个索引表示单个整数的偏移。因此从起始位置计算，[3][2][0] 表示的索引是 (3 * 6) + (2 * 2) + 0 = 22，同时将其中的第一个整数的索引视为 0。

多维数组可以看成数组的数组，因此每"行"的类型是 int[3][2]，并且我们从声明可以知道其中有 4 个元素。

4.2.3 将多维数组传递给函数

你可以将一个多维数组传递给一个函数：

```
// 传递所有车轮螺母的扭矩
bool safe_torques(double nut_torques[4][5]);
```

上述代码能够通过编译，并且能够将参数当作 4×5 的数组访问，假定该车辆有 4 个轮子，每个轮毂上有 5 个螺母。

如前所述，当传递一个数组参数时，一维数组会被当作一个指针，因此当传递一个 4×5 的数组给该函数时，也可以给该函数传递一个 2×5 的数组，编译器将不会报错。不过，如果传递了一个 4×3 的数组（即第二个维度与前面函数声明中的不一致），编译器将报错，告知传递的数组不兼容。该参数可以更精确地表述为 double row[][5]。因为第一维的大小不可用，因此函数应该使用该维度的大小来声明：

```
bool safe_torques(double nut_torques[][5], int num_wheels);
```

这表示 nut_torques 中包含一个或者多个"行"，其中每行包含 5 个元素。因为该数组并没有提供与其长度有关的信息，所以应该提供它们。另外一种声明方式是：

```
bool safe_torques(double (*nut_torques)[5], int num_wheels);
```

这里的括号很重要，如果省略它们，采用 double *nut_torques[5]这样的形式，则意味着*将引用数组中的类型，即编译器将把 nut_torques 视为 5 个元素数组的 double*指针，之前我们已经看到过这样一个数组示例：

```
void main(int argc, char *argv[]);
```

参数 argv 是一个 char*指针的数组。你还可以将参数 argv 表示成 char**，其含义与上述代码中的内容是一致的。

一般来说，如果打算给某个函数传递数组参数，最好使用自定义类型，或者使用 C++数组类型。

多维数组的区间应用要比看上去更复杂一些，并且需要用到本章后续将介绍的引用。

4.2.4　字符数组

字符串将在第 9 章详细介绍，不过值得一提的是，C 字符串是由字符数组组成的，并且可以通过指针变量访问。这意味着如果希望操作字符串，则必须去操作内存中指针指向的内容，甚至去操作指针本身。

1．字符串比较

下列代码中分配了两个字符串缓冲区，并且会调用 strcpy_s 函数使用相同字符串对它们进行初始化：

```
char p1[6];
strcpy_s(p1, 6, "hello");
char p2[6];
strcpy_s(p2, 6, p1);
bool b = (p1 == p2);
```

strcpy_c 函数将从指针给出的最后一个参数中拷贝字符（直到遇到 NUL），并将它们复制到第一个参数给出的缓冲区中，缓冲区最大尺寸是由第二个参数指定的。这两个指针将在最后一行代码中进行比较，其比较结果将返回 false。其问题在于，compare 函数将比较指针的值，而不是指针指向的内容。这两个缓冲区包含相同的字符串，但是指针却不一样，因此 b 的结果将是 false。

比较字符串的正确方式是比较其中的字符数据，看看它们是否相等。C 运行时库提供的 strcmp 函数可以通过逐个字符比较的方式对两个字符缓冲区中的字符串进行比较，并且 std::string 类中名为 compare 的函数也可以执行这类比较；不过应留意这些函数的返回值：

```
string s1("string");
string s2("string");
int result = s1.compare(s2);
```

其返回值并不是一个能够确定两个字符是否相等的布尔类型，它是一个 int 类型。这些比较函数执行的是字典比较，如果参数（该代码中的 s2）大于字典的操作数（s1），并且操作数大于参数，将返回一个负值。如果两个字符串相等，则函数将返回 0。注意，值为零时，其对应的布尔值是 false，非零值时为 true。标准库中为 std::string 提供了对运算符==的重载函数，因此可以很安全地编写如下代码：

```
if (s1 == s2)
{
    cout << "strings are the same" << endl;
}
```

运算符将比较两个变量中包含的字符串。

2. 防止缓冲区溢出

用于操作字符串的 C 运行时库允许缓冲区溢出的特性可谓是臭名昭著。比如，strcpy 函数将一个字符串拷贝到另外一个字符串中，并且可以通过头文件<cstring>访问它，该头文件是包含在头文件<iostream>中的。你可能会希望尝试编写如下代码：

```
char pHello[5];                // 空间足够容纳 5 个字符
strcpy(pHello, "hello");
```

问题在于，strcpy 将拷贝其中的所有字符，并且包括终止符 NULL，因此将把 6 个字符拷贝到只有 5 个空位的数组中。应用程序可能会通过输入接收一个字符串（例如，从 Web 页面的文本框中），并且开发者自认为分配了足够大的数组空间来存储这些字符串，但是某些恶意用户可能会提供比缓冲区更长的字符串，它会覆盖程序的其他部分。这种缓冲区溢出会导致大量程序被黑客入侵继而获得服务器的控制权，所以 C 字符串函数都被更安全的版本所替代。实际上，如果你有意使用上述代码，将发现 strcpy 是可用的，但是 Visual C++编译器将向用户报错：

```
error C4996: 'strcpy': This function or variable may be unsafe.
Consider using strcpy_s instead. To disable deprecation, use
_CRT_SECURE_NO_WARNINGS. See online help for details.
```

如果现有代码中已经采用了 strcpy，并且需要让该代码通过编译，则可以在头文件<cstring>之前进行如下声明：

```
#define _CRT_SECURE_NO_WARNINGS
#include <iostream>
```

最初尝试防止这个问题是在使用 strncpy 时，该函数会拷贝特定数量的字符：

```
char pHello[5];                // 5 个字符串的空格
strncpy(pHello, "hello", 5);
```

该函数将拷贝 5 个字符然后停止。问题是拷贝的字符串包含 5 个字符，因此最终的结果是该字符串中将不包含 NULL 终止符。该函数更安全的办法是提供一个参数，以便可以声明目标缓冲区的大小：

```
size_t size = sizeof(pHello)/sizeof(pHello[0]);
strncpy_s(pHello, size, "hello", 5);
```

在运行时，这仍然会导致一个问题。目前已经告知函数缓冲区的大小是 5 个字符长度，编译器将发现开发人员提供的空间不足以容纳要求拷贝的 6 个字符。与允许程序静默继续执行继而导致缓冲区溢出问题相反，更安全的字符串函数将调用名为 constraint handler 的函数，默认版本将关闭发生缓冲区溢出的程序，这意味着程序被入侵了。

C 运行时库字符串函数原本是为了返回函数结果而编写的，更安全的版本现在会返回一个错误值。函数 strncpy_s 也可以被告知截断副本而不是调用 constraint handler 函数：

```
strncpy_s(pHello, size, "hello", _TRUNCATE);
```
C++的字符串类将帮助用户免受这类问题的影响。

4.3 在 C++中使用指针

很显然，指针在 C++中地位非常重要，但是与任何强大的功能一样，它也伴随着问题和危险，因此值得指出其中的一些主要问题。一个指针会指向内存中的单一地址，指针的类型表示内存地址应该如何被解析。最可能存在的情况是内存中该位置占用的字节数就是指针指向类型的大小。这意味着指针本质上来说是不安全的。不过，这是 C++中进程访问大量数据的最快方式。

4.3.1 访问越界

不论是在堆栈还是自由存储中，当分配了一块缓冲区后，都将得到一个指针，这将无法阻止你访问那些未分配的内存，无论是缓冲区之前还是之后的部分。这意味着在执行指针算术或者在数组上进行索引访问时，务必确保不会超出合法的数据范围。有时错误可能并不会马上出现：

```
int arr[] { 1, 2, 3, 4 };
for (int i = 0; i < 4; ++i)
{
    arr[i] += arr[i + 1]; // 当 i == 3 会发生什么？
}
```

当使用索引时，必须不断提醒自己，数组是从零开始索引计数的，所以数组最大的索引数是其长度减去 1。

4.3.2 指针内存释放

这也适用于在堆栈上分配内存和动态分配内存。下列代码是一个编写质量不佳的函数，它会返回一个函数中在堆栈上分配的字符串：

```
char *get()
{
    char c[] { "hello" };
    return c;
}
```

上述代码分配了一个包含 6 个字符的缓冲区，然后使用字符串"hello"和 NULL 终止符对它进行初始化。问题在于函数一旦执行完毕，栈帧将被卸载以便能够复用内存，并且指针指向的内存可以被其他程序调用。这个错误是由糟糕的编程风格导致的，但是在本示例中它可能并不是特别明显。如果该函数使用了多个指针并执行了指针赋值，你可能并不会马上留意到函数返回了一个指向堆栈对象的指针。最佳的解决方案是根本不从函数返回原始指针，但是如果你希望使用这种编程风格，应务必确保通过参数传递内存缓冲区（因此该函数将不会占用缓冲区），或者动态分配内存，将控制权移交给函数调用方。

这会导致另外一个问题。如果在一个指针上调用 delete 命令，然后在后续的代码中尝试访问该指针，则访问的内存可能是被其他变量使用的内存。为了解决这个问题，你最好养成在删除某个指针时，将它赋值为 null_ptr，在使用一个指针之前，检查该指针是否包含 null_ptr 的习惯。或者，可以使用智能指针帮助实现上述功能，与智能指针有关的详情可以参考第 6 章。

4.3.3 指针转型

你既可以使用类型化的指针，也可以使用 void* 指针。如果声明了类型，类型化的指针将访问内存（当使用了类的继承机制时，这会产生很有趣的结果，不过详情将在第 6 章和第 7 章介绍）。因此，如果将一个指针转换为其他不同的类型并对它进行间接引用，内存将把它当作包含转型类型。这样的操作并没有什么意义。

void* 指针不能被间接引用，因此你将永远无法通过一个 void* 指针访问数据，要访问数据，必须对该指针转型。

void* 指针的类型特点是它可以指向任意类型。一般来说，void* 指针应该在其类型与函数无关时才使用。比如，C 的 malloc 函数将返回一个 void* 指针，因为该函数只负责分配内存，它几乎不关心如何使用该内存。

1. 常量指针

我们可以根据需要在声明指针变量时，使用关键字 const 修饰它，这意味着该指针指向的内存只能通过该指针以只读方式访问，或者指针的值是只读的：

```
char c[] { "hello" };     // c 可以当作指针使用
*c = 'H';                 // 可以通过指针写入
const char *ptc {c};      // t 指向常量
cout << ptc << endl;      // 可以读取指向的内存
*ptc = 'Y';               // 无法写入内存
char *const cp {c};       // 常量指针
*cp = 'y';                // 可以通过指针写入
cp++;                     // 无法指向别的地址
```

这里，ptc 是一个指向常量的 char 型指针，即可以修改 ptc 指向的内容，可以读取 ptc 指向的内容，但是不能通过它修改内存地址。换句话说，你可以读取和写入指针指向的内存，但是无法修改指针的地址。通常会将 const char* 类型的指针传递给函数，因为函数并不知道字符串是在哪里分配的或者缓冲区的大小（调用方可能会传递一个不能更改的变量）。注意，并不存在 const* 运算符，因此 char const* 会被当作 const char* 处理，一个指向常量缓冲区的指针。

你可以使用转型机制构建、修改或者移除一个常量指针。下列代码通过对与关键字 const 有关的部分进行一些无关痛痒的修改来证明这一点：

```
char c[] { "hello" };
char *const cp1 { c };     //无法指向任何其他内存地址
*cp1 = 'H';                // 可以修改内存地址
const char *ptc = const_cast<const char*>(cp1);
ptc++;                     // 修改指针指向的内存地址
char *const cp2 = const_cast<char *const>(ptc);
*cp2 = 'a';                // 现在指向 Hallo
```

指针 cp1 和 cp2 可以用于管理它们指向的内存，但是一旦经过赋值，它们就不能指向其他内存地址。第一个 const_cast 将常量转型为一个可以指向其他内存地址的指针，但是不能用于修改 ptc 的内存地址。第二个 const_cast 是对 ptc 的常量进行转型操作，因此其内存地址可以通过指针 cp2 修改。

2. 修改指向的类型

运算符 static_cast 是用于在编译期检查时执行转型，而非运行时检查，因此这意味着指针之间必须是相互关联的。void* 指针可以被转换成任意类型的指针，因此下面的代码能够通过编译并且是有意义的：

```
int *pi = static_cast<int*>(malloc(sizeof(int)));
*pi = 42;
cout << *pi << endl;
free(pi);
```

C 的 malloc 函数会返回一个 void* 指针，因此必须将它转换成能够使用内存的类型（当然，C++ 的 new 运算符不需要执行这类转型）。内置类型之间的“关联”程度不足以满足 static_cast 运算符执行指针类型转换的需要，因此无法通过 static_cast 将一个 int* 指针转换成一个 char* 指针，即使 int 和 char 都是整数类型。对于通过继承机制实现相互关联的自定义类型，可以使用 static_cast 对它们进行转型操作，但是没有运行时检查来确保转型结果的正确性。为了让转型操作执行运行时检查，应该使用运算符 dynamic_cast 达到上述目的，与之有关的详情将在第 6 章和第 7 章介绍。

reinterpret_cast 是最灵活和最危险的转型运算符，因为它会在没有类型检查的情况下执行任意指针类型之间的转型操作，本质上是不安全的。比如，下列代码将使用一个字符串初始化一个宽字符数组。数组 wc 将包含 6 个字符，其中包括字符串 "hello" 和紧随其后的 NULL 字符。wcout 对象将把一个 wchar_t* 指针作为指向一个 wchar_t 字符串中第一个字符的指针，因此插入 wc 将打印该字符串（每个字符直到 NULL）。为了获取实际的内存地址，我们必须将该指针转换成一个整数：

```
wchar_t wc[] { L"hello" };
wcout << wc << " is stored in memory at ";
wcout << hex;
wcout << reinterpret_cast<int>(wc) << endl;
```

同样，如果将一个 wchar_t 类型字符插入到 wcout 对象后，它将打印输出这个字符，而不是其对应的数字值。因此，为了打印输出各个字符的代码，我们需要将指针转型成合适的整数型指针。此代码假定 short 类型的大小与 wchar_t 类型的大小是一样的：

```
wcout << "The characters are:" << endl;
short* ps = reinterpret_cast<short*>(wc);
do
{
    wcout << *ps << endl;
} while (*ps++);
```

4.4　在代码中分配内存

C++ 定义了两个运算符 new 和 delete，它们可以从自由存储分配内存，并且可以将内存释放返回到自由存储中。

4.4.1　分配单个对象

new 运算符用于分配内存的类型，同时它将返回一个指向该内存的类型化指针：

```
int *p = new int; // 为一个 int 型分配内存
```

new 运算符将为它创建的每个自定义类型对象调用默认构造函数（详情可以参考第 6 章）。内置类型没有构造函数，因此取而代之的是一个类型初始化操作，并且通常这将把对象初始化为 0（在本示例中是一个值为 0 的整数）。

一般来说，不应该在没有显式初始化的情况下为内置类型分配内存。事实上，在 Visual C++ 中的调试模式下，new 运算符将把内存的每个字节的值初始化为 0xcd，将其作为调试模式下的直观提醒，即还没有初始化内存。对于自定义类型，类型的创建者将负责初始化分配内存的工作。

非常重要的一点是，当内存使用完毕之后，最好将它返回自由存储，以便分配器可以复用它。你可以通过调用 delete 运算符达到此目的：

```
delete p;
```

当删除一个指针时，对象的析构函数将被调用。对于内置类型，系统将不会执行任何操作。在删除一个指针后，将它初始化为 nullptr 是一个很好的习惯，如果有在使用指针前检查指针值的习惯，这将确保你不会误用已被删除的指针。C++ 标准中指出，如果删除了一个值为 nullptr 的指针，那么 delete 运算符将不会对该指针起效。C++ 允许在调用 new 运算符的同时对相关变量进行初始化，其中包括两种方式：

```
int *p1 = new int (42);
int *p2 = new int {42};
```

对于一个自定义类型，new 运算符将调用类型的构造函数；对于内置类型，最终的结果是一样的，并且会通过将元素初始化为提供的值。你还可以使用初始化列表语法，如果上述代码中的第二行所示。非常重要的一点是，被初始化的是内存指向的内容，而不是指针变量。

4.4.2　分配对象数组

你还可以通过 new 运算符在动态内存中创建对象数组。可以通过在一对方括号中提供希望创建的元素数量来达到上述目的。以下代码将为两个整数分配内存：

```
int *p = new int[2];
p[0] = 1;
*(p + 1) = 2;
for (int i = 0; i < 2; ++i) cout << p[i] << endl;
delete [] p;
```

运算符将返回一个分配类型的指针，并且可以通过指针算术或者数组索引访问内存。你将无法在 new 语句中初始化内存，必须在创建一块缓冲区之后才能继续执行相关操作。当使用 new 运算符为多个对象创建一块缓冲区时，必须使用相应版本的 delete 运算符，[] 用于表示一个以上的元素被删除，并且每个对象的析构函数将被调用。非常重要的一点是，你必须确保一直使用正确版本的 delete，将它与创建指针的 new 运算符版本对应。

自定义类型可以为单个对象定义它们自己的 new 运算符和 delete 运算符,以及对象数组的 new[] 运算符和 delete[] 运算符。自定义类型的作者可以通过这些运算符为相关的对象采用自定义内存分配方案。

4.4.3　处理内存分配异常

如果 new 运算符无法为一个对象分配内存,那么它将抛出 std::bad_alloc 异常,并且返回的指针将会是 nullptr。与异常有关的详情将在第 10 章介绍,所以这里只给出一个简要的语法概述。检查正式上线产品代码中分配内存的异常状况非常重要。下列代码演示了如何监控内存分配过程,以便可以捕获 std::bad_alloc 异常并处理它:

```
// VERY_BIG_NUMER 是一个类在别处定义的常量
int *pi;
try
{
    pi = new int[VERY_BIG_NUMBER];
    // 其他代码
}
catch(const std::bad_alloc& e)
{
    cout << "cannot allocate" << endl;
    return;
}
// 使用指针
delete [] pi;
```

如果 try 代码块中的任何代码抛出异常,它都将被传递给 catch 子句,并忽略其他任何尚未执行的代码。catch 子句会检查异常对象的类型,并且当其类型正确的情况下(这种情况下是一个内存分配异常),系统会创建一个上述对象的引用,并将控制权移交给 catch 代码块,异常引用的作用域是该代码块。在本示例中,代码之后打印输出错误信息,但是应该通过这个信息采取一些措施,以便确保内存分配失败的问题不会影响后续代码的执行。

4.4.4　new 运算符的其他版本

此外,自定义类型可以定义一个 new 运算符的占位,它允许为 new 函数提供一个或者多个参数。表示 new 运算符占位的语法是通过在括号中提供占位字段实现的。

C++标准库版本中的 new 运算符提供了一个版本,它可以接收常量 std::nothrow 作为占位字段。如果内存分配失败,这个版本将不会抛出异常,相反,该错误只能通过返回的指针进行访问:

```
int *pi = new (std::nothrow) int [VERY_BIG_NUMBER];
if (nullptr == pi)
{
    cout << "cannot allocate" << endl;
}
else
{
    // 使用指针
    delete [] pi;
}
```

类型之前的括号用于放置占位字段。如果在某个类型后面使用括号，内存分配成功时，它们将提供一个值初始化该对象。

4.4.5   内存的生命周期

在调用 delete 运算符之前，通过 new 运算符分配的内存都将是有效的。这意味着你可能会拥有包含长生命周期的内存，该代码可能会涉及应用程序中的多个函数。考虑如下代码：

```
int *p1 = new int(42);
int *p2 = do_something(p1);
delete p1;
p1 = nullptr;
// what about p2?
```

上述代码将创建一个指针，并初始化它指向的内存，然后将该指针传递给一个函数，该函数自身也会返回一个指针。因为不会再用到指针 p1，它被删除，并被赋值 nullptr，以便它不能再被其他代码使用。该代码看上去一切正常，但问题是该如何处理函数返回的指针呢？假设该函数只是简单地访问了该指针指向的数据：

```
int *do_something(int *p)
{
    *p *= 10;
    return p;
}
```

事实上，调用函数 do_something 后会创建一个指针的副本，而不是其指向内容的副本。这意味着当 p1 被删除后，其指向的内存也将随之失效，因此指针 p2 指向的是无效内存。

这个问题可以使用名为"资源获取即初始化"的机制进行定位，该机制简称 RAII（Resource Acquisition Is Initialization，RAII），这意味着需要用到 C++对象的资源管理特性。RAII 在 C++中需要借助类来完成工作，具体来说就是拷贝构造函数和析构函数。一个智能指针类可以用来管理指针，当它被拷贝时，它指向的内容也会一同被拷贝。析构函数会在对象脱离作用域范围后被自动调用，以便智能指针可以释放与之相关的内存。智能指针和析构函数的详情可以参考第 6 章。

4.4.6   Windows SDK 和指针

从某个函数返回指针存在着不足之处，分配内存的责任被传递给了调用方，并且调用方必须确保内存能够被恰当地释放，否则这可能导致内存泄漏并伴随相应的性能损失。在本节中，我们将介绍 Windows 的软件开发工具包（Software Development Kit，SDK）为用户提供的访问内存缓冲区的一些方法，并了解它们在 C++程序中的应用。

首先，值得一提的是，Windows SDK 中的任意函数都会返回一个字符串，或者拥有一个字符串参数，它们将包括两种版本。后缀为 A 的版本表示该函数使用的是 ANSI 字符串，后缀为 W 的版本表示将使用宽字符。为了方便讨论，本书采用 ANSI 函数。

函数 GetCommandLineA 将包含以下原型（考虑使用 Windows SDK 的 typedef）：

```
char * __stdcall GetCommandLine();
```

所有 Windows 函数都是采用 __stdcall 调用规范进行定义的。通常，用户将会看到 typedef 的 WINAPI 用于 __stdcall 调用规范。

该函数调用如下：

```
//#include <windows.h>
cout << GetCommandLineA() << endl;
```

注意，我们不遗余力地做了大量释放和返回缓冲区的工作。这是因为指针指向的内存将在程序进程生命周期过程中一直存续，因此不应该释放它。

事实上，如果打算释放它，又该怎么做呢？开发者不能保证该函数是使用相同版本的编译器编译或者库函数构建的，所以不能使用 C++ 的 delete 运算符或者 C 的 free 函数。

当函数返回一个缓冲区，非常重要的一点是，你需要参考开发文档以明确谁负责分配缓冲区，以及谁负责释放它。

另外一个示例是 GetEnvironmentStringsA 函数：

```
char * __stdcall GetEnvironmentStrings();
```

它也会返回一个指向缓冲区的指针，但是这次开发文档中明确指出在缓冲区使用完毕之后，应该释放它。SDK 提供了一个名为 FreeEnvironmentStrings 的函数完成此工作。缓冲区中包含为每个环境变量对应的一个字符串，其形式是 name=value，并且每个字符串是以 NUL 字符作为结尾的。缓冲区中最后一个字符串也是以 NUL 字符结尾的，即缓冲区的末尾包含两个 NUL 字符。这些函数可以如下使用：

```
char *pBuf = GetEnvironmentStringsA();
if (nullptr != pBuf)
{
    char *pVar = pBuf;
    while (*pVar)
    {
        cout << pVar << endl;
        pVar += strlen(pVar) + 1;
    }

    FreeEnvironmentStringsA(pBuf);
}
```

函数 strlen 是 C 运行时库的一部分，它会返回字符串的长度。你无须了解函数 GetEnvironmentStrings 是如何分配缓冲区的，因为函数 FreeEnvironmentStrings 将调用适当的释放缓冲区程序代码。

有些情况下开发人员必须负起分配缓冲区的责任。Windows SDK 提供了一个名为 GetEnvironmentVariable 的函数，它可以返回具名环境变量的值。用户调用此函数后，并不知道环境变量是否经过设置，或者如果该变量经过设置，其数值到底是多大，因此这意味着用户将不得不分配一些内存。该函数的原型如下：

```
unsigned long_stdcall GetEnvironmentVariableA(const char *lpName, char *lpBuffer, unsigned long nSize);
```

其中有两个参数是指向 C 字符串的指针。这里存在一个问题，一个 char* 指针可能会传递一个字符串给函数，或者它可以用来传递一个被返回字符串的缓冲区。如何知道一个 char* 指针的具体用途呢？我们将通过完整的参数声明获得一些线索。指针 lpName 被标记为 const，因此该函数将不会修改它指向的字符串，这意味着它是一个输入型参数，此参数用于传递你希望获取的环境变量名称。另外一个参数只是一个简单的 char* 指针，因此它可以用来传递函数的输入参数或者输出参数，或者两者兼而有之。了解该参数具体用法的唯一正途是阅读相关的开发文档。在这种情况下，它并不是一个输出型参数；如果环境变量存在，该函数将在 lpBuffer 中返回上述变量的值；如果该环境变量不存在，该函数将让缓冲区保持原样并将 0 作为返回值。开发者有责任以自认为合适的方式分配缓冲区，并将该缓冲区的大小通过最后一个参数 nSize 传递给函数。

该函数的返回值有两个用途。它用于表明发生了异常（只有一个值，即 0，这意味着必须调用函数 GetLastError 来获取该异常），它还可以用于提供缓冲区 lpBuffer 的信息。如果该函数成功执行，那么返回值是除了 NULL 终止符之外拷贝到缓冲区中的字符数。但是，如果函数发现缓冲区的容量太小（可以通过参数 sSize 知道缓冲区的大小），以至于不能完整保存环境变量的值，那么拷贝操作将不会执行，并且该函数将会返回实际所需缓冲区的大小，即环境变量中包括 NULL 终止符在内的字符数目。

通常会调用此函数两次，第一次是使用 0 尺寸的缓冲区，然后使用其返回值分配一块缓冲区，然后再次调用该函数：

```cpp
unsigned long size = GetEnvironmentVariableA("PATH", nullptr, 0);
if (0 == size)
{
    cout << "variable does not exist " << endl;
}
else
{
    char *val = new char[size];
    if (GetEnvironmentVariableA("PATH", val, size) != 0)
    {
        cout << "PATH = ";
        cout << val << endl;
    }
    delete [] val;
}
```

一般来说，与所有程序库一样，你必须仔细阅读开发文档以确定参数的使用方法。Windows 开发文档将告知你某个指针参数是输入型、输出型还是输入/输出型。它还将告知我们内存的拥有者是谁、用户是否有分配或者释放内存的责任。

每当看到函数的指针参数时，应务必特别留意开发文档中与该指针使用方法有关的内容以及内存的管理方式。

4.5　内存与 C++ 标准库

C++ 标准库提供了多个类用于操作对象集合，这些类称为标准模板库（**Standard Template Library，STL**），它提供了一种向集合对象插入元素和遍历访问整个集合（迭代器）的标准方法。STL 定义的集合类包括队列、栈以及支持随机抽访问的向量。这些类将在第 8 章深入介绍。本小节中，我们讨论的内容将仅限于行为与 C++ 数组类似的两个类。

标准库数组

C++ 标准库提供了两种通过索引随机访问数据的容器。这两个容器还允许访问底层内存，并且因为它们能够确保在内存中按序连续存储元素，所以当需要使用指向缓冲区的指针时，就可以使用它们。这两种类型都是模板，这意味着可以使用它们保存自定义类型和内置类型的数据，这两个集合类是 array 和 vector。

1. 基于堆栈的数组类

array 类是在头文件<array>中定义的。这个类允许在堆栈上创建尺寸各异的数组，并且与内置数组类似，它们不能在运行时收缩或者扩展自己的尺寸。因为它们是在堆栈上分配的，它们不需要在运行时调用内存分配器，不过很明显它们的尺寸应该小于堆栈的尺寸。这意味着 array 是小型元素数组理想的解决方案。array 的大小必须在编译时明确告知编译器，并将之作为模板参数传递：

```
array<int, 4> arr { 1, 2, 3, 4 };
```

在上述代码中，尖括号（<>）中的第一个模板参数是数组中每个元素的类型，第二个参数表示元素的数量。上述代码使用的是一个初始化列表对数组进行初始化的，但需要注意的是，你仍然需要在模板中提供数组的大小。此对象将像内置数组（或者是任何标准库容器）那样工作，for 循环的区间遍历访问如下：

```
for (int i : arr) cout << i << endl;
```

上述代码中 for 语句的形式是因为 array 实现的 begin 和 end 函数需要用到这类语法。你还可以通过索引访问其中的元素：

```
for (int i = 0; i < arr.size(); ++i) cout << arr[i] << endl;
```

size 函数将返回数组的大小，并且方括号索引器能够访问数组中的任意成员。你可以访问数组边界之外的内存，因此对于先前在数组中定义的 4 个成员，你可以访问 arr[10]。这可能会在运行时导致一些不可预期的行为，甚至是某种内存错误。为了防止出现这种情况，该类提供了一个函数，它将执行访问检查，如果索引超出了数组区间，该类将抛出 C++异常 out_of_range。

array 对象的主要优点在于，你可以在编译期进行一些检查，以查看是否存在无意中将对象作为哑指针传递给函数的情况。请看下列函数：

```
void use_ten_ints(int*);
```

在运行时，该函数并不知道传递给它的缓冲区的大小，在这种情况下，开发文档会告知我们必须传递一个包含 10 个 int 型整数的缓冲区，但是如你所见，C++允许将一个内置数组当作一个指针：

```
int arr1[] { 1, 2, 3, 4 };
use_ten_ints(arr1); // 这将导致缓冲区越界访问
```

上述代码没有编译期检查，也没有任何运行时检查能够捕获该错误。array 类将不会允许这类错误发生，因为并没有自动转换为哑指针的约定：

```
array<int, 4> arr2 { 1, 2, 3, 4 };
use_ten_ints(arr2); // 将无法通过编译
```

如果坚持希望获取一个哑指针,那么也支持这种做法,你务必确保能够以连续的内存块访问存储的项目序列:

```
use_ten_ints(&arr2[0]);      // 可以通过编译,不过是从第一个元素开始的
use_ten_ints(arr2.data());   //同上
```

该类并不仅仅只是一个内置数组的包装器,它还提供了一些额外的功能。比如:

```
array<int, 4> arr3;
arr3.fill(42);      // 将 42 填充到每个元素中
arr2.swap(arr3);    // 将 arr2 中的元素和 arr3 中的元素进行交换
```

2. 动态分配内存的 vector 类

标准库还提供了一个 vector 类,它是在头文件<vector>中定义的。此外,这个类是一个模板,因此可以将它与内置类型和自定义类型搭配使用。不过,与 array 不同,它的内存是动态分配的,这意味着一个 vector 可以在运行时扩张或者收缩其尺寸。其中的元素是连续存储的,因此可以通过调用 data 函数或者访问首个元素地址的方式访问底层缓冲区(为了支持调整集合的大小,缓冲区可能会发生变化,因此这类指针只能是临时性的)。当然,与 array 一样,没有自动转换为一个哑指针的约定。vector 类通过方括号语法提供了索引访问功能,以及通过 at 函数实现的区间检查功能。这个类还实现了一些方法允许将该容器和标准库函数搭配使用,以及 for 循环区间访问。

vector 类比 array 类更灵活,因此可以插入和移动元素,不过这些操作会带来额外的开销。因为类实例是在运行时动态分配内存的,使用内存分配器会有一些开销,在初始化和销毁对象实例时(vector 对象离开作用域后)会存在一些额外的开销。

vector 类对象还会占用比它自身保存数据更多的内存。因此,它并不适合处理少量数据(array 是一个更好的选择)。

4.6 引用

引用是对象的别名。也就是说,它是对象的另外一个名称,因此通过引用访问对象和通过对象的变量名访问对象的效果是一样的。一个引用是通过在引用名前面附加一个&符号进行声明的,并且它的初始化和访问方式与变量几乎是一样的:

```
int i = 42;
int *pi = &i;  // 指向一个整数
int& ri1 = i;  // 引用一个变量
i = 99;        // 通过变量修改整数
*pi = 101;     // 通过指针修改整数
ri1 = -1;      // 通过引用修改整数
int& ri2 {i};  // 另外一个通过引用修改变量的示例
int j = 1000;
pi = &j;       // 指向另外一个整数
```

在上述代码中,声明和初始化了一个变量,然后一个指针被初始化为指向该数据,并且一个引用也作为该变量的别名被初始化。引用 ri1 是通过一个赋值运算符实现初始化的,引用 ri2 是通过一个列表初始化器实现初始化的。

提示

指针和引用包含不同的含义。引用没有被初始化为变量的
值，即变量的数据，它只是变量的别名。

能使用变量的地方，也可以使用与之有关的引用；无论对变量做了什么，实际上是在变量
上执行相同的操作。一个指针指向了某些数据，因此可以通过指针的间接引用修改上述数据。
但是同样，你可以使用指针的间接引用指向任何数据并修改该数据（上述代码中最后两行说明
了这一点）。你可以为一个变量添加多个别名，并且每个别名必须在声明变量时初始化。一旦声
明完毕，即无法将一个引用与其他不同对象关联。

下列代码将不会通过编译：

```
int& r1;              // 错误，必须与一个变量关联
int& r2 = nullptr;    // 错误，必须与一个变量关联
```

因为引用是变量的另外一个别名，所以它无法在变量没有初始化的情况下单独存在。同样，
你将无法将其初始化为变量名称以外的任何其他内容，因此不存在空引用的概念。

一经初始化，一个引用就只能是某个变量的别名。实际上，当我们将一个引用作为任何运
算符的操作数时，具体的操作是在变量上执行的：

```
int x = 1, y = 2;
int& rx = x;          // 变量声明，这意味着 rx 是 x 的一个别名
rx = y;               // 赋值，将 x 的值修改为 y 的值
```

在上述代码中，rx 是变量 x 的别名，因此最后一个的赋值操作是将 y 的值赋值给 x：赋值
操作是在别名化的变量上执行的。此外，如果需要使用引用的地址，将获得变量引用的地址。

你可以获取某个数组的引用，但是无法获取引用的数组。

4.6.1 常量引用

迄今为止，应用引用时允许通过别名修改变量，因此它具有左值语义。还有 const 型的
左值引用，即可以读取某个对象的引用，但是不能写入该引用。

作为 const 类型的指针，你可以使用关键字 const 在一个左值引用上声明一个 const
类型的引用。这本质上会使得该引用是只读的，你可以读取变量的数据，但是无法修改它。

```
int i = 42;
const int& ri = i;
ri = 99;              // 错误！
```

4.6.2 返回引用

有时一个对象将被传递给一个函数，并且该函数的语义是上述对象应该返回的。出现这种
情况的示例是运算符<<和 stream 对象搭配使用时。该运算符的调用是链式的：

```
cout << "The value is " << 42;
```

上述代码实际上是对运算符<<的一系列函数调用，一次调用获取了 const char*指针，
另外一次调用是获取一个 int 型参数。这些函数还有一个会被 stream 对象使用的 ostream

参数，如果这只是一个 ostream 参数，那么这意味着将生成一个该参数的拷贝，并会在该拷贝上执行插入操作。stream 对象经常会采用缓冲区，因此一个 stream 对象的拷贝可能不会达到预期的效果。此外，为了启用插入运算符的链式操作，函数 insertion 将返回作为参数的 stream 对象。其目的是在多个函数调用之间传递相同的 stream 对象。如果这样一个函数返回一个对象，那么它将是一个对象的副本，这不仅意味着一系列的插入操作将生成大量的副本，这些副本都是临时性的，并且任何对 stream 对象的修改（比如 std::hex 控制符）都不能持久存续。为了定位这类问题，使用了引用。一个常见的函数原型如下：

```
ostream& operator<<(ostream& _Ostr, int _val);
```

显然，我们必须非常小心地处理返回的引用，因为必须确保对象的生命周期和引用的一样长。<<运算符函数将返回通过第一个参数传递的引用，但是在下列代码示例中，引用是通过一个自动变量传递的：

```
string& hello()
{
    string str ("hello");
    return str; // 不要这么做
}   // 此时 str 已经不存在
```

在上述代码中，字符串对象的生命周期与函数是一致的，因此通过该函数返回的引用将引用一个不存在的对象。当然，你可以返回一个在函数内部声明的静态变量的引用。

从一个函数返回一个引用是比较常见的做法，但是需要确保别名化变量的生命周期比函数的生命周期更长。

4.6.3 临时引用

左值引用必须引用一个变量，但是 C++在处理堆栈上声明的 const 引用时有一些奇怪的规则。如果引用是一个常量，编译器将临时性地延长该引用的生命周期。比如，如果使用的是初始化列表语法，编译器将创建一个临时变量：

```
const int& cri { 42 };
```

在上述代码中，编译器将创建一个临时的 int 变量，并使用一个值对它进行初始化，然后将它代入 cri 引用（非常重要的一点是，该引用是 const 类型的）。临时变量在引用的作用域范围内都是有效的。这可能看上去有一些怪异，但是考虑在下列函数中使用一个 const 引用：

```
void use_string(const string& csr);
```

你可以使用一个 string 变量调用该函数，该变量将显式转换为 string 或者使用 string 语法进行声明：

```
string str { "hello" };
use_string(str);        // 一个 std::string 对象
const char *cstr = "hello";
use_string(cstr);       //  一个可以被转换成 std::string 的 C 字符串
use_string("hello");    // 一个可以被转换成 std::string 的语法声明
```

大部分情况下，我们将不会希望拥有一个内置类型的常量引用，但是对于自定义类型，生成副本的开销将有一个优点，如你所见，在必要的情况下，编译器将退而求其次地创建一个临时性变量。

4.6.4 右值引用

　　C++11 中定义了一种新型引用，即右值引用。在 C++11 之前，没有办法在代码中判断传递的右值是否为一个临时性对象。如果这样一个函数将一个引用传递给了某个对象，那么该函数必须特别小心，确保没有修改上述引用，因为这将影响它引用的对象。如果引用是一个临时性对象，那么函数可以对该临时对象执行任何操作，因为该对象在函数执行完毕后将不再有效。C++11 允许专门为临时性对象编写代码，因此在赋值时临时对象的运算符可以只将数据从临时对象中移动到正在复制的对象中。相反，如果引用不是临时对象，那么相关的数据将不得不被拷贝。如果数据量比较大，那么这可以防止潜在的内存分配和拷贝上的昂贵开销。这就是所谓的移动语义。

　　考虑下列比较有代表性的代码：

```
string global{ "global" };

string& get_global()
{
    return global;
}

string& get_static()
{
    static string str { "static" };
    return str;
}

string get_temp()
{
    return "temp";
}
```

　　这 3 个函数将返回一个 string 对象。对于前两种情况，字符串的生命周期与应用程序是一致的，因此能够返回一个有效引用。在最后一个函数中，函数返回了一个字符串字面值，因此构造了一个临时字符串对象。所以这 3 个函数都可以用来提供字符串值。比如：

```
cout << get_global() << endl;
cout << get_static() << endl;
cout << get_temp() << endl;
```

　　这 3 个函数提供的字符串都可以用于给一个字符串对象赋值。很重要的一点是，前两个函数返回的是一个活动对象，但第三个函数返回的是一个临时对象，不过这些对象的用途都是一样的。

　　如果这些函数返回的是一个大型对象，那么用户将不会希望将该对象传递给另外一个函数，因此事实上，大部分情况下，我们希望将这些函数返回的对象当作引用。比如：

```
void use_string(string& rs);
```

　　引用参数能够防止出现另外一个字符串副本的情况。不过，这只是讲述了故事的前半部分。函数 use_string 可以访问该字符串。比如，下列函数根据参数创建了一个新的字符串，但是使用一个下划线替换了字符 a、b 和 o（表示词语之间的空格不包含这些字母，类似于生活中缺少 A、B 和 O 型血的情况）。一个简单实现如下所示：

```
void use_string(string& rs)
{
    string s { rs };
    for (size_t i = 0; i < s.length(); ++i)
    {
        if ('a' == s[i] || 'b' == s[i] || 'o' == s[i])
        s[i] = '_';
    }
    cout << s << endl;
}
```

string 对象有一个索引运算符（[]），因此可以将它当作一个字符数组，既可以读取字符值，也可以为其中某个位置赋予字符值。字符串的大小是通过调用 length 函数获得的，这将返回一个 unsigned int 的整数（对 size_t 调用 typedef 方法）。因为参数是一个引用，这意味着任何对字符串的修改都会反映到传递给函数的字符串上。上述代码的目的是保留其他变量，所以它首先会获取一个参数的副本。然后在该副本上，上述代码将遍历访问字符串中的所有字符，在打印输出执行结果之前，将字符串中的字母 a、b 和 o 替换成下划线。

该代码中显然存在一个拷贝开销——从引用 rs 中创建字符串 s；但是如果我们希望将字符串从函数 get_global 或者 get_static 传递给该函数，那么这是必需的步骤，否则将修改实际的全局和静态变量。

不过，从 getmp 函数返回的临时字符串属于另外一种情况。该临时对象只存续到调用函数 get_temp 结束。因此，可以在明确知道不会影响其他代码的情况下，对变量进行修改。这意味着可以使用移动语义：

```
void use_string(string&& s)
{
    for (size_t i = 0; i < s.length(); ++i)
    {
        if ('a' == s[i] || 'b' == s[i] || 'o' == s[i]) s[i] = '_';
    }
    cout << s << endl;
}
```

上述代码只有两处改动。第一个是在类型后面添加 && 后缀，将参数标记为一个右值引用。另外一处变动是对象涉及的引用，因为我们知道它是一个临时性变量，并且这些变更将被丢弃，因此它不会对其他变量产生影响。注意，现在有两个函数，具有相同名称的重载函数：一个包含左值引用，另一个包含右值引用。当调用该函数时，编译器将根据传递的参数调用正确的函数：

```
use_string(get_global());  // string&版本
use_string(get_static());  // string&版本
use_string(get_temp());    // string&&版本
use_string("C string");    // string&&版本
string str{"C++ string"};
use_string(str);           // string&版本
```

再次调用 get_global 和 get_static 函数时，对象引用将与应用程序的生命周期一样，因此编译器将选择接受一个左值引用的 use_string 版本。相关的变更会发生在函数中定义的临时变量上，这将产生一个拷贝操作的开销。函数 get_temp 会返回一个临时对象，因此编译器会调用 use_string 函数的重载函数，接受一个右值引用作为参数。该函数将修改和引用相关的对象，不过这无伤大雅，因为对象的存续周期将不会超过最后一行代码的分号。相同的说法也适用于使用 C 风格字符串语法调用 use_string 函数，编译器将创建一个临时字符串对象，并且会给该重载函数传递一个右值引用参数。

在上述代码的最后一个实例中，在堆栈上创建了一个 C++字符串对象，并将它传递给了函数 use_string。

编译器发现该对象是一个左值，并可能会被修改，因此它调用了一个接收左值引用的重载函数，该函数实现了一种只修改函数中本地变量的机制。

该示例说明当参数是一个临时对象时，C++编译器能够检测并将调用使用右值引用的重载函数。通常，在编写拷贝构造函数以及调用赋值运算符时会用到这一特性（特别是当函数用于从现有实例创建一个新的自定义类型时），以便这些函数可以实现左值重载函数从参数拷贝数据，而右值重载函数用于将数据从临时对象转移到新对象上。其他编写自定义类型的用法只是移动数据，它们使用的资源不能被拷贝，比如文件句柄。

4.6.5   for 循环区间和引用

如前面的引用示例所示，C++11 中 for 循环区间的特性值得一提。下列代码非常简单，数组序列是使用 0~4 的序列进行初始化的：

```
constexpr int size = 4;
int squares[size];

for (int i = 0; i < size; ++i)
{
    squares[i] = i * i;
}
```

编译器知道数组的大小，因此可以使用 for 循环打印输出数组中的值。在下列代码的每次循环迭代中，本地变量 j 是数组元素的一个副本。作为一个副本，意味着可以读取其值，但是该变量上的任何变动将不会反映在数组上。因此，下列代码能够按照预期工作，它打印输出了数组中的内容：

```
for (int j : squares)
{
    cout << J << endl;
}
```

如果你希望修改数组中的值，那么就必须访问实际的值，而不是它的拷贝。在一个 for 循环中达到上述目的的办法是使用一个引用作为循环变量：

```
for (int& k : squares)
{
    k *= 2;
}
```

现在，每次迭代循环时，变量 k 是数组中实际元素的一个别名，因此无论你执行了何种操作，实际的操作都是在数组成员上执行的。在这个示例中，每个数组序列中的每个成员都会乘以 2。我们无法将 int*作为 k 的类型，因此编译器认为数组中成员的类型是 int，并且会采用这种类型为 for 循环区间定义循环变量。因为一个引用就是一个变量的别名，编译器允许将引用作为循环变量，而且引用是一个别名，你可以通过它修改实际的数组成员。

for 循环区间在处理多维数组时会变得很有趣。比如，在下列代码中，声明了一个二维数组，并且尝试使用自动变量进行循环嵌套：

```
int arr[2][3] { { 2, 3, 4 }, { 5, 6, 7} };
for (auto row : arr)
{
    for (auto col : row) // 不能通过编译
    {
        cout << col << " " << endl;
    }
}
```

由于一个二维数组是一个数组的数组（每一行都是一个一维数组），其目的是获取外部循环的每一行，然后在内部循环中访问行中的每一项。这种方法存在几个问题，但是最直接的问题是它将无法通过编译。

编译器将对内部循环有所抱怨，向我们提示无法找到与 int* 有关的 begin 和 end 函数。这是因为 for 循环区间采用的是迭代器对象，而对于循环访问数组，采用的是 C++ 标准库函数 begin 和 end 来创建这些对象。编译器将发现外部 for 循环中读取的数据的每个元素都是一个 int[3] 数组。因此外部 for 循环中的循环变量将是每个元素的副本，在这种情况下它就是 int[3]。我们无法像这样拷贝数组，因此编译器将提供一个指向数组第一个元素的指针，即一个 int*，并且这还可以在内部 for 循环中使用。

编译器将尝试为 int* 获取迭代器，但这是不可能的，因为一个 int* 中没有包含其指向元素数量的信息。有一个为 int[3] 定义的 begin 和 end 函数版本（以及所有尺寸的数组），但是不包含 int* 的版本。

一个简单的变更就可以使得上述代码通过编译。只需简单地将变量 row 转换成一个引用即可：

```
for (auto& row : arr)
{
    for (auto col : row)
    {
        cout << col << " " << endl;
    }
}
```

引用参数表明它是一个 int[3] 的别名，当然，表现与元素是一样的。使用关键字 auto 隐藏了该引用的具体用途。内部循环变量当然是一个 int 类型，因为这是数组元素的类型。外部循环变量实际上是 int (&)[3]，即它是一个 int[3] 的引用（括号用于表示它引用的是 int[3]，而不是 int& 的数组）。

4.7　指针实战

在日常开发过程中，一个常见的需求是拥有一个任意大小的集合，并能在运行时增减大小。C++ 标准库提供了多个类帮助我们达成这一目的，详情可以参考第 8 章。以下示例说明了如何实现这些标准集合的一些元组。一般来说，我们应该使用 C++ 标准库类，而不是自己重复制造轮子。此外，标准库类将所有代码封装到一个类中，因为我们还未介绍过这些类，所以下列代码中用到的函数可能会被误用。因此，你应该只将这个示例当作示例代码。一个链表是常见的数据结构，通常会用来处理对其中元素顺序要求比较严格的队列。比如，先进先出的队列，其中的任务是按照插入队列的顺序执行的。在此示例中，每个任务的结构是由任务描述信息和指向下一个将要执行的任务的指针构成的。

如果指针指向的下一个任务是 `nullptr`，那么这意味着当前任务是列表中最后一个任务：

```
struct task
{
    task* pNext;
    string description;
};
```

回顾第 3 章的内容，我们通过在示例上使用点运算符访问结构体的成员：

```
task item;
item.descrription = "do something";
```

在这种情况下，编译器将创建一个字符串对象，并使用字符串"do something"为其对象实例 `item` 的成员 `description` 初始化赋值。你还可以使用 `new` 运算符在自由存储上创建一个 `task` 实例：

```
task* pTask = new task;
// 使用对象
delete pTask;
```

在这种情况下，对象的成员必须通过指针访问，C++为我们提供了运算符`->`帮助实现这一目的：

```
task* pTask = new task;
pTask->descrription = "do something";
// 使用对象
 delete pTask;
```

这里的成员 `description` 被赋值了一个字符串。注意，因为 `task` 是一个结构体，因此不存在访问限制，这一点对于类是很重要的，详情可以参考第 6 章。

4.7.1 创建项目

在文件夹 `C:\Beginning_C++`下新建一个名为 `Chapter_04` 的文件夹。启动 Visual C++ 并创建一个 C++源代码文件，并将该文件命名为 `tasks.cpp`，保存到刚才新建的文件夹下。打开该源代码文件添加一个不包含参数的简单 `main` 函数，并添加 C++输入\输出流的支持：

```
#include <iostream>
#include <string>
using namespace std;

int main()
{
}
```

在 `main` 函数上方，添加列表中表示单个任务的结构体定义：

```
using namespace std;
```

```
struct task {
    task* pNext;
    string description;
};
```

它有两个成员。对象的内容是 description 元素。在我们的示例中，执行一个任务后将把 description 元素打印输出到控制台。对于一个实际的项目，你很可能会拥有大量与 task 相关的数据元素，并且可能还会拥有一些成员函数执行该 task，但是我们现在还没有向读者介绍过成员函数，与之有关的详情可以参考第 6 章。

链表的管道是另外一个成员 pNext。注意，成员 pNext 被声明后，结构体 task 的定义并不完整。这并没有什么问题，因为 pNext 是一个指针。我们无法拥有一个未定义的数据成员或者只定义了部分类型的数据成员，因此编译器将无法获知应该为该结构体分配多少内存。指针成员支持定义部分数据类型，因为一个指针成员的大小与其指向的内容是一样的。

如果知道某个列表的第一个链接，那么我们就可以访问整个列表，在我们的示例中，列表头将是一个全局变量。当构造列表时，构造函数需要知道列表的末尾部分，以便可以在列表上附加一个新的链接。此外，为方便起见，我们将把列表尾当作一个全局变量。在结构体 task 后面添加如下指针：

```
task* pHead = nullptr;
task* pCurrent = nullptr;
int main()
{
}
```

如你所见，上述代码并没有做任何事情，但编译源代码文件是检查其中是否存在拼写错误的好机会：

```
cl /EHsc tasks.cpp
```

4.7.2　将 task 对象添加到列表

接下来要做的事情是提供将一个新的 task 对象添加到任务列表的代码。这需要创建一个新的 task 对象并对该对象进行相应的初始化，然后通过将列表中最后一个链接指向新链接的方式将它添加到列表中。

在 main 函数上方，添加如下函数：

```
void queue_task(const string& name)
{
    ...
}
```

该参数是一个 const 型引用，因为我们将不会修改参数，并且也不希望产生构造一个副本的额外开销。该函数首先必须做的事情是创建一个新链接，因此先添加如下代码：

```
void queue_task(const string& name)
{
    task* pTask = new task;
    pTask->description = name;
    pTask->pNext = nullptr;
}
```

第一行代码在自由存储上创建了一个新链接，接下来的代码行是对它初始化。这对于初始化这类对象的最佳方法来说并不是必需的，更好的方式是采用构造函数，与之有关的详情将在第 6 章介绍。注意，元素 pNext 被初始化为 nullptr，这表明该链接将在列表的末尾。该函数的最后一部分是将链接添加到列表，即让该链接附加到列表的末尾。不过，如果列表是空的，这意味着该链接也将是列表的第一个链接。该代码必须执行这两个操作。将下列代码添加到函数的末尾：

```
if (nullptr == pHead)
{
    pHead = pTask;
    pCurrent = pTask;
}
else
{
    pCurrent->pNext = pTask;
    pCurrent = pTask;
}
```

第一行代码的作用是检查列表是否为空。如果 pHead 的值是 nullptr，这意味着不包含其他链接，因此当前链接就是第一个链接，pHead 和 pCurrent 都被初始化为新链接的指针。如果列表中存在一些链接，那么上述链接将被附加为最后一个链接，因此在 else 语句中的第一行代码的作用是将最后一个链接指向新链接，然后第二行代码是使用新链接指针初始化 pCurrent，使得任何新插入连续中的新元素将该新链接作为最后一个链接。

通过在 main 函数中调用该函数把元素添加到列表中。在这个示例中，我们将采用类似贴墙纸的方式排序任务。这涉及移除旧墙纸，填充墙壁上的孔洞，给墙壁涂胶水（用浆糊涂满墙壁使得墙纸粘得更牢固），然后挂起已经粘贴到墙上的墙纸。我们必须按顺序执行这些任务，并且无法修改其顺序，因此使用链表处理这些任务是比较理想的方案。在 main 函数中添加如下代码：

```
queue_task("remove old wallpaper");
queue_task("fill holes");
queue_task("size walls");
queue_task("hang new wallpaper");
```

执行完上述代码的最后一行之后，列表已被创建。指针变量 pHead 将指向列表中的第一个元素，并且可以通过随后的 pNext 成员从当前链接移动到下一个链接的方式访问列表中的其他成员。

你可以编译上述代码，但是将不会生成输出结果，更糟糕的是，根据编码规范，其中存在一个内存泄漏问题。该程序没有提供代码来删除在自由存储上使用 new 运算符创建 task 对象而占用的内存。

4.7.3　删除任务列表

迭代遍历列表非常简单，我们只需跟着 pNext 指针从一个链接转移到下一个链接，循环往复执行即可。在做这些事情之前，我们先修复上一小节介绍的内存泄漏问题。在 main 函数上方，添加下列函数：

```
bool remove_head()
{
    if (nullptr == pHead) return false;
    task* pTask = pHead;
```

```
        pHead = pHead->pNext;
        delete pTask;
        return (pHead != nullptr);
    }
```

该函数将移除列表起始位置的链接，并确保指针 pHead 指向的是下一个链接，它将成为上述列表新的起始位置。

该函数将返回一个布尔值以表明是否在列表中存在更多链接。如果函数返回的是 false，则意味着整个列表都被删除了。

上述代码中的第一行将检查该函数是否被一个空列表调用。一旦确定该列表中至少包含一个链接，我们将创建一个该指针的临时副本。因为其目的是删除第一个元素并让指针 pHead 指向下一个元素，为了达到此目的我们必须执行一些相反的步骤，让指针 pHead 指向下一个元素，然后删除该指针之前指向的元素。

为了删除整个列表，我们需要迭代遍历其中的链接，并且这可以使用一个 while 循环达到目的。在函数 remove_head 下方添加如下代码：

```
void destroy_list()
{
    while (remove_head());
}
```

为了删除整个列表，定位内存泄漏问题，将下列代码添加到 main 函数的底部：

```
    destroy_list();
}
```

现在用户可以编译并运行上述代码。不过，用户将发现无法看到输出结果，因为所有代码所做的事情是创建一个列表然后删除它。

4.7.4 遍历任务列表

下一步的工作是从第一个链接开始跟随每个 pNext 指针迭代遍历列表的每个元素，直到列表的末尾。对于被访问的每个链接，任务应该被执行。首先从编写一个函数开始，通过打印输出任务的描述信息来执行任务，并返回一个指向下一个任务的指针。只需在 main 函数上方添加如下代码：

```
task *execute_task(const task* pTask)
{
    if (nullptr == pTask) return nullptr;
    cout << "executing " << pTask->description << endl;
    return pTask->pNext;
}
```

这里的参数被标记为 const，是因为我们将不会修改指针指向的 task 对象。这是告知编译器，如果代码尝试修改上述对象将导致一个问题。第一行代码会检查并确保该函数不会被一个空指针调用。如果情况真是如此，那么接下来的代码行将间接引用一个无效的指针，并导致一个内存访问错误。最后一行代码会返回指向下一个链接的指针（对于列表末尾的最后一个链接，可能会指向 nullptr），因此该函数可以在一个循环中调用。该函数执行完毕之后，添加下列迭代遍历整个列表的代码：

```
void execute_all()
{
    task* pTask = pHead;
    while (pTask != nullptr)
    {
        pTask = execute_task(pTask);
    }
}
```

该代码将从起始位置 pHead 开始，对列表中的每个链接调用 execute_task 函数，直到该函数返回 nullptr。在 main 函数内的末尾部分添加对该函数的调用代码：

```
    execute_all();
    destroy_list();
}
```

现在用户可以编译并运行上述代码，其结果将与下列内容类似：

```
executing remove old wallpaper
executing fill holes
executing size walls
executing hang new wallpaper
```

4.7.5 插入元素

链表的优点之一是用户可以通过只为一个新元素分配内存并将相应的指针指向它，再让它指向列表中的下一个元素，以便将新元素插入到列表中。与分配一个 task 对象数组相比，如果用户希望向其中插入一个新元素，用户必须为数组原有的元素和新元素分配一个足够大的新数组，将原有的元素拷贝到新数组中，最后将新插入的元素拷贝到正确的位置。

壁纸任务列表的问题是房间中有一些刷了油漆的木板，正如所有装修人员所知，在贴墙纸之前，最好将这些木板重新刷漆，并且通常是在调整墙壁大小之前。我们需要在填充任何孔洞和刷浆糊之间插入一个新任务。此外，在做任何装修之前，应在做任何其他事情之前包装覆盖好房间中的所有家具，因此需要在初始位置添加一个新任务。

第一个步骤是找到我们希望添加粉刷木板新任务的位置。我们将在插入任务之前查找希望执行的任务所在位置。

在 main 函数之前插入下列代码：

```
task *find_task(const string& name)
{
    task* pTask = pHead;

    while (nullptr != pTask)
    {
        if (name == pTask->description) return pTask;
        pTask = pTask->pNext;
    }
    return nullptr;
}
```

上述代码将搜索与参数匹配的链接描述信息。这是通过在一个循环中使用字符串比较运算符实现的，并且当所需的链接被找到时，将返回一个指向该链接的指针。如果匹配失败，循环将把循环变量初始化为下一个链接的地址，如果该地址的值是 nullptr，则意味着目标任务元素不在列表中。

在 main 函数中创建列表后，添加如下用于搜索填充孔洞的代码：

```
queue_task("hang new wallpaper");

// 忘记粉刷墙壁
woodworktask* pTask = find_task("fill holes");
if (nullptr != pTask) {
    // 在 pTask 之后插入新元素
}
execute_all();
```

如果 find_task 函数返回一个有效指针，那么我们可以在此处添加一个元素。

执行此操作的函数将允许向传递给该函数的列表的任意位置插入新元素，如果传递的参数值是 nullptr，则该函数将把一个新元素插入到列表的起始位置，但是很明显，如果传递的是 nullptr，就意味着将在起始位置之前插入新元素。在 main 函数上方添加如下代码：

```
void insert_after(task* pTask, const string& name)
{
    task* pNewTask = new task;
    pNewTask->description = name;
    if (nullptr != pTask)
    {
        pNewTask->pNext = pTask->pNext;
        pTask->pNext = pNewTask;
    }
}
```

第二个参数是一个 const 引用，我们将不会修改该字符串，但是第一个参数不是一个 const 型指针，那么我们将修改它指向的内容。该函数创建了一个新的 task 对象并使用新的任务名初始化该对象的 description 成员。然后会检查传递给该函数的 task 指针是否为空。如果不为空，则新元素将能够插入到列表特定链接之后。为此，新链接的成员 pNext 将被初始化为列表中的下一个元素，并且与之相邻的上一链接的成员 pNext 将被初始化为新插入链接的地址。

当给该函数传递一个 nullptr 作为插入的新元素时，如果插入的目标位置是起始位置之前又会怎样呢？添加下列 else 子句代码。

```
void insert_after(task* pTask, const string& name)
{
    task* pNewTask = new task;
    pNewTask->description = name;
    if (nullptr != pTask)
    {
        pNewTask->pNext = pTask->pNext;
        pTask->pNext = pNewTask;
    }
    else {
        pNewTask->pNext = pHead;
        pHead = pNewTask;
    }
}
```

这里我们可以让新元素的 pNext 成员指向列表原有起始位置元素，然后将 pHead 指向新元素。

现在，在 main 函数中，你可以添加一个插入木板的新任务，并且因为我们还忘记声明，最好使用防尘布将所有家居都覆盖好之后再对房间进行装修，在列表中首先添加一个任务完成上述工作：

```
task* pTask = find_task("fill holes");
if (nullptr != pTask)
{
    insert_after(pTask, "paint woodwork");
}
insert_after(nullptr, "cover furniture");
```

现在可以编译代码。运行代码时，应该会看到程序按照预期的顺序执行相关任务：

```
executing cover furniture
executing remove old wallpaper
executing fill holes executing paint woodwork
executing size walls
executing hang new wallpaper
```

4.8 小结

可以毫不夸张地说，选择 C++ 的主要原因之一就是它允许使用指针直接访问内存。这一特性是大部分编程语言禁止程序员这么做的。这意味着作为一个 C++ 程序员，他们是比较特殊的一类程序员，他们拥有访问内存的特权。在本章中，读者已经学习了如何获取和使用指针，以及一些不恰当使用指针后导致严重问题的错误代码示例。

在下一章中，我们将介绍函数，其中包括另外一种指针，即函数指针。如果能够完全驾驭指针访问数据和函数指针，那么读者将是名副其实的特种程序员。

第 5 章
函数

函数是 C++的基础，代码是包含在函数中的，并且为了执行代码，必须调用相关的函数。C++定义和调用函数的方式非常灵活，你可以使用可变数量的参数或者固定数量的参数来定义函数；也可以编写通用代码，以便可以被不同类型的函数调用；甚至可以为可变数量的类型编写通用代码。

5.1 定义 C++函数

在最基本的层面上，一个函数包含参数、操作参数的代码以及相应的返回值。C++提供了多种方法来决定这 3 个方面的内容。在接下来的章节中，我们将介绍 C++函数从左到右的函数定义细节。函数也可以模板化，但是与之相关的详情将放在稍后的章节介绍。

5.1.1 声明和定义函数

一个函数必须被精确定义一次。同时，由于重载机制，我们可以拥有多个函数名相同但是参数类型和数量不同的函数。调用某个函数的代码必须能够访问上述函数的名称，因此它需要既能够访问函数定义（比如，前面在源代码文件中定义的函数），也可能访问函数声明（也称为函数原型）。编译器将通过原型进行类型检查，确保调用代码使用正确的类型调用该函数。

通常来说，程序库的实现是由独立的已编译库文件和头文件中的库函数原型组成的，这样做的好处是可以使得更多源代码文件通过引用头文件的方式调用相关函数。不过，如果知道函数名称、参数信息和函数类型，就可以在自己的源代码文件中声明函数原型。

无论你希望做什么，都需要为编译器提供调用该函数表达式的类型检查信息。由链接器查找程序库中的函数，既可以将代码复制到可执行程序中，也可以配置基础架构通过共享库使用该函数。引用某个程序库的头文件后并不意味着你将能够使用该程序库中的函数，因为在 C++规范中头文件中并没有程序库包含某个函数的相关信息。

Visual C++提供了一个名为 comment 的指令，它可以搭配 lib 选项给链接器发送一个特定信息，以链接特定的程序库。因此头文件中的代码#pragma comment(lib, "mylib")将告知链接器链接程序库 mylib.lib。一般来说，最好使用项目管理工具，比如 nmake 或者 MSBuild，用于确保将正确的程序库链接到项目中。

大部分 C 运行时库是以如下方式实现的，在一个静态库或者动态链接库中编译函数，然后在头文件中声明函数原型。开发人员在链接器命令行中提供了程序库，通常还将为该程序库引用头文件，以便编译器能够访问函数原型。只要链接器能够识别该程序库，就可以在项目代码中输入其函数原型（将它定义为外部链接，以便告知编译器函数是在其他地方定义的）。这样可以省去将某些大型文件引入到源代码中的麻烦，因为这些文件中很有可能包含大量不会用到的函数原型。

不过，大部分 C++标准库是在头文件中实现的，这意味着这些文件的体积可能会相当大。我们可以将这些文件包含在一个预编译头文件中来节省编译代码的时间，详情可以参考第 1 章。

目前为止，本书中的示例都是采用一个源代码文件，因此所有函数的定义和使用都是在同一个源文件中，并且我们在调用相关函数之前已经定义好了它们，即函数定义代码在调用这些函数的代码之前。只要在调用函数的代码之前定义函数原型，就不必在使用函数之前定义函数：

```
int mult(int, int);

int main()
{
    cout << mult(6, 7) << endl;
    return 0;
}

int mult(int lhs, int rhs)
{
    return lhs * rhs;
}
```

函数 mult 是在 main 函数之后定义的，但是上述代码将通过编译，因为其原型已经在 main 函数之前给出定义了，这种机制称为前向声明。函数原型并不一定必须包含参数名称。这是因为编译期间只需要知道参数的类型，而不是它们的名称。不过，由于参数名应该是自文档化的，给出参数名通常是比较推荐的做法，因为这使得开发者能够了解该函数的具体用途。

5.1.2 声明链接

在上一个示例中，函数是在同一源代码文件中定义的，因此其中包含内部链接。如果函数是在其他文件中定义的，那么其原型将包含外部链接，并且函数原型将以如下形式定义：

```
extern int mult(int, int);          // 在其他文件中定义
```

关键字 extern 是可以用于修饰函数声明的众多声明符之一，并且我们在上一章中已经介绍过其他的。例如，可以在一个原型上使用声明符 static 来表示该函数包含内部链接，并且其名称只能用于当前的源代码文件。在前面的示例中，在原型中将函数标记为 static 是合适的。

```
static int mult(int, int);          // 在其他文件中定义
```

你还可以使用关键字 extern 将一个函数声明为 C 风格的，这将影响函数名在对象文件中的存储形式。这一点对于程序库非常重要，与之有关的详情将稍后介绍。

5.1.3 内联化

如果函数中计算某个值的操作可以在编译期间执行，那么我们可以在语句声明的左边使用关键字 constexpr 对它进行标记，以告知编译器在编译代码时计算它的值，从而达到优化代码性能的目的。如果函数值可以在编译过程中计算，则意味着必须在编译期间获知函数中的参数，因此它们必须是字面值。该函数也必须是一个单行函数。如果不符合这些条件，那么编译器将自行忽略这些声明符。

与之有关的声明符是 inline。当其他代码调用函数时，它可以被放置在函数声明的左边作为一个提示编译器的标记，而不是让编译器在内存中插入一个到该函数的跳转（以及在栈帧上的创建），编译器应该将实际的代码副本放在调用函数中。此外，编译器可以自行忽略该声明符。

5.1.4 确定返回类型

函数有可能被写入运行例程而不返回值。如果出现这种情况，我们必须声明该函数返回的类型是 void。大部分情况下，函数将返回一个值，如果其目的只是用于指示函数已经正确执行完毕，则没有必要获取调用函数的返回值或者要求它做其他事情。函数调用可以简单地忽略返回值。

声明返回值类型的方法有两种。第一种是在函数名前面指定返回类型。这是迄今为止大部分示例中采用的方法。第二种方法称为函数返回类型后置，需要用户将关键字 auto 放在函数名前面作为返回类型，并使用->语法在参数列表后面给出实际的返回值类型：

```
inline auto mult(int lhs, int rhs) -> int
{
    return lhs * rhs;
}
```

该函数非常简单，是一个演示内联特性的极佳示例。左侧的返回类型为 auto，表示实际的返回类型是在参数列表后面声明的。-> int 表示该函数的返回值类型是 int。这种语法与在函数名左侧声明 int 的作用是一样的。当函数被模板化并且返回类型可能不明显时，这种语法将很有用。

在这个简单示例中，我们完全可以忽略返回类型，只需在函数名称左侧使用关键字 auto 即可。该语法表示编译器将根据实际的返回值推导出返回类型。显然编译器只知道函数体的返回类型，因此将无法为这类函数提供原型。

最后，如果一个函数根本不会返回任何值（比如，如果它是在某个永无止境的循环中执行，用于轮询某些值），那么可以使用 C++11 属性[[noreturn]]对它进行标记。编译器可以根据这个属性编写出更高效的代码，因为它知道该函数不需要提供代码用于返回值。

5.1.5 函数命名

一般来说，函数的命名规则和变量的命名规则是一样的，它们必须以字母或者下划线开头，并且不能包含空格或者其他标点符号。按照自文档的一般原则，我们应该根据它的功能对函数进行命名。一个例外情况是用于运算符重载的特殊函数（大部分是标点符号），这些函数的名称是以 operatorx 的形式出现的，x 代表用户将在代码中使用的运算符。后续的章节将介绍如何使用全局函数实现运算符。运算符是重载技术的应用示例之一。你可以重载任何函数，即采用相同的函数名，但是提供不同的参数类型或者参数个数。

5.1.6 函数参数

函数也可能没有参数，在这种情况下函数是通过一对空括号定义的。定义某个函数时必须在其括号中给出参数的名称和类型。大部分情况下，函数参数的数量是固定的，不过也可以编写参数数量可变的函数。我们还可以为某些函数参数设置默认参数值，事实上是提供了一个将参数数量传递给重载自身的函数。可变参数列表和默认参数将在后续章节介绍。

5.1.7 声明异常

函数还可以标记为是否能够抛出异常，与异常有关的细节将在第 10 章详细介绍，但是我们要对两种语法特别留意。

C++早期版本允许以 3 种方式在函数上使用异常声明符 throw。首先，我们可以提供一个用逗号分隔的异常类型列表，其中包含了函数代码中可能会被抛出的异常；其次，我们可以提供一个省略号（...），这意味着函数可能抛出任何异常；再次，我们可以提供一对空的括号，这意味着函数将不会抛出异常。其语法如下：

```
int calculate(int param) throw(overflow_error)
{
    // 可能会导致溢出的某些操作
}
```

throw 声明符在 C++11 中已经被大规模弃用，这是因为它声明异常类型的能力并不是很有用。不过，表明没有异常抛出的 throw 版本是很有用的，因为它能够使得编译器不提供处理异常的基础代码来优化应用程序性能。C++11 中使用 noexcept 声明符来保留此行为：

```
// C++11 风格
int increment(int param) noexcept
{
    // 检查参数并正确处理溢出
}
```

5.1.8 函数体

在确定返回类型、函数名和参数之后，用户需要对函数体进行定义。函数的代码必须出现在一对大括号（{}）的内部。如果函数有返回值，那么该函数中至少存在一行包含 return 语句的代码（函数中的最后一行）。它必须返回相应的类型或者能够显式转换成函数返回类型。如前所述，如果函数返回类型被声明为 auto，那么编译器将对返回的类型进行简化。在这种情况下，所有的 return 语句必须返回相同的类型。

5.2 函数参数

当一个函数被调用时，编译器将检查与之相关的所有重载函数，以找出调用代码中参数匹配的函数。如果不存在精确匹配的项，则将执行标准和自定义类型的转换，因此调用代码提供的值可能会与函数参数的类型不同。

默认情况下，参数是通过值传递的，并且会构造一个副本，这意味着在函数内部参数会被当作本地变量使用。函数的编写者可以决定采用指针还是 C++引用来传递一个参数。通过引用传递意味着调用代码中的变量可以被函数修改，不过这可以通过对参数使用关键字 const 进行控制，在这种情况下，采用引用的原因是防止产生副本（避免产生潜在的内存开销）。内置的数组通常是采用指向数组第一个元素的指针进行传递的。如果有必要，编译器会创建一些临时变量。比如，当一个参数是 const 型引用，并且调用代码传递的是一个字面量时，编译器将创建一个临时对象，并且该对象的作用域仅限于该函数内部：

```
void f(const float&);
```

```
f(1.0);                          // 创建临时浮点数
double d = 2.0;
f(d);                            // 创建临时浮点数
```

5.2.1　传递初始化器列表

你可以将一个初始化器列表作为参数传递，如果上述列表可以被转换成某种参数。比如：

```
struct point { int x; int y; };

void set_point(point pt);

int main()
{
    point p;
    p.x = 1; p.y = 1;
    set_point(p);
    set_point({ 1, 1 });
    return 0;
}
```

上述代码定义了包含两个成员的结构体。在 main 函数中，在堆栈上创建了一个 point 的新实例，并通过直接访问成员进行初始化。该实例会被传递给一个包含 point 类型参数的函数。因为 set_point 的参数是通过值传递的，所以编译器在函数的堆栈上创建了一个该结构体的副本。set_point 的第二次调用的效果是一样的，编译器将在函数的堆栈上创建一个临时的 point 对象，并使用初始化器列表中的值对它进行初始化。

5.2.2　默认参数

有时，我们在编写函数时会遇到频繁使用一个或者多个参数值的情况，以至于希望将它们当作参数的默认值，与此同时在必要的情况下，也允许调用者提供不同的参数值。为此，我们需要在定义参数列表时提供参数默认值：

```
void log_message(const string& msg, bool clear_screen = false)
{
    if (clear_screen) clear_the_screen();
    cout << msg << endl;
}
```

大部分情况下，该函数是用来打印输出一条单行信息的，但是偶尔也可能希望首先清理屏幕（例如，相对于第一个信息，或者在预定的行数之后）。为了让该函数能够满足这一需求，参数 clear_screen 会有一个默认参数值 false，但是调用方仍然可以给它传递一个值：

```
log_message("first message", true);
log_message("second message");
bool user_decision = ask_user();
log_message("third message", user_decision);
```

注意，默认值是出现在函数定义而不是函数原型中的，因此如果函数 log_message 是在一个头文件中声明的，则其原型应该如下：

```
extern void log_message(const string& msg, bool clear_screen);
```

参数的默认值应该是最常用的参数值。

我们可以将参数的默认值视为函数的单独重载，因此从概念上来说，函数 log_message 可以被视为两个函数：

```
extern void log_message(const string& msg, bool clear_screen);
extern void log_message(const string& msg);  // 概念性演示
```

如果用户定义了只包含一个 const string&参数的另外一个函数，则编译器将无法知道是调用这个函数还是调用 clear_screen 的默认值为 false 的同名函数。

5.2.3　可变参数

一个包含默认参数值的函数可以被视为包含可变数量的用户自定义参数，如果调用者不提供值，开发者将在编译期间知道参数的最大数量和它们的值。C++还允许我们编写参数数量和传递的参数值不确定的函数。

可变参数的实现方式有初始化器列表、C 风格的可变参数列表以及可变参数的模板化函数3 种。其中的第三种方式将在后面讨论模板函数时一并介绍。

1．初始化器列表

迄今为止，在本书中，初始化器列表都被视为一种 C++11 中的构造，有点像内置数组。实际上，当用户使用大括号的初始化器列表语法时，编译器实际上会创建一个模板化的 initialize_list 类实例。如果一个初始化器列表被用于初始化其他类型（比如，用于初始化一个 vector），则编译期间将采用大括号中给出的值创建一个 initialize_list 对象，并且容器对象是采用 initialize_list 迭代器进行初始化的。根据大括号中的初始化器列表创建的 initialize_list 对象可以用于作为一个函数的可变数量的参数，不过所有参数的类型必须相同：

```
#include <initializer_list>

int sum(initializer_list<int> values)
{
    int sum = 0;
    for (int i : values) sum += i;
    return sum;
}

int main()
{
    cout << sum({}) << endl; // 0
    cout << sum({-6, -5, -4, -3, -2, -1}) << endl; // -21
    cout << sum({10, 20, 30}) << endl; // 60
    return 0;
}
```

函数 sum 包含类型为 initializer_list<int>的单个参数，它只能使用一个整数列表进行初始化。initializer_list 类具有的函数很少，因为它只支持访问大括号列表中的值。非常重要的一点是，它实现了一个返回列表中元素数量的函数，并且 begin 和 end 函数分别返回的指针会指向列表中的第一个元素和最后一个元素之后的位置。这两个函数主要用于为迭代器访问列表提供支持，并且它使得我们能够在该对象上使用 for 区间的语法。

> **提示**
>
> 这在 C++ 标准库中是非常典型的。如果容器是在一块连续的内存上保存数据的，那么指针算术可以使用指向第一项的指针和紧接在最后一项的指针来确定容器中的元素数量。自动增加第一个指针的位置可以顺序访问每个元素，指针运算允许随机访问。所有容器都实现了一个 begin 和 end 函数来访问容器的迭代器。

在这个示例中，main 函数会调用该函数 3 次，每次都会使用一个包含大括号的初始化器列表，并且该函数将返回列表中元素的总和。

显然，这种技术意味着可变参数列表中的每个元素必须是相同的类型（或者可以转换为指定的类型）。如果参数是一个 vector，则将得到相同的结果，不同之处在于 initializer_list 参数的初始化过程更简单。

2．参数列表

C++ 继承了 C 的参数列表理念。为此，我们可以使用省略号语法（...）作为最后一个参数，以告知调用方可以提供零个或者多个参数。编译器将检查函数的调用方式，并为这些额外的参数在堆栈上分配空间。为了访问额外的参数，代码中必须引用头文件<cstdarg>，该文件中包含可以从堆栈上提取额外参数的宏。

这种机制原本就不是类型安全的，因为编译器无法检查在运行时从堆栈上获取的参数与调用代码添加到堆栈上的参数类型是否一致。比如，下列函数代码的实现将对整数进行求和：

```
int sum(int first, ...)
{
    int sum = 0;
    va_list args;
    va_start(args, first);
    int i = first;
    while (i != -1)
    {
        sum += i;
        i = va_arg(args, int);
    }
    va_end(args);
    return sum;
}
```

函数定义中必须至少包含一个参数，以便宏可以正常工作。在这种情况下，参数会首先被调用。非常重要的一点是，代码是以一致的状态离开堆栈的，并且这是使用一种 va_list 类型的变量执行的。该变量是在函数执行之初调用宏 va_start 初始化的，并且在函数末尾会调用宏 va_end 将堆栈保存为它的上一个状态。

函数中的代码会简单地遍历访问参数列表，并维护一个总数，当参数值为-1 时，循环将结束。并没有相关的宏可以用来获取堆栈上的参数数量，也没有任何宏可以用来获知堆栈上参数的类型信息。代码必须假定变量的类型和宏 va_arg 中提供的类型一样。在这个示例中，宏

`va_arg` 被调用了，并假定堆栈上每个参数的类型是 `int`。

一旦从堆栈上读取了所有参数，代码会在返回总数之前调用宏 `va_end`。该函数可以这样调用：

```
cout << sum(-1) << endl;                        // 0
cout << sum(-6, -5, -4, -3, -2, -1) << endl;    // -20 !!!
cout << sum(10, 20, 30, -1) << endl;            // 60
```

因为-1是用来表示列表末尾的，它表示对0个参数求和，必须传递至少一个参数，即-1。此外，第二行代码演示了一个问题，如果你传递了一组负数列表，则将出现问题（在这种情况下，-1无法被视为一个参数）。这个问题可以通过选择另外一个标记值在此实现中予以解决。

另外一种实现可以避免使用列表末尾的数值作为标记，而是使用列表中第一个元素作为标记，该参数是必需的，它用于给出后续参数的数量：

```
int sum(int count, ...)
{
    int sum = 0;
    va_list args;
    va_start(args, count);
    while(count--)
    {
        int i = va_arg(args, int);
        sum += i;
    }
    va_end(args);
    return sum;
}
```

这一次，第一个值表示后续参数的数量，所以例程将从堆栈上提取确切数量的整数，并对它们进行求和。代码调用如下：

```
cout << sum(0) << endl;                          // 0
cout << sum(6, -6, -5, -4, -3, -2, -1) << endl;  // -21
cout << sum(3, 10, 20, 30) << endl;              // 60
```

对于如何确定传递了多少参数的问题，并没有相关的约定。

该例程会假定堆栈上每个元素的类型都是 `int`，但是函数原型中并没有提供与之有关的信息，因此编译器无法在调用函数时对其中的参数进行实际的类型检查。如果调用方提供了一个不同类型的参数，则可能会从堆栈上读取错误的字节数，使得所有其他调用 `va_arg` 的结果无效。考虑如下代码：

```
cout << sum(3, 10., 20, 30) << endl;
```

上述代码中包含两种符号，即逗号和句点符号，特别是参数 10 之后的句点符号。句点符号的含义表示数字 10 的类型是 `double`，因此编译器会把一个 `double` 型的值添加到堆栈上。当函数使用宏 `va_arg` 读取堆栈上的值时，将读取 8 字节的 `double` 值作为双 4 字节的 `int` 值，在 Visual C++ 中对这些数字求和总数值将是 1076101140。这说明了参数列表类型不安全的方面：我们无法让编译器对传给函数的参数进行类型检查。

如果函数接收到的参数值与预期的参数类型不一致，则必须采取一些方法确定这些参数具体的内容是什么。C 的 `printf` 函数是参数列表的一个良好示例：

```
int printf(const char *format, ...);
```

该函数必需的参数是一个格式化字符串，更重要的是，它包含可变参数的有序列表和它们的类型信息。格式化字符串提供的信息是无法通过宏<cstdarg>获取的：可变参数的数量和每个参数的类型。printf 函数的实现将遍历访问格式化字符串，并且当遇到一个参数的格式化声明符时，它会使用 va_arg 读取堆栈上的预期类型数据。应该清楚的是，对于刚接触 C 风格的参数列表的人来说，它们看上去并不是很灵活，而且它们可能会非常危险。

5.3   函数特性

函数作为应用程序或者程序库的一部分，是模块化的代码片段。如果一个函数是由其他开发商提供的，那么在调用该函数时需要遵循上述开发商调用该函数的规范，这意味着我们需要了解该函数的调用规范以及它对堆栈的影响。

5.3.1   堆栈调用

当调用一个函数时，编译器将为新的函数调用创建一个栈帧，并且它会将元素推送到堆栈上。添加到堆栈上的数据相关的因素包括编译器，以及代码是为调试模式编译还是为构建模式编译；不过一般情况下，你将看到传递给函数的参数、返回地址（函数执行之后的地址），以及函数中分配的自动变量的相关信息。

这意味着在运行中发起一个函数调用时，在执行函数之前会产生一些内存开销和创建栈帧的性能开销，以及在函数执行完毕之后在清理方面的性能开销。如果一个函数是内联的，将不会产生这些开销，因为函数调用将使用当前的栈帧，而不是新建一个。很明显，内联函数在代码和堆栈内存使用方面都应该比较小。编译器可以忽略内联声明符（inline），并使用一个独立栈帧调用相关函数。

5.3.2   声明调用规范

当在项目代码中调用自己编写的函数时，不需要担心调用规范，因为编译器能够确保采用了适当的调用规范。不过如果你编写的程序库代码将被其他编译器调用，或者其他语言，则调用规范就显得很重要了。因为本书的主要目的并不是介绍互操作，所以不会详细讨论它们，但是将关注函数命名和堆栈维护两个方面。

1．C 链接

当为一个 C++函数提供名称后，其函数名也会用于在 C++代码中调用该函数。不过，实际上 C++编译器将使用额外的标识符修饰其函数名来表示返回类型和参数，以便重载函数都具有不同的名称。对于 C++开发者来说，这也被称为命名粉碎规则（name mangling）。

如果你希望通过一个共享库（在 Windows 下是指动态链接库）导出一个函数，必须使用其他语言支持的类型和名称。为此，我们可以使用关键字 extern 将一个函数标记为"C"风格的。这意味着该函数包含 C 的链接，并且编译器将不会使用 C++的命名粉碎规则。很明显，我们应该只在被外部代码调用的函数上使用该方法，并且不应该在返回值和参数采用了 C++自定义类型的函数上使用上述方法。

不过，如果这类函数返回了一个 C++类型，编译器将只会显示一个警告信息。因为 C 是一门非常灵活的语言，并且 C 程序员能够将 C++类型转换成可用的内容，不过应该避免滥用这种不好的做法！

提示

外部 C 链接也可以用于全局变量，并且用户可以在单个或多个元素（使用大括号）上使用它。

2．声明维护堆栈的方式

Visual C++支持 6 种函数调用规范。声明符 __clrcall 表示函数应该被当作一个 .NET 函数来调用，并且支持用户编写混合的原生代码和托管代码。C++/CLR（微软的使用 C ++编写.NET 代码的语言扩展）已经超出了本书的范围。其他 5 种方法是用于声明参数传递给函数的方式（在堆栈上或者使用 CPU 寄存器），以及谁应该负责维护堆栈。我们将主要介绍 __cdecl、__stdcall 和 __thiscall 这 3 种。

我们很少显式地调用 __thiscall，它是自定义类型成员函数的调用规范，并且声明该函数包含一个隐藏参数，即一个指向对象的指针，在函数中可以通过关键字 this 访问。与之有关的详情将在下一章深入介绍，但更重要的是，你需要意识到这类成员函数有一个不同的调用规范，特别是当你需要初始化函数指针时。

默认情况下，C++全局函数将使用 __cdecl 调用规范。堆栈是由调用代码维护的，因此调用代码每次调用一个 __cdecl 函数，紧随其后的代码就是用于清理堆栈的。这使得每个函数调用的开销更大，不过这对于可变参数列表的函数是必需的。__stdcall 调用规范为大部分 Windows SDK 函数所采用，它表示调用代码方清理堆栈，因此在调用代码中生成这些代码。很明显，非常重要的一点是编译器知道某个函数采用了 __stacall 调用规范，否则它将生成用于清理栈帧的代码，但是相关的堆栈已经被该函数清理完毕。你将经常看到被标记为 WINAPI 的 Windows 函数，它是 __stdcall 的一个 typedef。

5.3.3 递归

大部分情况下，堆栈调用的内存开销是无关紧要的。不过当使用递归时，可能会构造一长串栈帧。顾名思义，递归就是函数调用自身的技术。一个简单的示例就是计算阶乘的函数：

```
int factorial(int n)
{
    if (n > 1) return n * factorial(n - 1);
    return 1;
}
```

如果调用参数是 4，则进行以下调用：

```
factorial(4) returns 4 * factorial(3)
    factorial(3) returns 3 * factorial(2)
        factorial(2) returns 2 * factorial(1)
            factorial(1) returns 1
```

很重要的一点是，在递归函数中，必须至少存在一种方法停止递归从而退出函数。在这种情况下，是使用参数 1 调用阶乘函数。实际上，这样的函数应该被标记为 inline（内联），以避免创建任何堆栈帧。

5.3.4　函数重载

我们可以拥有多个同名的函数，不过它们的参数列表是不同的（参数的数量或者类型）。这就是函数名的重载。当调用这样一个函数时，编译器将尝试查找与提供的参数匹配度最好的那个函数。如果不存在合适的函数，编译将尝试对参数进行转换，以便查看是否存在包含这些类型的函数。编译器将从最简单的转换开始（比如，将一个数组名转换串一个指针，一种类型转换成 const 类型），如果上述操作失败，编译器将尝试提升类型（比如，将布尔型转换成 int），如果上述操作也失败，编译将尝试标准转换（比如，将一个引用转换成一个类型）。如果这样的转换导致出现了多个候选结果，编译机将向用户发出函数调用存在歧义的错误提示。

5.3.5　函数和作用域

在查找合适的函数时，编译器也会考察函数的作用域。你将无法在某个函数内部定义另一个函数，但是可以在函数作用域中提供函数的原型，并且编译器将首先尝试（如有必要会遵循调用规范）使用这样一个函数原型调用函数。考虑如下代码：

```
void f(int i)    { /*does something*/ }
void f(double d) { /*does something*/ }

int main()
{
    void f(double d);
    f(1);
    return 0;
}
```

在上述代码中，函数 f 分别通过接收一个 int 型参数和一个 double 型参数进行了重载。一般来说，如果调用 f(1)，编译器将首先调用第一个版本的函数。不过，在 main 函数中，有一个接收 double 型参数版本的函数原型，一个 int 类型可以在不丢失数据精度的情况下转换成 double 类型。原型和函数调用代码位于同一作用域，因此在上述代码中，编译器将调用接收 double 型参数的函数版本。这种技术从本质上来说是隐藏了接收 int 类型参数版本的函数。

5.3.6　删除函数

有比使用作用域更正规的方法来隐藏函数。C++将尝试显式转换内置类型。比如：

```
void f(int i);
```

我们可以使用一个 int 型数据或者其他任何可以转换成 int 型的数据调用该函数：

```
f(1);
f('c');
f(1.0);   //将会提示转型操作警告
```

对于第二种情况，一个 char 类型就是一个整数，因此它可以被提升为一个 int 类型，并且函数会执行调用。对于第三种情况，编译器将显示一个警告信息，提示转型操作可能会导致丢失数据精度，但它只是一个警告，因此代码会通过编译。如果你希望防止这种隐式转换，可以删除不希望调用代码使用的函数。为此，可以提供一个函数原型并使用语法=delete：

```
void f(double) = delete;

void g()

{
    f(1);   // 通过编译
    f(1.0); // C2280：尝试引用一个已删除的函数
}
```

现在，当代码尝试使用一个 char 型或者一个 double 型数据（或者一个 float 类型，将被隐式转换为 double）调用函数时，编译器将报错。

5.3.7　值传递和引用传递

默认情况下，编译器将通过值传递参数，即构造一个副本。如果你希望传递一个自定义类型，那么它的拷贝构造函数将被调用并创建一个新对象。如果传递一个指针到一个内置类型或者自定义类型的对象，那么指针将通过值进行传递，即会为参数在函数堆栈上创建一个新的指针，并且使用传递给函数的内存地址对它进行初始化。

这意味着在函数内部可以修改指针，让它指向其他内存地址（如果希望在指针上进行指针算术操作，那么这将非常有用）。指针指向的数据将通过引用传递，即数据会在函数外部保持原样，驻留在原来的地址上，但是函数可以通过指针访问该数据。

一般来说，如果在一个参数上使用一个引用，则意味着对象是通过引用传递的。很明显，如果在一个指针或者引用参数时使用关键字 const，将影响函数是否可以修改指向或者引用的数据。

在某些情况下，你也许会希望从某个函数返回若干值，并且可能会选择使用函数返回值来表明该函数是否被正确地调用。

达到上述目的的一种方法是将其中的某个参数标记为 out 型，即它既可以是一个指向一个对象的指针或者引用，也可以是一个将被函数修改的容器：

```
// 不允许超过 100 个元素
bool get_items(int count, vector<int>& values)
{
    if (count > 100) return false;
    for (int i = 0; i < count; ++i)
    {
        values.push_back(i);
    }
    return true;
}
```

为了调用该函数，你必须创建一个 vector 对象并将它传递给该函数：

```
vector<int> items {};
get_items(10, items);
for(int i : items) cout << i << ' ';
cout << endl
```

因为值参数是一个引用，这意味着当函数 get_values 调用 push_back 将一个值插入值容器时，实际上是将值插入到元素容器中。

如果一个输出参数是通过一个指针传递的，那么非常重要的一点是查看该指针的声明。一个单独 * 表示该变量是一个指针，两个 * 表示它是指向指针的指针。下列函数将通过输出参数返回一个 int 型数据：

```
bool get_datum(/*out*/ int *pi);
```

上述代码会像如下方式调用：

```
int value = 0;
if (get_datum(&value)){ cout << "value is " << value << endl; }
else  { cout << "cannot get the value" << endl;}
```

返回一个值用于声明程序成功执行的模式应用得非常普遍，特别是跨进程或机器边界访问数据的代码。函数返回值可以用于提供程序调用失败的详细信息（无网络访问、无效的安全凭据等），并可以声明输出参数中应该被丢弃的数据。

如果输出参数中包含两个 *，则意味着返回值本身就是一个指针，既可以是单个值也可以是一个数组：

```
bool get_data(/*in/out*/ int *psize, /*out*/ int **pi);
```

在这种情况下，我们将传递第一个参数中希望使用的缓冲区大小，并且在函数返回值中通过该参数（输入/输出型参数）接收缓冲区实际的大小，以及第二个参数中指向该缓冲区的指针：

```
int size = 10;
int *buffer = nullptr;
if (get_data(&size, &buffer))
{
    for (int i = 0; i < size; ++i)
    {
        cout << buffer[i] << endl;
    }
    delete [] buffer;
}
```

任何返回内存缓冲区的函数必须用文档说明谁负责释放内存。在大部分情况下，如本示例中所假定的，通常是调用方负责处理。

5.4 函数设计

函数经常需要处理全局数据，或者调用方传递的数据。非常重要的一点是，当函数执行完毕后，它将确保数据保持一致的状态。同样非常重要的一点是，函数在访问数据之前可以对数据做一定的假设。

5.4.1 前置条件和后置条件

函数通常会修改某些数据，如传递给函数的值、函数的返回值、某些全局数据。很重要的一点是，在设计一个函数时，需要确定哪些数据能够被访问和修改，并将这些规则编写成说明文档。

一个函数将包含关于如何使用数据的前提条件。比如，如果给一个函数传递了一个文件名，其意图是通过该函数从该文件中提取一些数据，其职责是检查该文件是否存在。你可以将它作为函数的职责，因此其中的前几行代码会检查文件的路径名是否有效，并调用操作系统函数来检查该文件是否存在。不过，如果有多个函数需要在该文件上执行若干操作，则需要在每个函数中重复添加检查代码，将该职责交给调用代码可能会更好一些。很明显，这类操作的花销是很昂贵的，因此避免调用代码和函数都执行这类检查非常重要。

第 10 章将介绍如何添加调试代码，即断言，用户可以将它们添加到函数中对参数值进行检查，以确保调用代码遵循了我们设置的前置条件。断言是使用条件编译定义的，因此只会出现在调试构建过程中（即编译的 C++代码中包含调试信息）。预览版构建（编译完成的代码将被交付给最终用户）将有条件地编译断言，这使得代码执行速度更快。如果程序代码测试的覆盖率足够高，则可以确保它们满足前置条件。

你还应该对函数的后置条件进行文档化。也就是说，关于通过函数返回数据的假设（通过返回值、输出参数，或者通过引用传递的参数）。后置条件是调用代码将做出的假设。例如，可以返回一个有符号整数，其中该函数是用于返回一个正值，不过返回一个负值用于表示程序出错未能正确执行。如果函数执行失败，很多函数返回的指针将是 nullptr。在这两种情况下，调用代码知道它需要检查返回值，只有当其返回值为正值或者不是 nullptr 时才使用它。

5.4.2 不变量

你应该小心地用文档解释说明函数是如何使用外部数据的。如果函数的意图是修改外部数据，则最好用文档介绍清楚函数具体会做什么。如果没有明确地记载函数将怎样处理外部数据，则必须确保函数访问完毕这些数据后，这些数据能够保持原样。这是因为调用代码只假设在文档的解释说明，并且修改全局数据的副作用可能会导致一些问题。

有时存储全局数据的状态是很有必要的，并且在函数返回时将相关数据回退到上一状态。

我们已经在第 3 章介绍过一个关于 cout 对象的示例。cout 对象对应用程序来说是全局的，并且可以通过控制符对它进行修改，以便以特定的方式解析数字值。如果你在某个函数中修改了它（比如通过插入十六进制控制符），则当 cout 对象在函数外部使用时，仍然会保留这一变更。

第 3 章已经介绍过如何定位这类问题。在本章中，我们将创建一个名为 read16 的函数，从一个文件中读取 16 字节，并以十六进制和 ASCII 字符两种形式把这些字节值打印输出到控制台：

```cpp
int read16(ifstream& stm)
{
    if (stm.eof()) return -1;

    int flags = cout.flags();
    cout << hex;
    string line;

    // 修改 line 变量的代码

    cout.setf(flags);
    return line.length();
}
```

上述代码将 cout 对象的状态存储在临时变量 flags 中。函数 read16 在必要的情况下能够修改 cout 对象，但是因为我们已经存储了它，所以这意味着对象在返回之前都可以恢复到原来的状态。

5.5　函数指针

当运行某个应用程序时，它调用的函数将存放于内存某处。这意味着你可以获取函数的地址。C++允许使用函数调用运算符（包含参数的一对括号）来通过一个函数指针调用函数。

5.5.1　留意括号

首先，通过一个简单示例来说明函数指针会在代码中导致的一个难以觉察的 bug。名为 get_status 的全局函数执行了多个验证操作以确定系统的状态是否是有效的。函数会以 0 值表示系统状态是有效的，大于 0 的值都是错误代码：

```
// 大于 0 的值是错误代码
int get_status()
{
    int status = 0;
    // 检查数据的状态是否是有效的
    return status;
}
```

代码可以这样调用：

```
if (get_status > 0)
{
    cout << "system state is invalid" << endl;
}
```

这是一个错误，因为开发人员将()遗漏了，所以编译器不会把它当作一个函数调用。相反，它将其视为对函数内存地址的测试，并且由于该函数的内存地址永远不会为 0，比较运算的结果将永远为 true，即使系统状态是有效的，也会打印输出该信息。

5.5.2　声明函数指针

最后强调一下，获取函数地址的方法非常简单，只需使用没有括号的函数名称即可：

```
void *pv = get_status;
```

指针 pv 只是一种更温和的表现形式，我们现在知道函数在内存中的存储位置，但是要打印输出该地址，仍然需要将它转型为一个整数。为了让指针派上用场，你需要声明一个可以调用该函数的指针。为了介绍具体的做法，我们回顾一下函数原型：

```
int get_status()
```

函数指针必须能够调用不传递任何参数的函数，并且预期的返回值是一个整数。函数指针的声明如下：

```
int (*fn)() = get_status;
```

*表示变量 fn 是一个指针。不过，这是绑定在左边的，所以如果没有围绕*fn 的括号，编

译器将把它解析为一个 int*指针。声明的其余部分表示调用指针的具体方法，不使用参数并返回一个 int。

通过函数指针的函数调用非常简单，只需像通常给出函数名那样给出指针名称即可。

```
int error_value = fn();
```

再次强调一下括号的重要性：它们表示函数指针中保存的函数地址，函数 fn 已经被调用。

函数指针会让代码看上去比较混乱，特别是当你使用它们指向模板化函数时，因此通常代码会定义一个别名：

```
using pf1 = int(*)();
typedef int(*pf2)();
```

这两行是为调用 get_status 函数所需的函数指针的类型声明别名。它们都是有效的，但是 using 版的代码更易读，因为很明显 pf1 就是被定义的别名。来看看这是为什么，考虑下面这个别名：

```
typedef bool(*MyPtr)(MyType*, MyType*);
```

上述代码中的类型名为 MyPtr，它表示一个返回布尔值的函数，并且会接收两个 MyType 指针的参数。上述代码使用 using 语句表述更清楚：

```
using MyPtr = bool(*)(MyType*, MyType*);
```

这里的告知符号是(*)，它表示类型是一个函数指针，因为使用括号打破了*的关联关系。你可以向外读取函数的原型：向左可以看到函数的返回类型；向右可以获取它的参数列表。

一旦声明了一个别名，就可以创建一个指向函数的指针并调用它：

```
using two_ints = void (*)(int, int);

void do_something(int l, int r){/* some code */}

void caller()
{
    two_ints fn = do_something;
    fn(42, 99);
}
```

注意，因为别名 two_ints 被声明为一个指针，所以在声明这种变量时不需要再使用*。

5.5.3　函数指针用法

函数指针也只是一个指针。这意味着可以将其当作变量，你可以从一个函数中返回它，或者将它作为参数传递。比如，你可能有一些代码需要执行一些冗长的例程，并且希望例程在执行过程中能够获得一些反馈信息。为了让它灵活一些，你可以定义一个函数来接收回调函数指针，并周期性地在例程调用函数时指示执行进度：

```
using callback = void(*)(const string&);

void big_routine(int loop_count, const callback progress)
{
```

```
for (int i = 0; i < loop_count; ++i)
{
    if (i % 100 == 0)
    {
        string msg("loop ");
        msg += to_string(i);
        progress(msg);
    }
    // 例程
}
}
```

这里的函数 big_routine 有一个名为 progress 的函数指针参数。函数中有一个循环将被调用多次，每 100 次循环之后，它会调用回调函数，传递一个字符串，给出相关的进度信息。

提示

字符串定义了一个+=运算符，可以用于将字符串追加到字符串变量的末尾，<string>头文件定义了一个名为 to_string 的函数，该函数对于每个内置类型返回一个用函数参数值格式化的字符串。

该函数将函数指针定义为 const，以便让编译器知道该函数指针不应该被修改为此函数中另一个函数的指针。代码可以如下调用：

```
void monitor(const string& msg)
{
    cout << msg << endl;
}

int main()
{
    big_routine(1000, monitor);
    return 0;
}
```

函数 monitor 拥有与前面描述的回调函数指针一样的原型（比如当函数参数是 string&，而不是 const string&时，代码将不会通过编译）。然后会调用函数 big_routine，将一个指针传递给 monitor 函数作为第二个参数。

如果将回调函数传递给程序库代码，必须注意函数指针的调用规范。比如，传递一个函数指针给一个 Windows 函数，例如 EnumWindows，它必须指向一个采用__stacall 调用规范声明的函数。

C++规范中采用了另外一种技术调用在运行时定义的函数，即函子。稍后会介绍与之有关的详情。

5.6　模板函数

当编写程序库代码时，通常必须编写几个不同的函数，这些函数之间仅仅是传递的参数类型不同；常规的操作都是一样的，只是类型有所变化。C++提供的模板允许编写更通用的代码；我们可以使用泛型编写例程，然后编译器会在代码编译期间生成相应类型的函数。模板化函数会使用关键字 template 和尖括号（<>）中的参数列表进行标记，其中的类型将使用占位符表示。

我们需要了解的一点是，这些模板参数是类型和引用参数的类型（以及返回函数的值），在调用函数时会使用实际的类型替换它们。它们并不是函数的参数，当调用函数时不需要提供它们。

一个简单的 maximum 函数可以如下编写：

```
int maximum(int lhs, int rhs)
{
    return (lhs > rhs) ? lhs : rhs;
}
```

你可以使用其他整数类型调用它，而且其他更小的类型（比如 short、char、bool 等）将被提升为一个 int，取值范围更大的类型（比如 long long）将被截断。

类似地，无符号类型的变量被转换成有符号 int 类型后，可能导致一些问题。考虑下面的函数调用：

```
unsigned int s1 = 0xffffffff, s2 = 0x7fffffff;
unsigned int result = maximum(s1, s2);
```

变量 result 的值是 s1 还是 s2？当然是 s2。这是因为这两个值都被转换成了有符号 int 类型，并且当转换为一个有符号类型后，s1 的值是-1，s2 的值是 2147483647。

为了处理无符号类型，我们需要对函数进行重载，分别编写一个有符号整数版本和一个无符号整数版本的函数：

```
int maximum(int lhs, int rhs)
{
    return (lhs > rhs) ? lhs : rhs;
}

unsigned maximum(unsigned lhs, unsigned rhs)
{
    return (lhs > rhs) ? lhs : rhs;
}
```

上述例程的作用是一样的，不过处理的数据类型不一样。现在还有另外一个问题——假如调用者使用的是混合类型呢？下列表达式是否有意义：

```
int i = maximum(true, 100.99);
```

上述代码将通过编译，因为一个 bool 型和一个 double 型可以被转换为一个 int 型，并且会调用第一个重载函数。因为这类调用是无意义的，所以最后让编译器处理这类错误会更好一些。

5.6.1 定义模板

回顾一下两个版本的 maximum 函数，其函数体都是一样的，唯一的不同之处在于参数的数据类型。如果有一个泛型，我们称之为 T，T 可以是任何实现了 operator> 的任意类型，例程可以通过如下伪代码描述：

```
T maximum(T lhs, T rhs)
```

```
{
    return (lhs > rhs) ? lhs : rhs;
}
```

上述代码将不会通过编译，因为我们并没有定义类型 T。模板允许我们告知编译器代码使用的类型，并且它将根据传递给函数的参数确定。下列代码将通过编译：

```
template<typename T>
T maximum(T lhs, T rhs)
{
    return (lhs > rhs) ? lhs : rhs;
}
```

模板声明中指定的类型将使用 typename 标识符进行标记。类型 T 是一个占位符，你可以使用任何自己喜欢的名称，只要不与同一范围内其他地方的变量重名即可，当然它们必须在函数的参数列表中使用。也可以使用类替换 typename，不过它们的含义是一样的。

我们可以传递任意类型的值调用此函数，编译器将为该类型创建代码，并为该类型调用 operator>。

提示

认识到这一点非常重要，编译器第一次遇到一个模板化函数，它将为指定类型创建一个函数版本。如果为多种类型调用模板化函数，编译器将为这些类型中的每一个类型创建或实例化一个专用函数。

该模板的定义表明将只使用一种类型，因此可以使用两个相同类型的参数调用它：

```
int i = maximum(1, 100);
double d = maximum(1.0, 100.0);
bool b = maximum(true, false);
```

上述代码都将通过编译，并且前两行代码会给出符合预期的执行结果。最后一行赋给 b 的值是 true，因此 bool 是一个整数，true 是用大于 1 的整数表示的，false 是用 0 表示的。这可能会与我们的预期不一致，因此我们稍后会回到这个问题。注意，因为模板声明中规定两个参数的类型必须是一样的，因此下列代码将无法通过编译：

```
int i = maximum(true, 100.99);
```

这是因为模板参数列表值给出了一种单一类型。如果希望使用不同参数类型定义函数，则必须给模板提供额外的参数：

```
template<typename T, typename U>
T maximum(T lhs, U rhs)
{
    return (lhs > rhs) ? lhs : rhs;
}
```

提示

这说明了模板是如何工作的，定义一个具有两种不同类型的 maximum 函数是无意义的。

　　上述代码是为处理两个不同参数类型而编写的模板，模板声明中涉及两种类型，它们分别对应于两个参数。但是需要注意函数返回的 T，即第一个参数的类型。该函数可以这样调用：

```
cout << maximum(false, 100.99) << endl; // 1
cout << maximum(100.99, false) << endl; // 100.99
```

　　第一行的输出结果是 1（如果使用了一个 bool alpha 控制符，则结果是 true），并且第二行的结果是 100.99。其原因并不是那么显而易见。在这两种情况下，比较操作将从函数返回 100.99，但是因为返回值的类型是 T，返回值类型将是第一个参数的类型。在第一种情况下，100.99 首先会被转换成一个 bool 类型，并且因为 100.99 是个非零值，其返回值是 true（或者 1）。在第二种情况下，第一个参数是一个 double 类型，因此函数将会返回一个 double 值，这意味着 100.99 会被返回。如果 maximum 的模板版本被修改为返回 U（第二个参数的类型），则上述代码的执行结果将相反：第一行的返回值 100.99，第二行的返回值是 1。

　　注意，当你在调用模板函数时，不需要提供模板参数的类型，因为编译器可以自动推导出它们。值得重点指出的是，这仅适用于参数。返回类型不是由调用者分配给函数值的变量类型决定的，因为可以在不使用返回值的情况下调用函数。

　　虽然编译器可以根据你调用函数的方式推导出模板参数的类型，不过你可以在被调用函数中显式声明参数类型来调用函数的特定版本，并让编译器（在必要的情况下）执行隐式转换：

```
// 调用 template<typename T> maximum(T,T);
int i = maximum<int>(false, 100.99);
```

　　上述代码将调用函数 maximum 包含两个 int 参数的版本并返回一个 int 类型的值，因此其返回值是 100，即 100.99 转换为一个整数之后的结果。

5.6.2　模板参数值

　　目前为止，模板定义都是将类型作为模板参数，但是还可以使用整数值。下列代码是一个很有说服力的示例：

```
template<int size, typename T>
T* init(T t)
{
    T* arr = new T[size];
    for (int i = 0; i < size; ++i) arr[i] = t;
    return arr;
}
```

　　上述代码中有两个模板参数。第二个参数提供了参数类型名称，其中 T 是一个占位符，用于表示函数的参数类型。第一个参数与一个函数参数类似，因为它们的用法相似。参数 size 可以在函数中被当作本地（只读）变量使用。函数参数是 T，因此编译器可以根据函数调用推导出第二个模板参数，但是它无法推导出第一个参数，因此我们必须在调用中提供一个值。这里的模板函数调用示例中，T 是一个 int 类型，size 的值是 10：

```
int *i10 = init<10>(42);
for (int i = 0; i < 10; ++i) cout << i10[i] << ' ';
cout << endl;
delete [] i10;
```

第一行代码中会使用 10 作为模板参数，使用 42 作为函数参数调用该函数。因为 42 是一个 int 类型，函数 init 将创建一个包含 10 个成员的 int 数组，并且每个成员的值都被初始化为 42。编译器推导出第二个参数的类型是 int，但是上述代码可以使用 init<10,int>(42) 的方式调用函数，以便显式声明你需要使用一个 int 数组。

在编译期间，非类型参数必须是常量，其值可以是整数（包括枚举），但不能是一个浮点数。我们可以使用整数数组，但是必须通过将模板参数当作一个指针使用才能使用该数组。

尽管大部分情况下编译器无法推导出值参数，但当其值是用于定义数组大小时，是可以推导出来的。它看起来可以用于确定某个数组的大小，但当然这是行不通的，因为编译器将会为所需的每种尺寸创建一个版本的函数。比如：

```
template<typename T, int N> void print_array(T (&arr)[N])
{
    for (int i = 0; i < N; ++i)
    {
        cout << arr[i] << endl;
    }
}
```

上述代码中有两个模板参数：一个是数组的类型，另外一个是数组的大小。函数的参数看起来有一些奇怪，但它只是一个由引用传递的内置数组。如果不使用括号，那么参数是 T& arr[N]，即一个大小为 N 的数组的引用和一个类型为 T 的对象，这不是我们希望的。我们预期的是一个类型为 T 的内置对象数组，其大小为 N。该函数可以如下调用：

```
int squares[] = { 1, 4, 9, 16, 25 };
print_array(squares);
```

上述代码的有趣之处在于，编译器发现初始化器列表中有 5 个元素。内置数组中包含 5 个元素，因此函数可以如下调用：

```
print_array<int,5>(squares);
```

如上所述，编译器将为每个代码调用 T 和 N 的组合实例化此函数。如果模板函数包含大量代码，则这可能会存在问题。解决这个问题的一种办法是使用辅助函数：

```
template<typename T> void print_array(T* arr, int size)
{
    for (int i = 0; i < size; ++i)
    {
        cout << arr[i] << endl;
    }
}

template<typename T, int N> inline void print_array(T (&arr)[N])
{
    print_array(arr, N);
}
```

上述代码做了两件事。首先，其中的 print_array 函数会接收一个指针和该指针指向元素数量作为参数。这意味着参数 size 是在运行时确定的，因此该函数对于数组使用的类型只能在编译期间被实例化，而不是同时兼容类型和数组大小。第二件需要注意的事情是，使用模板化的函数中声明数组尺寸时采用了 inline 关键字修饰，并且它会调用函数的第一个版本。虽然对于类型和数组大小的每种组合都有一个版本，但是实例化将是内联的，而不是一个完整函数。

5.6.3 专一化模板

在某些情况下，你可能会拥有一个用于处理大部分类型的例程（以及一个备选的模板化函数），但是在处理某些类型时可能还需要一个不同的例程。为此，我们可以编写一个专一化的模板函数，即用于处理特定类型的函数，并且当调用方使用的类型符合上述特定类型时，编译器可以使用该代码。举例来说，这里有一个几乎没什么用的函数；它会返回类型的大小：

```
template <typename T> int number_of_bytes(T t)
{
    return sizeof(T);
}
```

上述代码能够处理大部分内置类型，不过如果你使用一个指针调用它，则将获得指针的大小，而不是指针指向内容的大小。因此，number_of_bytes("x") 将返回 4，而不是 char 数组的大小 2。你也许会希望专门为 char*指针使用 C 函数 strlen，以便统计字符串中的字符数量直到遇到字符末尾的 NUL 字符。为此，我们需要一个与模板化函数类似的原型，使用实际的类型替换模板参数，并且因为模板参数不是我们所需的，所以可以将其排除在外。因为该函数是专门处理特定类型的，所以需要将特定类型添加到函数名中：

```
template<> int number_of_bytes<const char *>(const char *str)
{
    return strlen(str) + 1;
}
```

现在，当调用 number_of_bytes("x") 时，与之相关的专一化函数将会被调用，并且它的返回值是 2。此前，我们定义了一个返回相同类型的两个参数中最大值的模板化函数：

```
template<typename T>
T maximum(T lhs, T rhs)
{
    return (lhs > rhs) ? lhs : rhs;
}
```

使用专一化技术，你可以为不使用运算符>进行比较运算的类型编写若干版本的函数。因为找出两个布尔值中的最大值的操作是无意义的，所以可以删除 bool 型数据的专一化函数：

```
template<> bool maximum<bool>(bool lhs, bool rhs) = delete;
```

现在如上述代码表示，如果代码调用时使用 bool 型参数，编译器将生成一个错误。

5.6.4 可变参数模板

可变模板是指模板参数数量可变的模板，其语法和可变参数函数类似。你可以使用省略号，不过要把它放在参数列表中参数的左边，用于声明一个参数包：

```
template<typename T, typename... Arguments>
```

```
void func(T t, Arguments... args);
```

模板参数 Arguments 可以包含 0 个或者多个类型，其表示函数参数 args 的相应数量的类型。在这个示例中，函数至少包含一个类型为 T 的参数，不过你可以设置任意数量的固定参数，也可以不包含任何参数。

在函数内部，我们需要解压缩参数包，以便访问调用方传递的参数。你可以使用特定的运算符 sizeof...确定参数包中的元素数量（注意，省略号是该运算符的一部分）。此时编译器将解析参数包，使用参数包中的内容替换相关的标识符。

不过，你将无法获知程序设计过程中参数的数量和类型，因此有一些策略可以解决这个问题。第一种方法是使用递归：

```
template<typename T> void print(T t)
{
    cout << t << endl;
}

template<typename T, typename... Arguments>
void print(T first, Arguments ... next)
{
    print(first);
    print(next...);
}
```

变参模板化函数 print 可以使用任意类型，并且能够被 ostream 类解析的一个或者多个参数调用：

```
print(1, 2.0, "hello", bool);
```

当该函数被调用后，其参数列表被分割成两部分：一部分是第一个参数中的 1，另外一部分是被打包添加到参数包中的其余参数。接下来，函数体中的代码将调用第一个版本的 print 函数，即将第一个参数打印输出到控制台。变参函数中接下来的一行代码将调用 print 函数并解压缩参数包，即递归调用该函数自身。在这次调用中，函数中第一个参数将是 2.0，其余的参数将被添加到参数包中。此过程会一直持续执行，直到参数包中没有可供解压缩的参数为止。

另外一种解压缩参数包的方式是使用一个初始化器列表。在这种情况下，编译器将为每个参数创建一个数组：

```
template<typename... Arguments>
void print(Arguments ... args)
{
    int arr [sizeof...(args)] = { args... };
    for (auto i : arr) cout << i << endl;
}
```

数组 arr 是根据参数包的大小创建的，并且与初始化器大括号一起使用的解压缩语法，将使用参数填充数组。虽然这可以处理任意数量的参数，但是所有参数必须与数组 arr 的类型保持一致。

一种技巧是使用逗号运算符：

```
template<typename... Arguments>
void print(Arguments ... args)
```

```
{
    int dummy[sizeof...(args)] = { (print(args), 0)... };
}
```

上述代码创建了一个名为 dummmy 的虚拟数组。除了在参数包中的扩展之外，该数组还未被使用。它是根据 args 参数包的大小创建的，省略号使用括号之间的表达式扩展参数包。该表达式使用的逗号运算符，将返回逗号右侧的内容。因为它是一个整数，所以意味着每个虚拟元素包含的值为 0。有趣的部分是逗号运算符的左侧部分。这里使用模板化参数的 print 函数版本是使用 arg 参数包中的每个元素进行调用的。

5.7 运算符重载

此前我们说过，函数名不应该包含标点符号。但严格意义上来说并非如此，因为如果你正在编写一个运算符函数，则只能在函数名中使用标点符号。一个运算符就是表达式中用于处理一个或者多个操作数的。一元运算符包含一个操作数，二元运算符包含两个操作数，并且运算符会返回运算结果。很明显，一个返回类型、名称以及一个或者多个参数描述了一个函数。

C++提供了关键字 operator 用于声明运算符函数不使用函数调用语法，而是使用与运算符相关的语法（一般来说，一元运算符中第一个参数位于运算符右侧，二元运算符中第一个参数在左边、第二个参数在右边，但是也有例外）。

一般来说，你需要将运算符作为自定义类型的一部分提供（以便运算符可以处理该类型的变量），不过有些时候，可以在全局作用域声明运算符。两者都是有效的。如果你编写了一个自定义类型（比如类，详情将在下一章讲述），将运算符封装为自定义类型的一部分是很有意义的。在本小节中，我们将着重介绍另外一种定义运算符的方法，即全局函数。

你可以构造以下一元运算符的自定义版本：

```
! & + - * ++ -- ~
```

你还可以构造以下二元运算符的自定义版本：

```
!= == < <= > >= && ||
% %= + += - -= * *= / /= & &= | |= ^ ^= << <<= = >> =>>
-> ->* ,
```

你还可以对以下运算符编写自定义版本：函数调用运算符()、数组下标[]、转换运算符、转型运算符()、new 和 delete。用户无法重新定义的运算符包括.、.*、::、?:、#和##运算符，也不包括具名运算符 sizeof、alignof 和 typeid。

当定义运算符时，我们可以编写一个名为 operatorx 的函数，其中 x 是运算符标记（注意，它们之间没有空格）。例如，如果你希望定义一个包含两个笛卡儿点的结构体，则可能需要比较两个点相等性。结构体可以如下定义：

```
struct point
{
    int x;
    int y;
};
```

比较两个 point 对象很容易。如果一个对象中 x 和 y 的值与另外一个对象中 x 和 y 的值相等，那么它们就是相同的。如果定义了运算符==，则也应该使用相同的逻辑定义运算符！=，因为！=应该给出与运算符==完全相反的结果。这也是定义这些运算符的依据：

```
bool operator==(const point& lhs, const point& rhs)
{
    return (lhs.x == rhs.x) && (lhs.y == rhs.y);
}

bool operator!=(const point& lhs, const point& rhs)
{
    return !(lhs == rhs);
}
```

这两个参数是运算符的两个操作数。第一个是运算符左侧的操作数，第二个是运算符右侧的操作数。它们可以作为引用传递，以避免产生副本，并且它们可以使用关键字 const 修饰，因为运算符不会修改对象。一经定义，你就可以像如下代码那样使用 point 类型：

```
point p1{ 1,1 };
point p2{ 1,1 };
cout << boolalpha;
cout << (p1 == p2) << endl; // true
cout << (p1 != p2) << endl; // false
```

我们可以定义一对名为 equals 和 not_equals 的函数，并可以像以下代码一样使用它们：

```
cout << equals(p1,p2) << endl; // true
cout << not_equals(p1,p2) << endl; // false
```

不过，定义运算符可以使得代码更易读，因为使用的类型和内置类型类似。运算符重载经常被称为语法糖，其语法使得代码更易读——但是这一做法轻视了这门非常重要的技术。比如，智能指针是一门使用类析构函数来管理资源生命周期的技术，它们是非常有用的，因为该技术可以将这类对象当作指针使用。可以这么做的原因是，智能指针类自身实现了->和*运算符。另外一个例子是函子，即函数对象，该类实现了运算符()，因此对象可以被当作函数来使用。

当编写自定义类型时，最好应该先问问自己，重载某个运算符的类型是否有意义。如果该类型是数值类型，比如一个复数或者矩阵——则实现算术运算符就是有意义的，但是实现逻辑运算符就是没有意义的，因为该类型和逻辑运算没什么关系。重新定义运算符的函数来覆盖用户的具体操作是你希望这么做的动机之一，但是这会使得代码更加难以阅读。

一般来说，一个一元运算符会被实现为采用单个参数的全局函数。后缀自增和自减运算符对于前缀运算符的不同实现来说是一个例外。前缀运算符将引用对象作为参数（运算符将自增或者自减），并返回被修改对象的引用。不过，后缀运算符必须在自增或者自减之前返回对象的值。因此，运算符函数包含两个参数，即被修改对象的引用和一个整数（它的值将会一直是 1），它将返回原生对象的副本。

一个二元运算符将包含两个参数，并返回一个对象或者对象的引用。比如，对于我们之前定义的结构体，我们可以为 ostream 对象定义一个插入运算符：

```
struct point
{
    int x;
    int y;
```

```
};

ostream& operator<<(ostream& os, const point& pt)
{
    os << "(" << pt.x << "," << pt.y << ")";
    return os;
}
```

这意味着你可以将一个 point 对象插入到 cout 对象中，并把它打印输出到控制台上：

```
point pt{1, 1};
cout << "point object is " << pt << endl;
```

5.7.1　函数对象

函数对象或者函子是实现函数调用运算符的一种自定义类型：(operator())。这意味着一个函数运算符可以像函数那样被调用。由于我们还没有介绍类，所以在本小节中我们只介绍标准库提供的函数对象类型，以及如何使用它们。

头文件<functional>中包含多种可以当作函数对象使用的类型，表 5-1 列出了这些类型。

表 5-1

用　　途	类　　型
算术运算	divides、minus、modulus、multiplies、negate、plus
位运算	bit_and、bit_not、bit_or、bit_xor
比较运算	equal_to、greater、greater_equal、less、less_equals、not_equal_to
逻辑运算	logical_and、logical_not、logical_or

在上述表格中，除了 bit_not、logical_not 和 negate 是一元运算符之外，其他都是二元运算符。二元函数对象将处理两个值并返回结果，一元函数对象将处理单个值并返回计算结果。比如，你可以使用以下代码计算两个数字的模数：

```
modulus<int> fn;
cout << fn(10, 2) << endl;
```

这将声明一个名为 fn 的函数对象执行取模运算。对象会在第二行代码中用到，将在对象上使用两个参数调用 operator() 函数，因此下列代码与前面的代码效果是一样的：

```
cout << fn.operator()(10, 2) << endl;
```

执行结果是 0 值并被打印输出到控制台上。operator() 函数只对两个参数执行取模运算，这种情况下是 10 % 2。这看起来似乎并没有什么特别之处。头文件<algorithm>中包含的函数可以处理函数对象。大多数会使用谓词，即逻辑函数对象，但是函数 transform 会接收一个函数对象来执行相关操作：

```
// #include <algorithm>
// #include <functional>
```

```
vector<int> v1 { 1, 2, 3, 4, 5 };
vector<int> v2(v1.size());
fill(v2.begin(), v2.end(), 2);
vector<int> result(v1.size());

transform(v1.begin(), v1.end(), v2.begin(),
    result.begin(), modulus<int>());

for (int i : result)
{
    cout << i << ' ';
}
cout << endl;
```

上述代码将在两个向量上执行 5 次取模运算。从概念上来说，它是这样做的：

```
result = v1 % v2;
```

也就是说，结果中的每个元素是 v1 和 v2 执行取模运算的结果。在上述代码中，第一行创建了一个包含 5 个值的 vector。我们将使用 2 对这些值进行取模运算，因此第二行声明了一个空的 vector，但是它具有与第一个 vector 相同的容量。第二个 vector 是通过调用 fill 函数进行填充的。第一个参数是 vector 中第一个元素的地址，end 函数将返回 vector 中最后一个元素之后的地址。函数调用中最后一项是从第一个参数指向的元素开始，每个向 vector 中添加值的元素，但是不包括第二个参数指向的元素。

此时，第二个 vector 中将包含 5 个元素，并且每个元素的值都是 2。接下来，将为执行结果创建一个 vector，并且它与第一个数组大小相同。最后，相关的计算将通过 transform 函数执行，相关代码如下：

```
transform(v1.begin(), v1.end(),
    v2.begin(), result.begin(), modulus<int>());
```

前两个参数给出了第一个 vector 的迭代器，从中可以计算出项目的数量。因为这 3 个 vector 的大小是一样的，你只需用到的是 v2 到 result 的迭代器 begin。

最后一个参数是函数对象。它是一个临时对象，并且只在这段语句执行期间存续，它没有名字。这里使用的语法是一个对该类的构造函数的显式调用，它是模板化的，所以需要提供模板参数。函数 transform 将在该函数对象上为 v1 中每个元素调用函数 operator(int, int) 并将值作为第一个参数，v2 中的相应元素将被当作第二个参数，并且它会把计算结果存储在 result 中的相应位置。

因为函数 transform 可以接收任意二元函数对象作为第二个参数，你可以传递一个 plus<int> 的实例，使得 v1 中的每个元素值加 2，或者传递一个 multiplies<int> 的实例，使得 v1 中的每个元素值乘以 2。

函数对象非常有用的应用场景之一是使用谓词执行多值比较。一个谓词就是一个用于进行数值比较并返回布尔值的函数对象。头文件<functional>中包含若干用于比较元素的类。让我们看看容器 result 中有多少元素的值是 0。为此，我们会使用函数 count_if。这将遍历访问整个容器，并在每个元素上执行谓词比较，然后计算谓词返回值为 true 的次数。有几种方法可以做到这一点。首先是定义一个谓词函数：

```
bool equals_zero(int a)
```

```
{
    return (a == 0);
}
```

然后一个指向该谓词函数的指针可以被传递给 count_if 函数：

```
int zeros = count_if(
    result.begin(), result.end(), equals_zero);
```

前两个参数限定了需要检查校验的取值区间。最后一个参数是一个指向函数的指针，它将被当作谓词使用。当然，如果你正在检查不同的值，则可以让上述函数更通用一些：

```
template<typename T, T value>
inline bool equals(T a)
{
    return a == value;
}
```

可以像如下代码一样调用：

```
int zeros = count_if(
    result.begin(), result.end(), equals<int, 0>);
```

上述代码的问题在于，我们在除了使用该操作之外的某个地方对它进行了定义。函数 equals 可以在另外一个文件中定义。不过，通过一个谓词，执行检查定义的代码紧挨着使用谓词的代码时，使得这些代码更易读。

头文件<functional>中也定义了一些可以被当作函数对象的函数。比如 equal_to <int>，它会对两个值进行比较。不过，函数 count_if 需要一个一元函数对象，它将传递单个数值（可以参见前面介绍的函数 equals_zero）。equal_to<int>是一个二元函数对象，会对两个值进行比较。我们需要提供第二个操作数，为此将用到名为 bind2nd 的辅助函数：

```
int zeros = count_if(
    result.begin(), result.end(), bind2nd(equal_to<int>(), 0));
```

函数 bind2nd 会将参数 0 绑定到 equal_to<int>创建的函数对象上。以这种方式使用函数对象使得谓词的定义更接近于我们将使用的函数调用，不过这种语法看起来相当混乱。C++11 中提供了一种机制，可以让编译器确定所需的函数对象并将参数与它们绑定，它们被称为 lambda 表达式。

5.7.2　lambda 表达式简介

lambda 表达式用在将要使用函数对象的地方创建一个匿名函数对象，这可以让代码更易读，因为我们可以看到将要执行的内容。初次接触 lambda 表达式，感觉它就像定义函数时的一个函数参数：

```
auto less_than_10 = [](int a) {return a < 10; };
bool b = less_than_10(4);
```

因此我们没有引入使用谓词函数的复杂性，在上述代码中，我们已经为 lambda 表达式分配了一个变量。这种方式与平时使用它的方式并不相同，不过它可以使得描述更清晰。lambda 表达式开头的方括号被称为捕获列表。该表达式并没有捕获变量，因此方括号中是空的。你可以在 lambda 表达式之外声明变量，并且必须捕获这些变量。捕获列表表示所有这类变量是否将被一个引用（使用 [&]）或者一个值捕获（使用 [=]）。你可以对将要被捕获的变量进行命名（如果存在多个变量，则可以使用逗号对它们进行分隔），并且如果它们是通过一个值进行捕获的，你可以只使用它们的名称。如果它们是通过一个引用进行捕获的，则需要在它们的名称前面添加&符号。

我们可以通过在表达式外部声明一个名为 limit 的变量，让上述 lambda 表达式更为通用：

```
int limit = 99;
auto less_than = [limit](int a) {return a < limit; };
```

如果我们将 lambda 表达式与全局函数进行比较，捕获列表有一点与全局函数能够访问的全局变量类似。

在捕获列表之后，你需要在其后的括号中给出参数列表。此外，如果将 lambda 表达式与函数进行比较，lambda 表达式参数列表与函数参数列表是等价的。如果 lambda 表达式不包含任何参数，那么完全可以省略该括号。

lambda 表达式的主体是由一对大括号限定的。其中可以包含任何在函数中出现的内容。lambda 表达式主体中可以声明本地变量，甚至可以声明静态变量，虽然这看起来很奇怪，但却是合法的：

```
auto incr = [] { static int i; return ++i; };
incr();
incr();
cout << incr() << endl; // 3
```

lambda 表达式的返回值是通过返回的元素推导得出的。一个 lambda 表达式并不一定必须包含一个返回值，在这种情况下，表达式将返回 void：

```
auto swap = [](int& a, int& b) { int x = a; a = b; b = x; };
int i = 10, j = 20;
cout << i << " " << j << endl;
swap(i, j);
cout << i << " " << j << endl;
```

lambda 表达式的长处在于，当需要用到函数对象或者谓词函数时，你可以使用它们：

```
vector<int> v { 1, 2, 3, 4, 5 };
int less_than_3 = count_if(
    v.begin(), v.end(),
     [](int a) { return a < 3; });
cout << "There are " << less_than_3 << " items less than 3" << endl;
```

这里我们声明了一个 vector，并使用一些值对它进行初始化。这里使用 count_if 函数是为了统计容器中值小于 3 的元素。因此，前两个参数用于给定需要检查的元素区间，第三个参数是一个 lambda 表达式，用于执行比较操作。count_if 函数将对通过 lambda 表达式参数传递的区间中每个元素调用该表达式。count_if 函数会统计 lambda 表达式返回 true 的次数。

5.8　函数在 C++中的应用

本章中的示例将采用本章介绍过的技术，根据文件大小的顺序列出文件夹和子文件夹中的所有文件，其中包括文件名及其大小。该示例相当于在命令行中键入以下命令：

```
dir /b /s /os /a-d folder
```

这里，`folder` 是我们希望查看的目标文件夹。选项/s 表示采用递归查找，选项/a-d 表示从列表中移除文件夹名，选项/os 表示根据文件大小排序。问题在于，如果没有选项/b，我们会获得每个文件夹的信息，不过会使用移除查询结果中文件夹大小的信息。我们希望获得文件名的列表（以及它们的路径）、文件大小，并根据文件尺寸从小到大的顺序对这些文件进行排序。

首先在 Beginning_C ++文件夹下创建本章的新文件夹（Chapter_05）。在 Visual C++中创建一个新的 C++源文件，将其保存到上述新文件夹下并将之命名为 `files.cpp`。该示例将使用基本的输出功能和字符串。它将接收单个命令行参数，如果传递了多个命令行参数，我们将只使用第一个参数。将下列内容添加到 `files.cpp` 中：

```
#include <iostream>
#include <string>
using namespace std;

int main(int argc, char* argv[])
{
    if (argc < 2) return 1;
    return 0;
}
```

该示例将使用 Windows 函数 `FindFirstFile` 和 `FindNextFile`，以获取符合文件规范的文件信息。返回的数据是存放在一个 `WIN32_FIND_DATAA` 结构体中的，其中包含文件名、文件大小和文件属性等信息。上述函数还会返回文件夹的相关信息，因此这意味着我们可以递归测试子文件夹。`WIN32_FIND_DATAA` 结构体是通过两个部分的 64 位数表示文件尺寸的，即高 32 位和低 32 位。我们将创建自定义结构体来保存这些信息。在文件顶部，C++引用文件之后，添加如下内容：

```
using namespace std;

#include <windows.h>
struct file_size {
    unsigned int high;
    unsigned int low;
};
```

上述代码中的第一行是 Windows SDK 的头文件，其用途主要是用于访问 Windows 函数以及保存文件尺寸的结构体的。我们希望根据它们的大小对文件进行比较。结构体 `WIN32_FIND_DATAA` 提供两个 `unsigned long` 成员的尺寸规格（一种是高 4 位字节，另一种是低 4 位字节）。我们可以将其保存为 64 位数字，不过与之相反，我们已经有一些理由编写一些运算符，将该尺寸存储到自定义的结构体 `file_size`。该示例将打印输出文件大小并比较文件的大小，因此我们将编写一个运算符将一个 `file_size` 对象插入到一个输出流中。因为我们希望根据文件大小对文件进行排序，所以需要使用一个运算符来确定一个 `file_size` 对象是否大于另外一个。

该代码将使用 Windows 函数获取文件的相关信息，其中包括文件的名称和大小。该信息将存储在一个 `vector` 中，因此将在文件顶部添加如下两行加粗显示的代码：

```
#include <string>
#include <vector>
#include <tuple>
```

这里用到了 tuple 类，可以方便我们将一个字符串（文件名）和一个 fize_size 对象作为一个元素存储到 vector 中。为了让代码更易读，在结构体定义之后添加如下别名：

```
using file_info = tuple<string, file_size>;
```

然后在 main 函数上方添加获取文件夹中某个文件的框架函数代码：

```
void files_in_folder(
    const char *folderPath, vector<file_info>& files)
{
}
```

该函数会接收一个 vector 的引用和以文件路径作为参数。上述代码会遍历访问特定文件夹下的所有元素。如果找到的元素是文件，它将把该文件的详细信息存储到 vector 中；否则当元素是文件夹时，它将自动调用自身获取其子文件夹中的文件。在 main 函数的底部添加一个该函数的调用：

```
vector<file_info> files;
files_in_folder(argv[1], files);
```

上述代码已经对至少存在一个命令行参数进行了检查，而且我们还可以使用这些代码对文件夹进行检查。main 函数应该打印输出文件信息，因此我们在堆栈上声明了一个 vector，并将它通过一个引用传递给了函数 files_in_folder。该代码目前不会做任何事，不过你可以先对它们进行编译，以便确保代码中不存在拼写错误（注意，需要使用/EHsc 选项参数）。

大部分工作是在 files_in_folder 函数中完成的。首先，将下列代码添加到该函数中：

```
string folder(folderPath);
folder += "*";
WIN32_FIND_DATAA findfiledata {};
void* hFind = FindFirstFileA(folder.c_str(), &findfiledata);

if (hFind != INVALID_HANDLE_VALUE)
{
    do
    {
    } while (FindNextFileA(hFind, &findfiledata));
    FindClose(hFind);
}
```

我们将使用 ASCII 版本的函数（因为函数名和结构体名称后面包含一个大写字母 A）。函数 FindFirstFileA 会接收一个搜索路径，在这种情况下，我们会在文件夹名之后使用"*"作为其后缀，这表示文件夹下的任意文件。注意，**Windows** 函数需要使用一个 const char*参数，以便我们可以在一个字符串对象上使用 c_str 函数。

如果函数调用成功执行，并找到符合此条件的元素，则该函数将填充由引用传递的结构体 WIN32_FIND_DATAA，并返回一个不透明指针，该指针将用于对此搜索进行后续调用（不需要知道它指向什么）。上述代码会检查调用是否成功，如果调用成功，它将重复调用函数 FindNextFileA 来获取下一个元素，直到该元素返回 0，这表明没有更多项目可供查找。不透明指针将传递给函数 FindNextFileA，以便让它知道被检查的是哪一个搜索。当搜索完毕时，代码会调用函数 FindClose，以释放 Windows 为搜索分配的资源。

搜索将返回文件和文件夹等项目，为了处理它们之间的差异，我们可以对结构体 WIN32_FIND_DATAA 的成员 dwFileAttributes 进行测试。在 do 循环中添加如下代码：

```
string findItem(folderPath);
findItem += "";
findItem += findfiledata.cFileName;
if ((findfiledata.dwFileAttributes & FILE_ATTRIBUTE_DIRECTORY) != 0)
{
    // 如果是文件夹，则执行递归调用
}
else
{
    // 如果是文件，则存储文件信息
}
```

结构体 WIN32_FIND_DATAA 中包含的只是文件夹中文件的相对名称，因此前几行代码创建了一个绝对路径。接下来的代码会测试文件夹（目录）中的元素是一个文件夹还是一个文件。如果目标是一个文件，则将它添加到 vector 中并传给函数。将以下代码添加到 else 子句中：

```
file_size fs{};
fs.high = findfiledata.nFileSizeHigh;
fs.low = findfiledata.nFileSizeLow;
files.push_back(make_tuple(findItem, fs));
```

前 3 行代码会使用尺寸数据初始化一个 file_size 结构体，最后一行会添加一个包含文件名及其尺寸的 tuple 到一个 vector 中。所以我们可以看到一个该函数简单调用的结果，将下列代码添加到 main 函数底部：

```
for (auto file : files)
{
    cout << setw(16) << get<1>(file) << " "
        << get<0>(file) << endl;
}
```

上述代码将遍历访问文件 vector 中的元素。每个元素用一个 tuple<string, file_size>对象表示，并且用户可以通过标准库函数，使用函数模板参数 0 获取 string 元素，使用 1 作为函数模板参数获得 file_size 对象。该代码会调用 setw 控制符以便确保打印输出的文件大小是以 16 个字符列宽的。为此，你需要在文件顶部添加头文件<iomanip>。注意，get<1>将返回一个 file_size 对象并且它会被插入到 cout 中。如前所述，上述代码将不能通过编译，因为没有运算符可以完成这些任务。我们需要编写一个。

在结构体定义之后，添加如下代码：

```
ostream& operator<<(ostream& os, const file_size fs)
{
    int flags = os.flags();
    unsigned long long ll = fs.low +
        ((unsigned long long)fs.high << 32);
    os << hex << ll;
    os.setf(flags);
```

```
        return os;
    }
```

该运算符将修改 ostream 对象,因为我们将存储函数的初始状态,然后在函数末尾恢复该对象的状态。因为文件大小是一个 64 位数,所以我们将转换 file_size 对象的组成形式,然后以十六进制数形式将它打印输出。

现在可以编译并运行该程序。比如:

files C:windows

这将列出 Windows 文件夹中文件的名称和大小。

还有两件事情需要完成——递归访问子文件夹和数据排序。两者都是直接实现的。在 files_in_folder 函数中,将以下代码添加到 if 语句的代码块中:

```
// 如果是文件夹,则执行递归访问
string folder(findfiledata.cFileName);
// 忽略.和..目录
if (folder != "." && folder != "..")
{
    files_in_folder(findItem.c_str(), files);
}
```

该搜索将返回.(当前)文件夹和..(父)文件夹,因此我们需要检测并忽略它们。下一个动作是递归调用函数 files_in_folder,以获取子文件夹中的文件。现在用户可以编译和测试该应用程序,不过这次最好使用 Beginning_C++文件夹测试该应用程序,因为递归式地列出 Windows 文件夹下的文件将涉及大量的文件。

该代码将返回获取到的文件列表,不过我们希望它们是根据文件大小排列的。为此我们可以使用头文件<algorithm>中的 sort 函数,因此在引用<tuple>之后在添加一个引用。在 main 函数中,在调用 files_in_folder 函数之后,添加如下代码:

```
files_in_folder(argv[1], files);

sort(files.begin(), files.end(),
    [](const file_info& lhs, const file_info& rhs)
        { return get<1>(rhs) > get<1>(lhs); }
} );
```

sort 函数的前两个参数限定了需要检查的目标元素范围。第三个参数是一个谓词,并且该函数将从 vector 传递两个元素到该谓词。如果这两个参数是按照顺序传递的(第一个小于第二个),就必须返回一个 true 值。

该谓词是由一个 lambda 表达式提供的。其中不存在捕获变量,因此表达式是以[]开头的,后面是 sort 算法相关的比较元素参数列表(通过常量引用传递,因为它们不能被修改)。实际的比较操作是在大括号之间进行的。因为我们希望以升序列出这些文件,所有必须确保两个参数中的第二个大于第一个。在该代码中,我们在两个 file_size 对象上使用运算符>。如果希望这段代码能够通过编译,则我们需要定义该运算符。在插入运算符之后,添加如下代码:

```
bool operator>(const file_size& lhs, const file_size& rhs)
{
    if (lhs.high > rhs.high) return true;
```

```
    if (lhs.high == rhs.high) {
        if (lhs.low > rhs.low) return true;
    }
    return false;
}
```

现在你可以编译并运行该示例。运行后，可以会发现它会根据文件的大小列出目标文件夹和其子文件下的所有文件。

5.9 小结

函数允许将代码分割成逻辑单元，这使得代码更易读，同时也可以提高代码复用的灵活性。C++提供了丰富的函数定义方式，其中包括可变参数列表、模板、函数指针和 lambda 表达式。不过，全局函数有一个不足，即数据和函数是分开的。这意味着函数必须通过全局数据元素访问相关数据，或者是每次函数调用时必须通过参数进行数据传递。在这两种情况下，数据都存在于函数外部，可以被与该数据无关的其他函数调用。第 6 章将给出一种解决方案——类。类允许我们将数据封装到一个自定义类型中，可以在该类型上定义函数，以达到只有这些函数才能访问上述数据的目的。

第 6 章
类

C++允许创建自定义类型。这些自定义类型可以包含运算符，并且能够被转换成其他类型；事实上它们可以像内置类型那样具有一些自定义的行为，该特性是通过类实现的。能够定义属于自己的类型的好处在于，可以将数据封装到选定的类型对象中，并使用这些类型管理数据的生命周期。你还可以定义能够在上述数据上执行的动作。换句话说，自定义类型可以包含状态和行为，这也是面向对象编程的基础。

6.1　编写类

当使用内置类型时，数据对于任何访问它的代码都是可用的。C++提供了一种防止写入的访问机制（const），但是任何代码都可以使用 const_cast 舍弃常量。你的数据可能很复杂，例如指向文件映射的内存指针，其意图是用户代码将修改几字节，然后将文件写回磁盘。这样的原始指针是非常危险的，因为访问指针的其他代码可能会更改不应该被更改的部分缓冲区。需要一种将数据封装成类型的机制，以便了解需要被更改的字节是哪些，并且只允许该类型访问这些数据。这就是类背后的基本理念。

6.1.1　重新审视结构体

我们已经介绍了一种在 C++中封装数据的机制——结构体。结构体允许用户声明的数据成员包括内置类型、指针和引用。当你创建一个结构体变量时，将创建一个上述结构体的实例，有时也称之为对象。创建的变量可以是该对象的引用或者指向该对象的指针，甚至可以根据值将对象传递给函数，编译器将创建该对象的拷贝（将为结构体调用拷贝构造函数）。我们已经看到，通过结构体，任何代码都可以访问其实例（甚至一个指针或引用），继而访问其对象成员（虽然这是可以修改的）。因此，一个结构体可以被认为是一种包含状态的聚合类型。

可以通过点运算符直接访问对象或使用->运算符通过指针指向对象的方式对结构体实例的成员进行初始化。我们还介绍过，可以使用一个初始化器列表对一个结构体实例进行初始化（使用大括号）。这是有很多限制的，因为初始化器列表必须匹配结构体中的数据成员。第 4 章已经介绍过可以将一个指针作为一个结构体的成员，但是你必须显式地采取适当的操作来释放指针指向的内存，如果没有这么做，那么可能会导致内存泄漏。

结构体是可以在 C++中使用的类的类型之一，其他两种是联合体（union）和类（class）。被定义为自定义类型的结构体或者类可以拥有行为和状态，并且 C++允许定义一些特殊的函数来控制实例的创建、销毁、拷贝和转换。此外，你可以在结构体或者类类型上定义运算符，以便可以像在内置类型上那样在实例中使用运算符。结构体和类之间有一个区别，我们将在后面讨论，但是本章的其余部分主要是与类有关的，并且当提及一个类时，通常也可以假定其描述也同样适用于结构体。

6.1.2 定义类

一个类可以通过一条语句进行定义，它将在一个代码块中定义其成员，并使用大括号 { } 将它们括起来。作为一条语句，我们必须在末尾的大括号后面添加一个分号。一个类可以在一个头文件中定义（与很多 C++ 标准库一样），但是必须采取措施确保这些文件在源文件中只出现一次。第 1 章已经向读者介绍过如何使用 #pragma once 指令、条件编译和预编译头文件来达到上述目的。然而，有一些关于类中特定项目的规则必须在源文件中定义，稍后将详细介绍。

如果读者仔细阅读过 C++ 标准库，将发现其中的类包含成员函数，并且尝试将某个类的所有代码塞到单个头文件中，这使得代码难以阅读和理解。对于由一群专家级的 C++ 程序员维护的库文件来说，这也许是合理的，但是对于你自己的项目，可读性应该是一个关键的设计目标。为此，可以在 C++ 头文件中声明 C++ 类，并包括其成员函数，而函数的实际实现代码可以放在源代码文件中，这使得头文件更容易维护和复用。

6.1.3 定义类的行为

一个类可以定义一些只能通过该类实例才能调用的函数，这样一个函数也称为方法。一个对象将包含状态，这是由类定义的数据成员提供的，并且在创建对象时被初始化。一个对象的方法定义了对象的行为，通常表示对象的状态。当设计一个类时，应该以这种方式思考该方法：它们的含义是描述对象正在做某事。

```
class cartesian_vector
{
public:
    double x;
    double y;
    // 其他方法
    double get_magnitude() { return std::sqrt((x * x) + (y * y)); }
};
```

该类包含 x 和 y 两个数据成员，它们表示笛卡儿坐标中 x 轴和 y 轴解析的二维向量的方向。public 关键字意味着在此说明符之后定义的任何成员都可以通过在类之外定义的代码访问。默认情况下，除非另有说明，否则类的所有成员都是私有的。这类访问声明符将在下一章深入介绍，但是关键字 private 表示该成员只允许该类内部的其他成员访问。

提示
结构体和类之间的区别是，在默认情况下，结构体的成员是公有的，类的成员是私有的。

该类拥有一个名为 get_magnituide 的方法，它将会返回笛卡儿向量的长度。该函数将作用于类的两个数据成员并返回一个值。这是一种访问器方法，它可以访问对象的状态。这类方法在类上是很典型的，但是该方法不需要返回值。和函数类似，一个方法也可以接收参数。可以如下调用 get_magnituide 方法：

```
cartesian_vector vec { 3.0, 4.0 };
double len = vec.get_magnitude(); // 返回 5.0
```

这里在堆栈上创建了一个 cartesian_vector 对象，并使用列表初始化器语法将其初始化为一个表示（3,4）的向量。该向量的长度是 5，这是通过在对象上调用 get_magnitude 方法返回的值。

1．this 指针

类方法中有一个特殊的调用规范，在 **Visual C++** 中称为 __thiscall 调用。因为类中的每个方法中都包含一个名为 this 的隐藏参数，它是指向当前实例的类指针：

```
class cartesian_vector
{
public:
    double x;
    double y;
    // 其他方法
    double get_magnitude()
    {
        return std::sqrt((this->x * this->x) + (this->y * this->y));
    }
};
```

这里，get_magnitude 方法会返回对象 cartesian_vector 的长度。对象的成员是通过运算符-> 进行访问的。如前所述，类成员可以在不使用 this 指针的情况下进行访问，但是很明显，这些项目是类成员。

可以在 cartesian_vector 类型上定义一个方法，从而可以修改它的状态：

```
class cartesian_vector
{
public:
    double x;
    double y;
    reset(double x, double y) { this->x = x; this->y = y; }
    // 其他方法
};
```

reset 方法的参数与类数据成员的名称相同。不过，由于我们使用了 this 指针，编译器知道这一点，所以不会发生混淆。

你可以使用运算符 * 来间接引用指针以访问该对象。当成员函数必须返回当前对象的引用时（稍后介绍的运算符也能实现该功能），这将非常有用，并且可以通过返回 *this 来达到此目的。类中的方法也可以将 this 指针传递给外部函数，这意味着是引用通过类型化指针传递当前对象。

2．域解析运算符

你可以在类语句中定义一个内联方法，不过也可以将声明与实现分离开来，因为该方法在类语句中声明，但是在其他地方定义其具体实现。当在类语句之外定义一个方法时，需要使用域解析运算符提供该方法的类型名称。比如，在之前的 cartesian_vector 示例中使用：

```
class cartesian_vector
{
public:
    double x;
    double y;
    // 其他方法
    double magnitude();
};

double cartesian_vector::magnitude()
{
    return sqrt((this->x * this->x) + (this->y * this->y));
}
```

该方法是在类定义之外定义的，不过它仍然是一个类方法，因此它包含一个用于访问对象成员的 this 指针。通常，该类将在头文件中声明为原型方法，实际的方法将在单独的源代码文件中实现。在这种情况下，使用 this 指针方法类成员（方法和数据成员）表述会更明确，当你粗略查看源代码文件时，会发现这些函数是类的方法。

3. 定义类的状态

类既可以使用内置类型也可以使用自定义类型作为数据成员。这些数据成员可以在类中声明（并且在构造类的实例时创建），或者它们可以是在自由存储中创建的对象指针，又或是在其他地方创建的对象引用。请务必留意，如果你有一个指向自由存储中元素的指针，需要明确知道谁负责释放指针指向的内存。如果有一个在栈帧上创建的对象引用（指针），则需要确保类对象的生命周期不能比栈帧长。

当你将数据成员声明为 public 时，意味着外部的类可以读取和写入这些数据成员。你可以决定只为它们提供只读访问权限，在这种情况下，你可以将成员标记为私有的，并通过访问器提供读取访问权限：

```
class cartesian_vector
{
    double x;
    double y;
public:
    double get_x() { return this->x; }
    double get_y() { return this->y; }
    // 其他方法
};
```

当我们将数据成员标记为 private 时，意味着无法使用初始化器列表语法来初始化一个对象，不过我们稍后会解决这个问题。你可以决定使用访问器为某个数据成员提供写入访问权限并使用它来检查值。

```
void cartesian_vector::set_x(double d)
{
    if (d > -100 && d < 100) this->x = d;
}
```

上述代码中的取值必须介于（但不包括）-100～100 之间。

6.1.4 创建对象

你可以在堆栈或者自由存储中创建对象。在前面的示例中，相关的代码如下：

```
cartesian_vector vec { 10, 10 };
cartesian_vector *pvec = new cartesian_vector { 5, 5 };
// use pvec
delete pvec
```

这是对象的直接初始化，并假定 cartesian_vector 的数据成员是公开的。对象 vec 是在堆栈上创建并使用初始化器列表初始化的。在第二行中，在自由存储中创建了一个对象，并使用初始化器列表对它进行初始化。在自由存储中的对象必须在某时被释放，并且这是通过删除指针实现的。new 运算符将为在自由存储中的类数据成员分配足够的内存，以及类所需要的任何基础设施（如第 7 章所述）。

C++11 中的一个新特性是在类中提供默认值直接执行初始化操作：

```
class point
{
public:
    int x = 0;
    int y = 0;
};
```

这意味着如果你在不提供初始值的情况下创建了一个 point 实例，它将被初始化，并且 x 和 y 的值都是 0。如果数据成员是一个内置数组，那么你可以在类中提供初始化列表直接对它进行初始化：

```
class car
{
public:
    double tire_pressures[4] { 25.0, 25.0, 25.0, 25.0 };
};
```

C++标准库容器可以使用一个初始化列表进行初始化，因此在这个类中，对于 tire_pressures，我们可以使用 vector<double>或者 array<double,4>以相同的方式对它进行初始化，而不是将类型声明为 double[4]。

1．对象的构造

C++允许定义特殊方法来执行对象的初始化，这种特殊方法被称为构造函数。在 C++11 中，默认情况下会生成 3 个这样的函数，不过如果有必要，你可以提供自己的版本。这 3 个构造函数以及相关的函数分别如下。

- **默认构造函数**：它被用于创建一个包含默认值的对象。
- **拷贝构造函数**：用于根据已有对象创建一个新对象。
- **移动构造函数**：用于从一个已有对象中提取数据来创建一个新对象。
- **析构函数**：用于清理对象使用的资源。
- **拷贝赋值**：将数据从一个已有对象拷贝到另一个已有对象。
- **移动赋值**：将数据从一个已有对象移动到另外一个已有对象。

这些函数的编译器创建版本将被隐式公开（public）。不过，你也可以创建自定义版本来防止拷贝或者赋值，并将其设置为私有的（private），或者可以使用=delete 语法将它们删除。你还可以提供自定义版本的构造函数，以便接收初始化一个新对象所需的任何参数。

构造函数是一个与类型具有相同名称但是没有返回值的成员函数，因此如果构造过程失败，则不会有返回值，这可能意味着调用方将接收到一个不完整的构造对象。处理这种情况的唯一方法是抛出一个异常（第 10 章将详细介绍）。

2. 定义构造函数

当创建一个对象而没有提供值时，会采用默认构造函数，因此该对象必须使用默认值进行初始化。之前声明的 point 可以如下实现：

```
class point
{
    double x; double y;
public:
    point() { x = 0; y = 0; }
};
```

这显式地将元素的值初始化为 0。如果用户希望使用默认值创建一个实例，则不需要使用括号。

```
point p;        // 默认构造函数被调用
```

要特别留意该语法的使用，因为很容易造成如下拼写错误：

```
point p();      // 通过编译，不过是一个函数原型！
```

这将编译通过，因为编译器将认为你提供了一个函数原型作为前向声明。但是，当我们尝试将符号 p 作为变量时，编译器将报错。你还可以通过初始化列表语法以空括号的形式调用默认构造函数：

```
point p {};     // 调用默认构造函数
```

虽然这种情况下无关紧要，但是数据成员是内置类型的时候，初始化构造函数中的数据成员时，会引入一个对成员类型赋值运算符的调用。更有效的方法是使用成员列表直接初始化。

以下是一个构造函数，它包含两个参数，也表示一组成员列表：

```
point(double x, double y) : x(x), y(y) {}
```

括号外的标识符是类成员的名称，括号内的元素是用于初始化成员的表达式（在这种情况下，是一个构造函数参数）。该示例使用 x 和 y 作为参数名称。你不必这样做，这里仅仅为了说明，编译器能够区分参数和数据成员。你还可以在构造函数的成员列表中使用带大括号的初始化器语法：

```
point(double x, double y) : x{x}, y{y} {}
```

当创建与下列代码类似的对象时，可以通过下列方式调用构造函数：

```
point p(10.0, 10.0);
```

你还可以创建一个对象的数组：

```
point arr[4];
```

这创建了 4 个 point 对象，这可以通过索引化的数组 arr 进行访问。注意，当创建一个对象数组时，会在每个元素上调用默认构造函数；无法调用任何其他构造函数，所以必须单独初始化每个元素。

你还可以为构造函数参数提供默认值。在下列代码中，car 类具有 4 个轮胎（前两个表示前面的轮胎）和备用轮胎的值。有一个构造函数包含用于前轮胎和后轮胎的强制值，以及备用轮胎的可选值。如果没有提供轮胎压力值，则会使用默认值：

```
class car
{
    array<double, 4> tire_pressures;;
    double spare;
public:
    car(double front, double back, double s = 25.0)
      : tire_pressures{front, front, back, back}, spare{s} {}
};
```

可以使用两个或者 3 个值调用该构造函数：

```
car commuter_car(25, 27);
car sports_car(26, 28, 28);
```

3．代理构造函数

一个构造函数可以使用相同的成员列表语法调用另外一个构造函数：

```
class car
{
    //  数据成员
public:
    car(double front, double back, double s = 25.0)
        : tire_pressures{front, front, back, back}, spare{s} {}
    car(double all) : car(all, all) {}
};
```

这里接收一个值的构造函数代理了接收 3 个参数的构造函数（在这种情况下，为备胎选用的是默认值）。

4．拷贝构造函数

当通过值（或者根据返回值）传递对象或者基于另外一个对象显式构建对象时，可以使用拷贝构造函数。下面的两行代码都是根据另外一个 point 对象创建新的 point 对象，并且这两种情况都会调用拷贝构造函数：

```
point p1(10, 10);
point p2(p1);
point p3 = p1;
```

最后一行看上去似乎引入了赋值运算符，但实际上它调用的是拷贝构造函数。拷贝构造函数可以如下实现：

```
class point
{
    int x = 0; int y = 0;
public:
    point(const point& rhs) : x(rhs.x), y(rhs.y) {}
};
```

上述代码初始化访问了另外一个对象（rhs）的私有数据成员。这是可以接受的，因为构造函数的参数类型与被创建对象的类型一致。拷贝操作也可能不会这么简单。比如，如果类包含的数据成员是一个指针，你很可能希望拷贝的数据是该指针指向的内容，并且这会在新对象上创建一个新的内存缓冲区。

5. 类型转换

你还可以执行类型转换。在数学中，可以定义一个表示方向的向量，以便让两个点之间绘制的直线是向量。在我们的代码中，已经定义了一个 point 类和一个 cartesian_vector 类。你可以决定编写一个构造函数，它在一个原点和某点之间创建向量，在这种情况下，可以将一个 point 对象转换成一个 cartesian_vector 对象：

```
class cartesian_vector
{
    double x;
    double y;
public:
    cartesian_vector(const point& p) : x(p.x), y(p.y) {}
};
```

这里有一个问题，我们稍后会解决。转换可以如下调用执行：

```
point p(10, 10);
cartesian_vector v1(p);
cartesian_vector v2 { p };
cartesian_vector v3 = p;
```

6. 友元

上述代码的问题在于，cartesian_vector 类访问了 point 类的私有成员。既然我们写了两个类，我们很乐意改变规则，让 cartesian_vector 类成为 point 类的友元：

```
class cartesian_vector; // 前向声明

class point
{
    double x;
    double y;
public:
    point(double x, double y) : x(x), y(y){}
    friend class cartesian_point;
};
```

因为 cartesian_vector 类是在 point 之后声明的，所以我们必须提供一个前向声明，以告知编译器代码将使用 cartesian_vector 这个名称，但是它的声明是在别处。重要的一行是从友元开始的。它表示整个 cartesian_vector 类的代码都可以访问 point 类的私有成员（数据和成员）。

你还可以声明友元函数。比如，可以声明一个运算符，以便让这样的 point 对象可以被插入到 cout 对象中，从而打印输出到控制台。我们无法修改 ostream 类，但是可以定义一个全局方法：

```
ostream& operator<<(ostream& stm, const point& pt)
{
    stm << "(" << pt.x << "," << pt.y << ")";
    return stm;
}
```

该函数会访问 point 的私有成员，因此必须将它标记为 point 类的友元：

```
friend ostream& operator<<(ostream&, const point&);
```

这类友元声明必须在 point 类中进行，不过具体是放在公有部分还是放在私有部分，却是无关紧要的。

7. 显式标记构造函数

在某些情况下，你可能不希望作为构造函数参数传递的一种类型与另外一种类型进行隐式转换。为此，需要使用 explicit 声明符标记构造函数，这意味着调用构造函数的唯一方法是使用括号语法，即显式调用构造函数。在以下代码中，我们将不能把 double 类型转换成 mytype 类型：

```
class mytype
{
public:
    explicit mytype(double x);
};
```

如果你希望使用一个 double 型参数调用构造函数，那么就必须显式调用它：

```
mytype t1 = 10.0;    // 不能通过编译，无法转换成 mytype
mytype t2(10.0);     // 通过编译
```

8. 销毁对象

当一个对象被销毁后，一个被称为析构函数的特殊方法会被调用。该方法的名称是在类名前面加上～标记，并且它没有返回值。如果一个对象是自动变量并在堆栈上，那么当变量超出作用域时，它将被销毁。当对象通过值传递时，会在函数调用堆栈上创建一个副本，当函数调用完成后，该对象将被销毁。

此外，函数如何完成并不重要，无论是显式调用返回，还是抵达最终的大括号末尾，又或是抛出异常；在上述情况下，析构函数都会被调用。如果函数中存在多个对象，那么在同一作用域内，会以对象构造函数执行顺序相反的次序调用析构函数。如果创建了一个对象数组，则会在声明该数组语句中的数组上，对其中的每个对象执行默认构造函数，并且所有对象将会被销毁——当数组离开其作用域时，将在每个对象上调用析构函数。

这里有一些 mytype 类的示例：

```
void f(mytype t) // 创建副本
```

```
{
    // 使用 t
}   // t 被销毁

void g()
{
    mytype t1;
    f(t1);
    if (true)
    {
        mytype t2;
    }   // t2 被销毁

    mytype arr[4];
}   //arr 中的 4 个对象以创建时相反的顺序被销毁
    // t1 被销毁
```

当对象返回时会发生一个有趣的操作，以下注释内容将与我们的预期一致：

```
mytype get_object()
{
    mytype t;              // 默认构造函数创建 t
    return t;              // 拷贝构造函数创建一个临时对象
}                          // t 被销毁

void h()
{
    test tt = get_object(); // 拷贝构造函数创建 tt
}                           // 临时对象被销毁，tt 被销毁
```

事实上，该过程可以更简单一些。在调试模式下，编译器将发现 get_object 函数创建并返回的临时对象将用作变量 tt 的对象，因此 get_object 函数的返回值没有构造额外的副本。该函数实际上与下列代码类似：

```
void h()
{
    mytype tt = get_object();
}   // tt 被销毁
```

不过编译器还可以对代码进一步优化。在预发布版本模式下（启用优化功能），将不会创建临时对象，函数调用中的对象 tt 实际上就是 get_object 函数中创建的对象 t。

当我们显式删除指向在自由存储上分配的对象的指针时，该对象将被销毁。在这种情况下，对析构函数的调用是很明确的，当你调用 delete 命令时，它将被调用。此外，对于前面介绍的 mytype 类，其代码如下所示：

```
mytype *get_object()
{
    return new mytype;          // 调用默认构造函数
}

void f()
{
    mytype *p = get_object(); // 使用 p
    delete p;                 // 对象被销毁
```

```
}
```

　　有时候，我们希望获得删除对象方面的确定性（这可能伴随着忘记调用 delete 的危险），并且有时希望在适当的时间删除对象（有可能比预期的时间稍晚）。

　　如果类中的数据成员是一个带构造函数的自定义类型，那么当其中包含的对象被销毁时，上述对象中的析构函数也会被调用。但是应注意，这一规则只适用于类的成员。如果类成员是一个指向自由存储中对象的指针，那么必须在包含对象的析构函数中显式删除该指针。不过，你必须知道指针指向的对象的具体位置，因为如果它不在自由存储中，或者对象还被其他对象使用，调用 delete 命令可能会导致一些问题。

9. 赋值对象

　　当已经创建的对象作为另一个对象的值分配时，会调用赋值运算符。默认情况下，你将获得一个赋值运算符的拷贝，它将拷贝所有数据成员。这并不一定是你希望的，特别是当对象的数据成员是一个指针时，在这种情况下，你的意图更可能是做深度拷贝并复制指向的数据，而不是指针的值（在后一种情况下，两个对象将指向相同的数据）。

　　如果定义了一个拷贝构造函数，仍然将获得拷贝赋值运算符。不过，如果你认为编写自定义的拷贝构造函数非常重要，那么还应该提供一个自定义的拷贝赋值运算符。同样，如果定义了一个拷贝赋值运算符，除非已经自定义了拷贝构造函数，否则将获得默认的拷贝构造函数。拷贝赋值运算符一般是类的公共成员，并且它会接收一个对象的常量引用，以便为赋值运算提供值。赋值运算符的语义可以链接它们，比如，下列代码将在两个对象上调用赋值运算符：

```
buffer a, b, c;                       // 调用默认构造函数
// 让它们做一些事情
a = b = c;                            // 使它们具有相同的值
a.operator=(b.operator=(c));          // 使它们具有相同的值
```

　　最后两行代码的作用是一样的，不过很明显前一行更容易理解一些。为了启用这些语义，赋值运算符必须返回一个已赋值对象的引用。因此，buffer 类将包含如下方法：

```
class buffer
{
    // 数据成员
public:
    buffer(const buffer&);                // 拷贝构造函数
    buffer& operator=(const buffer&);     // 拷贝赋值
};
```

　　虽然拷贝构造函数和拷贝赋值方法看上去似乎做的事情相似，但是它们有一个关键的区别。拷贝构造函数在调用之前会创建一个之前不存在的新对象。如果构造失败，调用代码能够知道并引发异常。对于赋值来说，相关的两个对象都已经存在，因此我们是将值从一个对象拷贝到另外一个对象。这应该被视为一个原子操作，所有的拷贝都应该被执行，赋值失败是不可接受的，这会导致一个对象被分解为两个对象。此外，在构造过程中，一个对象只有在构造成功后才能存在，因此拷贝构造过程无法在一个对象自身上执行，不过将一个对象赋值给自身是完全合法的（如果没有指针）。拷贝赋值需要对这种情况进行检查并采取适当措施。

　　有多种策略来执行此操作，常见的一种方法俗称复制交换法。因为它采用了标准库中的 swap 函数并被标记为 "noexcept"，所以不会抛出异常。该方法会在赋值运算符的右侧创建一

个对象的临时副本，然后将其数据成员与左侧对象的数据成员进行交换。

10. 移动语义

C++11 中是通过一个移动构造函数和一个移动赋值运算符来提供移动语义的，当使用临时对象来创建另一个对象或者赋值给一个已有对象时，它将被调用。在这两种情况下，由于临时对象的生命周期不会超过语句，临时对象的内容可以被移动到其他对象中，从而使临时对象处于无效状态。编译器将通过把数据从临时对象移动到新创建（或分配）的对象上的默认操作来创建这些函数。

你可以编写自己的版本，并声明移动语义，其中包含的一个参数是一个 rvalue 引用（&&）。

提示

如果你希望编译器提供任何这些方法的默认版本，可以在类声明中提供后缀为 =default 的原型。在大多数情况下，这种自文档化的做法而不是必需的，但是如果用户正在编写一个 POD 类，则必须使用这些函数的默认版本，否则 is_pod 将不会返回 true。

如果你只希望使用移动但是永远不使用拷贝功能（比如一个文件句柄函数），那么可以将拷贝函数删除：

```
class mytype
{
    int *p;
public:
    mytype(const mytype&) = delete;              // 拷贝构造函数
    mytype& operator= (const mytype&) = delete;  // 拷贝赋值
    mytype&(mytype&&);                           // 移动构造函数
    mytype& operator=(mytype&&);                 // 移动语义
};
```

这个类有一个指针数据成员并支持移动语义，在这种情况下，移动构造函数将根据一个临时对象的引用进行调用。因为该对象是临时的，所以移动构造函数调用完成后它将无法继续存在。这意味着新对象可以将临时对象的状态移动到自身中：

```
mytype::mytype(mytype&& tmp)
{
    this->p = tmp.p;
    tmp.p = nullptr;
}
```

移动构造函数会将临时对象的指针赋值为 nullptr，因此任何该类的析构函数将不会尝试删除该指针。

6.1.5 声明静态成员

我们可以声明一个类的成员——一个数据成员或者一个静态方法。对于某些方法类似于在文件范围内声明自动变量和函数时使用关键字 static，但是对于类成员，该关键字有一些重要并且不同的属性。

1. 定义静态成员

当在一个类成员上使用关键字 static 时，意味着该元素是与该类相关联的，而不是与某个特定实例相关联的。在这种情况下，对于数据成员来说，这意味着只有一个数据项被所有类成员的实例共享。同样，一个静态方法不会附加到一个对象，它不是 __thiscall 调用并且没有 this 指针。

一个静态方法是一个类命名空间下的一部分，因此可以为类创建对象并访问其私有成员。默认情况下，静态方法具有 __cdecl 调用规范，不过如果有必要，也可以将其声明为 __stdcall 调用规范。这意味着可以在类内部编写用于初始化类 C 指针的方法，这些指针通常会被很多库调用。注意，静态函数不能调用类上的非静态方法，因为非静态方法需要用到一个 this 指针，但是非静态方法可以调用某个静态方法。

一个非静态方法可以通过一个对象进行调用，即可以使用点运算符（对于一个类实例），或者对于对象指针来说可以通过运算符->。一个静态方法并不需要与某个对象关联，但是它可以通过某个对象进行调用。这给出了两种调用某个静态方法的方式，既可以通过一个对象，也可以通过类名进行调用：

```
class mytype
{
public:
    static void f(){}
    void g(){ f(); }
};
```

在上述代码中，类中定义了一个名为 f 的静态方法，以及一个名为 g 的非静态方法，非静态方法 g 可以调用静态方法，但是静态方法 f 不能调用非静态方法。因为静态方法 f 是公有的，类外部的代码也可以调用它：

```
mytype c;
c.g();          // 调用非静态方法
c.f();          // 也可以通过一个对象调用静态方法
mytype::f();    // 不通过对象调用静态方法
```

虽然静态函数可以通过一个对象进行调用，但是我们根本不用为了调用它而创建任何对象。

静态数据成员所需的工作更多一些，因为当使用关键字 static 修饰它时，这表示该数据成员并不是对象的一部分，通常数据成员是在创建对象时被分配的。你必须在类的外部定义静态数据成员：

```
class mytype
{
public:
    static int i;
    static void incr() { i++; }
};

// 在一个源代码文件中
int mytype::i = 42;
```

该数据成员是在类外部的文件作用域定义的。它的命名用到了类名，但是需要注意的是，它也必须使用该类型进行定义。在这种情况下，数据成员会使用一个值进行初始化；如果你不提供值，那么在第一次使用该变量时，它将采用该类型的默认值进行初始化（在这种情况下，其值为 0）。如果选择在一个头文件中声明类（这很常见），那么静态数据成员的定义必须放在某个源代码文件中。

你还可以在静态方法中声明变量。在这种情况下，其值将在所有对象的方法调用之间保持一致，因此它与静态类成员具有相同的效果，不过我们就不必担心在类外部定义变量的问题。

2. 静态对象和全局对象

一个在全局函数中的静态变量会在该函数首次被调用之前被创建。类似地，作为类成员的静态对象将在它首次被访问之前初始化。

静态对象和全局对象是在 main 函数被调用之前构造的，并且它们是在 main 函数执行完毕后销毁的，这种初始化的顺序存在一些问题。C++规范中指出，在源代码文件中定义的静态变量和全局变量的初始化，将在该源代码文件的定义的任何函数或对象被使用之前进行，并且如果源代码文件中存在若干全局对象，那么它们将根据定义的顺序进行初始化。问题在于，如果用户有几个源代码文件，其中每个文件都包含静态对象，并不能保证这些静态对象按照一定顺序进行初始化。如果一个静态对象依赖于另外一个静态对象，则会导致一个问题，因此我们并不能保证依赖对象将在其所依赖的对象之后创建。

3. 具名构造函数

这是 public static 方法的一个应用。其原理是因为静态方法是类的成员，这意味着它可以访问类实例的私有成员，所以这样的方法可以创建一个对象，执行一些额外的初始化，然后返回给调用者。这是一个工厂（factory）方法。目前为止 point 类是根据笛卡儿点构造的，但是我们还可以基于极坐标创建一个点，其中笛卡儿坐标（x,y）可以这样计算：

```
x = r * cos(theta)
y = r * sin(theta)
```

这里的 r 是向量到该点的长度，theta 是该向量逆时针到 x 轴的角度。point 类已经有一个需要 double 型参数的构造函数，所以我们不能使用它来传递极坐标。相反，我们可以使用静态方法作为具名构造函数：

```
class point
{
    double x; double y;
public:
    point(double x, double y) : x(x), y(y){}
    static point polar(double r, double th)
    {
        return point(r * cos(th), r * sin(th));
    }
};
```

该方法可以如下调用：

```
const double pi = 3.141529;
const double root2 = sqrt(2);
```

```
point p11 = point::polar(root2, pi/4);
```

对象 p11 表示笛卡儿坐标中的点（1,1）。在这个示例中，polar 方法调用了一个公有的构造函数，但是它可以访问私有成员，所以可以编写相同的方法（效率较低）：

```
point point::polar(double r, double th)
{
    point pt;
    pt.x = r * cos(th);
    pt.y = r * sin(th);
    return pt;
}
```

6.1.6　嵌套类

你可以在一个类内部再定义一个类。如果嵌套的类被声明为 public，则我们可以在容器类中创建对象并将它们返回给外部代码。不过一般来说，你将希望声明一个被外部类使用的类，并且应该是私有的（private）。下列代码声明了一个公有的嵌套类：

```
class outer
{
public:
    class inner
    {
    public:
        void f();
    };

    inner g() { return inner(); }
};

void outer::inner::f()
{
    // 执行一些代码
}
```

注意，嵌套类的名称前缀是由包含它的类名构成的。

6.1.7　访问常量对象

读者应该已经看到过很多使用关键字 const 的示例，也许最常见的就是将其应用于作为函数参数的引用，从而告知编译器函数对相关对象只拥有只读权限。通过这样的常量引用，以便通过引用传递对象，从而避免通过值传递对象时产生的拷贝操作开销。类的方法可以访问对象的数据成员，并且潜在地可以更改它们，因此，如果通过常量引用传递对象，编译器只允许引用调用不更改对象的方法。前面定义的 point 类有两个访问器可以访问类中的数据：

```
class point
{
    double x; double y;
public:
    double get_x() { return x; }
    double get_y() { return y: }
};
```

如果定义了一个函数，它会将一个常量引用传递给 `this`，并且尝试调用这些访问器时，将收到编译器的一个错误提示：

```
void print_point(const point& p)
{
    cout << "(" << p.get_x() << "," << p.get_y() << ")" << endl;
}
```

编译器提示的错误有一点难以理解：

cannot convert 'this' pointer from 'const point' to 'point &'

该信息是编译器向我们抱怨对象是常量，它是不可变的，而且编译器不知道这些方法是否会保留对象的状态。解决方案很简单，将关键字 const 添加到不更改对象状态的方法中，如下所示：

```
double get_x() const { return x; }
double get_y() const { return y: }
```

上述代码能够生效，表示 `this` 指针是常量。关键字 const 是函数原型的一部分，因此该方法可以进行重载。使用常量对象时可以调用一种方法，使用非常量对象时可以调用另外一种方法。这使得我们能够实现一个拷贝写入模式，比如，一个常量方法将返回只读访问数据，非常量方法将返回可读写的数据拷贝。

当然，一个方法被关键字 const 修饰后，不能修改数据成员，即使是临时修改也不可以。所以，这样一个方法只能调用常量方法。可能会在极个别情况下，数据成员会被设计成通过一个常量对象修改，在这种情况下，成员声明时会采用关键字 mutable 修饰。

6.2 对象和指针

对象可以在自由存储中创建并通过类型化的指针进行访问。这提供了更多的灵活性，因为它高效地将指针传递给了函数，并可以显式地确定对象的生命周期，因为对象是通过调用关键字 new 创建的，并且是通过调用 delete 命令销毁的。

6.2.1 指向对象成员的指针

如果你希望通过实例访问类数据成员的地址（假定数据成员是公有的），则可以使用运算符&：

```
struct point { double x; double y; };
point p { 10.0, 10.0 };
int *pp = &p.x;
```

在这种情况下，struct 用于声明 point，因此默认情况下成员是公有的。第二行使用了一个初始化列表中的两个值构造一个 point 对象，然后最后一行获取了一个指向其中一个数据成员的指针。当然，对象被销毁之后，指针将无法使用。数据成员是在内存中分配的（在这种情况下是在堆栈上），因此地址运算符只是获得一个指向该内存的指针。

函数指针是另外一种情况。不管创建了多少类的实例，内存中只有一个方法拷贝，但是因为方法调用采用了 __thiscall 调用规范（使用一个隐藏的 this 指针），所以你必须拥有一个函数指针，它可以通过一个指向对象的指针被初始化，以此来提供 this 指针。请看如下类：

```
class cartesian_vector
{
public:
    // 其他元素
    double get_magnitude() const
    {
        return std::sqrt((this->x * this->x) + (this->y * this->y));
    }
};
```

我们可以定义一个指向 get_magnitude 方法的函数指针：

```
double (cartesian_vector::*fn)() const = nullptr;
fn = &cartesian_vector::get_magnitude;
```

上述代码第一行声明了一个函数指针。除了在指针类型中包含类名称之外，它类似于 C 函数指针的声明。这是必需的，因为这是为了告诉编译器在任何通过 this 指针的函数调用时，它必须提供 this 指针。第二行获得一个指向该方法的指针。注意，这不涉及任何对象。你将不会得到指向一个对象方法的函数指针；而是获得了一个指向类方法的指针，并且它必须通过一个对象进行调用。为了通过 this 指针调用该方法，你需要使用成员运算符.*将指针指向一个对象：

```
cartesian_vector vec(1.0, 1.0);
double mag = (vec.*fn)();
```

第一行创建了一个对象，然后第二行调用该方法。指针指向成员运算符表示右边的函数指针是通过左边的对象调用的。当该方法被调用时，左边对象的地址会被 this 指针引用。因为它是一个方法，我们需要提供一组参数列表，在这种情况下，参数列表是空的（如果用户提供了参数，则需要将它们放在语句右侧的括号中）。如果你有一个对象指针，则该语法是类似的，但是需要使用->*指向成员运算符：

```
cartesian_vector *pvec = new cartesian_vector(1.0, 1.0);
double mag = (pvec->*fn)();
delete pvec;
```

6.2.2　运算符重载

类型的行为之一是可以执行运算。C++允许我们将 C++运算符作为类的一部分进行重载，以明确该运算符是在该类型上执行的。这意味着对于一元运算符，成员方法应该不包含参数，对于二元运算符，只需要一个参数，因为当前对象将位于运算符的左侧，因此方法参数是右侧的项。表 6-1 总结了一元运算符和二元运算符的具体实现以及 4 个例外情况。

表 6-1

表达式	名　　称	成员方法	非成员函数
+a/-a	前缀一元运算	operator()	operator(a)
a, b	二元运算	operator(b)	operator(a,b)
a+/a-	后缀一元运算	operator(0)	operator(a,0)
a=b	赋值	operator=(b)	

表达式	名　称	成员方法	非成员函数
a(b)	函数调用	operator()(b)	
a[b]	索引方法	operator[](b)	
a->	指针方法	operator->()	

对于运算符应该返回什么并没有严格的规则，但是如果自定义类型的运算符与内置类型的运算符行为类似，则是非常有益的。当然还必须保持一致性。如果你实现的+运算符是将两个对象加到一起，则相同的相加操作也同样适用于+=运算符。此外，你可以确定加号动作的含义的同时，也应该可以确定减号动作的含义，因此确定-和-=运算符的含义。同样，如果希望定义<运算符的含义，也应该定义<=、>、>=、==和!=运算符的含义。

标准库的算法（比如排序）只会期望在一个自定义类型上定义运算符<。

通过表 6-1 可知，我们可以实现几乎所有运算符，将之作为自定义类的成员或者一个全局函数（除了表中列出的 4 个成员方法之外）。一般来说，最好将运算符作为类的一部分来实现，因为这样保证了封装性，成员函数可以访问该类的非公有成员。

一元运算符的一个例子是一元负运算符。这通常不会改变对象，不过会返回一个新对象，即该对象的负值。对于 point 类，这意味着让两个坐标都是负的，即获得 y=-x 上的笛卡儿点的对称点：

```
// 对称点
point operator-() const
{
    return point(-this->x, -this->y);
}
```

该运算符被声明为 const 类型，因为很明显运算符不会修改对象，所以可以安全地在一个 const 对象上执行调用。运算符也可以这样调用：

```
point p1(-1,1);
point p2 = -p1; // p2 是 (1,-1)
```

为了了解我们这样实现运算符的原因，建议回顾一下一元运算符处理内置类型时的表现。这里的第二个语句是 int i, j=0; i = -j;它只会修改 i 而不会改变 j，所以成员运算符-将不会影响对象的值。

二元负运算符具有不同的含义。首先，它有两个操作数；其次，在这个例子中，结果和操作数的类型不同，因为它是一个向量，是从一个点到另外一个点指示一个方向。假定 cartesian_vector 已经通过一个包含两个参数的构造函数定义，那么我们可以编写如下代码：

```
cartesian_vector point::operator-(point& rhs) const
{
    return cartesian_vector(this->x - rhs.x, this->y - rhs.y);
}
```

自增和自减运算符具有特殊的语法，因为它们是可以被用作前缀或后缀的一元运算符，并且它们改变了被运算的对象。这两个运算符的主要区别在于，后缀运算符在自增/自减操作之前返回对象的值，因此必须创建一个临时变量。因此，前缀运算符几乎总是具有比后缀运算符更好的性能。在类定义中，为了区分两者，前缀运算符没有参数，后缀运算符具有虚拟参数（在表 6-1 中是用 0 表示的）。对于 mytype 类，如下所示：

```cpp
class mytype
{
public:
    mytype& operator++()
    {
        // 执行实际的自增运算
        return *this;
    }
    mytype operator++(int)
    {
        mytype tmp(*this);
        operator++(); // 调用前缀代码
        return tmp;
    }
};
```

实际的自增代码是通过前缀运算符实现的，其逻辑是使用后缀运算符通过显式调用该方法来使用。

6.2.3 定义函数类

函子是一个实现了运算符 () 的类。这意味着你可以使用与函数相同的语法来调用对象。请看如下代码：

```cpp
class factor
{
    double f = 1.0;
public:
    factor(double d) : f(d) {}
    double operator()(double x) const { return f * x; }
};
```

代码可以如下调用：

```cpp
factor threeTimes(3);            // 创建 functor 对象
double ten = 10.0;
double d1 = threeTimes(ten);  // 调用 operator(double)
double d2 = threeTimes(d1);   // 调用 operator(double)
```

从上述代码可知，函子对象不仅提供了一些行为（在这种情况下，是对参数执行操作），而且可以包含一个状态。前面两行代码是通过对象的 operator() 方法进行调用的：

```cpp
double d2 = threeTimes.operator()(d1);
```

通过上述代码查看其语法。函子对象就像函数声明那样调用的：

```cpp
double multiply_by_3(double d)
{
    return 3 * d;
}
```

假如你希望传递一个指向函数的指针——也许还希望函数的行为可以被外部代码改变。为了能够使用函子或方法指针，需要对函数进行重载：

```
void print_value(double d, factor& fn);
void print_value(double d, double(*fn)(double));
```

第一个函数会接收一个引用到函子对象。第二个函数包含一个 C 类型的函数指针（你可以给函数 multiply_by_3 传递一个指针），并且非常难以理解。在这两种情况下，参数 fn 在实现代码中都是以相同方式调用的，但是需要声明两个函数，因为它们是不同的类型。下面来看函数模板的强力特性：

```
template<typename Fn>
void print_value(double d, Fn& fn)
{
    double ret = fn(d);
    cout << ret << endl;
}
```

这是通用代码，Fn 的类型可以是一个 C 函数指针或者函子类，编译器将生成相应的代码。

> **提示**
>
> 该代码既可以通过将一个函数指针传递给全局函数，它将采用 __cdecl 调用约定，也可以调用函数对象的 operator()运算符进行调用，其中采用的是 __thiscall 调用约定。

这只是一个实现细节，但是它意味着我们可以编写一个通用函数，既可以使用类 C 的函数指针，也可以使用一个函子对象作为参数。C++标准库采用了该特性，这意味着它提供的算法可以使用全局函数、函子或者 lambda 表达式进行调用。

标准库算法使用 3 种函数类、生成器，以及一元和二元运算符，即具有零个、一个和两个参数的函数。此外，标准库会调用一个返回 bool 谓词的函数对象（一元或者二元）。如果需要用到一个谓词、一元或者二元函数，开发文档中会进行详细说明。旧版本的标准库函数需要知道返回值类型，以及用到的函数对象的参数（如果有的话），因此，函子类必须基于标准类 unary_function 和 binary_function（通过继承机制，详情将在第 7 章介绍）。在 C++11 中，这些要求被移除了，因此不需要使用这些类。

在某些情况下，当需要用到一元函子时，可能会希望使用二元函子。比如标准库中定义的 greater 函数，当将其用作函数对象时，会接收两个参数和一个 bool 值来确定第一个参数是否大于第二个，operator>是根据两个参数的类型来定义的。这将需要用到涉及二元函子的函数，继而使得函数能对两个值进行比较，比如：

```
template<typename Fn>
int compare_vals(vector<double> d1, vector<double> d2, Fn compare)
{
    if (d1.size() > d2.size()) return -1; // 错误
    int c = 0;
    for (size_t i = 0; i < d1.size(); ++i)
    {
        if (compare(d1[i], d2[i])) c++;
```

```
    }
    return c;
}
```

这需要两个集合，并使用作为最后一个参数传递的函子来比较相应的项。它可以如下调用：

```
vector<double> d1{ 1.0, 2.0, 3.0, 4.0 };
vector<double> d2{ 1.0, 1.0, 2.0, 5.0 };
int c = compare_vals(d1, d2, greater<double>());
```

greater 函子类是在头文件<functional>中定义的，并使用为类型定义的 operator>
比较两个数字。假如你希望比较容器中包含固定值的项目，又该怎么办呢？即当函子上的
operator()(double, double) 方法被调用时，其中的一个参数总是包含一个固定值。一种
办法是定义一个包含状态的函子类（如前所述），因此固定的值是函子对象的一个成员。另外一
种方法是用固定值填充另外一个 vector，然后对两个 vector 进行比较（对于大量的 vector，
这可能会导致昂贵的内存开销）。

另外一种方法是复用函子类，但是需要将一个值与其中的一个参数绑定。compare_vals
函数的一个版本可以如下编写，只需用到一个 vector：

```
template<typename Fn>
int compare_vals(vector<double> d, Fn compare)
{
    int c = 0;
    for (size_t i = 0; i < d.size(); ++i)
    {
        if (compare(d[i])) c++;
    }
    return c;
}
```

上述代码被编写为仅在一个值上调用函子参数，因为它是假定函子对象包含要比较的其他
值。这是通过将函子对象与参数绑定来实现的：

```
using namespace::std::placeholders;
int c = compare_vals(d1, bind(greater<double>(), _1, 2.0));
```

bind 方法是可变的。第一个参数是函子对象，后面是被传递给函子的 operator() 方法
的参数。compare_vals 函数传递的一个 binder 对象用于将函子与值绑定。在 compare_
vals 函数中，调用 compare(d[i]) 中函子的操作实际上是绑定方对象对 operator() 方法
的调用，并且该方法将参数 d[i] 和绑定值转发给函子的 operator() 方法。

在调用 bind 方法的过程中，如果提供了一个实际值（这里是 2.0），则该值将被传递给调
用函子中该位置的函子（这里，2.0 会被传递给第二个参数）。如果使用带有下划线的符号，则
它是一个占位符。在命名空间 std::placeholders 中定义了 20 个这样的符号（_1 到 _20）。
占位符的含义是"将此位置传递的值用于绑定方对象 operator() 方法调用根据占位符指示的
函子调用 operator() 方法"。因此，占位符在该调用中的含义是"接收调用绑定方的第一个
参数，然后将它传递给 greater 函子 operator() 方法的第一个参数"。上述代码会使用 2.0
比较 vector 中的每个元素，并对大于 2.0 的元素进行统计。用户可以如下调用它：

```
int c = compare(d1, bind(greater<double>(), 2.0, _1));
```

参数列表被交换过，这意味着 2.0 已经与 vector 中每个元素比较过，并且该函数会统计小于 2.0 的元素数量。

bind 函数和占位符都是 C++11 中新增的内容。在以前的版本中，你可以使用 bind1st 和 bind2nd 函数将某个值绑定到函子的第一个或第二个参数。

6.2.4 定义转换运算符

我们已经知道，如果用户的自定义类型具有构造函数，并且该函数兼容相关类型，那么可以通过该构造函数将其他类型转换成自定义类型。你还可以在另外一个方面执行转换操作，将对象转换成其他类型。为此，我们可以提供一个没有返回类型的运算符以及决定转换的类型名称。在这种情况下，需要在关键字 operator 和类型名称之间留一个空格：

```
class mytype
{
    int i;
public:
    mytype(int i) : i(i) {}
    explicit mytype(string s) : i(s.size()) {}
    operator int () const { return i; }
};
```

上述代码可以将一个 int 或者 string 转换成 mytype；在后一种情况下，只能通过显式调用前面提及的构造函数。最后一行允许用户将对象转换回 int：

```
string s = "hello";
mytype t = mytype(s);   // 显式转换
int i = t;              // 隐式转换
```

用户可以使用关键字 explicit 修饰这类转换运算符，以便仅当使用显式转换时才调用它们。大部分情况下，我们更愿意省去该关键字，因为当你希望获得包装类中的某个资源并使用析构函数进行资源管理时，隐式转换将非常有用。

应用类型转换运算符的另外一个示例是从包含状态的函子中返回值。其基本理念是，operator() 将执行一些操作，其结果由函子维护。问题是如何获得这个函子的状态，特别是当被创建为临时对象时。转型运算符可以解决这个问题。

例如，当计算平均值时，那么可以分为两个步骤进行：第一阶段是累加值；第二个阶段是将累加值的结果除以元素数量。下面的函子类做了这样的除法操作，并作为转换为 double 型数据的一部分：

```
class averager
{
    double total;
    int count;
public:
    averager() : total(0), count(0) {}
    void operator()(double d) { total += d; count += 1; }
    operator double() const
    {
        return (count != 0) ? (total / count) :
         numeric_limits<double>::signaling_NaN();
    }
```

```
};
```

可以这样调用：

```
vector<double> vals { 100.0, 20.0, 30.0 };
double avg = for_each(vals.begin(), vals.end(), averager());
```

for_each 函数会在 vector 中的每个元素上调用函子，并且 operator() 方法会把传递给它的元素加起来并维持计数。有趣的部分是，在 for_each 函数遍历访问 vector 中的所有元素之后，它会返回函子，并且存在一个将元素隐式转换成 double 型数据的操作，然后调用转型运算符计算平均值。

6.2.5 资源管理

我们已经了解过一种需要仔细管理的资源——内存。你可以使用关键字 new 分配内存，并且当用户使用完毕内存之后，必须使用关键字 delete 来释放内存。无法释放的内存将导致内存泄漏。内存也许是最基本的系统资源，但是大多数操作系统还具有其他资源：文件句柄、图形对象句柄、同步对象、线程和进程。有时这样的资源是独占式的，并且会阻止其他代码通过资源进行资源访问。因此，某些时候释放这些资源是非常重要的，一般来说都会及时释放这些资源。

这里的类具有一种名为资源获取即初始化（Resource Acquisition Is Initialization，RAII）的辅助机制，它是由 C++ 的作者 Bjarne Stroustrup 发明的。简单地说，资源是在对象的构造函数中被分配的，并且是在析构函数中被释放。所以这意味着资源的生命周期就是对象的生命周期。通常，这类包装器对象是在堆栈上分配的，并且这意味着我们能够确保当对象超出作用域范围后，资源将被释放，无论这是如何发生的。

因此，如果对象是在循环语句（while、for）中的代码块中声明的，那么每个循环结束时，每个循环的析构函数将被调用（按照创建时的相反顺序），并且当循环重复执行后对象将再次被创建。不管循环是否重复执行这都会发生，因为已经抵达代码块的末尾，或者通过调用 continue 语句来重复执行循环。另外一种离开代码块的方式是通过调用 break 语句，或者一个 goto 语句，又或者代码调用 return 语句离开函数。如果代码引发了异常（详情可以参考第 10 章），当对象超出作用域范围后，析构函数将被调用，因此如果代码块受到一个 try 语句块的保护，则在块中声明的对象的析构函数将在调用 catch 子句之前调用。如果没有保护块，则析构函数将在函数堆栈被销毁和异常被传播之前调用。

6.2.6 编写包装器类

当编写一个类包装某个资源时，有一些必须解决的问题。将使用构造函数，无论是使用某些库函数获取资源（通过某种不透明句柄访问），还是将资源作为参数进行接收。

该资源将另存为数据成员，以便类上的方法可以使用它。资源将使用程序库中的任意函数在析构函数中释放。这是最低限度的。另外，你必须考虑如何使用对象。通常，如果可以像实例一样使用资源句柄，那么这样的包装类是最方便的。这意味着我们可以保持相同的编程风格访问资源，但不必担心资源释放得太多。

你应该考虑是否希望包装器类和资源句柄之间能够互相转换。如果允许这么做，这意味着你可能必须考虑资源克隆，从而防止出现拥有两个句柄副本的情况——一个是由类管理的，另外一个可由外部代码释放。用户还需要考虑是否允许对象被拷贝或赋值，如果允许，则需要实现相应的拷贝构造函数、移动构造函数以及拷贝和移动赋值运算符。

6.2.7 智能指针

C++标准库提供了几个类来包装通过指针访问的资源。为了防止内存泄漏，你必须确保在某个时刻释放在自由存储上分配的内存。智能指针的理念是将一个实例当作一个指针，因此可以使用*运算符间接引用，以便访问其指向的对象，或者使用->运算符访问包装器对象的成员。该智能指针类将管理它包含的指针的生命周期，并适时释放资源。

标准库具有 3 个智能指针类：unique_ptr、shared_ptr 和 weak_ptr。每个句柄释放资源的方式以及如何拷贝或者是否可以拷贝指针的情况各不相同。

1. 独占所有权管理

unique_ptr 类被构造成一个指向它将要保存的对象的指针。该类提供了*运算符来访问对象，间接引用被包装的指针。它还提供了运算符->，因此如果指针是针对类的，则可以通过包装的指针访问成员。

以下代码是在自由存储上分配的一个对象，并手动维护其生命周期：

```
void f1()
{
    int* p = new int;
    *p = 42;
    cout << *p << endl;
    delete p;
}
```

在这种情况下，你将获得在自由存储上分配为 int 类型并指向内存的指针。为了访问内存（即可以写入它也从中读取），你可以使用*运算符间接引用指针。当使用完毕指针后，必须调用 delete 命令释放内存并将其返回到自由存储中。现在考虑相同的程序，不过使用一个智能指针的代码：

```
void f2()
{
    unique_ptr<int> p(new int);
    *p = 42;
    cout << *p << endl;
    delete p.release();
}
```

上述代码与之前的程序之间有两个差异。首先是通过调用构造函数来构造智能指针对象，并接收一个该类型的指针作为模板参数。该模式进一步强化了资源只能由智能指针管理的理念。

第二个区别在于，通过调用智能指针对象上的 release 方法实现内存重新分配，从而获取被包装指针的所有权，因此我们可以显式地删除该指针。

下面思考一下 release 方法从智能指针所有权中释放指针。此调用之后，智能指针不再包含资源。unique_ptr 类还有一个 get 方法，它将能够访问被包装的指针，不过智能指针对象仍然保留其所有权，务必不要以这种方式删除指针！

注意，一个 unique_ptr 类包装了一个指针，并且只是指针。这意味着该对象在内存中的大小与它包装的指针大小是一样的。到目前为止，智能指针中增加的内容很少，所以我们来看另外一种重新分配资源的方法：

```
void f3()
{
    unique_ptr<int> p(new int);
    *p = 42;
    cout << *p << endl;
    p.reset();
}
```

这是资源的确定性释放，并且意味着资源只有当我们希望它发生时才会被释放，这与指针的情况类似。这里的代码不是释放资源本身，它允许指针使用一个删除器来达到此目的。unique_ptr 的默认删除器是一个名为 default_delete 的函子类，它会在被包装的指针上调用 delete 运算符。如果希望使用确定性的销毁操作，reset 是更好的方法。你可以通过传递一个自定义函子类的类型作为 unique_ptr 模板的第二个参数来构造自己的删除器：

```
template<typename T> struct my_deleter
{
    void operator()(T* ptr)
    {
        cout << "deleted the object!" << endl;
        delete ptr;
    }
};
```

在我们的代码中，可以指定自定义类型的删除器，如下所示：

```
unique_ptr<int, my_deleter<int> > p(new int);
```

你可能需要在删除指针之前进行额外的清理，或者指针可能是通过关键字 new 以外的方式获得，因此可以使用自定义删除器来确保相应的释放函数被调用。注意，删除器是智能指针类的一部分，因此如果你使用两种不同的智能指针，并采用了两种不同的删除器，那么即使它们包装相同类型的资源，智能指针的类型也是不同的。

提示

当使用一个自定义删除器时，unique_ptr 对象的尺寸可能会大于被包装的指针。如果删除器是一个函数对象，则每个智能指针对象都需要内存。但是如果使用 lambda 表达式，则不需要额外的空间。

当然，你很有可能允许智能指针管理资源的生命周期，为此，我们只需允许智能指针对象离开作用域即可：

```
void f4()
{
    unique_ptr<int> p(new int);
    *p = 42;
    cout << *p << endl;
} // 内存被删除
```

因为创建的指针是单个对象，所以这意味着可以在适当的构造函数上调用 new 运算符来传递初始化参数。unique_ptr 的构造函数会传递一个指向已构造对象的指针，然后该类会在之后管理对象的生命周期。虽然可以通过调用其构造函数直接创建 unique_ptr 对象，但是不能调用拷贝构造函数，因此在构造过程中不能使用初始化语法。相反，标准库提供了一个名为 make_unique 的函数。它有几个重载函数，因此是基于该类创建智能指针的首选方法：

```
void f5()
{
    unique_ptr<int> p = make_unique<int>();
    *p = 42;
    cout << *p << endl;
}   // 内存被删除
```

该代码会调用已包装类型（int）上的默认构造函数，不过可以提供将传递给相应类型构造函数的参数。比如，对于一个结构体，它具有两个参数的构造函数，可以使用如下内容：

```
void f6()
{
    unique_ptr<point> p = make_unique<point>(1.0, 1.0);
    p->x = 42;
    cout << p->x << "," << p->y << endl;
}   // 内存被删除
```

函数 make_unique 调用构造函数时，会使用非默认值为其成员赋值。运算符->将返回一个指针，并且编译器将通过该指针访问对象成员。

还有专门针对数组的 unique_ptr 和 make_unique 函数。该版本 unique_ptr 的默认删除器将在指针上调用 delete[]，因此它将删除数组的每个对象（并调用其中每个对象的析构函数）。该类实现了一个索引器运算符（[]），因此可以访问数组中的每个元素。不过，需要注意的是，其中没有区间检查机制，因此与内置的数组变量类似，你可以访问数组末尾之外的内容。它也没有间接引用运算符（*或者->），因此 unique_ptr 对象是基于一个对象的，只能通过基本的数组语法进行访问。

make_unique 函数有一个重载方法，它允许传递将要创建的数组大小，但必须单独初始化每个对象：

```
unique_ptr<point[]> points = make_unique<point[]>(4);
points[1].x = 10.0;
points[1].y = -10.0;
```

上述代码将创建一个包含 4 个 point 对象的数组，并使用默认值对它们进行初始化，然后接下来的代码行会使用（10.0，-10.0）对第二个 point 对象进行初始化。使用 vector 或者数组总是比使用 unique_ptr 管理对象数组效果更好。

> **提示**
>
>
>
> 较早版本的 C++标准库有一个名为 auto_ptr 的智能指针，这是第一尝试，在大多数情况下能正常工作，但是也有一些限制，例如，auto_ptr 对象不能存储在标准库容器中。C++11 引入了右值引用和其他语言特性，比如移动语义，通过这些，unique_ptr 对象可以存储到容器中。auto_ptr 类仍然可以通过头文件<new>调用，只有这样旧的代码才可以被编译。

unique_ptr 类的重点在于,它能够确保指针的单个副本。这一点很重要,因为类的析构函数将释放资源,因此如果你复制了一个 unique_ptr 对象,将意味着不止一个析构函数将尝试释放资源。unique_ptr 对象拥有独占所有权,一个实例总是拥有它指向的东西。

我们不能复制指定的 unique_ptr 智能指针(拷贝赋值运算符和拷贝构造函数被删除了),不过用户可以通过将资源的所有权从源指针转移到目标指针来移动它们。因此,函数可以返回一个 unique_ptr,因为所有权通过移动语义从被赋值变量转移到了函数的值。如果智能指针被放入容器中,则会有另外一次移动操作。

2. 共享所有权

有时,你可能会需要共享一个指针,可能会创建多个对象,然后将一个指针传递给每个对象,以便它们可以调用此对象。

通常,当一个对象包含一个指向其他对象的指针时,该指针表示对象在被销毁期间应该销毁的资源。如果一个指针是共享的,则意味着当其中的一个对象删除了指针,该指针对于其他对象都将无效(这被称为挂起的指针,因为它不再指向对象)。

我们需要一种机制,其中的几个对象可以保存一个指针,以便它能够保持有效状态,直到所有用到该指针的对象不再需要它为止。

C++11 通过 shared_ptr 类提供了此特性。该类在资源上维护着一个引用计数,并且该资源的每个 shared_ptr 拷贝将在该引用计数上增加一个数。当该资源的 shared_ptr 实例被销毁后,它将在引用计数上自动减少一个数。引用计数是共享的,这意味着一个非零值表示至少有一个 shared_ptr 访问该资源。当最后一个 shared_ptr 对象将引用计数递减为 0 时,可以安全地释放该资源。这意味着引用计数必须通过原子方式进行管理,以便处理多线程代码。

因为引用计数是共享的,这意味着每个 shared_ptr 对象保存着一个指向被称为控制块的共享缓冲区指针,并且这意味着它保存着原始指针和指向控制块的指针,因此每个 shared_ptr 对象将比 unique_ptr 对象保存更多数据。控制块不仅仅用于处理引用计数。

一个 shared_ptr 对象可以被创建用来使用自定义删除器(将作为一个构造函数参数传递),并且该删除器是存储在控制块中的。这一点很重要,因为这意味着自定义删除器并不是指针类型的一部分,因此若干同类型的 shared_ptr 对象包装相同的资源类型,但是使用不同的删除器,并且可以放在该类型的容器中。

你可以从另外一个 shared_ptr 对象创建一个 shared_ptr 对象,这将使用原生指针初始化新对象,并且指针将指向控制块,然后增加引用计数。

```
point* p = new point(1.0, 1.0);
shared_ptr<point> sp1(p); //注意,不要在 p 之后使用该代码
shared_ptr<point> sp2(sp1);
p = nullptr;
sp2->x = 2.0;
sp1->y = 2.0;
sp1.reset(); //处理共享指针
```

这里,第一个共享指针是采用一个原生值创建的,这不是一种使用 shared_ptr 的推荐做法。第二个共享值是采用第一个指针创建的,因此现在有两个共享指针指向同一资源(p 被赋值为 nullptr,以防止其进一步使用)。之后,sp1 和 ps2 都可以用于访问相同资源。在该代码结束时,一个共享指针将被重置为 nullptr;这意味着 sp1 不再具有对该资源的引用计

数，并且不能使用它访问资源。不过，你仍然可以使用 sp2 访问资源，直到它超出作用域为止，或者用户调用 reset 方法。

在这段代码中，智能指针是由一个独立的原生指针创建的。由于共享指针现在负责资源的生命周期管理，所以不再使用原生指针是很重要的，在这种情况下，它将被赋值为 nullptr。最好避免使用原生指针，标准库中名为 make_shared 的函数支持此功能，可以如下调用：

```
shared_ptr<point> sp1 = make_shared<point>(1.0,1.0);
```

该函数将使用关键字 new 创建特定对象，并且它可以接收可变参数，因此可以使用它调用包装器类的任何构造函数。

你可以根据一个 unique_ptr 对象创建一个 shared_ptr 对象，这意味着指针被移动到新的对象，并且引用计数控制块也被创建。因为资源将被共享，这意味着资源不再拥有独占所有权，所以 unique_ptr 对象中的指针将设置为 nullptr。这意味着你可以拥有一个工厂函数，该函数会返回一个指向包装了 unique_ptr 对象的对象指针，并且调用代码可以确定是否使用 unique_ptr 对象来获取资源的独占访问权，或者使用 shared_ptr 来共享该资源。

shared_ptr 对于对象数组并没有什么意义，有更好的方法来存储对象的集合（vector 或者数组）。在任何情况下，都有一个索引运算符（[]），默认的删除器将调用 delete，而不是 delete[]。

3. 挂起的指针

如前所述，当我们删除某个资源后，应该将相应的指针置为 nullptr，然后在使用指针之前，应该检查该指针是否为 nullptr。这样就避免了为一个已删除的对象调用一个指向内存的指针，即产生一个挂起的指针。

在某些情况下，应用程序中可能会用到挂起的指针。比如，一个父对象可以创建一个子对象，该子对象中包含指向父对象的反向指针，以便该子对象能够访问父对象（例如一个窗体中包含一些子控件，这对于子控件访问父窗体是非常有用的）。这种情况下使用共享指针的问题在于，父对象将在每个子对象上拥有一个引用计数，并且每个子对象在父对象上也有一个引用计数，因此这会创建一个循环依赖。

另外一个示例是，如果有一个观察者对象的容器，其用途是在每个对象上调用一个方法来通知这些观察者对象。维护此列表可能会很复杂，特别是当一个观察者对象可以被删除时，你在完全删除该对象之前必须提供一个从容器删除对象的方法（可能会存在一个 shared_ptr 引用计数）。如果代码可以提供一种方法，简易地将一个指向对象的指针添加到容器中，则不需要维护一个引用计数，但是如果指针被挂起或者指向现有对象，则需要允许我们对这些情况进行检查。

这样的指针称为弱指针，并且 C++11 标准库中提供了一个名为 weak_ptr 的类。我们不能直接使用 weak_ptr 对象，并且它也不支持间接引用运算符。相反，你可以根据 shared_ptr 对象创建一个 weak_ptr 对象，当希望访问某个资源时，可以从 weak_ptr 对象创建一个 shared_ptr 对象。这意味着 weak_ptr 对象包含相同的原生指针，并且访问与 shared_ptr 对象相同的控制块，不过它不参与引用计数。

一旦创建，weak_ptr 对象将允许测试包装器指针是否指向一个现有对象或者是一个已销毁的对象。有两种情况可以执行此操作：既可以调用成员函数 expired，也可以尝试从 weak_ptr 创建一个 shared_ptr。如果正在维护一组 weak_ptr 对象集合，可能会定期遍历访问这些集合，在其中每个元素上调用 expired 方法，如果该方法返回 true，则会从集合中移除该对象。因为 weak_ptr 对象可以访问原生的 shared_ptr 对象创建的控制块，它可以测试引用计数是否为零。

　　第二种测试 weak_ptr 对象是否被挂起的方法是根据它创建一个 shared_ptr 对象。现在有两个选项。你可以通过传递弱指针到它的构造函数来创建 shared_ptr 对象，并且如果指针已经过期，构造函数将抛出一个 bad_weak_ptr 异常。另外一种方法是在弱指针上调用 lock 方法，如果弱指针过期，则 shared_ptr 对象将被赋值为 nullptr，然后用户可以对这一情况进行测试。这 3 种方法如下所示：

```
shared_ptr<point> sp1 = make_shared<point>(1.0,1.0);
weak_ptr<point> wp(sp1);

// 代码可能调用 sp1.reset()

if (!wp.expired()) { /* can use the resource */}

shared_ptr<point> sp2 = wp.lock();
if (sp2 != nullptr) { /* can use the resource */}
try
{
    shared_ptr<point> sp3(wp);
    // 使用指针
catch(bad_weak_ptr& e)
{
    // 挂起的弱指针
}
```

　　由于弱指针不会修改资源上的引用计数，这意味着我们可以将其用于后向指针来打破循环依赖（一般来说，使用原始指针是有意义的，因为如果父对象不存在，子对象也不可能存在）。

6.3　模板

　　类可以被模板化，这意味着你可以编写通用代码，编译器将根据用户代码采用的类型生成一个类。参数可以是类型、常量整数值或者可变版本（0 个或者多个参数，由使用该类的代码提供）。比如：

```
template <int N, typename T> class simple_array
{
    T data[N];
public:
    const T* begin() const { return data; }
    const T* end() const { return data + N; }
    int size() const { return N; }

    T& operator[](int idx)
    {
        if (idx < 0 || idx >= N)
            throw range_error("Range 0 to " + to_string(N));
        return data[idx];
    }
};
```

这里是一个非常简单的数组类，它定义了基本的迭代器函数和索引运算符，因此可以这样调用它：

```
simple_array<4, int> four;
four[0] = 10;
four[1] = 20;
four[2] = 30;
four[3] = 40;
for(int i : four)
cout << i << " ";          // 10 20 30 40
cout << endl;
four[4] = -99;             // 抛出一个 range_error 异常
```

如果选择在类声明之外定义一个函数，则需要将模板和参数作为类名的一部分给出：

```
template<int N, typename T>
T& simple_array<N,T>::operator[](int idx)
{
    if (idx < 0 || idx >= N)
        throw range_error("Range 0 to " + to_string(N));
    return data[idx];
}
```

你还可以为模板参数提供默认值：

```
template<int N, typename T=int> class simple_array
{
    // 与之前一样
};
```

如果你希望拥有某个模板参数的特定实现，那么可以提供该版本的专一化模板代码：

```
template<int N> class simple_array<N, char>
{
    char data[N];
public:
    simple_array<N, char>(const char* str)
    {
        strncpy(data, str, N);
    }
    int size() const { return N; }
    char& operator[](int idx)
    {
        if (idx < 0 || idx >= N)
            throw range_error("Range 0 to " + to_string(N));
        return data[idx];
    }
    operator const char*() const { return data; }
};
```

注意，对于这个专一化版本，我们将无法从完整的模板化类中获得任何代码。你必须实现自己提供的所有方法，如前所述，这些方法是专门针对专一化模板的，而不是完整的模板化类。这个示例是部分专一化的，这意味着它专一化的只是一个参数（T 是数据的类型）。该类将用于声明 simple_array <n, char>类型的变量，其中 n 是一个整数。你可以方便地拥有一个专一化模板，在这种情况下，它将是一个固定大小和指定类型的专一化模板：

```
template<> class simple_array<256, char>
{
    char data[256];
public:
    // etc
};
```

在这种情况下可能没什么用处，不过其思路是变量可能会需要用到 256 个字符的情况。

6.4 类的应用

资源获取即初始化技术在由其他库管理资源时很有用，比如 C 运行时库或者 Windows SDK。它可以简化代码，因为不需要考虑资源句柄超出作用域的情况，并且在每个点提供清理代码。如果清理代码很复杂，那么在 C 代码中通常会看到这些代码被放在函数的末尾，函数中每一个退出点都会有一个 goto 语句跳转到该代码。这会让代码变成一团乱麻。在这个示例中，我们将使用一个类来包装 C 文件函数，以自动维护文件句柄的生命周期。

C 运行时函数 _findfirst 和 _findnext 允许使用模式匹配（包括通配符）搜索文件或者目录。函数 _findfirst 会返回一个 intptr_t 对象，它与上述搜索有关，并将其传递给 _findnext 函数以便获取后续值。intptr_t 是 C 运行时维护搜索所需资源的不透明指针，因此完成搜索之后，必须调用 _findclose 函数来清理与之有关的任何资源。为了防止内存泄漏，务必调用 _findclose 函数。

在 Beginning_C++ 文件夹下创建一个名为 Chapter_06 的文件夹。在 Visual C++中，创建一个新的 C++源代码文件，并将其命名为 search.cpp。应用程序将使用标准库的控制台和字符串功能以及 C 运行时文件函数，因此在文件顶部添加如下代码：

```
#include <iostream>
#include <string>
#include <io.h>
using namespace std;
```

应用程序将通过一个文件搜索模式进行调用，同时会使用 C 函数搜索文件，因此将需要用到一个包含参数的 main 函数。将以下内容添加到文件底部：

```
void usage()
{
    cout << "usage: search pattern" << endl;
    cout << "pattern is the file or folder to search for "
        << "with or without wildcards * and ?" << endl;
}

int main(int argc, char* argv[])
{
    if (argc < 2)
    {
        usage();
        return 1;
    }
```

```
}
```

首先是为管理资源的搜索句柄创建一个包装器类。在 usage 函数之上，添加一个名为 search_handle 的类：

```
class search_handle
{
    intptr_t handle;
public:
    search_handle() : handle(-1) {}
    search_handle(intptr_t p) : handle(p) {}
    void operator=(intptr_t p) { handle = p; }
    void close()
    { if (handle != -1) _findclose(handle); handle = 0; }
    ~search_handle() { close(); }
};
```

这个类有一个单独的函数用于释放句柄。这样一来，这个类的用户就可以尽快释放包装器资源。如果在可能抛出异常的代码中使用该对象，就不会直接调用 close 方法，而是调用析构函数。可以使用一个 intptr_t 值创建一个包装器对象。如果该值为-1，则句柄无效，因此如果句柄没有此值，则 close 方法将仅调用 _findclose 方法。

我们希望这个类的对象拥有句柄的独占所有权，因此通过将以下内容放在该类的公共部分来删除拷贝构造函数和拷贝赋值运算符：

```
void operator=(intptr_t p) { handle = p; }
search_handle(search_handle& h) = delete;
void operator=(search_handle& h) = delete;
```

如果一个对象被移动，那么现有对象中的任何句柄都必须被释放，因此在上述代码行之后添加如下内容：

```
search_handle(search_handle&& h) { close(); handle = h.handle; }
void operator=(search_handle&& h){ close(); handle = h.handle; }
```

包装器类将通过一个 _findfirst 函数调用被释放，并且被传递给一个 _findnext 函数调用，因此包装器类需要两个运算符：一个用于转换成一个 intptr_t 对象，以便这个类的对象可以在需要 intptr_t 的地方使用；另一个是需要用到 bool 值时能够使用该对象。将下列内容添加到类的公有部分：

```
operator bool() const { return (handle != -1); }
operator intptr_t() const { return handle; }
```

转换为 bool 值的操作允许用户编写如下代码：

```
search_handle handle = /* 初始化 */;
if (!handle) { /* 句柄无效 */ }
```

如果有一个返回指针的转型运算符，那么编译器将会调用它，而不是转型成 bool。

你应该能够编译上述代码（记得使用/EHsc 开关），以便确认代码中是否存在拼写错误。

接下来编写一个包装器类执行该搜索。在 search_handle 类下面添加一个 file_search 类：

```
class file_search
{
    search_handle handle;
    string search;
public:
    file_search(const char* str) : search(str) {}
    file_search(const string& str) : search(str) {}
};
```

这个类是根据搜索条件创建的，并且我们可以传递一个 C 或者 C++字符串。该类具有一个 search_handle 的数据成员，而且由于默认的析构函数将调用成员对象的析构函数，所以我们不需要提供析构函数。但是，我们将添加一个 close 方法，以便可以显式释放资源。此外，为了能够确定搜索路径，我们需要一个访问器。在类的底部，添加如下代码：

```
const char* path() const { return search.c_str(); }
void close() { handle.close(); }
```

我们不希望 file_search 对象的实例被拷贝，因为这意味着会产生两个搜索句柄的副本。你可以删除拷贝构造函数和赋值运算符，不过并没有必要这么做。可以尝试在 main 函数中，添加如下测试代码（在哪里无关紧要）：

```
file_search f1("");
file_search f2 = f1;
```

编译上述代码，用户将收到一个错误提示以及与之有关的详细解释信息：

error C2280: 'file_search::file_search(file_search &)': attempting to reference a deleted function
note: compiler has generated 'file_search::file_search' here

如果没有拷贝构造函数，编译器将生成一个构造函数（第二行代码）。第一行代码看上去有一点奇怪，因为它说用户尝试调用一个已经删除的方法，并且它是由编译器生成的。事实上，该错误提示是说生成的拷贝构造函数正尝试复制句柄数据成员和已经被删除的 search_handle 拷贝构造函数。因此，在不添加任何代码的情况下，可以防止拷贝 file_search 对象。将刚才添加的测试代码删除。

接下来将下列代码添加到 main 函数底部。这将创建一个 file_search 对象并将信息打印输出到控制台。

```
file_search files(argv[1]);
cout << "searching for " << files.path() << endl;
```

接下来将需要添加执行搜索的代码，这里使用的模式将是一个具有 out 型参数并返回 bool 值的方法。如果对该方法的调用成功，那么找到的文件将以 out 型参数返回，该方法将返回 true。如果调用失败，那么 out 型参数保持不变，方法将返回 false。在 file_search 类的公共部分，添加该函数：

```
bool next(string& ret)
{
    _finddata_t find{};
    if (!handle)
```

```
    {
        handle = _findfirst(search.c_str(), &find);
        if (!handle) return false;
    }
    else
    {
        if (-1 == _findnext(handle, &find)) return false;
    }

    ret = find.name;
    return true;
}
```

如果这是第一次调用该方法，那么句柄将无效，因此 _findfirst 方法将被调用。这将使用搜索结果填充结构体 _finddata_t 并返回一个 intptr_t 值。search_handle 对象的数据成员将赋值给从该函数返回的值，如果 _findfirst 返回-1，该方法将返回 false。如果调用成员，则 out 型参数（一个字符串的引用）将使用结构体 _finddata_t 中的 C 字符串指针进行初始化。

如果存在多个符合搜索模式的文件，那么可以重复调用 next 函数，然后在后续调用中调用 _findnext 函数来获取下一个文件。在这种情况下，search_handle 对象将被传递给函数，并且通过类的转型运算符隐式地转换为 intptr_t。如果 _findnext 函数返回-1，则表示搜索结果中没有符合条件的文件。

在 main 函数底部，添加如下代码来执行搜索：

```
string file;
while (files.next(file))
{
    cout << file << endl;
}
```

现在可以编译这些代码并使用搜索条件运行它。注意，由于受到_findfirst/_findnext 函数的限制，我们尝试执行的搜索将非常简单。可以在命令行中尝试使用参数运行此程序来搜索 Beginning_C++文件中的子文件夹：

search Beginning_C++Ch*

这将列出所有文件夹名以 CH 开头的子文件夹。由于没有理由将 search_handle 作为一个单独的类，可以将整个类移动到 search_handle 的私有部分，并放置在句柄数据成员声明之上，编译并运行该代码。

6.5　小结

通过类，C++提供了强大而灵活的机制封装数据和方法来处理在数据上的行为。你可以模板化代码，以便编写通用代码，并使编译器为我们需要的类型生成代码。在这个示例中，已经知道类是如何作为对象的基础而存在的。类封装了数据，因此调用方只需要知道预期的行为（在这个示例中是获得下一个搜索结果），而不需要知道类执行相关操作的细节。在下一章中，我们将进一步探讨类的特性，特别是通过继承实现代码复用。

第 7 章
面向对象编程简介

目前为止，读者已经了解了如何模块化函数中的代码并将数据封装到类中。读者还学习了如何使用模板编写通用代码。类和封装功能使得我们能够将代码和数据组合到一个对象。在本章中，读者将学习如何通过继承和合成来复用代码，以及如何使用类的继承编写面向对象代码。

7.1 继承和组合

目前为止读者看到的类都是完整的类，可以从自由存储或者堆栈上创建类的实例。可以这样做是因为类的数据成员已经定义，因此可以计算对象需要多少内存，并且用户已经提供了类的完整功能，它们被称为具体类。

如果类中某个功能被证明非常有用，而且希望在新的类中对它复用，那么用户有几个选择。第一种是被称为合成的机制。通过合成，可以将类的实例作为将采用上述特性的类的数据成员。一个简单的示例是关于字符串类的，它提供了一个字符串所需的所有功能。它将根据需要存储多少个字符来分配内存，并在字符串对象被销毁时释放所占用的内存。类会使用字符串的功能，但它本身并不是字符串，因此字符串会作为它的数据成员出现。

第二种是使用继承。有很多方法可以实现继承，本章将介绍一些常用的方法。在基本术语中，继承是指当一个类扩展自另外一个类时，被扩展的类称为基类、父类或者超类，执行扩展的类称为派生类或者子类。

不过，有一个很重要的概念可以用来理解继承，那就是派生类和基类的关系。通常是用术语"是一种（is-a）"表示。如果派生类与基类的类型一致，那么其关系就是继承。mp3 文件是一种操作系统文件，所以如果有一个 os_file 类，则可以合法地根据它创建一个 mp3_file 类。

派生类具有基类的功能和状态（尽管它可能无法完全访问基类，稍后将介绍与之有关的细节），因此它可以使用基类的功能。在这种情况下，它与合成机制类似。不过，它们之间存在显著的差异。一般来说，在合成中，合成对象由类使用，不会直接暴露给类的客户端。在继承中，派生类的对象是基类的对象，因此通常客户端代码将能够访问基类的功能。不过，派生类可以隐藏基类的功能，因此客户端将不会看到被隐藏的基类成员，派生类可以覆盖基类的方法并提供自己的版本。

C++社区中对于是否应该使用继承或合成有很多不同意见，并且这些观点各有利弊。每种方法都不是完美无缺的，所以经常需要采取一些折中的策略。

7.1.1 从一个类继承

一个包装操作系统的类可以提供大量方法来访问诸如通过调用操作系统函数来获取文件的创建日期、修改日期和大小等内容。它还可以提供打开文件、关闭文件、将文件映射到内存以及其他很有用的功能。下面是几个类似的成员方法：

```
class os_file
{
    const string file_name;
    int file_handle;
    // 其他数据成员
public:
    long get_size_in_bytes();
    // 其他方法
};
```

mp3 文件是一个操作系统文件，但是还有其他操作系统函数来访问它的数据。我们可以创建一个继承自 os_file 的 mp3_file 类，以便它具有操作系统文件的功能，并通过 mp3 文件对它进行功能扩展：

```
class mp3_file : public os_file
{
    long length_in_secs;
    // 其他数据成员
public:
    long get_length_in_seconds();
    // 其他方法
};
```

mp3_file 类的第一行代码表示它采用的是公有继承（我们将在后续的章节中解释公有继承的含义，不过值得一提的是，这是继承一个类最常见的方式）。派生类继承数据成员和方法，你可以通过派生类使用基类的成员，并使用访问声明符。在这个示例中，如果某些代码中有一个 mp3_file 对象，它可以从 mp3_file 类中调用 get_length_in_seconds 方法，并且它还可以从基类中调用 get_size_in_bytes 方法，因为该方法是公有的。

基类方法一般可以访问基类的数据成员，并且这说明了一个重要的事实：派生对象包含基类的数据成员。从概念上来说，在内存中，可以将派生对象视为基类对象数据成员和派生对象额外定义的数据成员的组合。也就是说，派生对象是基类对象的扩展版本，如图 7-1 所示。

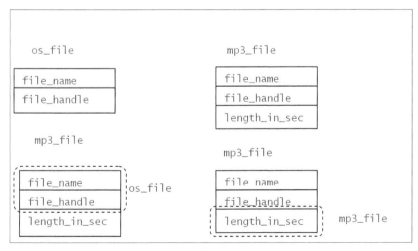

图 7-1

在内存中，一个 os_file 对象有两个数据成员，即 file_name 和 file_handle，
mp3_file 对象除了拥有这两个数据成员之外，还附加了数据成员 length_in_secs。

封装理念在 C++中非常重要。虽然 mp3_file 对象包含 file_name 和 file_handle 这
两个数据成员，但是它们最好只能由基类方法修改。在这段代码中，是通过将它们标记为
os_file 类的私有成员来实现的。

当一个派生类被创建时，首先必须创建它的基类（使用相应的构造函数）。类似地，当派
生对象被销毁时，对象的派生部分会在调用基类构造函数之前被销毁（通过调用派生类的析构
函数）。请看下列代码片段，其中使用了前文提及的成员函数：

```cpp
class os_file
{
public:
    os_file(const string& name)
        : file_name(name), file_handle(open_file(name))
    {}
    ~os_file() { close_file(file_handle); }
};

class mp3_file : public os_file
{
public:
    mp3_file(const string& name) : os_file(name) {}
    ~mp3_file() { /* 清理 mp3 文件*/ }
};
```

open_file 和 close_file 函数将是某些操作系统的函数，用于打开和关闭操作系统文件。

派生类不再需要执行关闭文件的操作，因为在调用派生类析构函数之后，自动会调用基类
的析构函数~os_file。mp3_file 的构造函数会通过它的构造函数成员列表调用基类的构造
函数。如果没有显式调用基类的构造函数，那么编译将调用基类的默认构造函数，并将其作为
派生类构造函数的第一个动作。如果使用成员列表初始化数据成员，这将在调用任何基类构造
函数之后初始化。

7.1.2　方法重载和名称隐藏

派生类继承基类的功能（受到方法访问级别的限制），因此可以通过派生类的对象调用基
类方法。派生类可以实现与基类方法具有相同原型的方法，在这种情况下，派生类方法将覆盖
基类方法，由派生类提供此功能。派生类通常会覆盖基类方法，以便提供特定于派生类的功能，
不过，它可以通过域解析运算符来调用基类方法：

```cpp
struct base
{
    void f(){ /* 具体操作 */ }
    void g(){ /* 具体操作 */ }
};

struct derived : base
{
    void f()
    {
        base::f();
```

```
        // do more stuff
    }
};
```

注意，结构体是一种类成员默认为公有的类类型，并且继承也是默认通过公有的方式进行。

这里，base::f 和 base::g 方法将执行一些可用于此类实例的用户的操作。派生类继承这两种方法，并且因为它并没有实现 g 方法，所以派生类实例调用 g 方法时，实际调用的是 base::g 方法。派生类实现了自己的 f 方法版本，所以当派生类的实例调用 f 方法时，它将调用 derived::f，而不是基类版本的方法。在这个实现中，我们已经决定需要用到基类的一些功能，所以 derived::f 可以显式调用 base::f 方法：

```
derived d;
d.f(); // 调用 derived::f
d.g(); // 调用 base::g
```

在上述示例中，该方法会在提供自己的实现时首先调用基类版本的方法，其中并没有特别的约定。类库有时是专门从基类派生并使用类库代码实现的。

类库的开发文档将说明你是否可以替换或者添加基类的实现，以及在允许的情况下，是否可以在调用自己的代码之前或者之后调用基类的方法。

在这个示例中，派生类提供了一个方法，它使用精确的原型作为基类的方法来重载它。事实上，客户端代码调用派生类实例时，添加任意基类中同名的方法都会隐藏基类的方法。所以，考虑如下派生类的实现代码：

```
struct derived : base
{
    void f(int i)
    {
        base::f();
        // domore stuff wieh i
    }
};
```

在这种情况下，base::f 方法在创建派生对象的代码中被隐藏了，即使该方法具有不同的原型：

```
derived d;
d.f(42); // OK
d.f(); //无法通过编译，derived::f(int)隐藏了 base::f
```

同名的基类方法被隐藏了，因此最后一行代码无法通过编译。不过用户可以通过提供基类名称显式调用该函数：

```
derived d;
d.derived::f(42);       // 与上述代码调用相同
d.base::f();            // 调用基类方法
derived *p = &d;        // 获取对象指针
p->base::f();           // 调用基类方法
delete p;
```

由上述代码可知，它的语法看上去似乎有一点奇怪，但是一旦知道.和->运算符是用于访问成员的，那么也就不会感到奇怪，并且运算符后面跟着的是成员名称，在这种情况下，还会使用类名和域解析运算符对它进行显式限定。

通常，到目前为止介绍的代码都被称为实现继承，其中的类是从基类继承实现的。

7.1.3　指针和引用

在 C++中，我们可以使用运算符&获得指向对象（内置类型或者自定义类型）内存地址的指针。该指针是类型化的，因此调用指针的代码会假定指针指向类型对象的内存布局。类似地，用户可以获取一个对象的引用，该引用是对象的别名，即对引用的操作实际上是发生在对象上。派生类实例的指针（或引用）可以隐式转换为基类对象的指针（或引用）。这意味着你可以编写一个作用于基类对象的函数，使用基类对象的行为，只要参数是基类的指针或引用，就可以将任何派生类对象传递给该函数。该函数不知道也不关心派生类的功能。

你应该将派生类视为基类对象，并接受它可以用作基类对象。显然，基类指针只访问基类上的成员，如图 7-2 所示。

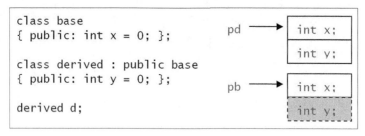

图 7-2

如果派生类隐藏了基类的成员，则意味着指向派生类的指针将通过成员名称调用派生版本的成员，但是基类指针将只能看到基类成员，而无法看到派生类成员。

如果有一个基类指针，可以使用关键字 static_cast 将它转型为派生类指针：

```
// 糟糕的代码
void print_y(base *pb)
{
    // 对此需要警惕
    derived *pd = static_cast<derived*>(pb);
    cout << "y = " << pd->y << endl;
}

void f()
{
    derived d;
    print_y(&d); // 隐式转型成基类
}
```

这里的问题是如何保证 print_y 函数将基类指针作为参数传递给特定的派生类对象。答案是它不能，没有规定开发人员使用函数时必须确保它们永远不会传递不同类型的派生类指针给该函数。运算符 static_cast 将返回一个指向派生对象的指针，即使内存中不包含该对象。有一种机制来执行对将要转型的指针进行类型检查，与之有关的详情将在本章后续内容中介绍。

7.1.4 访问层级

目前为止，我们已经介绍了两种类成员的访问声明符：public 和 private。在公有部分中声明的成员可以被类内部的代码访问，也可以通过类名被类外部的对象或者静态成员访问。

在私有部分声明的成员只能被同一类下的其他成员访问。派生类可以访问基类的公有成员，但是不能访问其私有成员。有第三种成员访问类型：protected。在 protected 部分中声明的成员可以被同一类下的方法、派生类中的方法以及友元中的方法访问，但是不能被外部代码方法访问：

```
class base
{
protected:
    void test();
};

class derived : public base
{
public:
    void f() { test(); }
};
```

在这段代码中，test 方法可以被派生类中的方法访问，但是不能被类外部的代码访问：

```
base b;
b.test();   // 不能通过编译
derived d;
d.f();      // OK
d.test();   // 不能通过编译
```

如果你正在编写一个基类，并且打算一直将它当作基类使用（客户端代码将不能创建它的实例），则可以让析构函数的类型是 protected：

```
class base
{
public:
    //方法可以通过保护的派生对象调用
    protected:
    ~base(){}
};
```

编译器将不会允许你在自由存储上创建该类的对象并使用 delete 销毁它，因为该运算符将调用析构函数。类似地，编译器将不会允许你在堆栈上创建对象，因为当对象超出作用域，编译器将调用不可访问的析构函数。这个析构函数将通过派生类的析构函数调用，因此我们大可放心，基类将执行正确的清理操作。这种模式意味着我们总是打算使用指向派生类的指针，通过调用 delete 运算符来销毁对象。

通过继承修改访问层级

当重写一个派生类的方法时，该方法的访问形式是由派生类定义的。因此如果基类方法是 protected 或者 public 类型的，那么其访问形式可通过派生类修改：

```
class base
{
    protected:
    void f();
public:
    void g();
};

class derived : public base
{
public:
    void f();
    protected:
    void g();
};
```

在前面的示例中，base::f 方法的访问类型是 protected，因此只有派生类可以访问它。派生类重写了该方法（如果使用完整的限定名称，则可以访问基类方法），并将它设置为 public。类似地，base::g 方法是公有的，但是派生类重写了该方法，使得它的访问方式变成 protected（如有必要，可以将该方法设置为 private）。

你还可以将基类中 protected 类型的方法使用 using 语句通过派生类转换成 public：

```
class base
{
protected:
    void f(){ /* code */};
};

class derived: public base
{
public:
    using base::f;
};
```

现在，derived::f 方法在派生类没有创建新方法的情况下转变成了 public。该特性更好的一种用法是将一个方法转变成 private，使得派生类无法访问它（如果它是 public，那么可以通过实例访问），或者可以让某个方法变成 protected，使得外部代码无法访问类的成员：

```
class base
{
public:
    void f();
};

class derived: public base
{
protected:
    using base::f;
};
```

上述代码可以这样使用：

```
base b;
b.f(); // OK
```

```
derived d;
d.f(); // 无法编译
```

上述代码中的最后一行将不会通过编译，因为 f 方法是 protected。如果你的意图是让方法只在派生类中可用，而不是在任何可以从派生类中派生的类中使用，则可以在派生类中的私有部分使用 using 语句，这与删除基类方法类似：

```
class derived: public base
{
public:
    void f() = delete;

    void g()
    {
        base::f(); // 调用基类方法
    }
};
```

f 方法将不能通过派生类调用，不过该类可以调用基类方法。

7.1.5 继承访问层级

如前所述，读者已经了解了如何从某个类实现继承，提供基类名称，并给出继承访问声明符；迄今为止的示例中采用的都是公有继承，但是也可以使用保护或者私有继承。

这是类与结构体之间的另外一个区别。对于一个类来说，如果没有提供继承访问声明符，编译器将假定它是私有的；对于一个结构体，如果你没有提供继承访问声明符，编译器将假定它是公有的。

继承声明符会应用更多的访问限制，它不会放松它们。访问声明符并不会确定对基类的访问权限，而是通过派生类来改变这些成员的可访问性（即通过类的实例或者另外一个派生类）。如果基类中包含私有成员，并且类继承采用的是公有继承，那么派生类仍然无法访问私有成员。它只能访问公有的和受保护的成员，派生的对象只能访问公有成员，并且从该类派生的类只能访问公有的和受保护的成员。

如果一个派生类是通过受保护的类派生的，那么它仍然拥有与公有的和受保护成员相同的基类访问权限，但是基类的公有的和受保护的成员将被派生类当作受保护的成员，因此它们可以被另一个派生类访问，但是不能通过实例访问。如果一个类是通过私有继承进行派生的，那么所有基类成员在派生类中都会变为私有的。因此，虽然派生类可以访问公有的和受保护的成员，但是从它派生的类将不能访问任何基类成员。

辨别是否采用受保护继承的一种方法是，派生类在其受保护部分中对于基类的公有成员是否采用了 using 语句。

类似地，私有继承就像是删除了基类中每个公有的和受保护的方法一样。

一般来说，大部分继承是公有继承。但是你希望访问某些基类的功能，不过又不希望这些功能可以在该类的派生类中访问时，私有继承是很有用的。这有一点像组合，我们正在使用某些功能，但是又不希望该功能直接暴露。

7.1.6 多继承

C++允许用户从多个基类继承。这一特性与接口一起使用时将显示出强大的威力，与之有关的详情将在后续章节介绍。它对于实现继承可能是很有用的，但是它也会导致一些问题。它的语法很简单，提供一组需要继承的基类列表即可：

```
class base1 { public: void a(); };
class base2 { public: void b(); };
class derived : public base1, public base2
{
public:
    // 获得a和b
};
```

使用多重继承的一种方法是构建类的库，其中每个类提供一些功能或服务。要从类中获取这些服务，可以将库中的类添加到基类列表中。通过实现继承来创建类的这种构建方法有一些问题，我们将在后面看到，通常更好的方法是使用组合。

重要的是，当使用多重继承时，仔细考虑过需要通过继承还是组合获取服务。如果一个类提供了一个不希望被实例使用的成员，并且决定删除它，那么你应该考虑使用组合，效果可能会更好一些。

如果两个类都有同名的成员，那么就会有一个潜在的问题。最明显的情况是基类具有同名的数据成员：

```
class base1 { public: int x = 1; };
class base2 { public: int x = 2; };
class derived : public base1, public base2 {};
```

在上述示例中，两个基类都包含一个名为 x 的数据成员。派生类从这两个基类继承，因此是否意味着它只得到一个名为 x 的数据成员呢？答案是否定的。如果真是这样，那么这意味着 base1 类在不知道会影响其他类的情况下，能够修改 base2 类的数据成员。类似地，base2 类将发现其数据成员被 base1 类修改，即使该类不是它的友元。因此，当从两个具有同名数据成员的类继承时，派生类会获取两个数据成员。

这也再次说明了维护数据封装的重要性。这样的数据成员应该是私有的，并且只能被基类修改。

派生类（如果可以访问数据成员，还包含调用实例的代码）可以通过其全名来区分它们：

```
derived d;
cout << d.base1::x << endl; //  base1 版本
cout << d.base2::x << endl; //  base2 版本
```

该类的结构如图 7-3 所示，它说明了 base1、base2 和派生类 3 个类在内存中的布局。

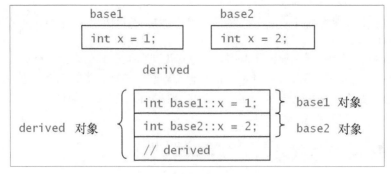

图 7-3

如果需要维持数据封装和数据成员私有，并且只允许通过访问器访问它们，那么派生类将不会直接访问数据成员，也不会遇到这个问题。

不过，方法也会遇到相同的问题，即使方法具有不同的原型，也会出现问题：

```
class base1 { public: void a(int); };
class base2 { public: void a(); };
class derived : public base1, public base2 {};
```

在这种情况下，两个基类具有同名的方法 a，但是它们的原型不同。这在使用派生类时会出现问题，即使参数明确声明了该调用哪些方法：

```
derived d;
d.a();                    //应该调用 base2 的方法 a，编译器仍然会发出警告
```

上述代码将不会通过编译，并且编译将报错，提示该方法调用存在歧义。此外，解决这个问题的方法很简单，你只需指定要使用的基类方法即可：

```
derived d;
d.base1::a(42); // base1 版本
d.base2::a();    // base2 版本
```

多重继承可以更复杂。如果有两个继承自同一基类的派生类，然后又创建了一个继承自这两个派生类的另外一个类，这时就会出现问题。那么新建的类是否可以获得顶层基类成员的两个副本——该类直接继承其直接基类呢？

在继承的第一层级，每个类（base1 和 base2）从最终的基类继承数据成员（这里，数据成员都被称为 base::x，以便说明它们是继承自最终基类 base）。最终的派生类 derived，继承了两个数据成员，因此哪个是 base::x？答案是只有一个，即 base1::x 是 base::x，因为它在继承列表中是排在第一位的。当基类方法修改它后，其变化将通过 base1 中的 base1::x 表现出来。成员 base2::x 是一个独立的数据成员，当修改 base::x 时，它不会受到影响。这可能是一个与预期不符的结果：最终的派生类继承了两个父类的成员 x。

这可能不是我们希望的行为，这通常被称为"钻石继承问题"。由图 7-4 所示可知这个名称的由来。解决方案非常简单，本章稍后将详细介绍。

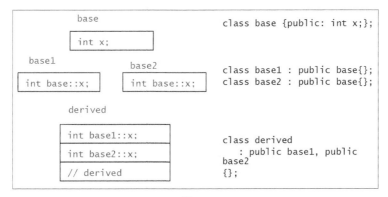

图 7-4

对象分割

如前所述，我们已经知道，如果使用派生对象的基类指针，则只能安全地访问基类成员。

其他成员虽然存在，但是它们只能通过适当的派生类指针进行访问。

但是，如果将派生类对象转型为基类对象，则会发生其他事情：创建一个新对象，它是基类对象，并且只能是基类对象。转型的变量将只包含基类对象的内存地址，因此其结果只是派生对象的基类对象部分：

```
struct base { /*成员*/ };
struct derived : base { /*成员*/ };

derived d;
base b1 = d; //通过拷贝构造函数分割
base b2;
b2 = d;      //通过赋值进行分割
```

这里，对象 b1 和 b2 是根据派生类对象 d 分割出的额外数据创建的。这些代码看上去有一些反常，并且读者不太可能写出这样的代码，但是如果通过值将对象传递给一个函数，则这种情况是有可能发生的：

```
void f(base b)
{
    //只能访问基类成员
}
```

如果将一个派生类对象传递给该函数，基类拷贝构造函数将创建一个新对象，从而导出派生类数据成员。在大部分情况下，不需要此行为。如果你的基类包含虚方法并且希望虚方法提供多态功能（本章后续内容将详细介绍虚方法），则此问题也许会导致意外的行为。通过引用传递对象总是更好的选择。

7.2 多态简介

Polymorphism（多态）来自于希腊语，表示许多形状的意思。到目前为止，读者已经拥有了一个基本的多态形式。如果使用一个基类指针指向一个对象，则可以访问基类的行为；如果有一个派生类指针，则可以访问派生类的行为。这并不是显而易见的，因为派生类可以实现自己版本的基类方法，因此可以拥有该行为的不同实现。

你可以从基类派生出多个类：

```
class base { /*members*/ };
class derived1 : public base { /*members*/ };
class derived2 : public base { /*members*/ };
class derived3 : public base { /*members*/ };
```

因为 C++是强类型语言，这意味着指向一个派生类的指针不能用于指向另外一个派生类。因此，不能使用指针 derived1*访问类 derived2 的实例，它只能指向一个类型为 derived1 的对象。即使这些类包含相同的成员，它们仍然是不同类型并且它们的指针也是不相同的。不过，所有派生类都有一些共同点，那就是它们都有相同的基类。派生类指针可以隐式转换为基类指针，因此指针 base*可以指向 base、derived1、derived2 和 derived3 等类的实例。这意味着以 base*指针为参数的通用函数可以传递任意指向这些类的指针。这是接口的基础，稍后将详细介绍。

多态技术是通过指针（引用）实现的，类的实例可以当作继承层次结构中任何类的示例。

7.2.1 虚方法

一个基类指针或者引用只能访问基类的功能，并且这是有意义的，但是它存在一些限制。如果你有一个 car 类，它有控制汽车速度的油门踏板和刹车板，以及控制方向的方向盘和倒车齿轮提供接口——可以从这个类中派生出其他汽车类型：运动型、SUV 或者家庭轿车。当用户踩下油门后，如果是一辆 SUV，那么希望该车拥有 SUV 的扭矩；如果是一辆运动型轿车，则希望该车拥有运动型轿车的速度。类似地，如果用户在 car 指针上调用 accelerate 方法，并且该车是一辆SUV，则希望该方法获得SUV的扭矩；如果car指针指向的是一个sportscar对象，则表示执行加速操作。

此前，如果用户通过基类指针访问派生类实例，则将获得基类的方法实现。这意味着，在一个指向 SUV 或者 sportscar 对象的 car 指针上调用 accelerate 方法，用户将仍旧获得 car::accelerate 的实现，而不是用户希望的 suv::accelerate 或者 sportscar::accelerate。

通过基类指针调用派生类方法也称为方法调度。通过基类指针调用方法的代码不知道指针指向对象的类型，但它仍然可以获取该对象的功能，因为方法是在该对象上调用的。该方法调度不会默认被启用，因为它会在内存和性能上产生一些额外的开销。

可以参与方法调度的方法在基类中是使用关键字 virtual 标记的，因此通常也被称为虚方法。当通过基类指针调用这种方法时，编译器将确保实际对象类上的方法被调用。因为每个方法包含一个 this 指针作为隐藏参数，方法调度机制必须确保调用方法时采用了相应的 this 指针。请看下列示例：

```
struct base
{
    void who() { cout << "base "; }
};
struct derived1 : base
{
    void who() { cout << "derived1 "; }
};
struct derived2 : base
{
    void who() { cout << "derived2 "; }
};
struct derived3 : derived2
{
    void who() { cout << "derived3 "; }
};

void who_is_it(base& r)
{
    p.who();
}

int main()
{
    derived1 d1;
    who_is_it(d1);
```

```
    derived2 d2;
    who_is_it(d2);
    derived3 d3;
    who_is_it(d3);
    cout << endl;
    return 0;
}
```

上述代码中有一个基类和两个子类 derived1 和 derived2。通过 derived2 到一个名为 derived3 的类进一步扩展了继承层级。基类实现了一个名为 who 的方法用于打印输出类名。该方法也将适用于每个派生类,因此当该方法在 derived3 的对象上调用时,它会把 derived3 打印输出到控制台。main 函数中创建了每个派生类的实例,并将它们通过引用传递给了函数 who_is_it,以便调用 who 方法。该函数包含一个参数,它是基类的引用,因为这是所有类的基类(对于 derived3,其直接基类是 derived2)。运行此代码后,结果如下:

base base base

上述输出结果来自对函数 who_is_it 的 3 次调用,传递的对象分别是类 derived1、derived2 和 derived3 的实例。因为参数是一个基类的引用,这意味着被调用的方法是 base::who。做一些简单修改之后,将彻底改变上述代码的行为:

```
struct base
{
    virtual void who() { cout << "base "; }
};
```

唯一的变化是在基类的 who 方法前面添加了关键字 virtual,但是其结果却大不相同。当用户运行该代码之后,其结果如下:

derived1 derived2 derived3

我们并没有修改 who_is_it 函数,也没有修改派生类的方法,不过 who_is_it 函数的输出结果的确与之前差别很大。who_is_it 函数通过引用调用 who 方法,但是现在调用的不是 base::who 方法,而是调用实际对象上的 who 方法。who_is_it 函数没有做任何其他事情来确保派生类函数被调用,它几乎与前面的函数完全相同。

类 derived3 并不是之前从基类继承的,相反,它是从 derived2 继承的,该类本身是基类 base 的子类。即使如此,方法调度也适用于类 derived3 的实例。这说明尽管继承链上都应用了 virtual,但是方法调度机制仍然适用于派生类继承方法。

需要强调的一点是,方法调度仅适用于基类中应用了关键字 virtual 的方法。基类中其他任意没有使用关键字 virtual 标记的方法将不会采用方法调度机制调用。派生类将继承虚方法并自动采用方法调度机制,它不必在任何重写过的方法上使用关键字 virtual,不过这对于如何调用该方法是一个有用的可视化指示。

在派生类中实现虚方法,你可以使用单一容器保存指向所有这种类实例的指针,并且在调用代码不需要知道对象类型的情况下调用虚方法:

```
    derived1 d1;
    derived2 d2;
    derived3 d3;
```

```
base *arr[] = { &d1, &d2, &d3 };
for (auto p : arr) p->who();
cout << endl;
```

这里数组 arr 保存的指向 3 种类型的对象指针，并且 for 循环会遍历访问数组并调用其中的虚方法。下面是预期的结果：

derived1 derived2 derived3

以上代码有 3 个重点：
- 在这里使用内置数组是很重要的，类似 vector 的标准库容器存在问题；
- 另外重要的一点是数组保存的是指针而非对象，我们拥有一个基类对象的数组，它们将通过分割派生对象进行初始化；
- 同样重要的一点是采用了栈对象的地址，因为使用析构函数会存在一些问题。

这 3 个问题将在后续章节详细讨论。

对于使用方法调度进行调用的虚方法，派生类方法必须与基类虚方法在名称、参数和返回类型上保持一致。如果其中任何一项存在差异（比如参数不同），则编译器将认为派生类方法是一个新函数，因此当你通过基类指针调用虚方法时，将获得基类方法。这是一个相当危险的错误，因为代码会通过编译，但是将得到错误的行为。

最后一段的一个例外情况是，如果两个方法因为返回类型不同将发生协变，即一种类型可以转换成另外一种类型。

7.2.2 虚方法表

通过虚方法进行方法调度的行为表示我们需要知道一切，但是查看编译器如何实现方法调度是很有帮助的，因为它着重显示了虚方法的内存开销。

当编译器在类上看到一个虚方法时，它将创建一个名为 vtable 的方法指针表，并且将类中指向每个虚方法的指针添加到上表中。该类的 vtable 将是一个单一副本。编译器还会在该类的每个实例中添加一个指向该表的指针，它被称为 vptr。因此，当我们将方法标记为 virtual 后，在运行时会为该类创建一个 vtable 的单个内存开销，以及从该类创建的每个对象的额外数据成员（vptr）的内存开销。通常，当客户端代码调用方法时（非内联），编译器将跳转到客户端代码调用该方法的函数。当客户端代码调用某个虚方法后，编译器将间接引用 vptr 以获取 vatble，然后使用存储在该表中的相应地址。显然，这涉及额外的间接层级。

在基类中，每个虚方法的 vtable 中都有一个独立的条目，并且它们是以声明的顺序排列的。当使用从基类派生的虚方法时，派生类也将拥有一个 vptr，但是编译器将让它指向派生类的 vtable，即编译器将使用派生类的虚方法实现的地址填充 vtable。如果派生类没有实现其继承的虚方法，则 vtable 中的指针将指向基类方法，如图 7-5 所示。

右侧有两个类；基类中有两个虚函数，派生类只实现了其中的一个。右侧介绍了内存布局。两个对象分别表示基类对象和派生类对象。每个对象在类数据成员之后都包含一个独立的 ptr，并且数据成员是以这种方式进行排列的，类数据成员排在首位，后面是派生类数据成员。vtable 指针包含指向虚方法的方法指针。在这种情况下的基类，方法指针指向的方法是根据基类实现的。在这种情况下的派生类仅实现第二种方法，因此这个类的 vtable 包含一个指向基类和派生类虚方法的指针。

这会导致一个问题：如果派生类引入一个新方法，它在基类中是不可用的，并且将它标记为 virtual 后会怎样？这是不可想象的，因为最终的基类仅提供所需行为的一部分，其派生类通过虚方法调度子类来提供更多行为。具体的实现非常简单：编译器为类中的所有虚方法创建一个 vtable，因此如果派生类具有额外的虚方法，那么从基类继承的虚方法指针之后，这些指针会显示在 vtable 中。

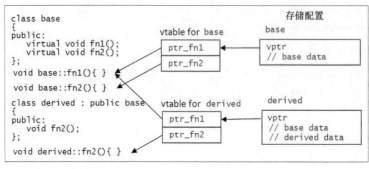

图 7-5

当通过基类指针调用对象时，无论该类处于继承层次结构的何处，它只会看到与其相关的 vtable 条目，如图 7-6 所示。

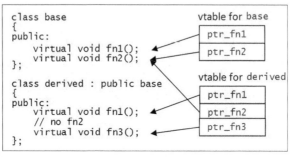

图 7-6

7.2.3　多继承和虚方法表

如果一个类继承自多个类，父类包含虚方法，那么派生类的 vtable 将是按照父类列表、派生类列表中排列顺序构成的组合，如图 7-7 所示。

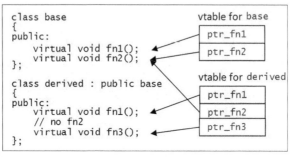

图 7-7

如果通过基类指针访问对象，则 vptr 可以访问 vtable 中与基类有关的内容。

7.2.4 虚方法、构造函数和析构函数

在构造函数执行完毕之前，不会构造对象的派生类部分，因此如果调用虚方法，则 vtable 将无法调用正确的方法。类似地，在析构函数中，对象的派生类部分已被损坏（包括其数据成员），因此派生类上的虚方法将无法被调用，因为它们尝试访问的数据成员已不存在。如果在这些情况下允许虚方法进行调度，其结果将是不可预测的。我们不应该在构造函数或者析构函数中调用某个虚方法，如果这么做了，那么调用将解析基类版本的方法。

如果一个类是通过基类指针的虚方法调度进行调用的，那么你应该将其析构函数标记为 virtual。我们这么做的原因是我们可能会删除一个基类指针，并且在这种情况下，我们将希望派生类的析构函数被调用。如果析构函数不是 virtual，而基类的指针又被删除，那么这时只有基类的析构函数会被调用，这潜在地会导致内存泄漏问题。

一般来说，基类析构函数应该是 protected 和非 virtual 的。如果目的是通过基类指针使用类，那么析构函数应该是 public 和 virtual 的，以便调用派生类的析构函数，但是如果基类的目的是用于仅通过派生类对象提供可用的服务，则不应该直接访问基类对象，因此析构函数应该是 protected 和非 virtual 的。

7.2.5 容器和虚方法

虚方法的优点之一是将与基类有关的对象添加到容器中，我们已经介绍了一种基类指针的内置数组的特殊用法，但是标准库容器又如何呢？例如，假定你有一个类层次结构，其中有一个基类 base，3 个派生类 derived1、derived2 和 derived3，并且每个类都实现了一个虚方法 who。将对象放在容器中的一种尝试可能如下：

```
derived1 d1;
derived2 d2;
derived3 d3;
vector<base> vec = { d1, d2, d3 };
for (auto b : vec) b.who();
cout << endl;
```

问题在于 vector 保存的基类对象，因此当初始化列表中的项被放入容器中时，它们实际上用于初始化新的基类对象。因为 vec 的类型是 vector<base>，push_back 方法将分割对象。因此，在每个对象上调用 who 方法的语句将打印输出字符串 base。

为了进行虚方法调度，我们需要将整个对象放入容器中。可以通过指针或者引用做到这一点。为了使用指针，可以使用堆栈对象的地址，只要 vector 不超过容器中对象的长度。如果使用在堆上创建的对象，则需要确保对象被适当地删除，并可以使用智能指针来执行此操作。

你也可能会尝试创建一个引用的容器：

```
vector<base&> vec;
```

这将导致一系列错误，不幸的是，没有人完整地阐述这些问题。vector 必须包含可复制和可分配的类型。引用不是这样，因为它们是实际对象的别名。其中有一种解决方案，即头文件<functional>包含一个名为 reference_wrapper 的适配器类，它包含一个拷贝构造函数和赋值运算符。该类会把一个对象的引用转换成对象的指针。现在可以编写如下代码：

```
vector<reference_wrapper<base> > vec = { d1, d2, d3 };
for (auto b : vec) b.get().who();
cout << endl;
```

使用 reference_wrapper 的缺点是调用包装对象（和它们的虚方法），需要调用 get 方法，它将返回包装对象的引用。

7.2.6 友元和继承

在 C++ 中，友元并不是继承的。如果一个类使得另外一个类（或函数）成为它的友元，这意味着如果友元是类成员，那么它可以访问上述类的 private 和 protected 成员。如果你继承某个友元，新派生的类并不是第一个类的友元，并且它无法访问第一个类的成员。

在上一章中，我们已经介绍了如何通过编写一个全局插入运算符，将一个对象插入到 ostream 对象中并将它打印输出，以及将它转换成该类的友元。

在下列代码中，友元函数是内联实现的，不过实际上它是一个单独的全局函数，可以在不使用类名或对象解析符号的情况下使用：

```
class base
{
    int x = 0;
public:
    friend ostream& operator<<(ostream& stm, const base& b)
    {
        //通过 b，我们可以访问基类的 private/protected 成员
        stm << "base: " << b.x << " ";
        return stm;
    }
};
```

如果我们从基类派生，将需要实现一个友元函数把派生对象插入到流中。因为函数是一个友元，它将能够访问派生类的 private 和 protected 成员，但是不能访问基类的 private 成员。这种情况将意味着插入运算符将作为派生类的友元，它只能打印输出对象的部分内容。如果将一个派生类对象转型为一个基类，比如通过引用传递指针或者引用，并打印对象，那么调用的插入运算符将是基类版本的。插入运算符是一个友元函数，因此它可以访问类的非公开数据成员，但是作为一个友元不足以允许它成为一个虚方法，所以不存在虚方法的调度。

虽然友元函数不能作为虚方法调用，但它可以调用虚方法并获得方法调度：

```
class base
{
    int x = 0;
    protected:
    virtual void output(ostream& stm) const { stm << x << " "; } public:
    friend ostream& operator<<(ostream& stm, const base& b)
    {
        b.output(stm);
        return stm;
    }
};

class derived : public base
{
```

```
        int y = 0;
protected:
    virtual void output(ostream& stm) const
    {
        base::output(stm);
        stm << y << " ";
    }
};
```

在这个版本中，其中只有一个插入运算符，并且它是为基类定义的。这意味着任何可以被转换成基类对象的对象，都可以使用该运算符打印输出。打印输出对象的实际工作是委托给一个名为 output 的虚函数完成的。此函数是 protected 的，因为它仅限于被类或者派生类调用，它的基类版本会打印输出基类的数据成员。派生类版本有两个目标：打印输出基类中的数据成员，然后打印输出专属于派生类的数据成员。第一个任务是通过使用基类名称来调用基类版本的方法。第二个任务很简单，因为它可以访问自己的数据成员。如果用户打算从 derived 类派生出另外一个类，那么它的 output 函数的版本将是类似的，不过将通过 derived::output 的形式调用它。

当一个对象被插入一个类似 cout 的流对象时，插入运算符将被调用，并且对 output 方法的调用将调度给相应的派生类。

7.2.7 重载和关键字 final

如前所述，如果错误地输入了派生虚方法的原型，比如采用了错误的参数类型，编译器将把该方法当作一个新方法并编译它。派生类不重写基类的方法是完全合法的，这将是经常会用到的一个特性。不过，如果错误地输入了派生类虚方法的原型，我们的本意是调用新版本的方法，但是实际上将调用基类的方法。声明符 override 是专门为了防止这类问题而诞生的。当编译器发现该声明符时，它知道你的意图是重写继承自基类的虚方法，继而会搜索继承链，以找到合适的方法。如果无法找到这样一个方法，那么编译器将报错：

```
struct base
{
    virtual int f(int i);
};
struct derived: base
{
    virtual int f(short i) override;
};
```

这里的 derived::f 将不会通过编译，因为继承链上没有同名的方法标记。声明符 override 会让编译器执行一些有用的检查，因此在所有派生的重写方法上使用该声明符是一个好的习惯。

C++11 中还提供了一个名为 final 的声明符，你可以将它应用到一个方法上，以便声明派生类不能重写它，或者也可以将它应用到某个类上，以便声明不能对它进行继承：

```
class complete final { /* code */ };
class extend: public complete{}; // 无法编译
```

但开发人员将很少用到这些内容。

7.2.8　虚拟继承

此前，我们讨论过多重继承中的钻石问题，其中一个类通过两个基类从一个祖先类继承，当一个类继承自另外一个类时，它将获取父类的数据成员，以便派生类的实例被视为由基类数据成员和派生类数据成员共同组成。如果父类继承自同一个祖先类，则它们将分别获得祖先类的数据成员，从而导致最终的派生类从每个父类获取祖先类数据成员的副本：

```
struct base { int x = 0; };
struct derived1 : base { /*成员*/ };
struct derived2 : base { /*成员*/ };
struct most_derived : derived1, derived2 { /*成员*/ };
```

当创建 most_derived 类的实例时，对象中将包含两个基类的副本：它们分别来自 derived1 和 derived2。这意味着 most_derived 对象将包含数据成员 x 的两份拷贝。很明显，其目的是为派生类得到祖先类数据成员的一份副本，那么该如何达到这一目的呢？这个问题的解决方案是虚拟继承：

```
struct derived1 : virtual base { /*成员*/ };
struct derived2 : virtual base { /*成员*/ };
```

没有虚拟继承，派生类只是调用其直接父类的构造函数。当使用虚拟继承后，most_derived 类可以调用最上层父类的构造函数，并且如果没有调用基类构造函数，编译器将自动调用默认构造函数：

```
derived1::derived1() : base(){}
derived2::derived2() : base(){}
most_derived::most_derived() : derived1(), derived2(), base(){}
```

在上述代码中，most_derived 类的构造函数会调用基类的构造函数，因为它的父类虚拟继承自基类。虚基类永远会在非虚基类之前创建。尽管在 most_derived 类中的构造函数中调用了基类的构造函数，但我们仍然需要在派生类中调用基类的构造函数。如果我们进一步从 most_derived 类派生，那么该类也必须调用基类的构造函数，因为这是创建基类对象的地方。虚拟继承比单一或者多重继承的开销更昂贵。

7.2.9　抽象类

一个包含虚方法的类仍然是一个具体类，我们可以创建该类的实例。你可能会决定仅提供一部分功能，其目的是必须从类中派生并添加缺少的功能。

有一种办法是提供一个没有代码的虚方法，这意味着可以在代码中调用虚方法，并且在运行时派生类版本的方法将被调用。不过，尽管这提供了一种在代码中调用派生类方法的机制，但并没有强制要求实现这些虚方法。相反，派生将继承这些空的虚方法，如果没有重写它们，则客户端代码将能够调用空的方法。我们需要一种机制来强制派生类提供这些虚方法的实现。

C++提供了一种名为纯虚函数的机制，用于指示该方法应该被派生类重写。它的语法很简单，将方法用=0 标记即可：

```
struct abstract_base
{
    virtual void f() = 0;
```

```
    void g()
    {
        cout << "do something" << endl;
        f();
    }
};
```

这是完整的类，这个类提供了方法 f 的定义。即使方法 g 调用一个没有代码实现的方法，这个类也将通过编译。但是，下列代码将不会通过编译：

```
abstract_base b;
```

通过声明一个纯虚函数，我们可以将类转换成抽象的，这意味着我们将不能创建它的实例。不过可以创建该类的指针或引用，并在其上调用代码，下列函数将通过编译：

```
void call_it(abstract_base& r)
{
    r.g();
}
```

该函数只知道类的公共接口，并不关心它的具体实现。我们已经实现了方法 g 调用方法 f 来向读者阐明，你可以在同一个类中调用一个纯虚函数。事实上，也可以在类的外部调用纯虚函数。下列的代码同样是有效的：

```
void call_it2(abstract_base& r)
{
    r.f();
}
```

使用抽象类的唯一方法是继承它，然后实现这些纯虚函数：

```
struct derived1 : abstract_base
{
    virtual void f() override { cout << "derived1::f" << endl; }
};

struct derived2 : abstract_base
{
    virtual void f() override { cout << "derived2::f" << endl; }
};
```

这里有两个继承自抽象类的类，它们都实现了纯虚函数。这些是具体类，你可以创建它们的实例：

```
derived1 d1;
call_it(d1);
derived2 d2;
call_it(d2);
```

抽象类用于表明某些必须由派生类提供的功能,而=0 语法表示方法体并不是由抽象类提供的。事实上它比这更微妙，类必须是派生类，并且在派生类上调用的方法必须在派生类中定义，不过抽象类也可以提供方法体：

```
struct abstract_base
```

```
{
    virtual int h() = 0 { return 42; }
};
```

再次强调，这个类不能被实例化，我们必须从它继承，必须实现该方法才能实例化一个对象：

```
struct derived : abstract_base
{
    virtual int h() override { return abstract_base::h() * 10; }
};
```

派生类可以调用在抽象类中定义的纯虚函数，但是当外部代码调用这样一个方法时，这将
导致调用在派生类上的虚方法实现。

7.2.10　获取类型信息

C++提供类型信息，也就是说，可以获取该类型的唯一信息，并标识它。C++是一种强类
型语言，因此编译器将在编译代码期间确定类型信息，并在变量类型之间转换时，强制执行类
型化规则。任何编译期间执行的类型检查操作，开发人员也同样可以做。作为通用的经验法则，
如果你需要使用 static_cast、const_cast、reinterpret_cast 或者类 C 风格的转型，
那么你正在让类型执行它们本不应该执行的操作，因此需要考虑重写相关代码。编译器非常善
于告知代码中哪里出现了类型错位，所以应该使用它作为重新评估代码的辅助工具。

一个都不转型的规则可能有点太严格了，并且采用转型的代码比较容易编写，也更易于
阅读，但是这样一个规则会让用户的大脑总是聚焦于是否需要采用转型的问题上。

当使用多态时，将经常获得和对象类型不同的指针或引用，当频繁移动编程接口时，这种
情况尤为突出，实际的对象并不重要，因为它的行为才是重要的。有时我们需要获取类型信息
时，编译器可能无法在编译时帮助我们。C++提供了一种名为运行期型别辨识（Runtime Type
Information，RTTI）的机制，你可以在运行时获得上述信息。该信息是使用对象上的 typeid
运算符获取的：

```
string str = "hello";
const type_info& ti = typeid(str);
cout << ti.name() << endl;
```

上述代码的执行结果如下：

class std::basic_string<char,struct std::char_traits<char>, class std::allocator<char> >

这反映了字符串类实际上是一个模板类 basic_string 的 typedef，它使用一个 char
作为字符类型，使用专一化的 char_traits 类和一个 allocator 对象描述字符特征（用于
维护字符串用到的缓冲区）。

typeid 运算符返回一个常量引用指向一个 type_info 对象，在这种情况下，我们使用
name 方法返回一个常量 char 指针到对象类型的名称，这是类型名称的可读版本。类型名称实
际上是以紧凑的装饰名称格式存储，它是通过 raw_name 方法获取的，但是如果你希望根据类
型存储对象，则更有效的方法是使用从 hash_code 方法返回的 32 位整数，而不是装饰名称。
在所有情况下，返回值对于同一类型的所有对象都是相同的，但是与其他类型的对象不同。

type_info 类没有拷贝构造函数或者拷贝赋值运算符，因此这类对象不能放入容器中。
如果你希望将 type_info 类添加到类似 Map 那样的关联容器中，有两个选择。首先，可以把

一个指向 type_info 对象的指针放入一个容器中（一个指针可以通过引用获得）。在这种情况下，如果容器是有序的，那么我们需要定义一个比较运算符。type_info 类包含一个 before 方法，它可以用来比较两个 type_info 对象。

第二个选项（C++11 规范）是使用 type_index 类对象作为关联容器的键，而且该类还可以用于包装 type_info 对象。type_info 类是只读的，并且它创建实例的唯一方式是通过 typeid 运算符。不过可以在 type_info 对象上调用比较运算符==和!=，这意味着可以在运行时比较对象类型。因为可以在变量和类型上应用 typeid 运算符，这意味着可以使用运算符从对象分割或者从一个完全不相关的类型进行安全的转型：

```
struct base {};
struct derived { void f(); };

void call_me(base *bp)
{
    derived *dp = (typeid(*bp) == typeid(derived))
        ? static_cast<derived*>(bp) : nullptr;
    if (dp != nullptr) dp->f();
}

int main()
{
    derived d;
    call_me(&d);
    return 0;
}
```

该函数可以接收任何从基类派生的派生类指针。第一行采用了条件运算符，它用于比较函数参数指向的对象类型和派生类类型之间的信息。如果指针指向的是一个派生对象，那么转型操作将执行。如果指针是对象的另外一种派生类型，而不是派生类，那么比较操作将无法执行，表达式将返回 nullptr。如果指针指向是一个派生类的实例，call_me 函数将只调用 f 方法。

C++ 提供了一种执行运行时检查的转型运算符，并且这类运行时类型检查被称为 dynamic_cast，如果对象可以被转型为所需的类型，那么该操作将成功执行并返回有效的指针。如果对象无法通过请求的指针访问，则转换失败，运算符将返回 nullptr。这意味着每当使用 dynamic_cast 时，应该在使用它之前总是检查返回的指针。call_me 函数可以改写为如下内容：

```
void call_me(base *bp)
{
    derived *dp = dynamic_cast<derived*>(bp);
    if (dp != nullptr) dp->f();
}
```

这与前面的代码基本相同，dynamic_cast 运算符会执行运行时类型检查并返回相应的指针。

注意，我们无法对虚基类指针或者通过 protected 或 private 继承的派生类进行向下转型。dynamic_cast 运算符可以用于除向下转型之外的转型，很明显，它可以兼容向上转型（对于一个基类，尽管没有必要），可以用于执行侧面转型：

```
struct base1 { void f(); };
```

```
struct base2 { void g(); };
struct derived : base1, base2 {};
```

因为这里有两个基类，所以如果通过一个基类指针访问派生类对象，那么可以使用 dynamic_cast 运算符将它转型为另一个基类的指针：

```
void call_me(base1 *b1)
{
    base2 *b2 = dynamic_cast<base2*>(b1);
    if (b2 != nullptr) b2->g();
}
```

7.2.11 智能指针和虚方法

如果希望使用动态创建的对象，那么将需要使用智能指针管理它们的生命周期。好消息是虚方法调度是通过智能指针完成的（它们只是简单地进行对象指针包装），坏消息是当使用智能指针时，类之间的关系消失了。下面我们来看看这是为什么。

例如，以下两个类是通过继承相关联的：

```
struct base
{
    Virtual ~base() {}
    virtual void who() = 0;
};

struct derived : base
{
    virtual void who() { cout << "derivedn"; }
};
```

这很简单，实现了一个虚方法，它表示对象的类型。其中有一个虚析构函数，因为我们把生命周期管理交给一个智能指针对象，所以希望确保派生类析构函数能够被恰当地调用。你可以使用 make_shared 类或者 shared_ptr 类的构造函数在堆上创建一个对象：

```
// 这两个都是可以接受的
shared_ptr<base> b_ptr1(new derived);
shared_ptr<base> b_ptr2 = make_shared<derived>();
```

派生类指针可以被转换为基类指针，这在第一行代码中是显式声明的：关键字 new 会返回一个 derived* 指针，它将被传递给一个预期接收 base* 指针的 shared_ptr<base> 构造函数。这种情况下第二行语句有点复杂，make_shared 函数会返回一个临时的 shared_ptr<derived> 对象，它会被转换为一个 shared_ptr<base> 对象。这是通过编译器内置函数 is_convertible_to 调用 shared_ptr 类的转换构造函数执行的，它可以确定一种指针类型是否可以转换成另外一种。在这种情况下，它是个向上转型，因此该转换是允许执行的。

编译器内部函数本质上是编译器提供的函数。在这个示例中，is_convertible_to (derived*, base*) 将返回 true，is_convertible_to(base*, derived*) 将返回 false。除非需要编写自己的类库，否则不需要对内置函数进行深入了解。

因为使用 make_shared 函数在语句中创建了一个临时对象，所以使用第一个语句更有效。

shared_ptr 对象上的运算符 -> 将能够直接访问被包装的指针，这意味着以下代码将按照预期执行虚方法调度：

```
shared_ptr<base> b_ptr(new derived);
b_ptr->who(); // 输出"derived"
```

当 b_ptr 超出作用域范围时，智能指针将确保派生类通过基类指针被销毁，并且因为有一个虚析构函数，所以程序会进行适当的清理销毁工作。

如果你采用了多重继承，那么可以使用 dynamic_cast（和 RTTI）在指针和基类之间转换，以便可以只选择所需的行为。考虑如下代码：

```
struct base1
{
    Virtual ~base1() {}
    virtual void who() = 0;
};

struct base2
{
    Virtual ~base2() {}
    virtual void what() = 0;
};

struct derived : base1, base2
{
    virtual void who() { cout << "derivedn"; }
    virtual void what() { cout << "derivedn"; }
};
```

如果你有一个指向这些基类之一的指针，则可以将其转换为另一个：

```
shared_ptr<derived> d_ptr(new derived);
d_ptr->who();
d_ptr->what();

base1 *b1_ptr = d_ptr.get();
b1_ptr->who();
base2 *b2_ptr = dynamic_cast<base2*>(b1_ptr);
b2_ptr->what();
```

可以在 derived* 指针上调用 who 和 what 方法，因为它们也可以在指针上调用。接下来的代码行获取了基类指针，以便访问特定行为。在这段代码中，我们通过 get 方法从智能指针获取原始指针。该方法的问题在于，其中有一个不受智能指针生命周期管理的对象指针，因此代码可能在指针 b1_ptr 或 b2_ptr 上调用 delete 命令，然后智能指针尝试删除对象时导致一些问题。

这些代码能够运行，并且在此代码中动态创建的对象具有正确的生命周期管理，但是访问类似 this 这样的原生指针时，本质上是不安全的，因为不能保证原生指针不被删除。使用智能指针的好处在于：

```
shared_ptr<base1> b1_ptr(d_ptr.get());
```

问题是即使类 base1 与派生类是相关的，类 shared_ptr<derived> 与 shared_ptr<base1> 却是不相关的，因此每个智能指针类型都将使用不同的控制块，即使它们引用的是相同的对象。类 shared_ptr 将使用控制块进行引用计数，并且当引用计数变成 0 时，将删除相关的对象。将两个不相关的 shared_ptr 对象和两个控制块绑定到同一对象，意味着它们将尝试独立于彼此管理派生对象的生命周期，这最终意味着一个智能指针会在另一个完成相关工作之前删除对象。

这里有 3 个信息，一个智能指针是一个指针的轻量级包装器，因此可以使用方法调度调用虚方法。不过，请谨慎地使用智能指针获取原始指针，而且尽管可以使得多个 shared_ptr 对象指向同一对象，但是它们必须是相同的类型，因此只能使用一个控制块。

7.2.12　接口

纯虚函数和虚方法调度演变出了一种非常强大的编写面向对象程序的方法，它被称为接口。接口是一个没有功能的类，它只包含纯虚函数。接口的用途是定义行为。从接口派生的具体类必须提供接口中所有方法的实现，从而使得接口成为一种契约。

在实现接口的对象时，需要能够保证具有接口的对象将实现接口的所有方法。接口编程将行为与实现分离。客户端代码只对行为感兴趣，它们对提供接口的具体类并不感兴趣。

例如，接口 IPrint 可以访问打印文档的行为（设置页面大小、方向、份数，并告诉打印机打印文档）。IScan 接口可以访问扫描一张纸的行为（分辨率、灰度或者颜色、旋转和剪裁等调整）。这两个接口是两种不同的行为，如果要打印文档，客户端将使用 IPrint 接口；如果要扫描文档，则使用 IScan 接口指针。这类客户端代码并不关心它是实现了 IPrint 接口的 printer 对象，还是实现了 IPrint 和 IScan 接口的 printer_scanner 对象。客户端代码是通过传递一个 IPrint*接口指针确保它可以调用所有方法的。

在下列代码中，我们已经定义了 IPrint 接口（define 标记进一步强调了我们是将抽象类定义为接口的）：

```
#define interface struct

interface IPrint
{
    virtual void set_page(/*size, orientation etc*/) = 0;
    virtual void print_page(const string &str) = 0;
};
```

一个类实现了这个接口：

```
class inkjet_printer : public IPrint
{
public:
    virtual void set_page(/*size, orientation etc*/) override
    {
        // 设置页面属性
    }
    virtual void print_page(const string &str) override
    {
        cout << str << endl;
    }
};

void print_doc(IPrint *printer, vector<string> doc);
```

你可以创建 printer 对象，然后调用该函数：

```
inkjet_printer inkjet;
IPrint *printer = &inkjet;
printer->set_page(/*属性*/);
vector<string> doc {"page 1", "page 2", "page 3"};
print_doc(printer, doc);
```

我们的喷墨打印机也是一台扫描仪，所以可以让它实现 IScan 接口：

```
interface IScan
{
    virtual void set_page(/*resolution etc*/) = 0;
    virtual string scan_page() = 0;
};
```

下一版本的 inkjet_printer 类可以使用多重继承实现这个接口，不过需要注意其中存在一个问题。该类已经实现了一个名为 set_page 的方法，并且由于打印机的页面属性与扫描仪的属性不同，因此我们需要一种 IScan 接口的不同方法。可以使用两种不同的方法来解决这个问题：

```
class inkjet_printer : public IPrint, public IScan
{
public:
    virtual void IPrint::set_page(/*etc*/) override { /*etc*/ }
    virtual void print_page(const string &str) override
    {
        cout << str << endl;
    }
    virtual void IScan::set_page(/*etc*/) override { /*etc*/ }
    virtual string scan_page() override
    {
        static int page_no;
        string str("page ");
        str += to_string(++page_no);
        return str;
    }
};
```

```
void scan_doc(IScan *scanner, int num_pages);
```

现在我们可以在 inkjet 对象上获得 IScan 接口，并将它当作扫描仪使用：

```
inkjet_printer inkjet;
IScan *scanner = &inkjet;
scanner->set_page(/*属性*/);
scan_doc(scanner, 5);
```

因为 inkject_printer 类派生自 IPrinter 和 IScan 接口，你可以通过 dynamic_cast 运算符获取一个接口指针并将其转换成另外一个接口指针，因此这将使用 RTTI 确保转换操作是可行的。所以假定我们有一个 IScanner 接口指针，那么可以测试一下，看看是否可以将它转换成一个 IPrint 接口指针：

```
IPrint *printer = dynamic_cast<IPrint*>(scanner);
```

```
if (printer != nullptr)
{
    printer->set_page(/*属性*/);
    vector<string> doc {"page 1", "page 2", "page 3"};
    print_doc(printer, doc);
}
```

一般来说，如果指针指向的对象上的另一个接口表示的行为不可用，那么 dynamic_cast 运算符将用于获取一个接口指针。

接口就是契约，一旦定义完毕，就不应该改变它，这并不是限制用户修改类。事实上，这是采用接口的优点，因为类的实现可以完全改变，但是它可以继续实现客户端代码使用的接口（不过这将需要重新进行编译）。有时你可能会发现自己定义的接口存在不足之处，也许是一个参数的类型不正确，需要修复，也许需要额外添加功能。

比如，假定你希望告知 printer 对象一次打印整个文档，而不是单独一页。解决这个问题的办法是从需要修改的接口派生并创建一个新接口，即接口继承：

```
interface IPrint2 : IPrint
{
    virtual void print_doc(const vector<string> &doc) = 0;
};
```

接口继承意味着接口 IPrint2 包含 3 个方法，即 set_page、print_page 和 print_doc。因为接口 IPrint2 是接口 IPrint 的接口，这意味着当实现接口 IPrin2 时，也同时实现了接口 Iprint，因此这意味着我们需要修改派生自接口 IPrint2 的类，以便添加新的功能：

```
class inkjet_printer : public IPrint2, public IScan
{
public:
    virtual void print_doc(const vector<string> &doc) override {
        /* 代码*/
    }
    // 其他方法
};
```

接口 IPrint2 上的另外两个方已经从接口 IPrint 的实现中存在于该类上。现在，客户端可以从该类的实例获取 IPrint 指针和 IPrint2 指针。我们已经扩展了这个类，并且原有的客户端代码仍然可以通过编译。

Microsoft 的组件对象模型（COM）进一步扩展了此概念。COM 基于接口编程，因此 COM 对象只能通过接口指针访问。额外的步骤是可以使用动态链接库将这些代码加载到自己的进程中，或者机器的其他进程和另外一台机器，而且因为采用接口编程，所以可以使用完全相同的方式访问对象，无需关心它们所在的位置。

7.2.13 类之间的关系

继承似乎是复用代码的理想方式：我们以尽可能通用的方式编写代码一次，然后从基类派生出一个类并复用这些代码，如有必要，还可以将其专一化。不过，你会了解到很多其他人提供的建议，有些人会告诉你，继承是复用代码最糟糕的方式，最好使用组合。实际的情况介于这两者之间，继承提供了一些好处，但是它不应该被看作最佳或唯一的解决方案。

在设计类库过程中很有可能存在半途而废的情况，并且其中有一个通用的原则：编写的代码越多，维护工作就越多。如果你修改了一个类，那么所有依赖它的其他类也将随之改变。

在最高层面，用户应该注意避免 3 个问题：

- **刚性**：修改类过于困难，因为任何修改都将影响很多其他类。
- **脆弱性**：当修改类时，可能会导致其他类产生一些无法预料的变更。
- **固定性**：类难以复用，因为它太依赖其他类。

当类之间耦合过于紧密时，会发生上述情况。一般来说，在设计类时应该避免这些问题，而且接口编程是一种解决上述问题的好方法，因为接口只是一个行为而不是特定类的实例。

当代码中有依赖性翻转时，就会发生这类问题，即组件的较高级代码依赖于较低级别组件的实现细节。如果你有执行某些操作的代码，并且会对执行结果记录日志，编写代码时采用特定设备记录日志（比如 cout 对象），则代码是刚性耦合的并依赖于该设备记录日志，而且将来不能选择更换为另外一台设备。如果通过接口指针将功能抽象，则可以解耦这种依赖关系，使得代码将来可以与其他组件一起使用。

一般来说，另外一个原则是，我们应该将类设计为可扩展的。继承是扩展类中非常强大的机制，因为我们正在创建一种全新的类型。如果只需改进某个功能，则采用继承就有小题大做了。精简算法的一种更轻量化形式是传递一个方法指针（或者函子），或者接口指针给类的方法，以便在适当的时间调用该方法优化其工作流程。

比如，大部分排序算符需要我们传递一个方法指针，用于对两个正在排序的类型对象执行比较操作。这种排序机制是通用的，并且是以最高效的方式进行对象排序，但它是基于用户告知它如何对两个对象进行排序来工作的。为每个类型编写一个新类是小题大做，因为大多数算法的内容没什么变化。

7.2.14　mixin 类

mixin 技术允许在不产生一系列生命周期问题或者重量级的原生继承问题的情况下，为类提供可扩展性。其理念是，有一个具有特定功能的类库，它可以被添加到对象。一种方法是将它当作包含 public 方法的基类，因此如果派生类公开继承上述基类后，它使得这些方法仍然是 public。除非这些功能需要派生类在这些方法中执行某些额外的功能，否则它都可以正常工作，在这种情况下，库的说明文档将要求派生类重载该方法，调用基类的实现，并添加自己的代码到这些方法中来完善该实现（可以先调用基类方法，然后调用派生类中的代码，而且开发文档中必须阐明这一点）。在本章中，我们对这一做法屡见不鲜了，并且它是一些较旧的类库采用的技术，比如 Microsoft 的基础类库（Microsoft Foundation Classes，MFC）。Visual C++使得它更简单易用，因为它是用向导工具生成 MFC 代码，并且其中有指示开发人员添加代码的注释信息。

这种方法的问题是，它要求从基类派生的开发人员实现特定代码时需要遵循相关的规范。有可能开发人员编写的代码可以编译和运行，但是编写的代码没有遵循目标规范，它在运行时会产生一些错误的行为。

一个 mixin 类借鉴了这一概念。与开发人员从一个类库提供的基类继承并对提供的功能进行扩展相反，类库提供的 mixin 类是从开发人员提供的类继承的，这解决了不少问题。首先，开发人员必须根据文档的要求提供具体的方法，否则 mixin 类（采用的这些方法）将不会通过编译。编译器将强制执行类库作者的开发规范，要求开发任意使用类库提供特定的代码。其次，mixin 类上的方法可以在需要的时候正确地调用基类方法（由开发人员提供）。使用类库的开发人员不再提供有关它们的代码是如何开发的详细说明，除此之外，它们必须实现某些特定方法。

那么如何实现这些呢？类库作者并不知道客户端开发人员将要编写的代码，并且也不知道客户端开发人员编写的类名，因此他们不能从这些类继承。C++允许我们通过模板参数提供一种类型，以便在编译时使用这种类型实例化该类。通过 mixin 类，模板参数传递的类型将用作基类类型的名称。开发人员只需提供一个具有特定方法的类，然后使用这些类作为模板参数创建一个专一化的 mixin 类：

```
// 类库代码
template <typename BASE>
class mixin : public BASE
{
public:
    void something()
    {
        cout << "mixin do something" << endl;
        BASE::something();
        cout << "mixin something else" << endl;
    }
};

//客户带代码用于适配 mixin 类
Class impl
{
public:
    void something()
    {
        cout << "impl do something" << endl;
    }
};
```

这个类可以这样使用：

```
mixin<impl> obj;
obj.something();
```

如你所见，mixin 类实现了一个名为 something 的方法，并且它会调用基类中名为 something 的方法。这意味着使用 mixin 类的客户端开发人员必须实现与原型名称一样的方法，否则不能使用 mixin 类。编写 impl 类的客户端开发人员并不知道他们的代码将怎样和在哪里被调用，只是必须提供特定名称和原型的方法。在这种情况下，mixin::something 方法在代码中通过调用基类的方法提供相关功能，impl 类的作者不需要知道这一点。此代码的输出结果如下：

```
mixin do something
impl do something
mixin something else
```

这说明 mixin 类可以调用它认为合适的 impl 类。impl 类只提供功能，mixin 类决定如何使用它们。事实上，任何实现了具有正确名称和原型的方法的类都可以作为一个参数提供给 mixin 类作为模板使用，甚至是另一个 mixin 类！

```
template <typename BASE>
```

```
class mixin2 : public BASE
{
public:
    void something()
    {
        cout << "mixin2 do something" << endl;
        BASE::something();
        cout << "mixin2 something else" << endl;
    }
};
```

它可以这样使用：

```
mixin2< mixin<impl> > obj;
obj.something();
```

其结果如下：

```
mixin2 do something
mixin do something
impl do something
mixin something else
mixin2 something else
```

注意，mixin 类和 mixin2 类对彼此一无所知，除了实现相应的方法之外。

由于 mixin 类不能使用没有模板参数提供的类型，有时它们也被称为抽象子类。

如果基类只有一个默认构造函数，这可以正常工作。如果需要另外的构造函数，则 mixin 必须知道将要调用的构造函数是什么，并且必须提供相应的参数。另外，如果用户希望链式连接多个 mixin，则它们可以通过构造函数进行耦合。解决这个问题的一种办法是使用两个阶段构造，即提供一个具名方法（比如 init）用于在构建后初始化对象中的数据成员。mixin 类仍将使用之前的默认构造函数创建，因此类之间不会有任何耦合，即 mixin2 类将无法获知 mixin 类或 impl 类的数据成员信息：

```
mixin2< mixin<impl> > obj;
obj.impl::init(/* parameters */);  // 调用 impl::init
obj.mixin::init(/* parameters */); // 调用 mixin::init
obj.init(/* parameters */);        // 调用 mixin2::init
obj.something();
```

上述代码可以运行，因为只要限定了方法的名称，就可以调用公有的基类方法。这 3 个 init 方法中参数列表可以不同。不过，这确实造成了客户端现在必须初始化链中所有基类的问题。

这是 Microsoft 的活动模板库（**ActiveX Template Library，ATL**）用于提供标准 COM 接口实现的方法。

7.3 多态应用

在下面的示例中，我们将创建的代码会模拟 C++开发团队的工作模式。该代码将使用接口来解耦类，以便在不改变类的情况下更改类调用的服务。在整个模拟中，我们有一个管理团队的经理，经理的财产就是它的团队。此外，无论是经理还是团队成员，每个工作人员都有一些共同的特性和行为，例如他们都有一个名字和一个工作岗位，他们都做某种工作。

为本章创建一个文件夹并在该文件夹下创建一个名为 team_builder.cpp 的文件，因为本应用将使用一个 vector、一个智能指针和若干文件，将下列代码添加到该文件顶部：

```
#include <iostream>
#include <string>
#include <vector>
#include <fstream>
#include <memory>
using namespace std;
```

应用程序将具有命令行参数，但在 main 函数中暂时只提供空的副本：

```
int main(int argc, const char *argv[])
{
    return 0;
}
```

我们将定义接口，在 main 函数之前，添加如下代码：

```
#define interface struct
```

这只是语法糖，不过它可以使得代码更易读，从而了解抽象类的用途。在上述代码下面添加如下接口：

```
interface IWork
{
    virtual const char* get_name() = 0;
    virtual const char* get_position() = 0;
    virtual void do_work() = 0;
};

interface IManage
{
    virtual const vector<unique_ptr<IWork>>& get_team() = 0;
    virtual void manage_team() = 0;
};

interface IDevelop
{
    virtual void write_code() = 0;
};
```

所有工作人员都将实现第一个接口，从而可以访问他们的名称和职位，以及一个用于告知他们做一些工作的方法。我们将定义的工作人员类型有两种，manager 的职责是管理一个团队，分配团队成员的工作，developer 是专门编写代码的。manager 具有一个 IWork* 指针的 vector，由于这些指针将指向在自由存储上创建的对象，所以 vector 成员是包装了这些指针的智能指针。也就是说 manager 会维护这些对象的生命周期：当 manager 对象存在期间，他的团队也一直存在。

第一个动作是创建一个助手类，它用于处理团队成员的日常工作。其原因将在后面的示例中说明，这个类将实现 IWork 接口：

```
class worker : public IWork
{
```

```
    string name;
    string position;
public:
    worker() = delete;
    worker(const char *n, const char *p) : name(n), position(p) {}
    virtual ~worker() {}
    virtual const char* get_name() override
    { return this->name.c_str(); }
    virtual const char* get_position() override
    { return this->position.c_str(); }
    virtual void do_work() override { cout << "works" << endl; }
};
```

在创建一个 worker 对象时，必须提供名称和职位描述信息。我们将为 manager 提供一个助手类：

```
class manager : public worker, public IManage
{
    vector<unique_ptr<IWork>> team;
public:
    manager() = delete;
    manager(const char *n, const char* p) : worker(n, p) {}
    const vector<unique_ptr<IWork>>& get_team() { return team; }
    virtual void manage_team() override
    { cout << "manages a team" << endl; }
    void add_team_member(IWork* worker)
    { team.push_back(unique_ptr<IWork>(worker)); }
    virtual void do_work() override { this->manage_team(); }
};
```

注意，do_work 方法是根据虚函数 manage_team 实现的，这意味着派生类只需要实现 manage_team 方法，因为它将从其父类继承 do_work 方法，方法调度意味着会调用正确的部分。该类的其余部分很简单，但需要注意的是，构造函数是调用基类的构造函数来初始化名称和职位描述的（一个 manager 也是一个 worker），而且 manager 类具有一个函数用于将项目添加到团队中，以便在智能指针中共享。

为了测试它的输出结果，我们需要创建一个管理开发者的 manager 类：

```
class project_manager : public manager
{
public:
    project_manager() = delete;
    project_manager(const char *n) : manager(n, "Project Manager")
    {}
    virtual void manage_team() override
    { cout << "manages team of developers" << endl; }
};
```

这重写了传递项目经理名称的基类构造函数和职位描述的调用。该类还重写了 manage_team 来说明 manager 实际执行的操作。在这一点上，应该可以创建一个 project_manager 并添加一些成员到团队中（使用 worker 对象，用户稍后将创建开发人员）。添加下列代码带 main 函数中：

```
project_manager pm("Agnes");
```

```
pm.add_team_member(new worker("Bill", "Developer"));
pm.add_team_member(new worker("Chris", "Developer"));
pm.add_team_member(new worker("Dave", "Developer"));
pm.add_team_member(new worker("Edith", "DBA"));
```

这段代码将通过编译，但是它运行时不会生成结果，所以创建一个打印输出 manager 团队的方法：

```cpp
void print_team(IWork *mgr)
{
    cout << mgr->get_name() << " is "
        << mgr->get_position() << " and ";
    IManage *manager = dynamic_cast<IManage*>(mgr);
    if (manager != nullptr)
    {
        cout << "manages a team of: " << endl;
        for (auto team_member : manager->get_team())
        {
            cout << team_member->get_name() << " "
                << team_member->get_position() << endl;
        }
    }
    else { cout << "is not a manager" << endl; }
}
```

该函数展示了接口的强大之处，你可以传递任意 worker 到该函数，并将打印输出与工作人员相关的信息（项目和工作职位）。然后它通过请求 IManage 接口来判别对象是否是一个 manager。如果对象实现了这个接口，该函数只能获得 manager 的行为（在这种情况下，是他拥有一个团队）。在 main 函数的末尾，最后调用 program_manager 对象之后，可以调用下列函数：

```cpp
print_team(&pm);
```

编译（注意要使用/EHsc 开关）并运行此代码，用户将得到以下输出结果：

```
Agnes is Project Manager and manages a team of:
Bill Developer
Chris Developer
Dave Developer
Edith DBA
```

现在我们将添加一个多态的层级，所以在 print_team 函数之前添加下面这些类：

```cpp
class cpp_developer : public worker, public IDevelop
{
public:
    cpp_developer() = delete;
    cpp_developer(const char *n) : worker(n, "C++ Dev") {}
    void write_code() { cout << "Writing C++ ..." << endl; }
    virtual void do_work() override { this->write_code(); }
};

class database_admin : public worker, public IDevelop
{
```

```
public:
    database_admin() = delete;
    database_admin(const char *n) : worker(n, "DBA") {}
    void write_code() { cout << "Writing SQL ..." << endl; }
    virtual void do_work() override { this->write_code(); }
};
```

你可以修改 main 函数，以便除了使用 worker 对象之外，还可以为 Bill、Chris 和 Dave 调用 cpp_developer，为 Edith 调用 database_admin：

```
project_manager pm("Agnes");
pm.add_team_member(new cpp_developer("Bill"));
pm.add_team_member(new cpp_developer("Chris"));
pm.add_team_member(new cpp_developer("Dave"));
pm.add_team_member(new database_admin("Edith"));
print_team(&pm);
```

现在我们可以编译并运行这些代码，会发现不仅可以向 manager 的团队中添加不同的对象，还可以通过 IWork 接口获取相应的信息并打印出来。

下一个任务是添加代码来序列化和反序列化这些对象。序列化表示将对象的状态（和类型信息）写入流，反序列化是根据上述信息使用相应的类型和特定状态创建新对象。为此每个对象必须包含一个构造函数，它接收一个指向反序列化对象的接口指针，并且构造函数应该调用该接口提取被创建对象的状态。此外，这样的类应该实现一种将对象的状态序列化并写入序列化对象的方法。先让我们看一下序列化，在文件的顶部添加如下接口：

```
#define interface struct

interface IWork;
// 前向声明
    interface ISerializer {
    virtual void write_string(const string& line) = 0;
    virtual void write_worker(IWork *worker) = 0;
    virtual void write_workers (
        const vector<unique_ptr<IWork>>& workers) = 0;
};
interface ISerializable {
    virtual void serialize(ISerializer *stm) = 0;
};
```

因为 ISerializer 接口需要使用 IWork 接口，所以需要使用前向声明。第一个接口 ISerializer 是通过序列化服务提供的一个对象实现的。这可以基于一个文件、网络套接字、数据库，或者任何希望存储对象的东西。底层的存储机制对于该接口的用户是无关紧要的，重点在于接口可以存储字符串，它可以使用 IWork 接口指针或这类对象的集合存储被传递的实体对象。

可以被序列化的对象必须实现 ISerializable 接口，并且它具有一个单一的方法，它会接收一个指向提供序列化服务对象的接口指针。在该接口的定义之后，添加如下类：

```
class file_writer : public ISerializer
{
    ofstream stm;
public:
```

```
    file_writer() = delete;
    file_writer(const char *file) { stm.open(file, ios::out); }
    ~file_writer() { close(); }
    void close() { stm.close(); }
    virtual void write_worker(IWork *worker) override
    {
        ISerializable *object = dynamic_cast<ISerializable*>(worker);
        if (object != nullptr)
        {
            ISerializer *serializer = dynamic_cast<ISerializer*>(this);
            serializer->write_string(typeid(*worker).raw_name());
            object->serialize(serializer);
        }
    }
    virtual void write_workers(
    const vector<unique_ptr<IWork>>& workers) override
    {
        write_string("[[");
        for (const unique_ptr<IWork>& member : workers)
        {
            write_worker(member.get());
        }
        write_string(")]"); // 团队结束标记
    }
    virtual void write_string(const string& line) override
    {
        stm << line << endl;
    }
};
```

这个类为一个文件提供了 ISerializer 接口，因此 write_string 方法使用 ifstream 插入运算符向文件中插入了一行字符串。write_worker 方法将 worker 对象写入文件。为此，它首先会对 worker 对象检查，看它是否能够通过将 IWork 接口转型为 ISerializable 接口，以此对自身进行序列化。如果 worker 对象实现了这个接口，则序列化器可以要求 worker 对象通过将 ISerializer 接口指针传递给 worker 对象上的 serialize 方法来实现对自身的序列化。由 worker 对象决定必须序列化的信息。

除了 ISerializer 接口之外，worker 对象对 file_writer 类一无所知，并且 file_writer 类对 worker 对象除了它实现了 IWork 和 ISerializable 接口之外也是一无所知。如果 worker 对象是可序列化的，则 write_worker 方法做的第一件事就是获取该对象的类型信息。IWork 接口将位于一个类上（project_manager、cpp_developer 或者 database_admin），因此间接引用指针将提供 typeid 运算符访问类的类型信息。我们将原生的类型名存储在序列化器中，因为它是紧凑的。一旦类型信息被序列化，我们可以要求对象通过调用其接口 ISerializable 上的 serialize 方法来对自身进行序列化。worker 对象将存储所需的任何信息。

manager 对象将需要序列化它的团队，并且它们是通过向 write_workers 方法传递一组 worker 对象集合来进行序列化的。这意味着被序列化的对象是写入两个标记 [[和]] 之间的数组。注意，因为容器包含 unique_ptr 对象，由于没有拷贝构造函数，这意味着共享所有权。因此，我们可以通过索引运算符访问元素，这使得我们可以获得容器内 unique_ptr 对象的索引。现在，对于每个可以序列化的类来说，必须继承包含接口 ISerializable 的类并实现

serialize 方法。类继承树意味着一种类型的 worker 的每个类都继承自 worker 类,所以我们只需要这个类继承自 ISerializable 接口:

```
class worker : public IWork, public ISerializable
```

通常的约定是一个类只能序列化自己的状态,并委托它的基类序列化其基类对象。位于继承树顶层的是 worker 对象,因此在类的底部添加下列接口方法:

```
virtual void serialize(ISerializer *stm) override
{
    stm->write_string(name);
    stm->write_string(position);
}
```

这简单地将名称和工作描述序列化到了序列化器中。注意,worker 对象并不知道序列化器将对这些信息做什么,并且也不知道是哪个类提供了 ISerializer 接口。

在 cpp_developer 类底部,添加如下方法:

```
virtual void serialize(ISerializer* stm) override
{ worker::serialize(stm); }
```

cpp_developer 类并不包含任何额外的状态,因此它将序列化委托给其父类。如果开发者类具有一个状态,那么它会在序列化基类对象之后序列化这个状态。将几乎完全相同的代码添加到 database_admin 类的底部。

project_manager 类也会调用它的基类,不过这是 manager,所以在 manager 类底部添加如下代码:

```
virtual void serialize(ISerializer* stm) override
{ manager::serialize(stm); }
```

manager::serialize 更复杂,因为这个类包含的状态应该被序列化:

```
virtual void serialize(ISerializer* stm) override
{
    worker::serialize(stm);
    stm->write_workers(this->team);
}
```

第一个动作是序列化基类,即一个 worker 对象。然后代码会序列化 manager 对象的状态,这意味着通过传递此序列化器集合来序列化团队数据成员。

为了能够对序列化进行测试,在 main 函数前面创建一个方法,并将 project_manager 代码移动到新方法中,添加下列序列化对象的代码:

```
void serialize(const char* file)
{
    project_manager pm("Agnes");
    pm.add_team_member(new cpp_developer("Bill"));
    pm.add_team_member(new cpp_developer("Chris"));
    pm.add_team_member(new cpp_developer("Dave"));
    pm.add_team_member(new database_admin("Edith"));
    print_team(&pm);
```

```
    cout << endl << "writing to " << file << endl;

    file_writer writer(file);
    ISerializer* ser = dynamic_cast<ISerializer*>(&writer);
    ser->write_worker(&pm);
    writer.close();
}
```

上述代码为指定的文件创建一个 file_writer 对象，从而获取该对象上的 ISerializer
接口，然后序列化 project_manager 对象。如果有其他团队，可以在关闭 writer 对象之前
将上述团队信息序列化到文件中。

main 函数将会接收两个参数。第一个是文件名，第二个是一个字符 r 或 w（r 表示读取文
件，w 表示写入文件）。添加下列代码来替换 main 函数：

```
void usage()
{
    cout << "usage: team_builder file [r|w]" << endl;
    cout << "file is the name of the file to read or write" << endl;
    cout << "provide w to file the file (the default)" << endl;
    cout << "        r to read the file" << endl;
}

int main(int argc, char* argv[])
{
    if (argc < 2)
    {
        usage();
        return 0;
    }

    bool write = true;
    const char *file = argv[1];
    if (argc > 2) write = (argv[2][0] == 'w');

    cout << (write ? "Write " : "Read ") << file << endl << endl;

    if (write) serialize(file);
    return 0;
}
```

现在用户可以编译和运行这些代码，并提供一个文件名：

team_builder cpp_team.txt w

这将创建一个名为 cpp_team.txt 的文件，其中包含团队信息，在命令行中打印输出 **cpp_
team.txt** 文件的信息：

```
.?AVproject_manager@@
Agnes
Project Manager
[[
.?AVcpp_developer@@
Bill
C++ Dev
.?AVcpp_developer@@
```

```
Chris
C++ Dev
.?AVcpp_developer@@
Dave
C++ Dev
.?AVdatabase_admin@@
Edith
DBA
]]
```

该文件并不是供人阅读的，不过如你所见，它在每行中都包含一条信息，每一个序列化对象前面都是类的类型信息。

现在将编写反序列化一个对象的代码。该代码需要一个类用于读取序列化数据并返回 worker 对象。该类和序列化器紧密耦合。在声明 ISerializable 接口之后，添加如下代码：

```
interface IDeserializer
{
    virtual string read_string() = 0;
    virtual unique_ptr<IWork> read_worker() = 0;
    virtual void read_workers(vector<unique_ptr<IWork>>& team) = 0;
};
```

第一个方法获取一个序列化字符，其他两个方法获取单个对象和一组对象集合。因为这些 worker 对象将在自由存储上创建，这些方法会采用智能指针。每个类可以序列化自身，所以现在将让每个可以序列化的类能够反序列化自己。为此，对于实现 ISerializable 接口的每个类，添加一个接收 IDeserializer 接口指针参数的构造函数。先从 worker 类开始，添加下列代码到公有的构造函数中：

```
worker(IDeserializer *stm)
{
    name = stm->read_string();
    position = stm->read_string();
}
```

本质上来说，这是 serialize 方法的反向操作，它从反序列化器中读取名称和职位描述字符串的顺序和传递给序列化器的顺序相同。

因为 cpp_developer 和 database_admin 类没有状态，因此除了调用基类构造函数之外，它们不需要执行任何其他反序列化操作。比如，将以下公共构造函数添加到 cpp_developer 类中：

```
cpp_developer(IDeserializer* stm) : worker(stm) {}
```

向 database_admin 类中添加一个类似的构造函数。

manager 有一个状态，所以有更多的工作来反序列化它们。将以下内容添加到 manager 类中：

```
manager(IDeserializer* stm) : worker(stm)
{ stm->read_workers(this->team); }
```

初始化器列表构造基类，运行这些操作后，构造函数通过调用 IDeserializer 接口上的 read_workers 方法来初始化具有零个或者多个 worker 对象的团队集合。最后，project_ manager 类继承自 manager 类，不过不添加额外的状态，因此添加以下构造函数：

```
project_manager(IDeserializer* stm) : manager(stm) {}
```

现在，每个可序列化类可以反序列化自身了，接下来的步骤是编写用于读取文件的 deser-ializer 类。在 file_writer 类之后，添加以下代码（注意，两种方法不是内联实现）：

```
class file_reader : public IDeserializer
{
    ifstream stm;
public:
    file_reader() = delete;
    file_reader(const char *file) { stm.open(file, ios::in); }
    ~file_reader() { close(); }
    void close() { stm.close(); }
    virtual unique_ptr<IWork> read_worker() override;
    virtual void read_workers(
    vector<unique_ptr<IWork>>& team) override;
    virtual string read_string() override
    {
        string line;
        getline(stm, line);
        return line;
    }
};
```

构造函数会打开指定文件，然后析构函数会关闭它。read_string 接口方法从文件读取一行信息，并将其作为字符串返回。在这两个接口方法中进行的主要工作这里并没有实现。read_workers 方法将读取一组 IWork 对象的集合，并将它们添加到通过引用传递的集合中。该方法将为文件中的每个对象调用 read_worker 方法，并将它们放入集合中，因此在该方法中主要进行的工作是读取文件。read_worker 方法是类中仅有的和可序列化类存在耦合的部分。因此，它必须在 worker 类定义之后定义。

在 serialize 全局函数的前面，添加如下代码：

```
unique_ptr<IWork> file_reader::read_worker()
{
}
void file_reader::read_workers(vector<unique_ptr<IWork>>& team)
{
    while (true)
    {
        unique_ptr<IWork> worker = read_worker();
        if (!worker) break;
        team.push_back(std::move(worker));
    }
}
```

read_workers 方法将使用 read_worker 方法从文件读取每个对象，该方法会返回 unique_ptr 对象中的每个对象。我们希望将这个对象添加到容器中，但是由于指针应该拥有独占所有权，所以我们需要将所有权移动到容器中的对象上。有两种方法可以做到这一点。第一种方法是只使用 read_worker 调用作为 push_back 的参数。read_worker 方法返回一个临时对象，它是一个 rvalue，因此编译器将在容器中创建对象时使用移动语义。我们并不一定要这样做，因为 read_worker 方法可能会返回一个 nullptr（我们需要测试这种情况），所以我们可以创建一个新的 unique_ptr 对象（移动语义将把所有权转移到这个对象），并且一旦测试了这个对象不是 nullptr，我们将调用标准库函数 move，将对象拷贝到容器中。

如果 read_worker 方法读取到数组的结束标记，它会返回一个 nullptr，因此 read_workers 方法循环读取每个 worker，并将它们放到集合中，直到程序返回一个 nullptr。

如下所示，实现 read_worker 方法：

```
unique_ptr<IWork> file_reader::read_worker()
{
    string type = read_string();
    if (type == "[[") type = read_string();
    if (type == "]]") return nullptr;
    if (type == typeid(worker).raw_name())
    {
        return unique_ptr<IWork>(
        dynamic_cast<IWork*>(new worker(this)));
    }
    return nullptr;
}
```

第一行代码从文件中读取 worker 对象的类型信息，以便它能够知道要创建的对象是什么。因为该文件包含指示团队成员数组的标识，所以代码必须检测这些。如果检测到了数组的起始位置，标记字符串会被忽略，并读取下一行以便获取团队第一个对象的类型。如果检测到结束标记，那么这是数组的末尾，所以返回一个 nullptr。

这里展示了一个 worker 对象的代码，if 语句检查了类型字符串是否与 worker 类的原始名称相同。如果是，那么我们必须创建一个 worker 对象，并通过调用接收一个 IDeserializer 指针的构造函数来要求它反序列化自己。

worker 对象是在自由存储上创建的，并且调用 dynamic_cast 运算符获取 IWorker 接口指针，然后它会用于初始化智能指针对象。unique_ptr 的构造函数是显式的，因此必须调用它。现在为其他可序列化类添加类似的代码：

```
if (type == typeid(project_manager).raw_name())
{
    return unique_ptr<IWork>(
    dynamic_cast<IWork*>(new project_manager(this)));
}
if (type == typeid(cpp_developer).raw_name())
{
    return unique_ptr<IWork>(
    dynamic_cast<IWork*>(new cpp_developer(this)));
}
if (type == typeid(database_admin).raw_name())
{
    return unique_ptr<IWork>(
    dynamic_cast<IWork*>(new database_admin(this)));
}
```

最后，需要创建一个 file_reader 并对文件进行反序列化。在 serialize 函数之后，添加如下代码：

```
void deserialize(const char* file)
{
    file_reader reader(file);
    while (true)
    {
        unique_ptr<IWork> worker = reader.read_worker();
        if (worker) print_team(worker.get());
        else break;
    }
    reader.close();
}
```

该代码只是根据文件名创建一个 file_reader 对象，然后从打印输出对象的文件中读取每个 worker 对象，如果是 project_manager，则打印输出它的团队成员。最后，在 main 函数中添加一行代码来调用这个函数：

```
cout << (write ? "Write " : "Read ") << file << endl << endl;
if (write) serialize(file);
else deserialize(file);
```

现在用户可以编译代码并使用它读取序列化文件中的内容：

team_builder cpp_team.txt r

（注意 r 参数）代码应该打印输出序列化到该文件的对象。

前面的示例表明，你可以编写不知道序列化机制的可序列化对象。如果你希望使用与平面文件不同的机制（比如 XML 文件或者数据库），则不需要修改任何 worker 类。而只需编写一个实现了 ISerializer 和 IDeserailizer 接口的类即可。如果需要创建另外一个 worker 类，用户需要做的所有工作就是修改 read_worker 方法来反序列化该类型的对象。

7.4　小结

在本章中，读者了解了如何使用 C++继承机制复用代码，并在对象之间提供 is-a 关系。同时也学习了如何使用这种方式实现多态，其中相关的对象可以被视为具有相同的行为，同时仍然保持调用每个对象方法的能力，以及将行为组合在以前的接口。在下一章中，读者将学习 C++标准库，以及它提供的各种实用程序类。

第 8 章
标准库容器

标准库提供了若干种容器，每个都是通过模板化类实现的，因此容器的行为可以兼容任何类型的元素。有一些类是处理有序容器的，容器中的元素顺序取决于元素插入容器的顺序。还有有序和无序关联容器，它们会把一个值和一个键相关联，随后使用键访问该值。

虽然它们本身不是容器，但是在本章中，我们还将介绍两个相关的类，将两个值链接到一个对象的 pair，以及可以将多个值保存于单个对象的 tuple。

8.1 pair 和 tuple

很多情况下，我们希望将两个元素关联到一起。比如，一个关联容器允许我们创建一个数组类型，其中除了数字之外的元素可以用作索引。头文件<utility>中包含一个模板化的类，叫 pair，它包含两个数据成员，分别是 first 和 second。

```
template <typename T1, typename T2>
struct pair
{
    T1 first;
    T2 second;
    // 其他成员
};
```

由于类是模板化的，这意味着你可以关联任何元素，包括指针和引用。访问成员很简单，因为它们是公有的。你还可以使用模板化函数 get，因此对于一个 pair 对象 p，我们可以通过 get<0>(p) 的方式调用它，而不是 p.first。

这个类还有一个拷贝构造函数，因此可以根据另外一个对象和移动构造函数创建一个对象。还有一个名为 make_pair 的函数可以从参数中推导出成员的类型：

```
auto name_age = make_pair("Richard", 52);
```

注意，因为编译器会使用它认为最合适的类型。在这种情况下，创建的 pair 对象将是 pair<const char*, int>，不过如果你希望其中的第一个参数是字符串，则使用构造函数会更简单。你可以比较 pair 对象，比较是在第一个成员上进行的，如果它们相等，才会比较第二个成员：

```
pair <int, int> a(1, 1);
pair <int, int> a(1, 2);
cout << boolalpha;
cout << a << " < " << b << " " << (a < b) << endl;
```

参数可以是引用：

```
int i1 = 0, i2 = 0;
pair<int&, int&> p(i1, i2);
++p.first; // 修改 i1
```

make_pair 函数将根据参数推导出其类型。编译器将无法区分变量和变量引用之间的差异。在 C++11 中，用户可以使用 ref 函数（在<functional>中）声明 pair 将用作引用：

```
auto p2 = make_pair(ref(i1), ref(i2));
++p2.first; // 修改 i1
```

如果你希望从一个函数返回两个值，则可以通过引用传递的参数来执行此操作，不过这样的代码会变得不易理解，因为我们希望返回值是通过一个函数而不是通过参数返回。pair 类允许我们在一个对象中返回两个值。一个例子是<algorithm>中的 minmax 函数，这将返回一个包含参数的 pair 对象，其顺序是按照从小到大的顺序排列的，并且它存在一个重载函数，如果没有使用默认运算符<，则可以提供一个谓词对象。下列代码将打印输出{10,20}：

```
auto p = minmax(20,10);
cout << "{" << p.first << "," << p.second << "}" << endl;
```

pair 类将两个元素关联。标准库中的 tuple 提供了类似的功能，但是由于模板是可变的，这意味着我们可以拥有任意数量的任何参数。但是，数据成员被命名为 pair 时，是通过模板化的 get 函数访问它们的：

```
tuple<int, int, int> t3 { 1,2,3 };
cout << "{"
    << get<0>(t3) << "," << get<1>(t3) << "," << get<2>(t3)
    << "}" << endl; // {1,2,3}
```

第一行代码创建了一个包含 3 个 int 元素的 tuple，并使用初始化列表对它进行初始化（可以使用构造函数语法）。然后会通过使用某个版本的 get 函数访问每个数据成员的方式将该 tuple 打印输出到控制台，其中模板参数表示元素的索引。注意，索引是一个模板参数，因此不能在运行时通过变量来提供它。如果这与我们的预期一致，则很明显需要用到一个诸如 vector 这样的容器。

get 函数返回一个引用，因此它可以用来修改元素的值。对于 t3 这样一个 tuple 来说，下列代码将把第一个元素的值改为 42，第二个元素的值改为 99：

```
int& tmp = get<0>(t3);
tmp = 42;
get<1>(t3) = 99;
```

用户还可以使用 tie 函数，通过一次调用提取出所有元素：

```
int i1, i2, i3;
tie(i1, i2, i3) = t3;
cout << i1 << "," << i2 << "," << i3 << endl;
```

tie 函数会返回一个 tuple，其中每个参数都是一个引用，并且使用作为参数传递的变量对它们进行初始化。如果像下列代码那样编写，那么上述代码会更容易理解：

```
tuple<int&, int&, int&> tr3 = tie(i1, i2, i3);
tr3 = t3;
```

可以根据一个 pair 对象创建一个 tuple 对象，因此也可以使用 tie 函数从一个 pair 对象中提取值。

有一个名为 make_tuple 的助手函数，它将推导出参数的类型。与 make_pair 函数一样，我们必须特别留意该推导，因为浮点数将被推导为双精度，整数将被推导为 int。如果要使用参数引用特定的变量，可以使用 ref 函数或者 cref 函数来处理常量引用。

只要元素数量相同并且类型等效，就可以对两个 tuple 对象进行比较。编译器将拒绝编译具有不同元素数量的 tuple 对象之间的比较，或者是某个 tuple 对象的元素类型无法转换成其他 tuple 元组对象的类型。

8.2 容器

标准库容器允许我们将零个或多个相同类型的元素组合在一起，并通过迭代器依次访问它们。每个这样的对象都有一个 begin 方法（它将一个迭代器对象返回给第一个元素）以及一个 end 函数（它将在容器中的最后一个元素之后返回一个迭代器对象）。迭代器对象支持类指针运算，因此 end() - begin() 将给出容器中的元素数量。

所有容器类型都将实现 empty 方法，以便检查容器中是否存在元素，size 方法主要用于统计容器中的元素数量（除了 forward_list 之外）。用户可以尝试像访问数组那样迭代访问容器：

```
vector<int> primes{1, 3, 5, 7, 11, 13};
for (size_t idx = 0; idx < primes.size(); ++idx)
{
    cout << primes[idx] << " ";
}
cout << endl;
```

问题在于，并非所有容器都允许随机访问，如果你认为使用其他容器效率更高，则必须更改容器的访问方式。如果希望使用模板编写通用代码，则此代码将不能正常运行。之前的代码可以使用迭代器更好地实现：

```
template<typename container> void print(container& items)
{
    for (container::iterator it = items.begin();
    it != items.end(); ++it)
    {
        cout << *it << " ";
    }
    cout << endl;
}
```

所有容器都有一个名为 iterator 的 typedef 成员，它给出了从 begin 方法返回的迭代器类型。迭代器对象的行为与指针类似，因此可以使用间接引用运算符获取迭代器引用的元素，以及使用自增运算符移动到下一个元素。

除了 vector 之外的所有容器，即使其他元素被删除了，也会保证迭代器仍然是有效的。如果是插入元素，那么只有 list、forward_list 和关联容器能够确保迭代器仍然是有效的。

与迭代器有关的详情将在后续章节深入介绍。

所有容器必须包含一个异常安全（nothrow）的方法，其名为 swap，并且它们必须具有事务语义（有两个例外），即操作必须成功或失败。如果操作失败，容器会保持执行该操作之前的状态。对于每个容器，当涉及多元素插入时，这个规则是可以适当放松的。如果使用一个迭代器区间一次性插入大量元素，并且在该区间中某个元素插入失败，那么该方法将无法撤销之前的插入。

需要重点指出的是，对象是被拷贝到容器中的，所以放入容器的对象必须包含一个拷贝和拷贝赋值运算符。此外还需注意，如果将一个需要用到基类对象的派生类对象放入容器中，那么拷贝操作将分割对象，这意味着与派生类有关的任何内容都将被删除（数据成员和虚方法指针）。

8.2.1　顺序容器

顺序容器存储一系列元素及其存储的顺序，并且当我们使用迭代器访问它们时，将按照它们放入容器的顺序检索。创建容器后，可以使用库函数更改排序方式。

1．list

顾名思义，list 对象是由双向链表实现的，其中每个元素都包含到下一个项目和前一个项目的链接。这意味着插入元素的速度很快（如第 4 章的单向链表的示例），但是在链表中，其中的元素只能访问它前面和后面的元素，无法使用索引运算符[]进行随机访问。

该类允许通过构造函数或成员方法提供值。比如 assign 方法允许使用一个初始化器列表或者迭代器在一次操作中填充容器，或者另外一个容器的某个区间。你还可以使用 push_back 或 push_front 方法插入单个元素：

```
list<int> primes{ 3,5,7 };
primes.push_back(11);
primes.push_back(13);
primes.push_front(2);
primes.push_front(1);
```

第一行代码先是创建了一个包含 3、5 和 7 的 list 对象，然后将 11 和 13 插入该对象的尾部（按顺序），以便该 list 对象包含的值为{3,5,7,11,13}。然后代码将数字 2 和 1 插入到该对象的前面，其最终包含的值为{1,2,3,5,7,11,13}。尽管 pop_front 和 pop_back 方法只是删除 list 对象中前面或者后面的元素，但是不会返回相关的元素。如果要获取已删除的元素，则必须先通过 front 或 back 方法访问该元素：

```
int last = primes.back(); // 获取最后一个元素
primes.pop_back(); // 删除它
```

clear 方法将删除 list 中的所有元素，erase 方法将删除元素。有两个版本可供选择：一个是包含标识单个元素的迭代器，另外一个是包含两个指示区间的迭代器。通过提供区间中第一个元素和区间末尾之后的元素来限定区间范围。

```
auto start = primes.begin(); // 1
start++;                      // 2
auto last = start;           // 2
```

```
last++;                      // 3
last++;                      // 5
primes.erase(start, last);   // 删除 2 和 3
```

这是迭代器和标准库容器的一般性原则，区间范围是通过迭代器采用第一个元素和最后一个元素之后的元素标识的。remove 方法将删除包含指定值的所有元素：

```
list<int> planck{ 6,6,2,6,0,7,0,0,4,0 };
planck.remove(6);            // {2,0,7,0,0,4,0}
```

还有一个接收谓词的 remove_if 方法，并且只有当谓词返回 true 时才会删除一个元素。类似地，我们可以使用迭代器将元素插入到 list 中，并将元素插入到指定的元素之前：

```
list<int> planck{ 6,6,2,6,0,7,0,0,4,0 };
auto it = planck.begin();
++it;
++it;
planck.insert(it, -1); // {6,6,-1,2,6,0,7,0,0,4,0}
```

你还可以声明元素可以在特定位置被插入多次（如果是这样，则会生成多个副本），并且也可以在某个位置插入多个元素。当然，如果传递的迭代器是通过调用 begin 方法获得的，则会将该元素插入 list 对象的起始位置。通过调用 push_front 方法也可以达到类似的目的。此外，如果迭代器是通过调用 end 方法获得的，那么元素会被插入到 list 的末尾，这与调用 push_back 方法的效果是一样的。

当我们调用 insert 方法时，可以提供一个将被复制或移动到（通过 rvalue 语义）list 中的对象。该类还提供了几种基于用户提供的数据构建新对象的 emplace 方法（emplace、emplace_front 和 emplace_back），并将该对象插入到 list 中。比如，如果你有一个可以根据两个双精度值创建的 point 类，那么可以插入一个已存在的 point 对象或者通过提供两个双精度值来放置一个 point 对象：

```
struct point
{
    double x = 0, y = 0;
    point(double _x, double _y) : x(_x), y(_y) {}
};

list<point> points;
point p(1.0, 1.0);
points.push_back(p);
points.emplace_back(2.0, 2.0);
```

创建 list 之后，我们可以使用成员函数操作它。swap 方法会接收一个合适的 list 对象作为参数，将元素从参数移动到当前对象中，然后将当前 list 中的元素移动到参数中。因为 list 是采用链表实现的，所以该操作很快。

```
list<int> num1 { 2,7,1,8,2,8 }; // 欧拉数中的数字
list<int> num2 { 3,1,4,5,6,8 }; // pi（圆周率）中的数字
num1.swap(num2);
```

之后，num1 将包含{3,1,4,5,6,8}，num2 将包含{2,7,1,8,2,8}，如图 8-1 所示。

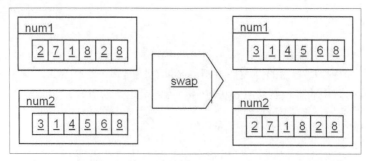

图 8-1

list 将按照元素插入容器时的顺序保存它们。但是，我们可以通过调用 sort 方法对元素排序，默认情况下，list 容器会使用运算符<对其中的元素按照升序排序。你还可以传递一个函数对象进行比较操作。排序完成后，可以通过调用 reverse 方法翻转元素的顺序。两个经过排序的 list 还可以合并，其中包括从参数列表中获取元素并将其插入到调用 list 中，顺序如下：

```
list<int> num1 { 2,7,1,8,2,8 }; // 欧拉数中的数字
list<int> num2 { 3,1,4,5,6,8 }; // pi 中的数字
num1.sort();                     // {1,2,2,7,8,8}
num2.sort();                     // {1,3,4,5,6,8}
num1.merge(num2);                // {1,1,2,2,3,4,5,6,7,8,8,8}
```

合并两个 list 可能会导致其中的元素重复，可以调用 unique 方法删除重复的元素：

```
num1.unique(); // {1,2,3,4,5,6,7,8}
```

2．正向 list

顾名思义，forward_list 类和 list 类类似，不过它只允许从 list 的前面插入和删除元素。这也意味着与类一起使用的迭代器只能执行自增操作，编译器将拒绝让这类迭代器执行自减操作。该类具有 list 类的一个子集，因此它包含 push_front、pop_front 和 emplace_front 方法，但是没有相应的 _back 方法。它还包含一些其他方法实现，并且因为 list 元素只能正向访问，这意味着插入操作将在现有元素之后发生，因此该类实现了 insert_after 和 emplace_after 方法。

类似地，你可以删除 list 开头（pop_front）或指定元素之后（erase_after）项目，或者告知类向前遍历整个 list，并删除具有特定值的元素（remove 和 remove_if）：

```
forward_list<int> euler { 2,7,1,8,2,8 };
euler.push_front(-1);            // { -1,2,7,1,8,2,8 }
auto it = euler.begin();        // 迭代器指向-1
euler.insert_after(it, -2);     // { -1,-2,2,7,1,8,2,8 }
euler.pop_front();              // { -2,2,7,1,8,2,8 }
euler.remove_if([](int i){return i < 0;});
                                // { 2,7,1,8,2,8 }
```

在上述代码中，变量 euler 是通过欧拉数进行初始化的，并且-1 被添加到了 list 的最前端。接下来，获取指向容器中第一个值的迭代器，也就是说，到值为-1 的位置。在迭代器的位置插入-2，也就是在-1 之后插入-2。最后两行演示了如何删除元素；pop_front 删除容器

最前面的元素，romve_if 将删除满足谓词条件的元素（在这种情况下，是指元素值小于零）。

3．vector

vector 类具有动态数组的行为，即对元素进行索引随机访问，并且随着更多元素被插入到容器中，容器的长度也随之增长。你可以使用一个初始化列表创建一个 vector 对象，并具有指定数量的元素副本。还可以通过传递表示容器中元素区间的迭代器，基于另外一个容器中的值构造 vector。可以通过提供容量大小作为构造函数参数来创建具有预定大小的 vector，并在容器中创建指定数量的默认项。如果在后续阶段需要指定容器的大小，可以调用 reserve 方法来指定最小尺寸，或者调用 resize 方法，这将意味着删除多余的元素或者创建新元素，具体情况取决于现有 vector 对象是否大于或者小于所需的尺寸。

当我们向一个 vector 容器插入元素并且没有足够的内存分配时，容器将分配足够的内存。这将涉及新内存的分配，将现有的元素拷贝到新内存中，创建新元素，最后销毁旧的元素拷贝并释放旧的内存。很明显，如果你知道元素的数量，并且知道 vector 容器将无法在没有新分配内存的情况下包含它们，则应该通过调用 reserve 方法声明需要多少空间。

插入构造函数以外的元素是很简单的。我们可以使用 push_back 方法在容器末尾插入一个元素（这是一个很快速的操作，假定不需要分配内存），并且还有 pop_back 方法来删除最后一个元素。你还可以使用 assign 方法来清理整个容器，并插入指定的元素（可以是若干个相同的元素，元素的初始化器列表，或者是另一个容器中迭代器指定的元素）。与 list 对象一样，我们可以清除整个 vector，删除特定位置的元素，或者在指定位置插入元素。但是没有类似的 remove 方法删除包含特定值的元素。

使用 vector 类的主要原因是使用 at 方法或者索引运算符[]进行随机访问：

```
vector<int> distrib(10); // 间隔为 10
for (int count = 0; count < 1000; ++count)
{
    int val = rand() % 10;
    ++distrib[val];
}
for (int i : distrib) cout << i << endl;
```

第一行创建了一个包含 10 个元素的 vector，然后在循环中 C 运行时函数 rand 被调用了 1 000 次，每次会获得一个 0～32 767 之间的伪随机数。取模运算符用于粗略地得到 0～9 之间的随机数。然后将该随机数作为 distrib 对象的索引，以便获取特定的元素，然后对其执行自增运算。最后，正如你所期望的，分布的结果会打印出来，每个元素的值大约是 100。

该代码依赖于运算符[]返回对元素的引用，这就是可以用这种方式对元素执行自增操作的原因。运算符[]可以用于向容器读取和写入元素。容器通过 begin 和 end 方法提供迭代器访问，以及 front 和 back 方法（容器适配器需要调用它们）。

一个 vector 对象可以保存任何包含拷贝构造函数和赋值运算符的类型，这意味着它可以兼容所有内置类型。一个 bool 型元素的 vector 将浪费内存，因为 bool 值可以存储为一个字节位，编译器可以将一个 bool 作为一个整数（32 位）处理。标准库中包含一个专一化的 bool 向量类，可以更高效地存储元素。然而，虽然这看起来是个好办法，但问题在于，由于容器将 bool 值存储为字节位，这意味着运算符[]不返回对 bool 的引用（而是返回行为类似的一个对象）。

如果你希望保存 bool 值并操作它们，只要在编译时知道有多少元素，则 biset 类可能是一个更好的选择。

4．deque

deque 的含义是双端队列，这意味着它可以从两端增长，虽然可以在中间插入元素，但是开销更昂贵。作为一个队列，这意味着元素是有序的，但是因为可以从任意端将元素放入对象中，所以该顺序不一定是将元素放入容器的顺序。

deque 的接口与 vector 类似，因此我们也可以使用 at 函数和运算符[]进行迭代器访问和随机访问。与 vector 类似，你可以使用 push_back、pop_back 和 back 方法从末尾访问 deque 的元素，但与 vector 不同之处在于，我们还可以使用 push_front、pop_front 和 front 方法访问双端队列前面的元素。尽管 deque 类包含向容器中插入和删除元素以及改变容器尺寸的方法，但是这类操作的内存开销很昂贵，如果你需要使用它们，则应该重新考虑是否该使用这种容器类型。此外，deque 类没有预先分配内存的方法，因此，当向容器中添加元素时，可能会导致产生内存分配操作。

8.2.2　关联容器

通过一个类 C 数组和 vector，其中每个元素与其数字索引关联。此前本章节中 vector 示例中已经演示了这一点，其中索引提供了分布的十分位数，而且方便的是，这种分布是以 10 个数据单位进行编码分割的。

关联容器允许我们提供不是数字的索引，也就是键，你可以将值与它们关联。当我们将键一值对插入容器时，它们将被排序，以便容器随后可以通过键高效地访问对应的值。通常，此顺序对你而言是无关紧要的，因为你不会使用容器来顺序访问元素，而是通过键访问值。一个典型的实现将使用二叉树或哈希表，这意味着根据键查找值是一个快速的操作。

对于顺序容器，比如 map，将使用谓词<对键和容器中现有的键进行比较。默认谓词意味着其中的键已经做过比较。如果是智能指针，那么它用于比较和排序的是智能指针对象，而不是它们包装的对象，在这种情况下，我们需要编写自己的谓词来执行适当的比较，并将其作为模板参数传递。

这意味着插入和删除元素的开销都是很昂贵的，并且该键被视为不可变的，因为我们无法修改元素。对于所有关联容器，它们不包含 remove 方法，但是包含 erase 方法。不过对于那些保存有序元素的容器，删除元素可能会影响性能。

有若干种关联容器，它们的主要区别在于如何处理重复的键和排序的层级。map 类包含根据唯一键排序的键值对，因此不允许出现重复的键。如果你希望包含重复的键，则需要使用 multimap 类。set 类本质上是一个键和值相同的 map 类，因此也不允许出现重复元素。multiset 类允许重复。

一个键和值相同的关联类看上去会有点奇怪，但是本章节中包含该类的原因是因为与 map 类一样，set 类有一个用于查找值的接口，且与 map 类一样，set 类可以很快找到一个元素。

1．map 和 multimap

map 容器存储两个不同的元素，一个键和一个值，并且是根据键排序来维护元素的。一个有序的 map，意味着它可以快速地定位其中的元素。该类拥有与其他容器相同的接口来添加元素，你可以通过构造函数将元素添加到容器中，也可以使用成员方法 insert 和 emplace。你还可以通过迭代器访问其中的元素。当然，迭代器可以访问单个值，所以一个 map 将是一个包含键和值的 pair 对象：

```
map<string, int> people;
people.emplace("Washington", 1789);
people.emplace("Adams", 1797);
people.emplace("Jefferson", 1801);
people.emplace("Madison", 1809);
people.emplace("Monroe", 1817);

auto it = people.begin();
pair<string, int> first_item = *it;
cout << first_item.first << " " << first_item.second << endl;
```

上述调用会把元素添加到 map 中，其中的键是一个字符串（总统的姓名），值是一个整数（总统任期的起始年份）。然后该代码会获得容器第一个元素的迭代器，并通过间接引用迭代器给出一个 pair 对象来访问元素。因为元素是按照已排序的方式进行存储的，所以第一个元素将被设置为 "Adams"。你还可以将元素作为 pair 对象插入，即可以作为对象也可以作为 pair 对象迭代器使用 insert 方法将元素插入另外一个容器。

大部分 emplace 和 insert 方法都会以下列形式返回一个 pair 对象，其中迭代器类型与 map 有关：

```
pair<iterator, bool>
```

你可以使用该对象测试两件事情。首先，bool 参数表示参数是否插入成功（如果容器中包含相同的键，操作将无法执行）。其次，pair 迭代器部分既可以指示新元素的插入位置，也可以指示不会被替换的现有元素位置（这将导致插入失败）。

失败取决于等价而不是相等。如果容器中有键的元素与将要插入的元素等价，则该插入操作将失败。等价的定义取决于与 map 对象一起使用的谓词。所以，如果 map 使用谓词 comp，那么两个元素 a 和 b 之间的等价性是通过测试 !comp(a,b) && !comp(b,a) 来确定的。这与测试 (a==b) 是不同的。

假定之前的 map 对象可以执行如下操作：

```
auto result = people.emplace("Adams", 1825);
if (!result.second)
    cout << (*result.first).first << " already in map" << endl;
```

变量 result 中的第二个元素是用于测试插入是否成功的，如果插入不成功，那么第一个元素是 pair<string,int> 的迭代器，它是已存在元素，代码将间接引用迭代器来获取 pair 对象，然后打印输出第一个元素，它就是相关的键（在这种情况下是人名）。

如果你知道元素应该如何在 map 中排布，则可以调用 emplace_hint 方法：

```
auto result = people.emplace("Monroe", 1817);
people.emplace_hint(result.first, "Polk", 1845);
```

这里我们知道 Monroe 后面的元素是 Polk，所以我们可以将迭代器传递给 Monroe 作为提示。该类通过迭代器访问元素，因此可以使用 for 循环（基于迭代器访问）：

```
for (pair<string, int> p : people)
{
    cout << p.first << " " << p.second << endl;
}
```

此外，可以使用 at 方法和 [] 运算符访问单个元素。在这两种情况下，类将使用提供的键搜索元素，并且如果找到符合条件的元素，将返回该元素值的引用。at 方法和运算符 [] 在没有找到特定键相关的值时，它们的行为不同。如果该键不存在，at 方法将会抛出一个异常；如果运算符 [] 无法找到特定的键，它将使用该键创建一个新元素，并调用值类型的默认构造函数。如果该键存在，运算符 [] 将返回值的引用，因此可以编写如下代码：

```
people["Adams"] = 1825;
people["Jackson"] = 1829;
```

第二行代码的执行结果如你所愿：其中不存在键为 Jackson 的元素，因此 map 将创建一个包含该键的元素，并通过调用值类型（int，因此它的初始值是 0）的默认构造函数对它进行初始化，然后返回该值的引用，它被赋值为 1829。第一行代码将查找 Adams，如果存在该元素，则返回该值的引用，然后它被赋值为 1825。与新插入的新元素相反，没有迹象表明元素的值被修改。用户可能希望在某些情况下使用此行为，但这并不是上述代码的本意，很明显，需要使用允许重复键（比如 multimap）的关联容器。此外，在这两种情况下，都要搜索键，返回引用，然后进行赋值。不过需要注意的是，虽然以这种方式插入元素是有效的，但是向容器中添加新的键—值 pair 更高效，因为不存在额外的赋值。

map 填充完毕之后，可以使用下列方法搜索值：

- at 方法，它传递一个键并返回该键相关值的引用；
- 运算符 []，传递一个键，并返回与该键相关值的引用；
- find 函数将使用模板中指定的谓词（与全局的 find 函数不同，详情稍后介绍），它将为用户提供一个指向整个元素的迭代器作为 pair 对象；
- begin 方法将提供一个指向第一个元素的迭代器，end 方法将提供一个指向最后一个元素之后的迭代器；
- lower_bound 方法将返回指向包含的键大于或等于已提供参数的元素的迭代器；
- upper_bound 方法将返回 map 中键大于已提供参数的第一个元素的迭代器；
- equal_range 方法将返回 pair 对象中的上限值和下限值。

2．set 和 multiset

set 的行为与 map 类似，不过它们的键与值是一样的，比如下列代码：

```
set<string> people{
    "Washington","Adams", "Jefferson","Madison","Monroe",
    "Adams", "Van Buren","Harrison","Tyler","Polk"};
for (string s : people) cout << s << endl;
```

这将根据字母顺序打印出 9 个人的姓名，因为其中有两个被称为 Adams 的元素，set 类不允许出现重复元素。当元素被插入 set 中时，它们会被排序，并且在这种情况下，顺序由比较两个字符串对象的词典顺序决定。如果用户希望允许出现重复元素，那么应该选用 multiset。

对于一个 map 来说，不能修改容器中元素的键，因为该键是用于确定顺序的。对于一个

set，键与值是相同的，所以这意味着根本无法修改元素。如果打算执行查找，那么更好的方案是选用一个有序的 vector。一个 set 将需要比 vector 更多的内存开销。因此，如果搜索是顺序的，则在 set 容器上的查找要比在 vector 容器速度更快，但是如果调用 binary_search 方法（详情会在后续的元素排序章节介绍），则可以比关联容器更快。

set 类的接口是 map 类接口的受限制版本，因为可以向容器中插入和放置元素，用另外一个容器中的值为它赋值，并且能够进行迭代器访问（begin 和 end 方法）。

因为没有明确的键，所以这意味着 find 方法查找的是一个值而不是一个键（与 bounds 方法类似，比如 equals_range 方法）。它没有 at 方法，也没有运算符[]。

3. 无序容器

map 和 set 类中可以快速地查找对象，这些类通过按照排序顺序保存元素来辅助查找。如果需要遍历访问元素（从开始到结尾），则将按照排序顺序获取这些对象。如果希望在某个键值范围内查找对象，则可以调用 lower_bound 和 upper_bound 方法，以便将迭代器定位到相应的键—值区间。这是关联容器的两个重要特征：查找和排序。在某些情况下，值的实际顺序并不重要，预期的目标是高效查找。在这种情况下，可以使用 map 和 set 类的无序版本。因为顺序不重要，所以可以使用哈希表实现。

8.2.3 专用容器

到目前为止，我们介绍的容器都是灵活的，可以用于多种目的。标准库提供具有特定元素的类，但是因为它们是通过包装其他类来实现的，所以它们被称为容器适配器。比如，可以将 deque 对象用作先进先出（First In First Out，FIFO）队列，将对象推送到 deque 的尾部（使用 push_back 方法），然后使用 front 方法从队列前端开始访问对象（并使用 pop_front 方法删除它们）。标准库实现了一个被称为 queue 的容器适配器，具有 FIFO 这种行为，它是基于 deque 类的。

```
queue<int> primes;
primes.push(1);
primes.push(2);
primes.push(3);
primes.push(5);
primes.push(7);
primes.push(11);
while (primes.size() > 0)
{
    cout << primes.front() << ",";
    primes.pop();
}
cout << endl; // 打印 1,2,3,5,7,11
```

使用 push 方法将元素添加到队列，同时可以使用 pop 方法将它们移除，使用 front 方法访问下一个元素。可以被此适配器包装的标准库容器必须实现 push_back、pop_front 和 front 方法。也就是说，元素在一端被添加，从另一端访问（和移除）。

后进先出（Last In First Out，LIFO）容器将从同一端添加和访问（以及删除）元素。此外，一个 deque 对象可以使用 push_back 方法推送元素，使用 front 方法访问元素，使用 pop_back 方法删除元素来实现上述行为。这有一个被称为 push 的方法将元素添加到容器，一个名为 pop 的方法删除元素，不过是使用 top 方法访问下一个元素的，即使它是使用被包装容器的 back 方法实现的。

　　适配器类 priority_queue 的用法与 stack 容器类似，即元素是采用 top 方法访问的。该容器会确保当添加了一个元素时，队列的顶部将始终是具有最高优先级的元素。谓词（默认值为<）用于给队列中的元素排序。比如，与其他任务相比，我们可以拥有包含任务名称的聚合类型和必须完成该任务的优先级：

```
struct task
{
    string name;
    int priority;
    task(const string& n, int p) : name(n), priority(p) {}
    bool operator <(const task& rhs) const {
        return this->priority < rhs.priority;
    }
};
```

　　聚合类型很简单，它有两个由构造函数初始化的数据成员。为了可以对任务进行排序，我们需要能够比较两个任务对象。一种办法（此前已经给出）是定义一个单独的谓词类。在这个示例中，我们使用默认的谓词，文档中说明的内容会比<task>更少，元素比较是基于<运算符的。为了使用默认谓词，我们需要为 task 类定义运算符<。现在我们可以将任务添加到 priority_queue 容器中：

```
priority_queue<task> to_do;
to_do.push(task("tidy desk", 1));
to_do.push(task("check in code", 10));
to_do.push(task("write spec", 8));
to_do.push(task("strategy meeting", 8));

while (to_do.size() > 0)
{
    cout << to_do.top().name << " " << to_do.top().priority << endl;
    to_do.pop();
}
```

　　上述代码的执行结果是：

```
check in code 10
write spec 8
strategy meeting 8
tidy desk 1
```

　　队列是根据 priority 数据项对任务进行排序的，top 和 pop 方法的调用组合根据优先级顺序读取元素并将它们从队列中移除。具有相同优先级的元素按照被添加的先后顺序放入队列中。

8.2.4　迭代器

　　到目前为止，在本章中我们已经指出容器是通过迭代器访问元素的。这意味着迭代器是简单的指针，这是刻意为之的，因为迭代器的行为与指针类似。但是，它们通常是迭代器类的对象（详情可以参考头文件<iterator>），所有迭代器都具有如表 8-1 所列的行为。

表 8-1

运算符	行 为
*	访问当前位置的元素
++	向前移动到下一个元素（通常会使用前缀运算符）（只有当前迭代器允许向前移动时）
--	向后移动到上一个元素（通常需要使用前缀运算符）（只有当迭代器允许向后移动时）
== 和 !=	两个迭代器在相同位置时进行比较
=	为迭代器赋值

与 C++指针不同，它假定数据在内存中是连续的，迭代器可用于更复杂的数据结构，比如链表，其中的元素可能不是连续的。运算符++和--会按照预期工作，不管底层存储机制如何。

头文件<iterator>中的全局函数 next 将递增迭代器，advance 函数将把迭代器移动到指定位置（向前或者向后取决于参数是否为负值，以及迭代器允许移动的方向）。还有一个 prev 函数可以将迭代器递减一个或多个位置。distance 函数可以用于确定两个迭代器之间有多少元素。

所有容器都有一个 begin 方法，它返回第一个元素的迭代器，另外一个 end 方法会返回最后一个元素的迭代器。这意味着我们可以通过调用 begin 方法迭代遍历访问容器中所有元素，然后递增迭代器，直到其返回末尾的元素。迭代器上的运算符*可以访问容器中元素，如果迭代器是读—写式的（如果从 begin 方法返回），这意味着可以修改元素。容器还有 cbegin 和 cend 方法，它们会返回一个常量迭代器，该迭代器对元素的访问是只读的：

```
vector<int> primes { 1,2,3,5,7,11,13 };
const auto it = primes.begin();  // 常量没有影响
*it = 42;
auto cit = primes.cbegin();
*cit = 1;                         // 无法通过编译
```

这里的 const 没有任何效果，因为变量是 auto 类型，类型是从用于初始化变量的元素中推导出来的。cbegin 方法将被定义为返回一个常量迭代器，所以用户不能修改它引用的元素。

begin 和 cbegin 方法将返回正向迭代器，因为运算符++会将迭代器向前移动。

容器还支持反向迭代器，其中的 rbegin 是容器中的最后一个元素（即 end 方法返回的位置之前的元素），rend 是第一个元素之前的位置（还有 crbegin 和 crend，它们会返回常量迭代器）。很重要的一点是，运算符++对于反向迭代器是向后移动的，如下所示：

```
vector<int> primes { 1,2,3,5,7,11,13 };
auto it = primes.rbegin();
while (it != primes.rend())
{
    cout << *it++ << " ";
}
cout << endl; // 打印13,11,7,5,4,3,2,1
```

++运算符根据迭代器的应用类型递增迭代器。需要注意的是，这里采用运算符!=是为了判断循环是否应该结束，因为所有迭代器上都定义了运算符!=。

使用 auto 关键字将忽略迭代器的类型。事实上，所有容器都有它们采用的所有迭代器类型的 typedef，因此在上述情况下，我们可以使用如下代码：

```
vector<int> primes { 1,2,3,5,7,11,13 };
vector<int>::iterator it = primes.begin();
```

允许正向迭代的容器将具有 iterator 和 const_iterator 的 typedef，允许反向迭代的容器具有 reverse_iterator 和 const_reverse_iterator 的 typedef。为了保持功能完整，容器也将具有指针和返回指针元素方法的常量指针的 typedef，以及返回元素引用的方法的 reference 和 const_reference。这些类型定义使得我们可以在不知道容器中类型的情况下编写通用代码，并且代码仍然可以声明正确类型的变量。

虽然它们看起来像指针，但迭代器通常由类实现。这些类型只允许朝一个方向进行迭代：正向迭代器将只有++运算符，反向迭代器将具有---运算符，或者该类型允许双向迭代（双向迭代器），因此它们实现了++和--运算符。比如 list、set、multiset、map 和 multimap 类上的迭代器是双向的。vector、deque、array 和 string 类具有允许随机访问的迭代器，因为这些迭代器具有和双向迭代器相同的行为，但是也具有可以进行运算的指针，因此它们可以一次性更改多个元素的位置。

1．输入和输出迭代器

顾名思义，一个输入迭代器将只能向前移动并具有读取权限，输出迭代器将只能向前移动并拥有写入权限。这些迭代器不能随机访问并且它们不允许向后移动。比如，输出流可以与输出迭代器一起使用：将间接引用的迭代器分配给数据项，以便将该数据项写入流中。类似地，输入流可以包含输入迭代器，并且间接引用迭代器来访问流中的下一个元素。这类行为意味着对于输出迭代器，使用间接引用运算符（*）唯一有效的地方在等号的左侧。使用!=检查迭代器的值是没有意义的，并且我们无法检查输出迭代器赋值是否能够成功。

比如，transform 函数将接收 3 个迭代器和一个函数。前两个迭代器是输入迭代器，并表示函数将要转换的元素区间。执行结果将放入一个元素区间中（与输入迭代器的区间大小相同），其中的第一个元素是由第三个迭代器声明的，它是一个输出迭代器。这样做的一种方法如下所示：

```
vector<int> data { 1,2,3,4,5 };
vector<int> results;
results.resize(data.size());
transform(
  data.begin(), data.end(),
  results.begin(),
  [](int x){ return x*x; } );
```

这里的 begin 和 end 方法返回数据容器上的迭代器，这些迭代器可以安全地用作输入迭代器。只要容器具有足够的分配项，results 容器上的 begin 方法只能用作输出迭代器，而且上述代码就属于这种情况，因为它们已经通过 resize 方法分配了。然后，该函数将通过将其传递给最后一个参数中的 lambda 函数来转换每个输入项（即返回值的平方）。着重回顾一下这里到底发生了什么：transform 函数的第三个参数是一个输出迭代器，意味着我们应该期望函数通过此迭代器写入值。

此代码可以正常工作，但是它需要额外的步骤分配空间，并且可以在容器中另外分配默认对象，以便可以重写它们。值得一提的是，输出迭代器不必是另外一个容器。它可以是同一个容器，只要它指定的区间可以被写入：

```
vector<int> vec{ 1,2,3,4,5 };
vec.resize(vec.size() * 2);
transform(vec.begin(), vec.begin() + 5,
    vec.begin() + 5, [](int i) { return i*i; });
```

容器 vec 调整了大小，以便有足够的空间存储执行结果。要转换的取值范围是从第一个元素到第五个元素（vec.begin()+5），写入转换值的位置是从第 6～10 项。如果要打印该vector，则将得到的结果是{1,2,3,4,5,1,4,9,16,25}。

另外一种输出迭代器是 inserter。back_inserter 是用于具有 push_back 的容器，front_inserter 是用于具有 push_front 的容器。顾名思义，inserter 会调用容器上的insert 方法。比如，可以像下列代码那样使用 back_inserter：

```
vector<int> data { 1,2,3,4,5 };
vector<int> results;
transform(
    data.begin(), data.end(),
    back_inserter(results),
    [](int x){ return x*x; } ); // 1,4,9,16,25
```

上述代码将转换结果插入到使用 back_inserter 类创建的包含临时对象的结果容器中。使用 back_inserter 对象可以确保通过迭代器写入时，该元素将使用 push_back 插入被包装的容器中。注意，结果容器与源容器是不同的。

如果希望以相反的顺序排列值，则如果容器支持 push_front 方法（例如 deque），就可以使用 front_inserter，vector 类没有 push_front 方法，但它具有反向迭代器，因此可以如下使用它们：

```
vector<int> data { 1,2,3,4,5 };
vector<int> results;
transform(
    data.rbegin(), data.rend(),
    back_inserter(results),
    [](int x){ return x*x; } ); // 25,16,9,4,1
```

为了翻转执行结果的顺序，你需要做的是将 begin 方法替换为 rbegin，将 end 方法替换为 rend 方法。

2．流迭代器

<iterators>中的一些适配器类可以用于从输入流中读取元素或者向输出流中写入元素。比如，到目前为止，我们已经在 for 循环中采用迭代器打印输出容器的内容：

```
vector<int> data { 1,2,3,4,5 };
for (int i : data) cout << i << " ";
cout << endl;
```

相反，我们可以基于 cout 创建一个输出流迭代器，这样 int 值将使用流运算符<<通过该迭代器被写入 cout 流中。为了打印输出 int 值的容器，只需将该容器复制到输出迭代器即可：

```
vector<int> data { 1,2,3,4,5 };
ostream_iterator<int> my_out(cout, " ");
copy(data.cbegin(), data.cend(), my_out);
cout << endl;
```

ostream_iterator 类的第一个参数是它将适配的输出流，可选的第二个参数是每个元素之间使用的字符串分隔符。copy 函数（在<algorithm>中）将复制输入迭代器指示的范围内的元素，并将它作为前两个参数，目标的输出迭代器将被作为最后一个参数传递。

类似地，istream_iterator 类将包装一个输入流对象并提供一个输入迭代器。该类将使用流运算符>>提取指定类型的对象，这可以通过流迭代器读取。不过，从数据流读取数据比写入数据更复杂，因为必须检测输入流中没有更多的数据供迭代器读取（文件结束的情况）。

istream_iterator 类具有两个构造函数。一个构造函数包含单个参数，即要读取的输入流；另一个构造函数是默认构造函数，它没有参数，用于创建流迭代器的结尾部分。流迭代器的结尾用于表示流中没有更多数据：

```
vector<int> data;
copy(
    istream_iterator<int>(cin), istream_iterator<int>(), back_inserter(data));

ostream_iterator<int> my_out(cout, " ");
copy(data.cbegin(), data.cend(), my_out);
cout << endl;
```

第一个对 copy 函数的调用提供了两个输入迭代器，作为前面的参数以及一个输出迭代器。该函数将数据从第一个迭代器复制到最后一个参数中的输出迭代器。因为最后一个参数是由 back_inserter 创建的，这意味着元素是被插入到 vector 对象中的。输入迭代器是基于一个输入流（cin），因此 copy 函数将从控制台读取 int 值（每个由空格隔开），直到没有可用的数据读取为止（比如，当用户按下 **ctrl+z** 组合键终止流，或者输入了非数字元素）。

因为你可以使用迭代器给出的一组区间值初始化某个容器，所以可以使用 istream_iterator 作为构造函数参数：

```
vector<int> data {
    istream_iterator<int>(cin), istream_iterator<int>() };
```

这里的构造函数是采用初始化器列表语法调用的。如果使用了括号，编译器会将其解析为函数的声明。

如前所述，istream_iterator 会使用流运算符>>从流中读取指定类型的对象，并且此运算符使用空格分隔元素（因此它只忽略所有空格）。如果读取的是一个字符串对象容器，则用户在控制台上输入的每个单词将是容器中的单个元素。一个字符串是字符的容器，也可以使用迭代器对它进行初始化，因此可以尝试使用 istream_iterator 从控制台将数据添加到一个字符串中：

```
string data {
        istream_iterator<char>(cin), istream_iterator<char>() };
```

在这种情况下，流是 cin，不过它也可以是一个文件的 ifstream 对象。问题在于，cin 对象将剥离空白区域，所以字符串对象将包含除空格之外用户输入的所有内容，其中不会有空格和换行符。

这个问题是由 istream_iterator 使用流运算符>>引起的，并且只能通过使用另外一个类 istreambuf_iterator 来避免：

```
string data {
    istreambuf_iterator<char>(cin), istreambuf_iterator<char>() };
```

该类将从流中读取每个字符，并可以在不经运算符>>处理的情况下将这些字符复制到容器。

3. 使用 C 标准库的迭代器

C 标准库通常将需要指向数据的指针。比如，当一个 C 函数需要用到一个字符串时，它将需要一个 const char*指针指向包含字符串的字符数组。C++标准库被设计成允许将其类和 C 标准库一起使用；事实上，C 标准库是 C++标准库的一部分。字符串对象在这种情况下的解决方案很简单：当需要一个 const char*指针时，只需在字符串对象上调用 c_str 方法即可。

将数据存储在连续内存（数组、字符串或者数据）上的容器有一个名为 data 的方法，可以将容器的数据作为 C 数组访问。此外，这些容器具有运算符[]来访问它们的数据，因此我们也可以将其中的第一个元素的地址当作&container[0]（其中的 container 是容器对象），就像 C 数组那样。但是，如果容器是空的，则该地址将无效，因此在使用之前，我们应该调用 empty 方法。这些容器中的元素数量是根据 size 方法获得的，因此对于接收指向 C 数组开头的指针及其大小等参数的 C 函数，用户可以使用&container[0]调用它，并使用 size 方法返回它的大小。

你可能会尝试通过调用 begin 函数来获取具有连续内存的容器的开头部分，但这将返回一个迭代器（通常是一个对象）。所以，要获得一个指向第一个元素的 C 指针，应该调用 &*begin，即间接引用从 begin 函数返回的迭代器来获得第一个元素，然后使用地址运算符获得它的地址。坦率地说，&container[0]更简单也更易读。

如果容器不将其数据存储在连续内存中（比如 deque 和 list），那么你可以通过简单地将数据复制到临时 vector 中来获得 C 指针。

```
list<int> data;
// 执行一些计算并填充 list
vector<int> temp(data.begin(), data.end());
size_t size = temp.size(); // 可以传递尺寸给 C 函数
int *p = &temp[0];         // 将 p 传递给 C 函数
```

在这种情况下，我们学习使用一个 list，并且例程将操作该数据对象。在例程中，这些值被传递给 C 函数，因此该 list 用于初始化一个 vector 对象，这些值是从 vector 获取的。

8.3 算法

标准库在头文件<algorithm>中包含大量的通用函数。这通常意味着它们可以在不知道迭代器引用内容的情况下通过迭代器访问数据，因此它意味着我们可以为任何适当的容器编写通用代码。但是，如果你知道容器类型并且该容器具有指向相关操作的成员方法，则应该使用该成员。

8.3.1 元素迭代

<algorithm>中的很多例程接收区间作为参数，并在这些区间上迭代执行某些操作。顾

名思义，fill 函数将使用一个值填充一个容器。该函数需要两个迭代器来指定区间，以及将被放置到容器中每个位置的值：

```
vector<int> vec;
vec.resize(5);
fill(vec.begin(), vec.end(), 42);
```

因为 fill 函数是专门针对一个区间进行调用的，这意味着必须将迭代器传递给已经有值的容器，这就是为什么上述代码会调用 resize 方法的原因。该代码将值 42 放入容器中的每个元素中，因此当执行完毕操作之后，vector 容器中将包含{42,42,42,42,42}。该函数还有另外一个版本名叫 fill_n，它通过单个迭代器声明区间的起始位置和给出区间的元素个数来声明区间的范围。

generate 函数是类似的，但不是单个值，它可以是一个函数、一个函数对象或者 lambda 表达式。该函数用于提供容器中的每个元素，因此它没有参数并返回由迭代器访问的类型对象：

```
vector<int> vec(5);
generate(vec.begin(), vec.end(),
    []() {static int i; return ++i; });
```

此外，你必须确保 generate 函数传递的区间是已存在的，并且此代码将初始大小作为构造函数参数传递。下列示例中，lambda 表达式包含一个静态变量，每次调用之后会对该变量执行自增操作，因此这意味着在 generate 函数执行完毕后，容器中将包含的值为{1,2,3,4,5}。该函数还有另外一个版本名叫 generate_n，它是通过单个迭代器声明区间起始位置和区间中元素总数来指定区间范围的。

for_each 函数将遍历两个迭代器指定的区间，对于此区间中的每个元素调用指定的函数。此函数必须具有与容器中元素相同类型的单个参数：

```
vector<int> vec { 1,4,9,16,25 };
for_each(vec.begin(), vec.end(),
    [](int i) { cout << i << " "; });
cout << endl;
```

for_each 函数将变量访问迭代器指定的所有元素（在这种情况下为整个区间），间接引用迭代器，并将元素传递给函数。此代码的作用是打印输出容器中的内容。该函数可以通过值（比如在这种情况下）或引用获取元素。如果通过引用传递元素，则该函数可以修改元素：

```
vector<int> vec { 1,2,3,4,5 };
for_each(vec.begin(), vec.end(),
    [](int& i) { i *= i; });
```

调用此代码之后，vector 中的元素将被这些元素执行平方计算后的结果替换。如果使用一个函子或者 lambda 表达式，那么可以传递一个容器来获得该函数的执行结果。比如：

```
vector<int> vec { 1,2,3,4,5 };
vector<int> results;
for_each(vec.begin(), vec.end(),
    [&results](int i) { results.push_back(i*i); });
```

这里，声明了一个容器用于接收每次调用 lambda 表达式后的结果，并且变量通过该表达式的引用进行传递。

> **提示**
> 回想一下第 5 章，方括号包含在表达式外部声明的捕获变
> 量名。一旦被捕获，就意味着表达式能够访问该对象。

在此示例中，每次迭代的结果（i*i）会被推送到捕获集合中，以备后用。transform 函数有两种形式，它们都提供了一个函数（一个指针、函子或者 lambda 表达式），它们都可以通过迭代器传递容器中元素的输入区间。在这方面，它们类似于 for_each 函数。transform 函数也允许将迭代器传递给用于存储函数结果的容器。该函数必须具有与引用的输入迭代器相同类型（或引用）的单个参数，并且必须返回输出迭代器访问的类型。

transform 函数的另外一个版本使用一个函数组合两个区间的值，所以这意味着该函数必须有两个参数（将是两个迭代器中的相应元素），并返回输出迭代器的类型。你只需要提供其中一个输入区间的元素的完整区间，因为它假定另外一个区间的大小至少与此相同，因此用户只需要提供第二个区间的起始位置的迭代器：

```
vector<int> vec1 { 1,2,3,4,5 };
vector<int> vec2 { 5,4,3,2,1 };
vector<int> results;
transform(vec1.begin(), vec1.end(), vec2.begin(), back_inserter(results), [](int i, int j) { return i*j; });
```

8.3.2 获取信息

一旦容器中填充了值，就可以调用函数来获取这些元素的信息。count 函数用于对区间中指定数量的数字项进行统计：

```
vector<int> planck{ 6,6,2,6,0,7,0,0,4,0 };
auto number = count(planck.begin(), planck.end(), 6);
```

上述代码将要返回的值是 3，因为容器中有 6 的 3 个副本。函数返回的类型是在容器的 difference_typetypedef 中声明的类型，并且在这种情况下将是 int。函数 count_if 的工作机制与之类似，不过需要传递一个接收单个参数（容器中当前的元素）的谓词和返回一个 bool 值来指示该值是否需要被计数。

count 函数将统计特定值出现的次数。如果你希望汇总所有值的情况，则可以使用 <numeric> 中的 accumulate 函数。这将遍历整个区间，访问每个元素并对所有元素汇总求和。总和将使用类型的运算符+执行，但也有一个版本采用二进制函数（容器类型的两个参数，并返回相同的类型），用以声明将两个这样的元素相加会发生什么。

all_of、any_of 和 none_of 函数会传递一个具有与容器类型相同参数的谓词，还给出了迭代器，用来声明它们迭代访问的区间，并使用谓词对每个元素进行测试。如果所有元素的测试结果为 true，那么 all_of 函数将返回 true，如果谓词的测试结果中至少有一个元素为 true，那么函数 any_of 会返回 true，只有当所有元素的谓词结果为 false 时，none_of 函数才会返回 true。

8.3.3 容器比较

如果你有两个数据的容器，可以使用多种方式对它们进行比较。对于每种容器类型，它们

都定义了<、<=、==、!=、>和>=等运算符。运算符==和!=会比较容器，比较的内容包括容器中元素的数量和元素的值。因此，如果元素数量和元素值不同，或者两者兼而有之，则它们就不相等。其他比较更倾向于元素值而不是元素数量：

```
vector<int> v1 { 1,2,3,4 };
vector<int> v2 { 1,2 };
vector<int> v3 { 5,6,7 };
cout << boolalpha;
cout << (v1 > v2) << endl; // true
cout << (v1 > v3) << endl; // false
```

在第一个比较中，两个 vector 包含相同的元素，但是 v2 的元素数量更少一些，因此 v1 "大于" v2。对于第二种情况，v3 中的元素值大于 v1 的，但是元素数量要少一些，因此 v3 "大于" v1。

你还可以使用 equal 函数进行区间比较。这将传递两个区间（假定这两个区间的大小相同，因此只需要一个指向第二个区间起始位置的迭代器），然后使用迭代器或者已提供的谓词访问类型的运算符==比较两个区间中相应的元素。只有所有比较都为 true 时，该函数才会返回 true。类似地，mismach 函数将比较两个区间中的相应元素。不过该函数将返回两个区间中第一个不相同的元素，其中包含每个区间迭代器的 pair 对象。用户还可以提供一个 comparison 函数。is_permutation 函数的作用与比较两个区间的值类似，如果两个区间中具有相同的值但是排序顺序不同，它将返回 true。

8.3.4　修改元素

reverse 函数作用于容器的某个区间，并翻转元素的顺序，这意味着迭代器必须是可写入的。copy 和 copy_n 函数将一个区间的元素朝前复制到另外一个区间。对于 copy 函数，输入区间有两个输入迭代器给出，对于 copy_n 函数，其区间范围是由输入迭代器和元素总数指定的。copy_backward 函数将从区间的末尾开始复制元素，以使得输出区间和源文件的顺序相同。这意味着输出迭代器将指示目标区间的末尾位置。只有当它们满足谓词指定的条件时，用户才可以复制元素。

reverse_copy 函数将以与输入区间相反的顺序创建一个副本。实际上，函数将根据源区间向后迭代访问，然后将元素向前拷贝到输出区间。

尽管如此，move 和 move_backward 函数在语义上等同于 copy 和 copy_backward 函数。因此，在以下操作中，原始容器将具有相同的值：

```
vector<int> planck{ 6,6,2,6,0,7,0,0,4,0 };
vector<int> result(4);          // 希望获得 4 个元素
auto it1 = planck.begin();      // 获得第一个位置
it1 += 2;                       // 向前移动两个位置
auto it2 = it1 + 4;             // 移动 4 个元素
move(it1, it2, result.begin()); // {2,6,0,7}
```

上述代码将从第一个容器中复制 4 个元素到第二个容器，并且是从其中的第三个元素开始的。remove_copy 和 remove_copy_if 函数遍历源区间并复制除了具有指定值以外的元素。

```
vector<int> planck{ 6,6,2,6,0,7,0,0,4,0 };
vector<int> result;
remove_copy(planck.begin(), planck.end(),
```

```
back_inserter(result), 6);
```

这里 planck 对象与前面的代码一样，result 对象将包含{2,0,7,0,0,4,0}。remove_
copy_if 函数的行为类似，但是给出了谓词而不是实际值。remove 和 remove_if 函数的作
用与它们的名字并不完全相符。这些函数作用于单个区间，并迭代查找特定的值（删除），或者
将每个元素传递给谓词来判别元素是否被删除（remove_if）。当元素被移除后，容器中后续
的元素将向前移动，但容器仍然保持相同的尺寸，这意味着末端的元素仍然会保持原样。remove
函数的行为会如此的原因，是它们只知道通过迭代器（通用于所有容器）读取和写入元素。为
了擦除一个元素，该函数需要访问容器的 erase 方法，并且 remove 函数只能访问迭代器。

如果你希望移除末端的元素，那么必须相应地调整容器的大小。通常，这意味着在容器上
调用合适的 erase 方法，这是因为可以让 remove 方法将迭代器返回到新的末端位置：

```
vector<int> planck { 6,6,2,6,0,7,0,0,4,0 };
auto new_end = remove(planck.begin(), planck.end(), 6);
                                    // {2,0,7,0,0,4,0,0,4,0}
planck.erase(new_end, planck.end()); // {2,0,7,0,0,4,0}
```

replace 和 replace_if 函数通过单个区间进行迭代访问，并且如果该值是一个指定值
（replace）或者谓词返回值为 true（replace_if），那么该元素将被替换为指定的新值。
还有两个函数 replace_copy 和 replace_copy_if，它们会保留原来的区间，修改另外一
个区间（类似于 remove_copy 和 remove_copy_if 函数）。

rotate 函数会将区间看作首尾相连的结构，因此可以向前移动元素，以便当元素移动到末
尾之后时被移动到前端的第一个位置。如果你希望将每个元素向前移动 4 个位置，可以这样做：

```
vector<int> planck{ 6,6,2,6,0,7,0,0,4,0 };
auto it = planck.begin();
it += 4;
rotate(planck.begin(), it, planck.end());
```

该轮换操作的结果是{0,7,0,0,4,0,6,6,2,6}。rotate_copy 函数可以达到相同的效
果，但是它不会影响原先的容器，它将把元素复制到另外一个容器中。

unique 函数作用于一个区间，并删除相邻元素中重复的项（以前面讲述的方式），你可以
为该函数提供一个谓词，以便测试两个元素是否相同。该函数只检查相邻的元素，因此后续重
复的元素仍将保留。如果希望移除所有重复的元素，那么应该首先对容器进行排序，以便类似
的元素被排在一起。

unique_copy 函数将元素从一个区间拷贝到另一个，如果这些元素都是唯一存在的。因
此删除重复项的一种方法是在临时容器上使用此函数，然后将原始数据赋值给临时容器：

```
vector<int> planck{ 6,6,2,6,0,7,0,0,4,0 };
vector<int> temp;
unique_copy(planck.begin(), planck.end(), back_inserter(temp));
planck.assign(temp.begin(), temp.end());
```

执行上述代码之后，planck 容器将包含{6,2,6,0,7,0,4,0}。

最后，iter_swap 函数将交换两个由迭代器指示的元素，并且 swap_ranges 函数将把
一个区间中的元素交换到另外一个区间（第二个区间由一个迭代器表示，并且假定引用的区间
大小与第一个相同）。

8.3.5　查找元素

标准库中包含大量用于查找元素的函数。

min_element 函数将返回组件中最小的元素，max_element 函数将返回区间中指向最大元素的迭代器。这些函数被传递给要检查元素区间的迭代器，然后一个谓词将返回两个元素比较大小之后的布尔值。如果你没有提供谓词，将采用该类型的运算符<。

```
vector<int> planck{ 6,6,2,6,0,7,0,0,4,0 };
auto imin = min_element(planck.begin(), planck.end());
auto imax = max_element(planck.begin(), planck.end());
    cout << "values between " << *imin << " and "<< *imax << endl;
```

imin 和 imax 的值是迭代器，这就是为什么需要间接引用它们来获取值。如果你希望一次性获得最大和最小的元素，可以调用 minmax_element 函数，它将返回包含这些元素迭代器的 pair 对象。顾名思义，adjacent_find 函数将返回具有相同值的前两个元素的位置（可以提供一个谓词来决定相同值的具体含义）。这使得我们可以搜索重复的元素并获得这些重复项的位置。

```
vector<int> vec{0,1,2,3,4,4,5,6,7,7,7,8,9};
vector<int>::iterator it = vec.begin();

do
{
    it = adjacent_find(it, vec.end());
    if (it != vec.end())
    {
        cout << "duplicate " << *it << endl;
        ++it;
    }
} while (it != vec.end());
```

上述代码包含一系列数字，其中有一些重复的数字彼此相邻。在这种情况下，有 3 组相邻的重复项：4 后面跟着 4；7、7、7 是 7 后面跟着两个 7。do 循环将重复调用 adjacent_find 函数直到它返回末尾迭代器，这表示它已经搜索了所有元素。当找到一对重复元素时，代码将打印出该值，然后移动到下一次搜索的起始位置。

find 函数在容器中搜索单个值，并返回一个到该元素的迭代器或者在无法找到符合条件的元素时，返回末尾迭代器。find_if 函数传递一个谓词，它将迭代器返回给满足谓词的第一个元素。类似地，find_if_not 函数会找到不满足谓词的第一个元素。

有一些函数会提供两个区间，一个是要搜索的区间，另外一个是包含要查找的值的区间。different 函数既可以查找符合搜索条件的某个元素，也可以查找符合条件的所有元素。这些函数将使用容器保存类型的运算符==或者一个谓词。

find_first_of 函数会返回它在搜索列表中找到的第一个元素的位置。search 函数查找一个特定的序列，它返回整个序列的第一个元素的位置，find_end 函数返回整个搜索序列最后一个元素的位置。最后，search_n 函数查找指定容器区间内序列中某个值重复出现的次数（重复值已经给出）。

8.3.6 元素排序

顺序容器可以进行排序，并且一旦排序完成，就可以使用方法搜索其中的元素、合并容器或者比较容器之间的差异。sort 函数将根据已提供的运算符<或者谓词对区间内的元素进行排序。如果区间中有相同的元素，那么排序后这些元素的顺序不能保证与原来一样；如果这种顺序很重要，那么应该调用 stable_sort。如果要保留输入区间并将经过排序的元素复制到另外一个区间，则应该使用名为 partial_sort_copy 的函数。它并不是部分排序，该函数将迭代器传递给输入区间，并将迭代器传递给输出区间，因此必须确保输出区间具有合适的容量。

你可以通过调用 is_sorted 函数来检查某个区间是否经过排序，这将遍历区间中所有元素，如果它发现某个元素不是按照顺序排序的，则会返回 false。在这种情况下，我们可以通过调用 is_sorted_until 函数找到不在排序序列中的第一个元素。

顾名思义，partial_sort 函数不会使每个元素按照相对于其他元素的精确位置放置。相反，它将创建两个组或分区，其中第一个分区将包含最小的元素（不一定按照顺序排序），其他分区将包含最大的元素，你可以确保最小的元素位于第一个分区。要调用该函数用户需要传递 3 个迭代器，其中两个是用于声明排序的区间范围，第三个是位于其他两个之间的位置，以便声明区间的最小值。

```
vector<int> vec{45,23,67,6,29,44,90,3,64,18};
auto middle = vec.begin() + 5;
partial_sort(vec.begin(), middle, vec.end());
cout << "smallest items" << endl;
for_each(vec.begin(), middle, [](int i) {cout << i << " "; });
cout << endl; // 3 6 18 23 29
cout << "biggest items" << endl;
for_each(middle, vec.end(), [](int i) {cout << i << " "; });
cout << endl; // 67 90 45 64 44
```

在这个示例中，有一个包含 10 个元素的 vector，因此我们将从起始位置之后的 5 个元素定义中间迭代器（这是一个选项，它可以是一些其他的值，取决于要获得多少个元素）。在这个示例中，还可以在上半部分看到 5 个最小的元素已经排序，后半部分包含最大的元素。

函数 nth_element 的命名与 partial_sort 函数一样让人感到奇怪。用户为第 n 个元素提供迭代器，并且该函数会确保区间的前 n 个元素最小。函数 nth_element 的执行速度比函数 partial_sort 快，即使它要确保第 n 个元素之前的元素要小于或等于第 n 个元素，但部分分区中的元素的顺序不能保证按照排序顺序。partial_sort 和 nth_element 函数是分区排序函数的版本。partition 函数是一个更通用的版本。你可以传递一个区间和一个谓词，用于确定两个分区中将被排序的元素。满足谓词的元素将被放入区间的第一个分区中，其他元素将放置在第一个分区之后的区间中。第二个分区的第一个元素被称为分区点，并会从 partition 函数返回，但是可以后续通过将迭代器传递到分区并将该谓词指定为 partition_point 进行计算。partition_copy 函数也将对元素值分类，不过它会保留原来的区间，并将元素值放入已经分配内存的区间内。这些分区函数不能确保相同元素的顺序，并且如果该顺序很重要，则用户应该调用 stable_partitian 函数。最后，你可以通过调用 is_partitioned 函数来检查一个容器是否被分区。

shuffle 函数将把容器中的元素重新排序成随机顺序。该函数需要用到来自<random>库的通用随机数生成器。比如，下列代码将使用 10 个整数填充一个容器，然后将它们随机排列：

```
vector<int> vec;
for (int i = 0; i < 10; ++i) vec.push_back(i);
random_device rd;
shuffle(vec.begin(), vec.end(), rd);
```

heap 是一种部分排序的序列,其中第一个元素总是最大的,并且是以对数时间从 heap 中添加和删除元素的。heap 基于顺序容器,并且奇怪的是,不是标准库提供一个适配器类,我们必须在现有容器上使用函数调用。为了根据一个现有容器创建一个 heap,需要将区间迭代器传递给 make_heap 函数,它会将容器作为一个 heap 排序。然后可以使用它的 push_back 方法向容器中添加元素,但是每次执行该操作后必须调用 push_heap 方法对 heap 重新排序。类似地,我们可以在容器上调用 front 方法从 heap 上获得一个元素,还可以通过调用 pop_heap 函数移除元素,这可以确保 heap 是有序的。你可以通过调用 is_heap 函数来测试容器是否被排列成 heap。如果容器不是完全排列成 heap 的,那么可以通过调用 is_heap_until 函数来获取不满足 heap 标准的第一个元素的迭代器。最后可以使用 sort_heap 函数将一个 heap 排序成顺序序列。

一旦对容器排序,就可以调用函数来获取有关序列的信息。lower_bound 和 upper_bound 方法已经对容器进行了描述,这些函数的行为方式相同。lower_bound 会返回第一个大于或者等于提供的值的元素位置,而 upper_bound 会返回大于提供的值的元素的下一个位置。includes 函数将测试第一个有序区间中是否包含第二个有序区间中的元素。以 set_ 开头的函数将被两个有序序列组合并添加到第三个容器中。set_difference 函数将复制在第一个序列但不在第二个序列中的元素。这不是均衡的操作,因为它不包括在第二个序列但是不在第一个序列中的元素。如果希望差异对称,那么应该调用 set_symmetric_difference 函数。set_intersection 函数将复制在两个序列中都存在的元素。set_union 函数将合并两个序列。还有另外一个函数可以组合两个序列,即 merge 函数。

这两个函数的区别是,使用 set_union 函数时,如果一个元素在两个序列中都存在,那么只会有一个副本被添加到结果容器中,而对于 merge 函数,结果容器中将存在两个副本。

如果一个区间是有序的,则可以调用 equal_range 函数来获取等同于传递给函数的值或者谓词的元素区间。该函数会返回一对表示容器值区间的迭代器。

final 方法需要用到的有序容器是 binary_search。该函数用于测试一个值是否存在于容器中。该函数会传递迭代器声明测试某个值的区间。如果区间中的某个元素值等于该值,函数将返回 true(你可以提供一个谓词来执行此相等性测试)。

8.4 数值库

标准库中有几个类用于执行数学运算。在本节中我们将介绍两个类:使用<ratio>的编译期运算和使用<complex>的复数运算。

8.4.1 编译期运算

分数是一个问题,因为有一些没有足够的有效数字来准确地表示它们,导致在使用它们进一步执行运算时失去准确性。此外,计算机是二进制的,仅将十进制小数部分转换为二进制将丢失精度。<ratio>库提供的类允许将小数表示为整数比例形式的对象,并以分数计算作为比率。只有当用户执行所有分数运算后，才能将数字转换成十进制，这意味着最大程度地减少精度损失。<ratio>库中的类是在代码编译期间执行计算的，因此编译器将捕获除以零和溢出之类的错误。该库的使用很简单，使用 ratio 类，然后提供分子和分母作为模板参数。分子和分母将被存储并因式分解，可以通过对象的成员 num 和 den 访问这些值：

```
ratio<15, 20> ratio;
cout << ratio.num << "/" << ratio.den << endl;
```

上述代码的输出结果将为 3/4。

分数运算是采用模板执行的（事实上，这些是专一化的比例模板）。乍一看似乎有点奇怪，但是应该很快就习惯了！

```
ratio_add<ratio<27, 11>, ratio<5, 17>> ratio;
cout << ratio.num << "/" << ratio.den << endl;
```

上述代码将打印输出 514/187（你可能需要准备一些纸来执行分数运算确认结果）。因为数据成员实际上是静态成员，所以创建变量是没有意义的。此外，由于是使用类型而不是变量执行算术运算，因此最好通过以下类型访问成员：

```
typedef ratio_add<ratio<27, 11>, ratio<5, 17>> sum;
cout << sum::num << "/" << sum::den << endl;
```

现在可以使用 sum 类型作为任何可以执行的其他操作的参数。二进制四则算术运算是使用 ratio_add、ratio_subtract、ratio_multiply 和 ratio_divide 实现的。比较是通过 ratio_equal、ratio_not_equal、ratio_greater、ratio_greater_equal、ratio_less 和 ratio_less_equal 实现的。

```
bool result = ratio_greater<sum, ratio<25, 19> >::value;
cout << boolalpha << result << endl;
```

上述代码将测试查看计算之前（514/187）是否大于分数 25/19（的确如此）。编译器将收到 divide-by-zero（被除数是零）和溢出的错误提示信息，因此下列代码将不会通过编译：

```
typedef ratio<1, 0> invalid;
cout << invalid::num << "/" << invalid::den << endl;
```

不过，需要着重强调的一点是，当访问分母时，编译器将在第二行提示错误。还有 SI 前缀的比例 typedef。这意味着我们能够以纳米为单位执行算术运算，当需要以米为单位显示数据时，可以使用 nano 类型来获取比例：

```
double radius_nm = 10.0;
double volume_nm = pow(radius_nm, 3) * 3.1415 * 4.0 / 3.0;
cout << "for " << radius_nm << "nm "
    "the volume is " << volume_nm << "nm3" << endl;
double factor = ((double)nano::num / nano::den);
double vol_factor = pow(factor, 3);
cout << "for " << radius_nm * factor << "m "
    "the volume is " << volume_nm * vol_factor << "m3" << endl;
```

这里，我们正在以纳米（nm）为单位进行球体计算。球体的半径是 10 纳米，因此第一次计算得出的体积为 4188.67 立方纳米。第二个计算将纳米转换成米，该因子由纳米比例确定（注意，对于体积，因子是立方厘米）。你可以定义一个类进行此类转换：

```
template<typename units>
class dist_units
{
    double data;
public:
        dist_units(double d) : data(d) {}

    template <class other>
    dist_units(const dist_units<other>& len) : data(len.value() *
    ratio_divide<units, other>::type::den /
    ratio_divide<units, other>::type::num) {}

    double value() const { return data; }
};
```

该类是针对特定类型的单位定义的，这将通过比例模板的实例来表示。该类有一个构造函数来为这些单位中的值初始化，以及一个构造函数来实现从其他单位的转换，并简单地将当前单位除以另外一种类型的单元。这个类可以如下使用：

```
dist_units<kilo> earth_diameter_km(12742);
cout << earth_diameter_km.value() << "km" << endl;
dist_units<ratio<1>> in_meters(earth_diameter_km);
cout << in_meters.value()<< "m" << endl;
dist_units<ratio<1609344, 1000>> in_miles(earth_diameter_km);
cout << in_miles.value()<< "miles" << endl;
```

第一个变量是基于千米的，因为其单位是千米。为了转换成米，第二个变量类型基于 ratio<1>，它与 ratio<1,1> 是一样的。结果是当放入 in_meters 中时，earth_diameter_km 中的值将乘以 1000。里程转换的操作稍微复杂一些。1 英里有 1609.344 米，用于 in_miles 变量的比率是 1609344/1000 或者 1609.344。我们正在使用 earth_diameter_km 初始化变量，因此因子值为 1000 是否太大了？不，原因是 earth_diameter_km 的类型是 dist_units<kilo>，因此千米和英里之间的转换将包含 1000 这样的因子。

8.4.2　复数

复数不仅仅是数学热点，而且在工程和科学方面也是至关重要的，所以复数类型是任何库的重要组成部分。复数由两个部分组成——实部和虚部。顾名思义，虚数是不真实的，并且不能被当作真实的。

在数学中，复数通常表示为二维空间中的坐标。如果实数可以被认为是 x 轴上的无数个点之一，那么虚数则可以被认为是 y 轴上的无数个点之一。它们之间唯一的交点是原点，并且由于零是表示不存在，它可以是零实数或者零虚数。复数具有实部和虚部，因此可以将其可视化为笛卡儿点。实际上，另一种可视化复数的方式是极点数，其中的点被表示为与 x 轴（正实数轴）成一定角度的指定长度的向量。

复数类型基于浮点数类型，并且有专一化的 float、double 和 long double 类型。该类很简单，它的构造函数包含两个表示复数实部和虚部的参数，它定义了用于赋值、比较、+、-、/ 和 * 运算符（成员方法和全局函数）处理实部和虚部。

提示

像+这样的操作对于一个复数来说很简单，只需将实部和虚部一起加起来，这两个的和就是实部和虚部的结果。不过，乘法和除法更复杂一些。在乘法中，用户可以得到一个二项式，两个实部相乘，两个虚部相乘，前面实部的两个值乘以后面虚部的两个值，前面虚部的值乘以后面实部的值。困难的部分在于两个虚数相乘等效于两个实数相乘再乘以-1 的积。此外，乘以一个实数和一个虚数产生一个虚数，其大小等于两个等效实数的乘积。

还有对复数进行三角运算的函数 sin、cos、tan、sinh、cosh 和 tanh，以及基本的数学运算，比如 log、exp、log10、pow 和 sqrt。还可以调用函数创建复数并获取它们的信息。因此，polar 函数将采用两个浮点数表示向量长度和角度。如果有一个复数对象，则可以通过调用 abs 函数（获取长度）和 arg 函数(获得角度)来获得极坐标。

```
complex<double> a(1.0, 1.0);
complex<double> b(-0.5, 0.5);
complex<double> c = a + b;
cout << a << " + " << b << " = " << c << endl;
complex<double> d = polar(1.41421, -3.14152 / 4);
cout << d << endl;
```

首先要做的是，为复数定义一个 ostream 插入运算符，因此可以将它们插入到 cout 流对象中。该代码的输出结果如下：

```
(1,1) + (-0.5,0.5) = (0.5,1.5)
(1.00002,-0.999979)
```

第二行表示 2 和-1/4pi 平方根的保留 5 位小数的极限，事实上该数字是复数（1，-1）。

8.5 标准库应用

在本示例中，我们将为逗号分隔值（CSV）文件开发一个简单的解析器。我们将遵循如下规则：

- 每条记录占据一行，换行符表示一条新的记录；
- 记录中的字段是采用逗号分隔的，除非它们是在带引号的字符串中；
- 字符串可以使用单引号（'）或者双引号（"）引用，在这种情况下，它们可以包含逗号作为字符串的一部分；
- 重复的引用（''或者""）是字面值，并且是字符串的一部分，而不是字符串的分隔符；
- 如果一个字符串被引用，则字符串之外的空格将被忽略。

这是一个非常基本的实现，省略了引用字符串可以包含换行符的情况。

在本示例中，大部分操作将使用字符串对象作为单个字符的容器。首先在本书的文件夹中创建一个名为 Chapter_08 的文件夹。在该文件中，创建一个名为 csv_parser.cpp 的文件。因为该应用将使用控制台输出和文件输入。在文件顶部添加如下代码：

```
#include <iostream>
#include <fstream>

using namespace std;
```

应用程序将接收一个命令行参数，即需要解析的 CSV 文件名，因此在文件底部添加以下代码：

```
void usage()
{
    cout << "usage: csv_parser file" << endl;
    cout << "where file is the path to a csv file" << endl;
}

int main(int argc, const char* argv[])
{
    if (argc <= 1)
    {
        usage();
        return 1;
    }
    return 0;
}
```

应用程序将逐行读取文件内容到一个字符串对象的 vector 中，因此添加<vector>库文件到引用文件列表中。为了使编码更容易，在 usage 函数之上添加如下代码：

```
using namespace std;
using vec_str = vector<string>;
```

main 函数将逐行读取文件，最简单的方法是使用 getline 函数，因此将<string>头文件添加到引用文件列表。将下列代码添加到 main 函数的末尾：

```
ifstream stm;
stm.open(argv[1], ios_base::in);
if (!stm.is_open())
{
    usage();
    cout << "cannot open " << argv[1] << endl;
    return 1;
}

vec_str lines;
for (string line; getline(stm, line); )
{
    if (line.empty()) continue;
    lines.push_back(move(line));
}
stm.close();
```

上述代码的前几行使用 ifstream 类打开文件，如果无法找到文件，则打开文件操作失败，并通过调用 is_open 进行测试。接下来，声明一个字符串对象的 vector，并使用从文件读取的内容填充它。getline 函数包含两个参数：第一个是打开文件流对象；第二个是包含字符数据的字符串。此函数会返回具有 bool 转换运算符的流对象，因此 for 语句将循环执行，直到此流对象指示它不能再读取更多数据。当流到达文件末尾时，内部的文件结束标记会被设置，并且这将使得 bool 转换运算符返回 false 值。

如果 getline 函数读取一个空行，则该字符串将不能被解析，所以有一个专门测试这种情况的代码，这类空行将不会被存储。每个合法行将被推入 vector，但是由于此操作后不会使用该字符串变量，我们可以通过显式调用 move 函数使用移动语义。

现在该代码将通过编译并运行（不过它还不会生成输出结果）。你可以将它用于符合先前标准的任何 CSV 文件，但作为测试文件，我们使用了下列文件：

```
George Washington,1789,1797
"John Adams, Federalist",1797,1801
"Thomas Jefferson, Democratic Republican",1801,1809
"James Madison, Democratic Republican",1809,1817
"James Monroe, Democratic Republican",1817,1825
"John Quincy Adams, Democratic Republican",1825,1829
"Andrew Jackson, Democratic",1829,1837
"Martin Van Buren, Democratic",1837,1841
"William Henry Harrison, Whig",1841,1841
"John Tyler, Whig",1841,1841
John Tyler,1841,1845
```

这是 1845 年以前的历届总统名单。虽然第一个字符串是总统的名字和它们的隶属关系，但是当总统没有隶属关系时，这些信息被忽略了（华盛顿和泰勒）。姓名之后的记录是总统任期开始和结束的年份。

接下来我们需要解析 vector 中的数据，然后根据前面给定的规则将元素分割成单个字段（字段是采用逗号分隔的，但是需要考虑引号）。为此，我们将被每行作为一个字段的列表，每个字段是一个字符串。在文件顶部添加对 <list> 库的引用。在文件顶部的 using 语句声明的位置后面添加如下内容：

```
using namespace std;
using vec_str = vector<string>;
using list_str = list<string>;
using vec_list = vector<list_str>;
```

现在，在 main 函数的底部添加如下代码：

```
vec_list parsed;
for (string& line : lines)
{
    parsed.push_back(parse_line(line));
}
```

第一行会创建一个列表对象的 vector，并且 for 循环会遍历访问每一行，然后调用 parseline 函数解析字符并返回字符串对象的列表。函数的返回值将是一个临时对象，因此是一个右值，所以这意味着将调用具有移动语义的 push_back 版本。

在 usage 函数之上，添加 parse_line 函数的开头部分：

```
list_str parse_line(const string& line)
{
    list_str data;
    string::const_iterator it = line.begin();

    return data;
```

```
}
```

该函数将把字符串视为一个字符容器，因此它将通过一个 const_iterator 迭代器对该行参数进行迭代访问。解析将在 do 循环中执行，因此添加如下内容：

```
list_str data;
string::const_iterator it = line.begin();
string item;
bool bQuote = false;
bool bDQuote = false;
do{
    ++it;
} while (it != line.end());
data.push_back(move(item));
return data;
```

布尔变量将在稍后解释。do 循环自增移动迭代器，当它到达结束值时，循环结束。item 变量将保留解析的数据（目前是空的），并且最后一行将该值放入列表；这样就可以在函数完成之前将任何未保存的数据存储到列表中。由于 item 变量即将被销毁，所以对 move 的调用可以确保其内容被移动到列表中，而不是被复制。如果没有这个调用，当将元素放入列表时，字符的拷贝构造函数将被调用。

接下来，我们需要对数据进行解析。为此，添加一个开关来测试 3 种情况：逗号（表示文字的结尾）、单引号，以及用于声明引用字符串的双引号。其原理是读取每个字段，并使用 item 变量逐个字符构建其值。

```
do
{
    switch (*it)   {
        case ''':
            break;
        case '"':
            break;
        case ',':
            break;
        default:
            item.push_back(*it);
    };
    ++it;
} while (it != line.end());
```

默认操作很简单，它将字符拷贝到临时字符中。如果字符是引号，我们有两个选项。引号在由双引号引用的字符串中，在这种情况下，我们希望引号存储到元素中，或者引号是分隔符。在这种情况下，我们是通过设置 bQuote 值来决定是否为开始或结束引号的。对于单引号的情况，可以添加如下代码：

```
case ''':
    if (bDQuote) item.push_back(*it);
    else   {
    bQuote = !bQuote;
    if (bQuote) item.clear();
}
break;
```

上述代码足够简单。如果这是一个双引号字符串（bDQuote 已设置），那么存储该引号。如果不是，那么翻转 bQuote 的布尔值，因此如果这是第一个引用，我们将该字符串注册为已引用的，否则我们将它注册为一个字符串的结尾。如果我们处于引用字符串的开头，可以清空 item 变量来忽略之前的逗号（如果有的话）和引号之间的任何空格。但是，该代码并没有考虑彼此相邻的两个引号的使用，这意味着引号是字面值和字符串的一部分。修改代码以便添加检查这种情况的内容：

```
if (bDQuote) item.push_back(*it); else
{
    if ((it + 1) != line.end() && *(it + 1) == ''){
        item.push_back(*it);
        ++it;
    }
    else
    {
        bQuote = !bQuote;
        if (bQuote) item.clear();
    }
}
```

if 语句检查是为了确保自增移动了迭代器，我们并不在行尾（短路将在这种情况下跳转到这里，其余的表达式将不会执行）。我们可以测试下一个元素，看看它是否为一个单引号，如果是，那么我们将它添加到 item 变量中并自增移动迭代器，以便在循环中使用两个引号。

双引号的代码类似，但是开关是布尔值变量和测试双引号的：

```
case '"':
    if (bQuote) item.push_back(*it);
    else    {
        if ((it + 1) != line.end() && *(it + 1) == '"') {
            item.push_back(*it);
            ++it;
        }
        else {
            bDQuote = !bDQuote;
            if (bDQuote) item.clear();
        }
    }
break;
```

最后，我们需要代码测试逗号。此外，有两种情况：第一种是引号字符串中的逗号，在这种情况下，我们需要存储字符；第二种是在字段的结尾，在这种情况下，我们需要完成此字段的解析。这些代码很简单：

```
case ',':
    if (bQuote || bDQuote) item.push_back(*it);
    else                   data.push_back(move(item));
    break;
```

if 语句会测试我们是否在一个引用字符串中（在这种情况下，bQuote 或 DQuote 将为 true），如果是，则存储该字符。如果是字段的末尾，我们将字符串推入列表，不过我们必须使用 move 函数，以便可以移动数据，字符串对象将处于未初始化的状态。

这段代码将编译并运行。但是，仍然没有输出结果，所以在我们纠正之前，应检查你编写的代码。在 main 函数结束时，你将拥有一个 vector 对象，其中每个元素都有一个列表对象，表示 CSV 文件的每一行，列表中的每一个元素都是一个字段。

现在已经解析了该文件，并可以使用相应的数据。所以可以看到已经解析的数据，将下列代码添加到 main 函数的底部：

```
int count = 0;
for (list_str row : parsed)
{
    cout << ++count << "> ";
    for (string field : row)
    {
        cout << field << " ";
    }
    cout << endl;
}
```

现在可以编译代码（使用/EHsc 开关），并传递 CSV 文件名来运行程序。

8.6 小结

在本章中，读者已经了解了 C++ 标准库中的一些主要类库，又深入研究了容器和迭代器类。字符串类是一个重要的类，将在第 9 章深入介绍。

第 9 章
字符串

有时我们的应用程序需要与人交互，这意味着需要使用文本，比如输出文本、接收文本数据，然后将该数据转换成相应的类型。C++标准库包含大量用于操作字符串的类，在字符串和数字之间转换，本地化特定语言和文化的字符串值。

9.1 把字符串类当作容器

C++字符串是基于 basic_string 模板类的。该类是一个容器，因此它使用迭代器访问和方法获得信息，并且包含模板参数，它包含所拥有的字符串类型的相关信息。特定字符类型有不同的 typedef：

```
typedef basic_string<char,
    char_traits<char>, allocator<char> > string;
typedef basic_string<wchar_t,
    char_traits<wchar_t>, allocator<wchar_t> > wstring;
typedef basic_string<char16_t,
    char_traits<char16_t>, allocator<char16_t> > u16string;
typedef basic_string<char32_t,
    char_traits<char32_t>, allocator<char32_t> > u32string;
```

string 类是基于 char 的，wstring 是基于 wchar_t 的，16string 和 u32string 类是分别基于 16 位和 32 位字符的。对于本章的后续内容，我们将仅关注 string 类，但这样同样适用于其他类。

对于不同尺寸的字符，在字符串中比较，复制和访问字符时需要使用的代码也不同，traits 模板参数提供了相应的实现。对于 string 类，它是 char_traits 类。比如，当复制字符时，它将此操作代理给 char_traits 类及其 copy 方法。traits 类也会被流采用，因此它们还为相应的文件流定义了文件结尾值。

字符串本质上是一个由零个或多个字符构成的数组，它在必要时分配内存，并在字符串对象被销毁时释放它。在某些方面，它与 vector<char>对象类似。作为一个容器，string 类通过 begin 和 end 方法提供迭代器访问：

```
string s = "hellon";
copy(s.begin(), s.end(), ostream_iterator<char>(cout));
```

这里，调用 begin 和 end 方法是为了从字符串中的元素获取迭代器，它们从<algorithm>库传递给 copy 函数，来通过 ostream_iterator 临时对象将字符拷贝到控制台。在这方面，string 对象与 vector 类似，因此我们使用之前定义的 s 对象：

```
vector<char> v(s.begin(), s.end());
copy(v.begin(), v.end(), ostream_iterator<char>(cout));
```

这将在 string 对象上调用 begin 和 end 方法提供的字符区间来填充 vector 对象,然后使用与之前完全相同的方式,调用 copy 函数将这些字符打印输出到控制台。

9.1.1 获取字符串信息

max_size 方法将给出计算机体系结构上指定字符类型字符串的最大尺寸,这可能非常大。比如,在具有 2GB 内存的 64 位 Windows 计算机上,string 对象的 max_size 方法将返回 40 亿字符长度,wstring 对象的方法将返回 20 亿字符长度。很明显这远远超出了机器内存!其他 size 方法会返回更有意义的值。length 方法将返回与 size 方法相同的值,即字符串中有多少个字符。capacity 方法将指示就字符数来说,已经为字符串分配了多少内存。

你可以通过调用字符串本身的 compare 方法与另外一个字符串比较。这将返回一个 int 而不是一个 bool(但是应注意,int 可以静默转换为 bool),其中返回值为 0 表示两个字符串相同,如果它们不一样并且参数字符串大于操作数字符串,则该返回将返回负值,如果参数字符串小于操作数字符串,则返回正值。在这方面,大于和小于是按照字母顺序测试字符串的顺序。另外,还为比较字符串对象全局定义了<、<=、==、<=和>运算符。

通过 c_str 方法,你可以将字符串对象像 C 字符串那样使用。返回的指针是 const 类型。你应该注意,如果字符串被修改,指针可能会失效,所以你不应该存储该指针。你也不应该使用&str[0]为 C++字符串 str 获得 C 字符串指针,因为字符串类使用的内部缓冲区不能保证是以 NUL 结尾。c_str 方法可以用来返回可以用作 C 字符串的指针,因为它是以 NUL 结尾的。

如果你希望从 C++字符串拷贝数据到 C 缓冲区,可以调用 copy 方法。将目标指针和要赋值的字符数作为参数(偏移量是一个可选参数),然后该方法将尽量尝试把指定数目的字符复制到目标缓冲区,但不提供 null 终止符。该方法将假定目标缓冲区的容量足够保存被拷贝的字符(并且用户应该采取一些措施来确保这一点)。如果要传递缓冲区的大小,以便方法执行此检查,可调用 _Copy_s 方法替代它。

9.1.2 修改字符串

字符串类具有标准的容器访问方法,因此可以通过使用 at 方法和[]运算符的引用(读写访问权限)来访问单个字符。可以使用 assign 方法替换整个字符串,或者使用 swap 方法交换两个字符串对象的内容。此外,可以使用 insert 方法在指定位置插入字符,使用 erase 方法删除特定字符,使用 clear 方法删除所有字符。该类还允许使用 push_back 和 pop_back 方法将字符推送到字符串的末尾(并删除最后一个字符):

```
string str = "hello";
cout << str << "n"; // hello
str.push_back('!');
cout << str << "n"; // hello!
str.erase(0, 1);
cout << str << "n"; // ello!
```

你可以使用 append 方法或者+=运算符将一个或多个字符添加到字符串的末尾:

```
string str = "hello";
cout << str << "n";    // hello
```

```
str.append(4, '!');
cout << str << "n";    // hello!!!!
str += " there";
cout << str << "n";    // hello!!!! there
```

<string>库还定义了一个全局运算符+，它会把两个字符串连接到一起，构造第三个字符串。如果希望修改字符串中的字符，可以通过运算符[]和索引来访问该字符，使用引用重写该字符。你还可以使用 replace 方法从一个 C 字符串或 C++字符串以及其他通过迭代器访问的容器的指定位置替换一个或多个字符：

```
string str = "hello";
cout << str << "n";    // hello
str.replace(1, 1, "a");
cout << str << "n";    // hallo
```

最后，可以将字符串的一部分提取出来构造一个新的字符串。substr 方法采用偏移量和可选计数作为参数。如果忽略字符的数量，那么子字符串将从指定位置到字符串的末尾截取。这意味着可以通过传递偏移量 0 和小于字符串大小的计数值来复制字符串的左侧部分，也可以仅传递第一个字符的索引来复制字符串的右侧部分。

```
string str = "one two three";
string str1 = str.substr(0, 3);
cout << str1 << "n";    // one
string str2 = str.substr(8);
cout << str2 << "n";    // three
```

在此代码中，第一个示例复制了前 3 个字符到一个新的字符串中。在第二个示例中，复制是从第 8 个字符开始，并持续到最后。

9.1.3 搜索字符串

find 方法会接收字符、C 字符串，也可以接收 C++字符串作为参数，并且可以提供初始的搜索位置来启动搜索。find 方法会返回符合搜索条件的文本所在位置（而不是迭代器），如果没有符合条件的文本，则会返回 npos 值。offset 参数和来自 find 方法查找成功的返回值使得我们可以重复解析字符串来查找特定元素。find 方法会正向搜索指定文本，rfind 方法可以执行反向搜索。

注意，rfind 方法并不完全与 find 方法相反。find 方法在字符串中向前移动搜索点，并且在每个点将搜索字符串与搜索点中的字符相比较（所以第一次搜索文本字符，然后是第二个，依此类推）。rfind 方法向后移动搜索点，但是比较操作仍然是向前的。因此，假定 rfind 方法没有给出偏移量，则第一次比较将在字符串末尾根据搜索文本尺寸构造偏移量，然后进行比较。

接下来，将搜索文本中的第一个字符与所搜索的字符串中的搜索点处的字符进行比较，如果比较成功，则将搜索文本中的第二个字符与搜索点之后的字符进行比较。因此，是与搜索点移动方向相反的方向进行比较。

这很重要，因为如果你希望使用 find 方法的返回值作为偏移量来解析字符串，则每次搜索之后，应该向前移动偏移量，而对于 rfind，则应该向后移动。

比如，要搜索字符串中的所有位置，可以调用：

```
string str = "012the678the234the890";
string::size_type pos = 0;
while(true)
{
    pos++;
    pos = str.find("the",pos);
    if (pos == string::npos) break;
    cout << pos << " " << str.substr(pos) << "n";
}
// 3  the678the234the890
// 9  the234the890
// 15 the890
```

这将在 3、9 和 15 字符位上找到搜索文本。为了向后搜索字符串，用户可以调用：

```
string str = "012the678the234the890";
string::size_type pos = string::npos;
while(true)
{
    pos--;
    pos = str.rfind("the",pos);
    if (pos == string::npos) break;
    cout << pos << " " << str.substr(pos) << "n";
}
// 15 the890
// 9  the234the890
// 3  the678the234the890
```

突出显示的代码表示应该修改的内容，显示你希望从最后搜索并使用 rfind 方法。当成功获得查询结果时，需要在下一次搜索之前递减位置。与 find 方法类似，如果找不到搜索文本，rfind 方法将返回 npos。

有 4 种方法允许我们搜索单个字符。比如：

```
string str = "012the678the234the890";
string::size_type pos = str.find_first_of("eh");
if (pos != string::npos)
{
    cout << "found " << str[pos] << " at position ";
    cout << pos << " " << str.substr(pos) << "n";
}
// found h at position 4,  he678the234the890
```

搜索字符串是 eh，find_first_of 方法将在字符串中找到字符 e 或 h 时返回。在本示例中，首先在第四个字符位找到 h。用户可以提供一个偏移量参数来开始搜索，因此可以使用 find_first_of 的返回值解析字符串。find_last_of 方法与之类似，但是在搜索文本中的某个字符是从反方向搜索字符串的。

还有两种方法将寻找除搜索文本提供的字符以外的字符，即 find_first_not_of 和 find_last_not_of。比如：

```
string str = "012the678the234the890";
string::size_type pos = str.find_first_not_of("0123456789");
cout << "found " << str[pos] << " at position ";
cout << pos << " " << str.substr(pos) << "n";
```

```
// found t at position 3 the678the234the890
```

上述代码会查找一个非数字的字符，因此它在字符位 3 处找到 t（第四个字符）。

没有专门去除字符串空格的库函数，不过用户可以通过使用 find 函数查找非空格字符，然后将其用作 substr 方法的适当索引来去除字符串左边和右边的空格。

```
string str = " hello ";
cout << "|" << str << "|n";  // | hello |
string str1 = str.substr(str.find_first_not_of(" trn"));
cout << "|" << str1 << "|n";  // |hello |
string str2 = str.substr(0, str.find_last_not_of(" trn") + 1);
cout << "|" << str2 << "|n";  // | hello|
```

在上述代码中，创建了两个新字符串：一个是左边的空格，另一个是右边的空格。第一个前向搜索是查找非空格的第一个字符，并将其用作子字符串的起始索引（由于复制了剩余的所有字符串，因此不提供计数）。在第二种情况下，字符串反向搜索非空格字符，但是返回的位置将是 hello 的最后一个字符。因为我们需要第一个字符开始的子字符串，所以需要增加索引来获得要复制的字符数。

9.2　国际化

头文件<locale>包含用于本地化时间、日期货币格式化的类，并且提供用于字符串比较和排序的本地化规则。

提示

C 运行时库也包含执行本地化的全局函数。不过，在下面的讨论中，区分 C 函数和 C 语言环境非常重要。C 语言环境是默认的语言环境，包含 C 和 C++程序中使用的本地化规则，可以采用某个国家或者某种文化的语言环境进行替换。C 运行时库提供了更改语言环境的函数，就像 C++标准库一样。

C++标准库提供了用于本地化的类，这意味着我们可以创建多个对象表示本地化信息。可以在某个函数中创建本地化对象并仅限于函数内部使用，或者它可以全局地应用于一个线程，并仅对在该线程上的代码有效。这与 C 本地化函数不同，其更改区域设置是全局性的，因此所有代码（以及所有执行线程）都将受到影响。

locale 类的实例既可以通过类的构造函数也可以通过类的静态成员创建。C++的 stream 类将用到 locale 类（原因稍后解释），如果希望更改语言环境，则需要在 stream 对象上调用 imbue 方法。在某些情况下，你需要直接访问其中的某个规则时，可以通过 locale 对象访问它们。

facet 类

国际化规则也被称为 facet。一个 locale 对象是 facet 的容器，用户可以使用 has_facet 函数测试 locale 中是否包含某个特定的 facet；如果存在，可以通过调用 use_facet 函数获得一个上述 facet 的常量引用。表 9-1 列出了 6 种类型的 7 个 facet 类。facet 类是 locale::facet 类的嵌套子类。

表 9-1

facet 类型	描述
codecvt、ctype	将一个编码方案转换为另一个编码方案，用于对字符进行分类并将其转换为大写或小写
collate	控制字符串中字符的排序和分组，包括字符串的比较和哈希化
messages	从目录检索本地化消息
money	将代表货币的数字转换为字符串
num	数字和字符串之间的相互转换
time	时间、日期与字符串之间的相互转换

facet 类用于将数据转换为字符串，因此它们都具有所使用字符类型的模板参数。Money、num 和 time 这 3 个 facet 是由 3 个类表示的。具有 _get 后缀的类负责解析字符串，具有 _put 后缀的类负责将数据格式化为字符串。对于 money 和 num 这两个 facet，有一个 punct 为后缀的类，其中包含处理标点符号的规则和符号。

因为 _get 为后缀的 facet 用于将字符序列转换为数字类型，所以这些类有一个模板参数，用户可以使用它来指示 get 方法将用于表示一系列字符的输入迭代器类型。类似地，后缀为 _put 的 facet 类具有一个模板参数，用户可以使用它指示 put 方法将要写入字符串的输出迭代器类型。同时为这两种迭代器类型提供了默认类型。

messages facet 用于兼容 POSIX 代码，该类旨在允许用户为应用程序提供本地化的字符串，其理念是将界面中的字符串索引，在运行时，用户可以使用 messages facet 的索引访问本地的字符串。但是，Windows 应用程序通常采用 Message 编译器编译消息资源文件。也许正是由于这个原因，messages facet 只是作为标准库的一部分存在，并没有大包大揽，但是基础架构已经存在，我们可以构造符合自己需要的 messages facet 类。

has_facet 和 use_facet 函数是根据用户所需 facet 的特定类型模板化的。所有 facet 类都是 local::facet 类的子类，但是通过此模板参数，编译器将实例化一个返回你所需的特定类型的函数。比如，如果你希望为法语区设置时间和日期的格式化字符串，可以调用如下代码：

```
locale loc("french");
const time_put<char>& fac = use_facet<time_put<char>>(loc);
```

这里字符串 french 表示区域设置，这是 C 运行时库函数 setlocale 采用的语言字符串。第二行代码获取将数字时间转换为字符串的 facet，因此函数模板参数为 time_put<char>。该类包含一个名为 put 的方法，可以调用它执行转换：

```
time_t t = time(nullptr);
tm *td = gmtime(&t);
ostreambuf_iterator<char> it(cout);
fac.put(it, cout, ' ', td, 'x', '#');
cout << "n";
```

time 函数（通过<ctime>）将返回表示当前时间和日期的整数，并使用 gmtime 函数将其转换为 tm 结构体。tm 结构体包含年、月、日、小时、分钟和秒的单个成员。gmtime 函数返回的结构体地址是在函数中静态分配的。因此用户不必删除它占用的内存空间。

facet 将通过作为第一个参数的输出迭代器将 tm 结构体中的数据格式化为字符串。在这种情况下，输出流迭代器是根据 cout 对象构造的，因此 facet 会将格式化流写入到控制台（第二个参数没有使用，但是因为它是一个引用，因而必须传递一些东西，所以 cout 对象也在那里使用了）。第三个参数是分隔符（这次没有使用），第五和第六个参数（可选）表示用户需要的格式。

这些与 C 运行时库函数 strftime 中使用的格式相同，作为两个单个字符而不是 C 函数采用的格式化字符串。在本示例中，x 用于获得日期，#用于作为修饰符来获取长版本的字符串。

代码执行结果如下：

samedi 28 janvier 2017

注意，这些单词没有大写字母，没有标点符号，也需要注意顺序：星期名、日期、月份，然后是年份。

如果 locale 对象构造函数参数更改为 german，则输出结果为：

Samstag, 28. January 2017

这些元素的顺序与法语相同，但是单词首字母是大写的，并使用了标点符号。如果采用土耳其语，那么结果如下：

28 Ocak 2017 Cumartesi

在这种情况下，星期几是在字符串的末尾。

用一种共同语言划分的两个国家将给出两个不同的字符串，以下是美国和英国的结果：

Saturday, January 28, 2017
28 January 2017

这里以时间为例，因为其中没有流，tm 结构体中使用插入运算符，这是一个不多见的情况。对于其他类型，有插入运算符将它们放入流中，因此流可以使用语言环境对象将类型国际化。比如，可以在 cout 对象中插入一个 double，该值将被打印输出到控制台。语言环境的默认值是美式英语，采用句点分隔整数和小数部分，但是在其他文化环境中使用逗号。

imbue 函数将修改语言环境设置，直到该函数再次被调用为止：

```
cout.imbue(locale("american"));
cout << 1.1 << "n";
cout.imbue(locale("french"));
cout << 1.1 << "n";
cout.imbue(locale::classic());
```

这里，流对象被本地化为美式英语，然后浮点数 1.1 被打印输出到控制台。接下来语言环境被修改为法语，则这些控制台输出的内容是 1,1。在法语中，小数点使用逗号表示的。最后一行通过传递从静态方法返回的语言环境来重置流对象。它返回的是 C 语言环境（C locale），这是 C 和 C++ 中默认的语言环境，即美式英语。

静态方法可以全局性地用于设置每个流对象采用的默认语言文化。当一个对象根据流对象创建时，会调用 locale::global 方法获得默认的语言文化。流会克隆该对象，使其独立与随后通过 global 方法设置的任何本地副本。注意，cin 和 cout 流是在调用 main 函数之前被创建的，并且这些对象默认是采用 C 语言环境，直到你添加了另外一个语言环境。但是需要重点指出的是，一旦创建了一个流，global 方法将不会对流产生影响，imbue 函数是更改流语言环境的唯一方法。

global 方法将调用 C setlocale 函数修改 C 运行时库使用的语言环境。这一点很重要，因为某些 C++函数（比如 to_string、stod）将使用 C 运行时库函数转换值。不过 C 运行时库对于 C++标准库一无所知，因此调用 C setlocale 函数修改默认语言环境将不会对后续创建流对象产生影响。

值得指出的是，basic_string 类使用模板参数指示字符的 traits 类比较字符串。string 类使用 char_traits 类，并且其 compare 方法的版本将直接对两个字符串中相应的字符进行比较。该比较操作并没有考虑两个字符串之间的语言文化规则，用户可以通过校对 facet 类来处理这个问题：

```
int compare(
    const string& lhs, const string& rhs, const locale& loc)
{
    const collate<char>& fac = use_facet<collate<char>>(loc);
    return fac.compare(
        &lhs[0], &lhs[0] + lhs.size(), &rhs[0], &rhs[0] + rhs.size());
}
```

9.3 字符串和数字

标准库中包含多种用于 C++字符串和数字值之间转换的函数和类。

9.3.1 将字符串转换成数字

C++标准库包含名为 stod 和 stoi 的函数，可以将 C++字符串对象转换为数值（stod 转换为 double，stoi 转换为整数）。比如：

```
double d = stod("10.5");
d *= 4;
cout << d << "n"; // 42
```

这将初始化值为 10.5 的浮点数，然后将其用于计算，计算结果将打印输出到控制台。输入字符串可能包含无法转换的字符。如果是这种情况，则字符串的解析将在那一点结束。你可以提供一个指向 size_t 变量的指针，它将初始化为第一个无法转换的字符所在位置：

```
string str = "49.5 red balloons";
size_t idx = 0;
double d = stod(str, &idx);
d *= 2;
string rest = str.substr(idx);
cout << d << rest << "n"; // 99 red balloons
```

在前面的代码中，idx 变量将被初始化为 4，表示 5 和 r 之间的空格是第一个不能转换为 double 型的字符。

9.3.2 将数字转换成字符串

<string>库提供了 to_string 函数的多种重载，以将整数类型和浮点数类型转换为字符

串对象。该函数不允许用户提供任何格式化细节，因此对于一个整数，将不能指示字符串形式的基数（比如十六进制），对于浮点数转换，我们无法控制诸如可以保留的小数位数等选项。to_string 函数是一个功能有限的简单函数。更好的选择是使用 stream 类，如下一节所述。

9.4 stream 类

你可以使用 cout 对象（ostream 类的实例）或具有 ofstream 实例的文件将浮点数和整数打印输出到控制台。这两个类都将使用成员方法和控制器将数字转换为字符串，以影响输出字符串的格式。类似地，cin 对象（istream 类的实例）和 ifstream 类可以从已格式化的流中读取数据。

控制器是接收一个流对象引用并返回该引用的函数。标准库具有多种全局插入运算符，其参数是流对象和函数指针的引用。相应的插入运算符将使用流对象作为参数调用函数指针，这意味着控制器将访问并能够操作插入其中的流。对于输入流，还有一个提取运算符，它具有一个函数参数，将使用流对象调用函数。

C++流的架构意味着在代码中调用的流接口和获取数据的底层基础架构之间存在缓冲区。C++提供的 steam 类会将字符串作为缓冲区。对于输出流，你可以在流中插入元素后访问字符串，这意味着字符串中将包含根据插入运算符格式化的元素。类似地，你可以为输入流提供一个包含格式化数据的字符串作为缓冲区，当使用提取运算符从流中提取数据时，实际的操作是解析字符串并将部分字符串转换为数字。

此外，steam 对象包含一个 locale 对象，并且 stream 对象将调用此 locale 中的转换 facet，将字符串序列从一种编码转换成另外一种编码。

9.4.1 输出浮点数

<ios>库中包含流如何处理数字的控制器。默认情况下，输出流将在 0.001～100000 区间内以十进制格式打印浮点数，对于超出该范围的数字，将使用尾数和指数表示的科学计数法表示。混合格式是控制器 defaultfloat 的默认行为。如果你希望总是使用科学计数法，那么应该将控制器 scientific 插入到输出流中。

如果要使用十进制格式（小数点左侧的整数和右侧的小数部分）显示浮点数，则需要使用 fixed 控制器修改输出流。可以通过调用 precision 方法修改小数的位数：

```
double d = 123456789.987654321;
cout << d << "n";
cout << fixed;
cout << d << "n";
cout.precision(9);
cout << d << "n";
cout << scientific;
cout << d << "n";
```

上述代码的输出结果是：

```
1.23457e+08
123456789.987654
123456789.987654328
1.234567900e+08
```

第一行采用科学计数法表示较大的数。第二行是 fixed 控制器的默认行为，即将十进制数保留 6 位小数。

通过调用 precision 方法使得该数字保留 9 位小数（通过在流中插入<iomanip>库中的控制器 setprecision，也可以达到同样的效果）。最后，通过调用 precision 方法将格式切换到具有 9 位小数的科学计数法格式。默认情况下指数是采用小写字母 e 表示的，如果用户愿意，可以使用 uppercase 控制器使它变成大写字母。使用 nouppercase 则是变成小写字母 e。

注意，小数部分形式也被存储了，这意味着对于包含 9 位小数的 fixed 格式来说，我们看到第 9 位是 8 而不是预期的 1。

你还可以指定是否为一个正数显示表示正数的符号+；showpos 控制器将显示符号，但是默认的 noshowpos 控制器不会显示符号。即使浮点数是整数，showpoint 控制器也会确保数字中显示小数点。默认值为 noshowpoint，这意味着如果没有小数部分，则不显示小数点。

setw 控制器（在<iomanip>中定义）可以用于处理整数和浮点数。实际上，这个控制器定义了当在控制台打印时，流中下一个元素（而且只有下一个）占用空间的最小宽度：

```
double d = 12.345678;
cout << fixed;
cout << setfill('#');
cout << setw(15) << d << "n";
```

为了说明 setw 控制器的作用，该代码调用 setfill 控制器，它表示使用哈希符号（#）代替空格并打印输出。代码的其余部分是说，应该使用 fixed 格式（默认保留 6 位小数）以 15 个字符宽度打印数字。结果如下：

```
######12.345678
```

如果数字是负数（或者使用了 showpos），那么默认情况下，符号将与数字保持一致；如果使用内部的控制器（在<ios>中定义），则该符号将在为数值设置的空格中左对齐：

```
double d = 12.345678;
cout << fixed;
cout << showpos << internal;
cout << setfill('#');
cout << setw(15) << d << "n";
```

上述代码的执行结果如下：

```
+#####12.345678
```

注意，空格右侧的+号用英镑符号表示。

setw 控制器通常用于处理数据输出表的列格式化：

```
vector<pair<string, double>> table
{ { "one",0 },{ "two",0 },{ "three",0 },{ "four",0 } };

double d = 0.1;
for (pair<string,double>& p : table)
{
    p.second = d / 17.0;
    d += 0.1;
}
```

```
cout << fixed << setprecision(6);
for (pair<string, double> p : table)
{
    cout << setw(6) << p.first << setw(10) << p.second << "n";
}
```

上述代码将使用一个字符串和一个数字填充一个 pair 型 vector。vector 是采用一个字符串和一个零值初始化的，然后在 for 循环中修改浮点数（实际计算在这里是不相关的，该点是用于创建带多个小数位的数字）。数据以两列打印，其中的数字保留 6 位小数。这意味着包括前导零和小数点，每个数字将占用 8 个空格的宽度。文本列指定为 6 个字符宽。默认情况下，当你指定列宽时，输出内容将右对齐，这意味着每个数字前面都有两个空格，并且文本根据字符串的长度进行填充。输出结果如下所示：

```
one   0.005882
two   0.011765
three  0.017647
four   0.023529
```

如果你希望一列元素是左对齐，那么可以使用 left 控制器。这将影响所有列，直到使用正确的控制器更正对齐方式：

```
cout << fixed << setprecision(6) << left;
```

上述代码的输出结果如下：

```
one    0.005882
two    0.011765
three 0.017647
four   0.023529
```

如果你希望两列数据采用不同的对齐方式，那么需要在打印值之前设置对齐方式。比如，为了左对齐文本、右对齐数字，应使用如下代码：

```
for (pair<string, double> p : table)
{
    cout << setw(6) << left << p.first
        << setw(10) << right << p.second << "n";
}
```

上述代码的执行结果如下：

```
one     0.005882
two     0.011765
three   0.017647
four     0.023529
```

9.4.2　输出整数

整数也可以采用 setw 和 setfill 方法以列的形式打印出来。我们可以通过插入控制器的方式以八进制（oct）、十进制（dec）和十六进制（hex）格式打印输出整数（用户也可以使用 setbase 控制器并传递要使用的基数，但只允许传递值为 8、10 和 16）。可以使用指示的基数打印数字（前缀为 0 表示八进制，0x 表示十六进制），或者不使用 showbase 和 noshowbase 控制器。如果使用十六进制，那么 9 以上的数字就是 a～f，默认情况下这些字母都是小写的。如果你喜欢使用大写字母，那么可以使用 uppercase 控制器（以及表示小写的 nouppercase）。

9.4.3 输出时间和货币

<iomanip>库中的 put_time 函数会接收一个使用时间和日期初始化的 tm 结构体，以及一个格式化字符串。该函数会返回一个 _Timeobj 类的实例。顾名思义，我们实际上并不希望创建这个类的变量。相反，该函数应该用于将具有特定格式的时间/日期插入流中。有一个插入运算符将打印 _Timeobj 对象。该函数用法如下：

```
time_t t = time(nullptr);
tm *pt = localtime(&t);
cout << put_time(pt, "time = %X date = %x") << "n";
```

其输出结果是：

time = 20:08:04 date = 01/02/17

该函数将使用流中的语言区域设置，因此如果将区域设置嵌入流中，然后调用 put_time 函数，那么将使用格式化字符串和区域设置中时间/日期的本地化规则格式化时间/日期。格式化字符串将使用 strftime 函数的格式化令牌：

```
time_t t = time(nullptr);
tm *pt = localtime(&t);
cout << put_time(pt, "month = %B day = %A") << "n";
cout.imbue(locale("french"));
cout << put_time(pt, "month = %B day = %A") << "n";
```

上述代码的执行结果如下：

month = March day = Thursday
month = mars day = jeudi

类似地，put_money 函数会返回一个 _Monobj 对象。此外，这只是一个向函数传递参数的容器，并且用户并不期望使用此类的实例。相反，用户需要将此函数插入输出流中。实际的工作是插入运算符从当前区域设置中获取货币 facet，使用它将数字格式化为包含适当小数位数的数字，并确定小数点；如果使用了千分位分隔符，需要根据采用的字符类型将其插入适当的位置。

```
Cout << showbase;
cout.imbue(locale("German"));
cout << "German" << "n";
cout << put_money(109900, false) << "n";
cout << put_money("1099", true) << "n";
cout.imbue(locale("American"));
cout << "American" << "n";
cout << put_money(109900, false) << "n";
cout << put_money("1099", true) << "n";
```

上述代码的输出结果是：

German

```
1.099,00 euros
EUR10,99
American
$1,099.00
USD10.99
```

你可以通过 dobule 型或者字符串型的数字用于表示欧元和美元，put_money 函数将使用相应的小数点格式化美元或欧元数字（,适用于德国；.适用于美国），以及相应的千分位分隔符（.适用于德国；,适用于美国）。将 showbase 控制器插入输出流意味着 put_money 函数将显示货币符号，否则将显示格式化的数字。put_money 函数的第二个参数用于指定是否使用货币字符（false）或国际符号（true）。

9.4.4 使用 stream 将数字转换为字符串

流缓冲区类负责从相应的源（文件、控制台等）获取字符和写入字符，并继承自 <streambuf>库中的抽象类 basic_streambuf。该基类定义了 overflow 和 underflow 两个虚方法，它们被派生类重写，分别用于从相关联的设备写入和读取字符。流缓冲区类执行从流中获取或添加元素的基本操作，并且由于采用缓冲区处理字符串，所以该类将使用字符类型和字符特征参数进行模板化。

顾名思义，如果使用 basic_stringbuf 类的流缓冲区将是一个字符串，因此读取源和写入目标都将是该字符串。如果使用此类为流对象提供缓冲区，则意味着可以使用为流编写的插入或提取运算符，向字符串写入或者读取格式化数据。basic_stringbuf 缓冲区是可扩展的，因为当在流中插入元素时，缓冲区将适当扩展。其中有 typedef，缓冲区是一个 string（stringbuf）或者 wstring（wstringbuf）。

比如，假设用户有一个已定义的类，并可以定义一个插入运算符，以便用户可以使用 cout 对象将值打印输出到控制台：

```
struct point
{
    double x = 0.0, y = 0.0;
    point(){}
    point(double _x, double _y) : x(_x), y(_y) {}
};
ostream& operator<<(ostream& out, const point& p)
{
    out << "(" << p.x << "," << p.y << ")";
    return out;
}
```

其中使用 cout 对象的方式很简单——考虑如下代码片段：

```
point p(10.0, -5.0);
cout << p << "n";              // (10,-5)
```

用户可以使用 stringbuf 直接将格式化输出定向到字符串而不是控制台：

```
stringbuf buffer;
ostream out(&buffer);
out << p;
string str = buffer.str();  // 包含(10,-5)
```

因为流对象是处理格式化的,这意味着可以插入任何具有插入运算符的数据类型,并且可以使用任何 ostream 格式化方法和控制器。所有这些方法和控制器的格式化输出将被插入流缓冲区的字符串对象中。

另外一个方法是使用<sstream>库中的 basic_ostringstream 类。该类用作缓冲区的字符串的字符类型是模板化的(因此字符串的版本是 ostringstream)。它继承自 ostream 类,因此用户可以在使用 ostream 对象的任何地方使用其实例。格式化后的结果可以通过 str 方法进行访问:

```
ostringstream os;
os << hex;
os << 42;
cout << "The value is: " << os.str() << "n";
```

上述代码将以十六进制(2a)获得 42 的值;这是通过将 hex 控制器插入流中,然后插入整数实现的。格式化的字符串是通过调用 str 方法获得的。

9.4.5　使用 stream 从字符串读取数字

cin 对象是 istream 类的一个实例(在<istream>库中),可以从控制台输入字符串并将其转化为指定的数字形式。ifstream 类(在<ifstream>库中)还允许我们从一个文件输入字符并将其转换为数字形式。与输出流一样,你可以使用包含字符串缓冲区的 steam 类,以便我们将一个字符串对象转换为一个数字值。

basic_istringstream 类继承自 basic_istream 类,因此可以从这些对象中创建流对象和提取元素(数字和字符串)。该类在字符串对象上提供流接口(typedef 的 istringstream 关键字是基于一个字符串(string),wistringstream 是基于一个宽字符串(wstring))。当构造此类的对象时,使用包含数字的字符串初始化对象,然后使用运算符>>来提取基本的内置类型对象,与使用 cin 从控制台提取这些元素类似。

需要着重强调的一点是,提取运算符将空格视为流中元素之间的分隔符,因此它们将忽略所有前导空格,将读取非空格字符直到遇到下一个空格,并尝试将此子字符串转换为适当的类型,如下所示:

```
istringstream ss("-1.0e-6");
double d;
ss >> d;
```

这将把变量 d 的值初始化为-1e-6。与 cin 一样,你必须知道流中元素的格式;所以如果不是像之前的示例那样从字符串中提取一个 double 型数字,而是尝试提取一个整数,当遇到小数点时,对象将停止提取字符。如果其中某些字符串未转换,你可以将其余的内容提取并添加到一个字符串对象中:

```
istringstream ss("-1.0e-6");
int i;
ss >> i;
string str;
ss >> str;
cout << "extracted " << i << " remainder " << str << "n";
```

这将在控制台打印以下内容:

```
extracted -1 remainder .0e-6
```

如果字符串中有多个数字，我们可以通过多次调用运算符>>来提取这些数字。流还支持某些控制器。比如，如果字符串中的数字是十六进制格式，那么可以使用控制器 hex 告知流，如下所示：

```
istringstream ss("0xff");
int i;
ss >> hex;
ss >> i;
```

这表示字符串中的数字是十六进制格式，变量 i 将被初始化为 255。如果字符串中包含非数字值，则流对象仍将尝试将字符串转换为适当的格式。在下一代码片段中，你可以通过调用 fail 函数来测试提取操作是否成功：

```
istringstream ss("Paul was born in 1942");
int year;
ss >> year;
if (ss.fail()) cout << "failed to read number" << "n";
```

如果知道该字符串包含文本，则可以将其提取到一个字符串对象中。但是应记住，空格将被视为分隔符：

```
istringstream ss("Paul was born in 1942");
string str;
ss >> str >> str >> str >> str;
int year;
ss >> year;
```

这里，数字前面有 4 个单词，因此代码会读取字符串 4 次。如果不知道数字在字符串中的具体位置，但是知道字符串中包含一个数字，则可以移动内部缓冲区指针，直到它指向一个数字：

```
istringstream ss("Paul was born in 1942");
string str;
while (ss.eof() && !(isdigit(ss.peek()))) ss.get();
int year;
ss >> year;
if (!ss.fail()) cout << "the year was " << year << "n";
```

peek 方法会返回当前位置的字符，但是不移动缓冲区指针。此代码会检查该字符是否为数字，如果不是，则通过调用 get 方法移动内部缓冲区指针（此代码会调用 eof 方法，以确保在缓冲区尾部之后没有发生尝试读取字符的操作）。如果知道数字的起始位置，那么可以调用 seekg 方法将内部缓冲区指针移动到指定位置。

<istream>库有一个名为 ws 的控制器，可以从流中移除空格。如前所述，我们没有专门从字符串移除空格的函数。这是真的，因为控制器 sw 是从流中删除空格而不是从字符串中删除空格，但是由于我们可以将字符串作为流的缓冲区，这意味着可以使用此函数间接地从字符串中删除空格：

```
string str = " hello ";
cout << "|" << str1 << "|n"; // | hello |
istringstream ss(str);
ss >> ws;
```

```
string str1;
ss >> str1;
ut << "|" << str1 << "|n"; // |hello|
```

ws 函数基本上会遍历访问输入流中的元素，并在字符不是空格时返回。如果流是一个文件或者控制台流，则 ws 函数将从这些流中读取字符。在这种情况下，缓冲区是由已分配的字符串提供的，因此它会跳过字符串起始位置的空格。请注意，流类将后续的空格当作其中元素的分隔符，因此在此示例中，流将从缓冲区读取字符，直到遇到空格，并且基本上会对字符串左右两边进行修剪。但是，这不一定是你希望的结果。如果你有一个字符串，采用空格表示补白，该代码将只提供第一个单词。

<iomanip>库中的 get_money 和 get_time 控制器允许使用区域设置的货币和时间 facet 从字符串中提取货币和时间值：

```
tm indpday = {};
string str = "4/7/17";
istringstream ss(str);
ss.imbue(locale("french"));
ss >> get_time(&indpday, "%x");
if (!ss.fail())
{
    cout.imbue(locale("american"));
    cout << put_time(&indpday, "%x") << "n";
}
```

在上述代码中，流首先使用法语格式（日/月/年）的日期初始化，并使用 locale 的标准日期表示法提取其中的日期。该日期被解析到一个 tm 结构体中，然后使用 put_time 以美国语言设置的标准日期表示法打印输出该日期，其结果是：

7/4/2017

9.5　正则表达式

正则表达式是正则表达式解析器可以使用的文本模式，以搜索字符串中与该模式匹配的文本，如有必要，还可以将匹配的元素替换为其他文本。

9.5.1　正则表达式定义

正则表达式（regex）是由定义模式的字符组成的。该表达式包含对解析器有意义的特殊符号，如果要在表达式搜索模式中使用这些符号，则可以使用反斜杠（\）将其转义。通常代码会将表达式作为一个字符串对象传递给 regex 类的实例作为构造函数参数。然后该对象将被传递给 <regex>库中的函数，它们将使用表达式来解析序列中与模式匹配的文本。

表 9-2 总结了一些可以与 regex 类匹配的模式。

表 9-2

模　　式	说　　明	示　　例
文字	精确匹配字符	li 匹配 fliplipplier
[group]	匹配组中的单个字符	[at]匹配 cat、cat、top、pear

续表

模　式	说　明	示　例
[^group]	匹配不在组中的单个字符	[^at]匹配 cat、top、top、pear、pear、pear
[first-last]	匹配 first 到 last 之间的任意字符	[0-9]匹配数字 102、102、102
{n}	匹配前一项 n 次	91{2}匹配 911
{n,}	匹配前一项 n 次或多次	wel{1,}匹配 well 和 welcome
{n,m}	匹配前一项 n 次，但是不能大于 m 次	9{2,4}匹配 99、999、9999、99999，但是 9 不匹配
.	通配符，匹配除 n 以外的任意字符	a.e 匹配 ate 和 are
*	匹配前面的子表达式零次或多次	d*.d 匹配.1、0.1、10.1，但 10 不能匹配
+	匹配前面的子表达式一次或多次	d*.d 匹配 0.1、10.1，但 10 和.1 不能匹配
?	匹配前面的子表达式零次或一次	tr?ap mat 匹配 trap 和 tap
|	匹配由|分隔的两项之间的一个选项	th(e|is|at)匹配 the、this、that
[[:class:]]	匹配字符类	[[:upper:]]匹配大写字母构成的字符：I am Richard
n	匹配新行	
s	匹配任意单个空格	
d	匹配任意单个数字	D 是[0-9]
w	匹配单词中的任意字母（大写字母和小写字母）	
b	匹配一个字边界，即字与空格间的位置	d{2}b 匹配 999 和 9999 bd{2}匹配 999 和 9999
$	匹配字符串末尾	s$匹配行尾的单个空格
^	匹配字符串起始位置	^d 匹配行首以数字开头的行

　　我们可以使用正则表达式定义要匹配的模式，Visual C++编辑器允许在搜索对话框（这是用户测试表达式的很好平台）中执行此操作。

　　定义一个匹配的模式要比不匹配模式容易得多。比如，表达式 w+b<w+>将匹配字符串"vector<int>"，因为有一个或者多个单词后面跟着一个非单词字符（>），随后是一个或者多个单词，紧接着后面是>。该模式与字符串"#include <regex>"不匹配，因为 include 之后有一个空格，模式中的 b 表示字母字符和非字母字符之间有边界。

　　表 9-2 中的 th(e\|is\|at)表示当我们希望采用替代性方案时，可以使用括号对模式进行分组。但是，括号还有其他用途，它们允许捕获组。因此，如果要执行替换操作，可以将搜索模式作为一个组，然后将该组作为一个具名子组，例如，查找（Joe），以便用户可以用 Tom 替换 Joe。你可以引用表达式中括号指定的子表达式（称为后向引用）：

```
([A-Za-z]+) +1
```

　　上述表达式的含义为：搜索从 a～z 和 A～Z 中的一个或多个字母组成的单词，这个单词被称为 1，所以找到它出现两次的位置之间的空格。

9.5.2　标准库类

　　为了执行匹配或替换操作，我们必须创建一个正则表达式对象。这是 basic_regex 类的一个对象，它具有字符类型和正则表达式特征类的模板参数。该类有两个 typedef：一个是字符型的 regex，另一个是宽字符型的 wregex，它们包含的特征分别由 regex_traits 和 wregex_traits 类描述。

　　特征类决定 regex 类如何解析表达式。比如，回想一下以前的文本，可以使用 w 表示单词，d 表示数字，s 表示空格。[[::]]语法允许我们为字符类提供更具描述性的 alnum、digit、lower 等名称。并且因为这些文本序列依赖于字符集，特征类将具有适当的代码来测试表达式是否支持这些字符类。

　　相应的 regex 类将解析表达式以启用<regex>库中的函数，继而使用表达式识别文本中的模式：

```
regex rx("([A-Za-z]+) +1");
```

　　这将使用后向引用搜索重复的单词。注意，正则表达式使用 1 作为后向引用，但是在字符串中，必须使用反斜杠（\）转义。如果你使用 s 和 d 这样的字符类，那么就需要进行大量的转义。相反，我们可以使用原始字符串（R"()"），但是需要留意的是，引号内第一组括号是原始字符串语法的一部分，不是来自正则表达式组：

```
regex rx(R"(([A-Za-z]+) +1)");
```

　　这完全取决于哪个是更可读的，它们都会在双引号内引入额外的字符，这可能潜在地会让快速浏览它的用户产生困惑，就是正则表达式匹配的内容到底是什么。

　　记住，正则表达式本质上是一个程序，所以正则表达式解析器将确定该表达式是否有效，如果不是该对象，构造函数将抛出类型为 regex_error 的异常。异常处理将在下一章详细介绍，但要重点指出的是，如果未捕获异常，则会导致应用程序在运行时终止。异常的 what 方法将返回错误的基本描述，代码方法将返回 regex_constants 命名空间下 error_type 枚举类型的某个常量。没有指示表达式中发生错误所在位置的方法。你应该在外部工具（比如 Visual C++中的搜索对话框）中对表达式进行彻底测试。

　　可以通过一个字符串，或者一对指示字符串中字符区间的迭代器调用构造函数，用户也可以传递一个初始化列表，其中每个元素都是字符。有多种正则表达式语言；basic_regex 类默认采用的是 ECMAScript。如果希望使用其他语言（比如 POSIX、扩展 POSIX、awk、grep 或 egrep），可以传递命名空间 regex_constants 下（副本也可以选择 basic_regex 类中定义的常量）枚举 syntax_option_type 中的常量之一作为构造函数参数。用户只能指定一种语言风格，但是可以将它与其他一些 syntax_option_type 常量搭配使用，其中 icase 表示不区分大小写，collate 会在匹配中使用区域设置，nosubs 表示不希望捕获组，optimize 表示希望优化匹配性能。

　　该类使用 getloc 方法获取解析器使用的语言环境，并使用 imbue 重置语言环境。如果用户希望指定一种语言环境，那么直到我们使用 assign 方法重置它之前，都不能使用 regex 对象。这意味着使用 regex 对象的方式有两种。如果要使用当前的语言文化设置，那么将正则表达式传递给构造函数。如果你希望使用另外一种语言文化设置，那么可以使用默认构造函数创建一个空的 regex 对象，根据上述语言文化设置调用 imbue 方法，最后使用 assign 方法传递该正则表达式。

正则表达式一经解析，就可以调用 mark_count 方法获得表达式中捕获分组的数目（假定用户不使用 nosubs）。

1. 匹配表达式

构建正则表达式对象后，用户可以将其传递给<regex>库中的方法，以搜索字符串中符合模式的字符。regex_match 函数会接收一个字符串（C 或 C++）或者容器中指示字符区间的迭代器，以及一个已构造的 regex 对象。

在其最简形式中，只有在完全匹配的情况下，该函数才会返回 true，即表达式和搜索字符串完全匹配：

```
regex rx("[at]"); // 搜索 a 或 t
cout << boolalpha;
cout << regex_match("a", rx) << "n";  // true
cout << regex_match("a", rx) << "n";  // true
cout << regex_match("at", rx) << "n"; // false
```

在上述代码中，搜索表达式是给定范围内（a 或 t）的单个字符，所以前两个 regex_match 函数调用返回 true，因为搜索到的字符串是一个字符。最后一个调用返回 false，因为匹配内容与搜索字符串不同。如果将正则表达式中的[]移除，那么只有第三个调用会返回 true，因为我们正在寻找的是精确的字符串。如果正则表达式是[at]+，以便可以寻找一个或多个字符 a 和 t，则这 3 个调用都将返回 true。你可以通过传递 match_flag_type 枚举中一个或者多个常量来修改匹配方式。

如果我们传递一个 match_results 对象的引用给该函数，那么搜索完毕之后，该对象将包含匹配的位置和字符串的信息。match_results 对象是 sub_match 对象的容器。如果该函数执行成功，则意味着整个搜索字符串与表达式匹配，在这种情况下，返回的第一个 sub_match 元素将是整个搜索字符串。如果表达式具有子组（用括号标识的模式），则这些子组将是 match_results 对象中附加的 sub_match 对象。

```
string str("trumpet");
regex rx("(trump)(.*)");
match_results<string::const_iterator> sm;
if (regex_match(str, sm, rx))
{
    cout << "the matches were: ";
    for (unsigned i = 0; i < sm.size(); ++i)
    {
        cout << "[" << sm[i] << "," << sm.position(i) << "] ";
    }
    cout << "n";
} //匹配结果是: [trumpet,0] [trump,0] [et,5]
```

在这里，表达式是单词 trump 后跟任意数量的字符。整个字符串与此表达式匹配，并且有两个子组：字符串 trump 以及 trump 之后的任意字符串。

　　match_results 类和 sub_match 类都对用于指示匹配项的迭代器类型进行了模板化。它们的 typedef 分别是 cmatch 和 wcmatch，其中模板参数分别是 const char* 和 const wchar_t*。smatch 和 wsmatch 分别是 string 和 wstring 对象中相关参数使用的迭代器。同样，对于 submatch 类有 csub_match、wcsub_match、ssub_match 和 wssub_match。

　　regex_match 函数可以设定非常严格的限制，因为它查找的内容需要模式和搜索字符串之间精确匹配。regex_search 函数更灵活，如果搜索字符串中有一个与表达式匹配的子字符串，它就会返回 true。注意，即使搜索字符串中有多个匹配项，regex_search 函数也只能找到第一个符合条件的项。如果要解析字符串，将不得不多次调用该函数，直到它提示没有更多匹配项。在这种情况下，重载迭代器访问搜索字符串将变得非常有用：

```
regex rx("bd{2}b");
smatch mr;
string str = "1 4 10 42 100 999";
string::const_iterator cit = str.begin();
while (regex_search(cit, str.cend(), mr, rx))
{
    cout << mr[0] << "n";
    cit += mr.position() + mr.length();
}
```

　　这里，表达式将匹配有两个空格包围的两位数字（两个 b 表示前后边界）。循环从指向字符串起始位置的迭代器开始，当发现匹配项时，该迭代器递增到该位置，然后增加匹配的长度。regex_iterator 对象进一步解释了此行为。

　　match_results 类允许对包含 sub_match 对象的迭代器访问，以便可以使用 for 循环访问。最初，容器以奇怪的方式运作，因为它知道 sub_match 对象搜索字符串的位置（通过 position 方法，它会接收 sub_match 对象的索引做参数），但是 sub_match 对象似乎只知道它引用的字符串。不过，深入了解 sub_match 类之后，它是继承自 pair 的，其中两个参数都是字符串迭代器。这意味着 sub_match 对象具有指定子字符串原始字符串区间的迭代器。match_result 对象知道原始字符串的起始位置，并且可以使用 sub_match.first 迭代器确定子字符串中起始字符位置。

　　match_result 对象具有返回指定组的字符串的运算符 [] （和 str 方法）。prefix 方法会返回匹配内容之前的字符串，suffix 方法会返回匹配内容之后的字符串。因此。在上述代码中，第一个匹配的结果是 10，前缀是 14，后缀是 42、100、999。相反，如果你访问 sub_match 本身，它只显示其长度和字符串，这是通过调用 str 方法获得的。

　　match_result 对象也可以通过 format 方法返回结果。这需要一个格式字符串，其中通过 $符号（$1、$2 等）标识的若干占位符标识匹配的组。输出结果可以是流或从方法返回的字符串：

```
string str("trumpet");
regex rx("(trump)(.*)");
match_results<string::const_iterator> sm;
if (regex_match(str, sm, rx))
{
    string fmt = "Results: [$1] [$2]";
    cout << sm.format(fmt) << "n";
} // 结果: [trump] [et]
```

　　通过 regex_match 或者 regex_search，我们可以使用括号来标识子组。如果模式匹配，则可以使用通过引用传递的适当 `match_results` 对象来获取这些子组。如前所示，`match_results` 对象是 `sub_match` 对象的容器。`sub_match` 对象可以使用<、!=、==、<=、>和>=运算执行比较，其比较的是迭代器指向的元素（即子字符串）。此外，`sub_match` 对象还可以插入流中。

2. 迭代器

该库还为正则表达式提供了迭代器类，它提供了一种不同的解析方法。由于该类将涉及字符串的比较，它会对元素类型和特征模板化。

该类将需要遍历字符串，因此第一个模板参数是字符串迭代器类型，元素和特征类型可以通过它推导出来。`regex_iterator` 类是一个前向迭代器，因此它具有运算符++，并且提供的运算符*可以访问 `match_result` 对象。在上述代码中，用户会看到 `match_result` 对象被传递给了 `regex_match` 和 `regex_search` 函数，它们使用它来存放查询结果。这引发了什么代码会通过 `regex_iterator` 填充 `match_result` 对象的问题。答案是迭代器的++运算符：

```
string str = "the cat sat on the mat in the bathroom";
regex rx("(b(.at)([^ ]*)");
regex_iterator<string::iterator> next(str.begin(), str.end(), rx);
regex_iterator<string::iterator> end;

for (; next != end; ++next)
{
    cout << next->position() << " " << next->str() << ", ";
}
cout << "n";
// 4 cat, 8 sat, 19 mat, 30 bathroom
```

在上述代码中，将搜索字符串中单词的第二个和第三个字母是at的单词和它们所处的位置。b 表示该模式必须从一个单词开头（这意味着单词可以是任何字母开头）。围绕这 3 个字符有一个捕获组，第二个捕获组是除空格以外的一个或多个字符。

迭代器对象 `next` 是采用要搜索的字符串迭代器和 `regex` 对象构造的。运算符++本质上是调用 `regex_search` 函数，同时维护执行下一个搜索的位置。如果搜索找不到与模式匹配的结果，则运算符会返回到序列迭代器的末尾。该迭代器是由默认的构造函数（此代码的最终对象）创建的迭代器。该代码会打印完整的匹配结果，因为我们调用 `str` 方法采用的是默认参数（0）。如果用户希望获得实际的子字符串匹配，则可以使用 `str(1)`，其结果如下所示：

```
4 cat, 8 sat, 19 mat, 30 bat
```

由于运算符*（和->）可以访问 `match_result` 对象，所以访问 `prefix` 方法获得匹配内容之前的字符串，调用 `suffix` 方法获取匹配内容之后的字符串。

`regex_iterator` 类允许遍历访问匹配的子字符串，`regex_token_iterator` 类可以更进一步，允许访问所有子匹配。在使用过程中，除了构造之外，该类与 `regex_iterator` 的用法相同。`regex_token_iterator` 类的构造函数具有一个参数，用于指示希望通过运算符*访问的子匹配。值为-1 表示想要前缀，值为 0 表示想要整个匹配结果，值为 1 或者大于 1 的数字表示想要指定数量的子匹配。如果愿意，可以传递一个子匹配类型的 int vector 和 C 数组：

```
using iter = regex_token_iterator<string::iterator>;
string str = "the cat sat on the mat in the bathroom";
```

```
regex rx("b(.at)([^ ]*)");
iter next, end;

// 获取匹配之间的文本
next = iter(str.begin(), str.end(), rx, -1);
for (; next != end; ++next) cout << next->str() << ", ";
cout << "n";
// the , , on the , in the ,

// 获取完整匹配
next = iter(str.begin(), str.end(), rx, 0);
for (; next != end; ++next) cout << next->str() << ", ";
cout << "n";
// cat, sat, mat, bathroom,

// 获取子匹配 1
next = iter(str.begin(), str.end(), rx, 1);
for (; next != end; ++next) cout << next->str() << ", ";
cout << "n";
// cat, sat, mat, bat,

// 获取子匹配 2
next = iter(str.begin(), str.end(), rx, 2);
for (; next != end; ++next) cout << next->str() << ", ";
cout << "n";
// , , , hroom,
```

3．字符串替换

regex_replace 方法与其他方法类似，它接收一个字符串（C 字符串或者 C++字符串对象，或者指向某个字符区间的迭代器）、一个 regex 对象以及可选的信号标志。

此外，该函数具有一个格式化字符串并返回一个字符串。format 字符串本质上是传递给每个 results_match 对象的 format 方法，这些 results_match 对象是来自匹配正则表达式的结果。然后将此格式化字符串用作相应匹配子字符串的替换。如果没有匹配，则返回搜索字符串的副本。

```
string str = "use the list<int> class in the example";
regex rx("b(list)(<w*> )");
string result = regex_replace(str, rx, "vector$2");
cout << result << "n"; // 在示例中使用 vector<int>类
```

在上述代码中，我们说整个匹配的字符串（应该是 list<之后的某些文本，然后是>和一个空格）应该被 vector 替换，随后跟着的是第二个子匹配（<之后的一些文本，随后是>和一个空格）。结果是，list<int>被替换为 vector<int>。

9.6　字符串应用

该示例将以电子邮件的形式读取文本文件并进行处理。互联网邮件的格式分为两个部分：标题和邮件正文。这是一个简单的处理过程，所以没有尝试将 MIME 邮件正文的格式化（尽管上述代码可以作为入手点）。电子邮件正文将从第一个空白行开始，互联网标准指出，该行不应该超过 78 个字符。如果行很长，但是其长度不得超过 988 个字符。这意味着需要使用换行符来维护此规则（回车符、换行对），最后一段的末尾用空行表示。

标题更复杂一些。在最简单的形式中，标题位于单行上，格式为 name:value。标题名称和标题值以冒号分隔。标题可以使用折叠空白的格式进行多行分割，换行符会把标题拆分到空格（比如空格、制表符等）之前。这意味着以空格开头的行是前一行标题的延续。标题通常包含以分号分隔的 name=value 项，因此可以将这些子项分开。有时这些子项没有值，也就是说子项将以分号终止。

该示例将接收一系列字符串的电子邮件，并使用这些规则创建一个包含标题集合和正文字符串的对象。

9.6.1 创建项目

为该项目创建一个文件夹并在其中创建一个名为 email_parser.cpp 的 C++文件。因为该应用程序将读取文件和处理字符串，所以添加相关的库引用，并添加代码，从命令行获取文件的名称：

```cpp
#include <iostream>
#include <fstream>
#include <string>

using namespace std;

void usage()
{
    cout << "usage: email_parser file" << "n";
    cout << "where file is the path to a file" << "n";
}

int main(int argc, char *argv[])
{
    if (argc <= 1)
    {
        usage();
        return 1;
    }

    ifstream stm;
    stm.open(argv[1], ios_base::in);
    if (!stm.is_open())
    {
        usage();
        cout << "cannot open " << argv[1] << "n";
        return 1;
    }

    return 0;
}
```

一个标题将包含名称和正文。正文可以是单个字符串，也可以是一个或者多个子项。创建一个类来表示标题的正文，并且暂时将其视为一行。在 usage 函数前面添加下列类：

```cpp
class header_body
{
    string body;
```

```
public:
    header_body() = default;
    header_body(const string& b) : body(b) {}
    string get_body() const { return body; }
};
```

上述代码简单地围绕一个字符串对类进行包装，后续还将添加代码来分离正文数据成员中的子元素。现在创建了一个表示电子邮件的类。在 header_body 类之后添加如下代码：

```
class email
{
    using iter = vector<pair<string, header_body>>::iterator;
    vector<pair<string, header_body>> headers;
    string body;

public:
    email() : body("") {}

    // 访问器
    string get_body() const { return body; }
    string get_headers() const;
    iter begin() { return headers.begin(); }
    iter end() { return headers.end(); }

    // 第二阶段构造
    void parse(istream& fin);
private:
    void process_headers(const vector<string>& lines);
};
```

标题数据成员将保存成 name/value 对的形式。这些元素被存储到一个 vector 中而不是一个 map，这是因为电子邮件是在邮件服务器之间传递的，被邮件服务器添加的标题可以已经存在于邮件中，因此这些标题是重复的。我们可以采用一个 multimap，但是我们将丢失标题的顺序，因为 multimap 有助于搜索顺序存储的元素。

vector 可以保留元素插入容器时的顺序，并且由于我们将串行解析邮件，这意味着标题数据成员将具有与电子邮件中相同顺序的标题项。添加适当的引用，以便用户可以使用 vector 类。

正文和标题的访问器都是单个字符串。此外，还有一些访问器从标题数据成员返回迭代器，以便外部代码可以迭代访问标题数据成员（该类的完整实现将具有允许用户按名称搜索标题的访问器，但是对于这个示例来说，只允许迭代）。

该类支持两阶段构造，其中大部分工作是通过将输入流传递给 parse 方法来执行的。parse 方法会从 vector 对象中读取由一系列行组成的电子邮件，并且它会调用私有函数 process_headers 来将它们解析为标题。

get_headers 方法很简单：它只是遍历访问标题，并以 name: value 这样的格式将标题放置于每一行上。添加下列内联函数：

```
string get_headers() const
{
    string all = "";
    for (auto a : headers)
    {
        all += a.first + ": " + a.second.get_body();
```

```
        all += "n";
    }
    return all;
}
```

接下来，我们需要从文件中读取电子邮件并提取正文和标题。main 函数已经具有打开文件的代码，因此创建一个 email 对象，并将该文件的 ifstream 对象传递给 parse 方法。现在使用访问器打印输出经过解析的电子邮件。将下列内容添加到 main 函数的末尾：

```
email eml;
eml.parse(stm);
cout << eml.get_headers();
cout << "n";
cout << eml.get_body() << "n";

return 0;
}
```

在 email 类声明之后，添加 parse 函数的定义：

```
void email::parse(istream& fin)
{
    string line;
    vector<string> headerLines;
    while (getline(fin, line))
    {
        if (line.empty())
        {
            //标题解析完毕退出循环;
            break;
        }
        headerLines.push_back(line);
    }

    process_headers(headerLines);

    while (getline(fin, line))
    {
        if (line.empty()) body.append("n");
        else body.append(line);
    }
}
```

该方法很简单，它会重复调用<string>库中的 getline 方法来读取字符串，直到遇到换行符。

在该方法的前半部分，字符串存放在一个 vector 中，然后传递给 process_headers 方法。如果读入的字符串为空，则表示读取的是空白行，在这种情况下，表示所有标题都已被读取。在该方法的后半部分，电子邮件的正文被读取。getline 方法将剥离用于将电子邮件格式化为行长度为 78 个字符的换行符，因此循环仅将这些行添加为一个字符串。如果读取了一个空白行，则表示到达段落的末尾，因此在正文字符串中添加换行符。

在 parse 方法之后，添加 process_headers 方法：

```
void email::process_headers(const vector<string>& lines)
```

```
    {
        string header = "";
        string body = "";
        for (string line : lines)
        {
            if (isspace(line[0])) body.append(line);
            else
            {
                if (!header.empty())
                {
                    headers.push_back(make_pair(header, body));
                    header.clear();
                    body.clear();
                }

                size_t pos = line.find(':');
                header = line.substr(0, pos);
                pos++;
                while (isspace(line[pos])) pos++;
                body = line.substr(pos);
            }
        }

        if (!header.empty())
        {
            headers.push_back(make_pair(header, body));
        }
    }
```

上述代码会遍历访问集合中的每一行,当它有一个完整的标题时,会将字符串分割成冒号上的 name/body 对。在循环内部,第一行代码会测试第一个字符是否是空格;如果不是,则检查 header 变量是否包含值;如果包含,则会在清除 header 和 body 变量之前将 name/body 对存储到标题类的数据成员中。

以下代码用于从集合读取行。此代码假定这是标题行的开头,因此在此处搜索冒号并分割字符串。标题的名称在冒号之前,标题的主体(会对前导空格修剪)在冒号之后。因为我们不知道标题的正文是否会被折叠到下一行,所以不存储 name/body,相反,while 循环允许重复另外一次,以便可以测试下一行的第一个字符串来查看它是否是空格。如果是,则将其附加到正文。持有 name/body 对直到下一次 while 循环意味着循环中将不会存储最后一行,因此方法结束时会测试 header 变量是否为空,如果不为空,则存储 name/body 对。

现在我们可以编译代码来测试其中是否存在输入错误(记得使用/EHsc 开关)。为了测试代码,我们应该从电子邮件客户端中将某个电子邮件另存为文件,然后使用该文件的文件路径名运行 email_parser 应用程序。以下是互联网邮件格式规范 RFC 5322 中给出的电子邮件示例之一,你可以将其放入文本文件中来测试代码:

```
    Received: from x.y.test
   by example.net
   via TCP
   with ESMTP
   id ABC12345
   for <mary@example.net>; 21 Nov 1997 10:05:43 -0600
Received: from node.example by x.y.test; 21 Nov 1997 10:01:22 -0600
```

```
From: John Doe <jdoe@node.example>
To: Mary Smith <mary@example.net>
Subject: Saying Hello
Date: Fri, 21 Nov 1997 09:55:06 -0600
Message-ID: <1234@local.node.example>

This is a message just to say hello.
So, "Hello".
```

我们可以使用电子邮件信息来测试应用程序，从而演示该程序能够解析标题格式，包括折叠空格。

9.6.2 处理标题子元素

接下来的操作是处理标题正文的子项。为此，向 header_body 类的公有部分中添加下列加粗显示的代码：

```
public:
    header_body() = default;
    header_body(const string& b) : body(b) {}
    string get_body() const { return body; }
    vector<pair<string, string>> subitems();
};
```

每个子项将是一个 name/value 对，并且由于子项的顺序可能很重要，所以子项存储在 vector 中。修改 main 函数，移除对 get_headers 方法的调用，并单独打印输出每个标题：

```
email eml;
eml.parse(stm);
for (auto header : eml) {
    cout << header.first << " : ";
    vector<pair<string, string>> subItems = header.second.subitems();
if (subItems.size() == 0) {
    cout << header.second.get_body() << "n";
    } else{
    cout << "n";
    for (auto sub : subItems) {
        cout << " " << sub.first;
        if (!sub.second.empty())
        cout << " = " << sub.second;
        cout << "n";
    }
}
}
cout << "n";
cout << eml.get_body() << endl;
```

因为 email 类实现了 begin 和 end 方法，这意味着在 for 循环中将调用这些方法访问 email::headers 数据成员上的迭代器。每个迭代器将访问一个 pair<string, header_body>对象，因此在这些代码中，首先会打印输出标题名称，然后访问 header_body 对象上的子项。即便没有子项，仍然会有一些与标题相关的文本，但是不会被分割成子项，所以我们调用 get_body 方法来获得要打印的字符串。如果有子项，则打印输出这些子项。如果某些项中包含正文，那么该子项会以 name = value 格式被打印输出。

最后的动作是解析标题正文，将它们分隔成子项。下面是 header_body 类，添加该操作的方法定义：

```
vector<pair<string, string>> header_body::subitems()
{
    vector<pair<string, string>> subitems;
    if (body.find(';') == body.npos) return subitems;

    return subitems;
}
```

由于子项是采用分号进行分隔的，因此有一个简单的测试来查找正文字符串上的分号。如果没有分号，则返回一个空的 vector。

现在，代码必须通过反复解析字符串来提取子项。有几种情况需要解决。大多数子项将以 name=value 的形式出现，因此必须提取子项并根据等号进行分割，然后丢弃分号。

一些子项没有值并且在形式名中。这种情况下，分号被丢弃，并且项目存储的是子项值的空字符串。最后，标题中的最后一个元素可能不是以分号终止的，因此必须考虑这一点。

在 while 循环中添加如下代码：

```
vector<pair<string, string>> subitems;
if (body.find(';') == body.npos) return subitems;
size_t start = 0;
size_t end = start;
while (end != body.npos){}
```

顾名思义，start 变量是子项的起始索引，end 是子项的结束索引。第一个动作是忽略任何空格，所以在 while 循环中添加如下代码：

```
while (start != body.length() && isspace(body[start]))
{
    start++;
}
if (start == body.length()) break;
```

这会简单地对起始索引执行自增操作，同时引用空格字符，只要它没有到达字符串的末尾。如果到达字符串的末尾，就意味着没有更多字符，所以循环结束。

接下来，添加下列代码来搜索=和;字符，并处理其中的一种搜索情况：

```
string name = "";
string value = "";
size_t eq = body.find('=', start);
end = body.find(';', start);

if (eq == body.npos)
{
    if (end == body.npos) name = body.substr(start);
    else name = body.substr(start, end - start);
}
else
{
}
subitems.push_back(make_pair(name, value));
```

```
start = end + 1;
```

如果无法找到匹配的搜索元素，`find` 方法将返回 npos 值。第一次调用是查找=字符的，第二次调用是查找分号的。如果无法找到=，那么该项目没有值，只包含一个名称。如果无法找到分号，那么这意味着该名称是从 start 索引到字符串结尾的整个字符串。如果有一个分号，那么这个名字就是从 start 索引到 end 索引（因此要赋值的字符数是 end-start）。如果有一个=字符，那么字符串需要从此处分割，并且该代码将被立刻显示出来。一般 name 和 value 变量被赋值，这些变量将被插入到子项数据成员中，并将 start 索引移动到 end 索引之后的字符。如果 end 索引是 npos，则 start 索引将是无效的，但是这并不重要，因为 while 循环将测试 end 索引的值，如果索引值是 npos，则中断循环。

最后，需要在子项中有一个=字符时添加代码，添加以下突出显示的文本：

```cpp
if (eq == body.npos)
{
    if (end == body.npos) name = body.substr(start);
    else name = body.substr(start, end - start);
}
else
{
    if (end == body.npos)
    {
        name = body.substr(start, eq - start);
        value = body.substr(eq + 1);
    } else{
        if(eq < end) {
          name = body.substr(start, eq - start);
          value = body.substr(eq + 1, end - eq - 1);
        } else {
          name = body.substr(start, end - start);
        }
    }
}
```

第一行会测试搜索分号是否失败。在这种情况下，名称是由 start 索引开始到=字符之前的内容构成，并且该值是=之后的文本，直到字符串的末尾。

如果有=和;的有效索引，那么还有一种情况需要检查。=字符可以在;之后，在这种情况下，这意味着该子项不具有值，而=字符将用于后续的子项。

此时可以编译代码并使用包含电子邮件的文件对代码进行测试。程序的输出结果应该是被分割成标题和正文的电子邮件，每个标题被分割成子项，它们可以是一个简单的字符串或者一个 name=value 对。

9.7　小结

在本章中，读者已经了解了多种支持字符的 C++标准库类。本章介绍了如何从流中读取字符串，如何将字符串写入流，如何在数字和字符串之间进行转换，以及如何使用正则表达式来操作字符串。当编写代码时，将不可避免地花时间调试运行代码，以检查它是否符合你的要求。这将涉及提供对算法结果执行检查的代码，将中间代码记录到调试设备的代码，当然也可以在调试器下运行代码。下一章将深入介绍调试代码的所有细节。

第 10 章
诊断和调试

软件是复杂的，不过即使代码经过良好设计，有时也必须对它进行调试，无论是代码开发的正常测试阶段，还是软件发布后反馈错误报告时。将代码设计得尽可能简单便于测试和调试是非常有价值的。这意味着添加跟踪和报告代码，确定常量、前置和后置条件，以便测试代码，并使用易于理解和有意义的错误代码编写函数。

10.1 准备工作

C++和 C 标准库中包含大量允许我们应用跟踪和报告的函数，以便可以测试代码是否按预期方式处理数据。这些函数大部分会采用条件编译，因此报告仅发生在调试版本中，如果希望跟踪记录有意义的信息，那么它们将构成代码说明文档的一部分。在可以报告代码行为之前，首先必须知道该怎么做。

10.1.1 不变性和条件编译

类的不变性是指一些条件，即对象的状态始终保持为 true。在一个方法调用期间对象的状态将发生变化，可能会使得对象的状态无效，但是一旦公有方法执行完毕，对象就必须保持一种恒定的状态。并不能确保你在类上调用方法的执行顺序，即使调用了所有方法，所以对象必须对在其上调用的任意方法都是可用的。对象的不变性是适用于方法调用层面，方法调用之间的对象都必须是一致和可用的。

例如，假定我们有一个表示日期的类，它包含 1~31 之间的日期数字，1~12 之间的月份数字，以及年号。该类的不变性在于，无论对日期类的对象做什么，它将始终保留一个有效日期。这意味着我们可以安全地使用日期类的对象。这也意味着类上的其他方法（比如，确定两个日期之间的天数，运算符-）可以假定日期对象中的值是有效的，所以这些方法不必检查所使用的日期数据的有效性。

不过，天数 1~31 和月份 1~12 的范围内的数字不一定都是有效日期，因为并不是每个月都有 31 号。因此，如果你有一个有效日期，比如 1997 年 4 月 5 日，调用 set_day 方法将日数设置为 31，这样就违反了类的不变性条件，因为 4 月 31 号不是一个有效日期。如果要更改日期对象中的值，唯一安全的方法是同时更改所有值：年、月和日，因为这是可以保证类不变性的唯一方法。

一种方法是在调试构建模式下中定义一个私有方法，以测试类的不变性条件，并通过断言（详情稍后介绍）维护其不变性。你可以在离开公有方法之前调用此类方法，以确保对象保持一致性状态。方法也包含前置条件和后置条件的定义。前置条件是我们调用该方法之前条件测试结果为 true 的条件。后置条件是方法调用完毕之后测试条件保证为 true 的条件。对于类中的方法，类的不变性是前置条件（因为对象的状态应该在方法调用之前保持一致性），并且不变性也是后置条件（因为在方法完成后，对象状态也应该保持一致性）。

还有前置条件是方法调用方负责处理的。该前置条件是调用方有文档记录的责任。比如，日期类将包含一个前置条件，日数位于 1～31 之间。这简化了类代码，因为采用日数的方法假定传递的值不会超出范围（比如某些月份少于 31 天，有些值将是无效的）。此外，在调试构建环境下，我们可以使用断言来测试前置条件是否正确，并且断言中的测试将在预览版中被移除。方法调用结束时会有后置条件，即维护类的不变性（对象的状态将有效），返回值将是有效的。

10.1.2　条件编译

如第 1 章所述，当你编译 C++程序时，会有一个预编译步骤，将 C++源文件中引用的所有文件整理为单个文件，然后进行编译。预处理器还可以扩展宏，并根据符号的值引用和排除某些代码。

在其最简单的形式中，条件编译是带有#ifdef 和#endif 的括号代码（#else 是可选的），以便只有定义了指定的符号时，这些指令之间的代码才被编译。

```
#ifdef TEST
   cout << "TEST defined" << endl;
#else
   cout << "TEST not defined" << endl;
#endif
```

我们需要确保上述代码中只有一行被编译，并且还要保证至少有一行将被编译。如果定义了符号 TEST，那么第一行将被编译，就编译器而言，第二行代码是不存在的。如果没有定义符号 TEST，那么第二行代码将被编译。如果以相反的顺序输入这些代码，可以使用#ifndef指令。通过条件编译提供的文本可以是 C++代码，也可以是当前传输单元使用#define 定义的其他符号，还可以是#undef 标记的未定义现存符号。

#ifdef 指令可以简单地确定符号是否存在，不过它不测试其值。#if 指令允许测试一个表达式。你可以将符号设置为具有值并根据值编译特定代码。表达式必须是一体的，因此，单个#if 语句块可以使用#if 和多个#elif 指令，以及一个#else 指令（最多一个）测试多个值：

```
#if TEST < 0
   cout << "negative" << endl;
#elif TEST > 0
   cout << "positive" << endl;
#else
   cout << "zero or undefined" << endl;
#endif
```

如果该符号未定义，那么#if 指令将该符号视为值为 0 的标记；如果要区分这些情况，你可以使用已经定义的运算符测试某个符号是否被定义。最多只能编译#if/#endif 语句块中的一个部分，如果值不匹配，那么就不会编译代码。表达式可以是宏，在这种情况下，宏将在条件被测试之前展开。

有 3 种方式来定义一个符号。第一种是不受控制的，编译器将定义一些符号（通常使用_作为前缀），来提供有关编译和编译过程的信息。其中的某些符号将在后续详细介绍。其他两种方式完全在我们的控制之下，你可以在源文件（或头文件）中使用#define 定义符号，也可以在命令行中使用的/D 开关定义它们：

```
cl /EHsc prog.cpp /DTEST=1
```

这将编译代码，并将符号 TEST 的值设为 1。

通常我们将使用条件编译来提供不应该在生产环境中使用的代码，比如，在调试模式下使用额外的跟踪代码或者测试代码。假定我们有从数据库返回数据的库代码，但是现在怀疑库函数中的 SQL 语句有问题，返回了太多值。在这里，你可以对它进行测试，添加如下代码记录返回值的数量：

```
vector<int> data = get_data();
#if TRACE_LEVEL > 0
cout << "number of data items returned: " << data.size() << endl;
#endif
```

跟踪这样的信息会污染交互界面，开发者应该竭力避免正式版本的软件中出现这些内容。不过，在程序调试过程中，确定问题发生的位置是非常重要的。

在调试模式中调用的任何代码，条件代码应该是 const 方法（这里是 vector::size），也就是说，它们不应该影响任何对象或者应用程序数据的状态。我们必须确保程序代码的逻辑在调试模式和发行模式下完全相同。

10.1.3　pragma 指令

#pragma 指令是针对特定编译的，通常涉及对象文件中代码段的技术细节。Visual C++中有几个#pragma 指令对调试代码很有帮助。

一般来说，我们希望在编译代码时尽可能少地出现警告信息。Visual C++默认的警告开关是/W1，它表示只显示最严重的警告。将值增加到 2、3 或最高值 4 时，编译期间输出的警告信息数量也随之增加。使用/Wall 开关将在默认情况下禁用 4 级的警告信息。对于最后一个选项，即使最简单的代码，也会在编译期间产生整屏的警告信息。当存在数百条警告信息时，有用的错误信息将夹杂在不重要的警告之间。由于 C++标准库很复杂，并且包含几十年前的代码，所以编译器会把某些存在问题的构造向我们发出警示信息。为了防止这些警告信息污染编译结果，选择性地禁用文件中的特定警告信息。

如果你需要兼容以前的程序库代码，可能会发现编译这些代码会出现很多警告信息。用户可能会尝试使用编译器的/W 开关降低警告级别，但这会禁用所有高于我们启用级别的警告信息，并且它同样适用于项目代码中引用的程序库代码。警告的 pragma 指令提供了更多灵活性。有两种方法可以调用它，你可以重置警告级别来重写编译器开关/W，也可以更改特定警告的警告级别或完全禁用警告报告。

比如，头文件<iostream>的顶部包含如下代码：

```
#pragma warning(push,3)
```

这表示存储当前的警告级别，对于该文件的其余部分（或者直到被修改）使其警告级别为 3。在文件的底部是如下内容：

```
#pragma warning(pop)
```

这会把警告级别还原到之前存储的警告级别。

用户还可以修改如何报告一个或多个警告。比如，在头文件<istream>的顶部是如下内容：

```
#pragma warning(disable: 4189)
```

上述 pragma 指令的第一部分是禁用声明符，表示报告类型（在这种情况下是 4189）已被禁用。如果可以选择，你可以使用警告级别（1、2、3 或 4）作为声明符更改警告的级别。其应用场景之一是可以降低我们正在处理的某段代码的警告级别，然后在代码之后将其返回到默认级别。比如：

```
#pragma warning(2: 4333)
unsigned shift8(unsigned char c)
{
    return c >> 8;
}
#pragma warning(default: 4333)
```

该函数会将一个 char 型数据右移 8 位，这将生成一个一级警告 4333（右移量太大，会导致丢失数据精度）。这是一个问题，并需要修复，但是目前用户只希望编译代码，不希望出现这类代码警告，因为将警告级别更改为 2 级。采用默认的警告级别（/W1）时，上述警告将不会显示。不过，如果使用更敏感的警告级别（比如/W2），则会报告此警告。这一警告级别的修改只是暂时的，因为最后一行将警告级别重置为默认值（为 1）。在这种情况下，警告级别会增加，这意味着你将只能看到更高级别的警告信息。我们还可以降低警告级别，这意味着这些警告信息是更希望被报告的。你甚至可以将警告级别更改为错误，因此代码中存在此类型的警告时，代码将不能被编译。

10.1.4　添加通知消息

在测试和调试代码时，我们将不可避免地遇到一些潜在的会出问题的地方，但是它的优先级又比目前正在处理的工作要低。记录这类问题很重要，以便后续阶段可以解决这些问题。在 Visual C++中，有两种方式可以良性地执行此操作，并以两种方式生成错误。

第一种方式是添加一个 TODO：注释，如下所示：

```
// TODO: 潜在的数据丢失，重新回顾函数 shift8 的用法
unsigned shift8(unsigned char c)
{
    return c >> 8;
}
```

Visual Studio 编辑器有一个名为任务列表的工具窗口。这将列出项目中以预定任务之一开始的注释（默认值为 TODO、HACK 和 UNDONE）。

如果"任务列表"窗口不可见，则可以通过"查看"菜单启用它。**Visual Studio 2015** 中的默认设置是启用 C++中的任务。对于早期版本来说并不是这样的，但是可以通过"工具"菜单打开"选项"对话框，"文本编辑器"→"C/C++"→"查看"→"杂项"，将"枚举注释任务"设置为"true"。任务列表标签可以在"选项"对话框中的"环境"→"任务列表"中找到。

任务列表列出了与任务有关的文件和代码行号，并且可以通过双击条目打开文件并查找注释。

第二种标记重点关注的代码的方法是消息编译指令。顾名思义，它只允许在代码中放置一

个参考信息。当编译遇到这类编译指令时，它只是将消息放在输出流上。

比如下列代码：

```
#pragma message("review use of shift8 function")
unsigned shift8(unsigned char c)
{
    return c >> 8;
}
```

如果使用此代码编译 test.cpp 文件，并且采用/W1（默认）警告级别，输出结果如下所示：

```
        Microsoft (R) C/C++ Optimizing Compiler Version 19.00.24215.1 for x86 Copyright (C
) Microsoft Corporation. All rights reserved.

test.cpp
review the use of shift8 function
test.cpp(8): warning C4333: '>>': right shift by too large amount, data loss
```

如你所见，字符串是按照编译器看到的方式打印输出的，与警告信息不同，它没有指示文件和行号。可以使用编译器符号来解决这个问题。

如果条件很重要，那么我们希望发出一个错误，达到该目的的一种方法是使用#error 指令。当编译器遇到该指令时，它将发出一个错误。这是一个严肃的动作，所以只有当存在另外一个选项时才使用它，最有可能将它与条件编译一起使用。常见的用法是专门针对只能被 C++编译器编译的代码：

```
#ifndef  __cplusplus
#error C++ compiler required.
#endif
```

如果使用/Tc 开关将一个包含该上述代码的文件当作 C 代码编译,将不会定义__cplusplus 预处理器符号,并生成一个错误。

C++新增了一个名为 static_assert 的指令。它的调用类似函数(并且调用以分号终止),但并不是一个函数,因为它仅在编译时使用。此外,该指令可以用于不使用函数调用的地方。它有两个参数:一个表达式和一个字符串。如果表达式的值是 false,则编译时将使用源代码文件和行号输出字符串,并生成错误。在最简单的层面上,用户可以使用它来发送消息:

```
#ifndef  __cplusplus
static_assert(false, "Compile with /TP");
#endif
#include <iostream> // 需要 C++编译器
```

因为第一个参数是 fasle,所以指令在编译期间将发出一个错误提示信息。#error 指令可以实现同样的效果。<type_traits>库包含多种用于测试类型属性的谓词。比如,is_class 模板类有一个简单模板参数 type,如果 type 是一个类,那么静态成员的值将被设置为 true。如果有一个只应该为该类实例化的模板化函数,那么可以添加这个 static_assert:

```
#include <type_traits>

template <class T>
void func(T& value)
{
```

```
static_assert(std::is_class<T>::value, "T must be a class");
// 其他代码
}
```

在编译时，编译器将尝试使用值实例化函数并实例化该类型上的 is_class，以确定编译是否该继续。比如下列代码：

```
func(string("hello"));
func("hello");
```

第一行将正确编译，因为编译器将实例化函数 func<string>，并且其参数是一个类。不过，第二行不会通过编译，因为实例化的函数是 func<const char*>，参数 const char* 不是一个类。其输出结果为：

Microsoft (R) C/C++ Optimizing Compiler Version 19.00.24215.1 for x86 Copyright (C) Microsoft Corporation. All rights reserved.

test.cpp
test.cpp(25): error C2338: T must be a class
test.cpp(39): note: see reference to function template instantiation

'void func<const char*>(T)' being compiled with
[
**   T=const char ***
]

static_assert 在第 25 行，因此会生成一个"T must be a class"错误。第 39 行首次调用 func<const char*>函数，并给出了导致该错误的上下文。

10.1.5　调试程序的编译器开关

为了通过调试器单步执行程序，你必须提供信息来允许调试器将机器代码与源代码关联。至少这意味着关闭所有优化，因为尝试优化代码时，C++编译器将重新排列代码。默认情况下是关闭优化的（因此使用/Od 开关是多余的），不过很明显，为了能够调试某个进程并且单步执行 C++代码，需要移除所有/O 优化开关。

因为 C++标准库使用 C 运行时，需要编译代码来使用后者的调试版本。所使用的开关取决于是构建一个进程还是动态链接库（Dynamic Link Library，DLL），以及是否要静态链接 C 运行时还是通过 DLL 进行访问。

如果你正在编译进程，那么可以使用/MDd 开关获取 DLL 中 C 运行时的调试版本，如果使用/MTd，则将获取静态链接 C 运行时的调试版本。如果你正在编写动态链接库，那么除了 C 运行时开关之外，还需要使用/LDd 开关（/MTd 是默认采用的）。这些开关将定义一个名为 _DEBUG 的预处理器符号。

调试器将需要知道调试器符号的信息——变量的名称和类型，以及与代码相关的函数名和行号。实现上述目的的方法是通过一个名为程序数据库的文件，其扩展名为 pdb。我们可以使用其中之一的开关/Z 来生成一个 pdb 文件：/Zi 或/ZI 开关将生成两个文件，一个是文件名以 VC 开头的（比如 VC140.pdb），其中包含所有 obj 文件的调试信息，另一个是文件名包含该进程调试的项目名称的文件。如果代码只进行编译而没有链接（/c），那么只会创建第一个文件。默认情况下，Visual C++项目向导将为调试模式使用/Od /MDd /ZI 开关。/ZI 开关意味着程序数据库是以允许 Visual C++调试器执行编辑和暂停操作的格式创建的，即可以修改一些代码并继续单步执行代码，而无需重新编译。编译预览版本时，该向导将使用/O2 /MD /Zi 开关，这意味着该代码针对速度进行了优化，但仍将创建程序数据库（无需支持编辑和暂停）。该代码并不需要运行程序数据库（实际上，我们不应该将它与程序代码一起分发），但是如果有程序奔溃报告，并且需要在调试器下运行预览版程序构建代码，这将是很有用的。

这些/Z 编译器开关假定链接器使用/debug 开关运行（如果编译器调用链接器，它将传递此开关）。链接器将根据 VC 程序数据库文件中的调试信息创建项目程序数据库。

这就导致了为什么预览版构建文件将需要程序数据库的这样一个问题。如果在调试器下运行一个程序并查找调用堆栈，则常常会在操作系统文件中看到一长串栈帧记录。这些通常是由 DLL 名称和一些数字、字符组成的相当无意义的名称。它们很有可能是为了 Windows 安装的标记（pdb 文件），如果它们没有安装，则可以指示 Visual C++调试器从互联网上的标记服务器下载相关库使用的标记。这些标记符号不是库的源代码，但它们给出了函数的名称和参数类型，提供了单步执行是调用堆栈状态的其他信息。

10.1.6　预处理器标识符

要访问代码中跟踪、断言和报告工具，必须启用调试运行时库，这可以通过使用/MDd、/MTd 或/LDd 编译器开关来实现，它们将定义名为 _DEBUG 的预处理器符号。_DEBUG 预处理器符号支持很多工具，相反，不定义此符号将有助于优化代码。

```
#ifdef _DEBUG
   cout << "debug build" << endl;
#else
   cout << "release built" << endl;
#endif
```

C++编译器还会通过一些标准的预处理器符号提供信息。其中大多数仅对于程序库的编写者有用，但是有一些可能也是普通用户希望使用的。

ANSI 规范中指出，当编译器将代码编译为 C++时（而不是 C），应该定义__cplusplus 符号，并且还指定__FILE__符号应该包含文件名称，__LINE__符号应该包含当前访问的代码行号。__func__符号将包含当前的函数名。这意味着用户可以像下面这样创建跟踪代码：

```
#ifdef _DEBUG
#define TRACE cout << __func__<< " (" << __LINE__<< ")" << endl;
#else
#define TRACE
#endif
```

如果编译这些代码的目的是调试程序（比如/MTd），那么当使用 TRACE 时，cout 行将被内联；如果被编译的代码不是用于调试，那么 TRACE 将不执行任何操作。__func__符号只是函数名称，它并不能满足需要，因此如果你将它用在一个类方法中时，它将无法提供类的相关信息。

Visual C++还定义了专属于 Microsoft 的符号。__FUNCSIG__符号提供了完整的签名，包括类名（和任意命名空间名称）、返回类型和参数。如果只希望完整的限定名，则可以使用__FUNCTION__符号。Windows 头文件中经常出现的符号是_MSC_VER。它包含的数字表示当前 C++编译器的版本，并且它可以与条件编译一起使用，以便新的语言特性仅使用兼容它们的编译器进行编译。

Visual C++项目页面定义了名为$(ProjectDir)和$(Configuration)的构建宏。它们只能由 MSBuild 工具使用，因此在编译期间它们不能在源文件中自动可用，不过，如果将预处理器符号的值设置为某个构建宏，那么该值在编译期间将通过该符号调用。系统环境变量也可以用作宏，因此可以使用它们影响构建过程。比如，在 Windows 中，系统环境变量 USERNAME 包含当前登录用户的名称，因此用户可以使用它来设置某个符号，然后在编译时访问它。

在 Visual C++项目页面上，用户可以在 C/C++预处理器项目页添加预处理器定义：

```
DEVELOPER="$(USERNAME)"
```

然后，在代码中可以添加一行代码来使用该符号：

```
cout << "Compiled by " << DEVELOPER << endl;
```

如果你正在使用一个 make 文件，或者只是从命令行调用 cl，可以添加一个开关来定义下列符号：

```
/DDEVELOPER="$(USERNAME)"
```

在这里对双引号进行转义是非常重要的，因为如果不这么做，编译将忽略它们。

之前已经介绍了如何使用#pragma 信息和#error 指令将消息放入编译器的输出流中。当用户在 Visual Studio 中编译代码时，编译器和链接器的执行结果将出现在输出窗口中。如果消息是以如下形式实现的：

```
path_to_source_file(line) message
```

其中 path_to_source_file 表示文件的完整路径，line 表示消息出现的行号。然后，当你双击输出窗口的此行时，文件将被加载（如果尚未加载），并且将插入点放置在该行上。

__FILE__ 和__LINE__ 符号为我们提供了使#pragma 消息和#error 指令更有用的信息。输出__FILE__ 很简单，因为它是一个字符串，C++将连接这些字符串：

```
#define AT_FILE(msg)  FILE__" " msg
```

```
#pragma message(AT_FILE("this is a message"))
```

宏作为 pragma 编译指令的一部分调用，从而将信息正确格式化；不过我们不能从一个宏调用 pragma 编译指令，因为#具有特殊用途（稍后会用到）。这段代码的结果如下所示：

c:\Beginning_C++Chapter_10test.cpp this is a message

通过宏输出__LINE__ 需要一些额外的工作，因为它保存的是一个数字。这个问题是 C 中常见的问题，所以有一个标准的解决方案，那就是使用两个宏以及字符串运算符#。

```
#define STRING2(x) #x
#define STRING(x) STRING2(x)
#define AT_FILE(msg)  __FILE__"(" STRING(__LINE__) ") " msg
```

宏 STRING 用于将__LINE__ 符号扩展为一个数字，宏 STRING2 用于对该数字进行字符串化。宏 AT_FILE 会把整个符串格式化为正确的格式。

10.1.7　生成诊断信息

有效使用诊断信息是一个广泛的话题，因此本节将为我们提供一些基础知识。当你设计代码时，应该让编写诊断消息更容易一些，比如提供对象内容转储机制，并为类提供不可变性、前置条件和后置条件的代码访问。你还应该分析代码以确保记录相应的日志信息。比如，在循环中记录诊断信息通常会填满用户的日志文件，导致难以读取日志文件中的其他信息。然而，循环中某些操作持续不能正确执行的事实本身可能就是一个重要的诊断，也可能是尝试执行操作的失败次数，因此我们可能希望记录这些情况。

将 cout 用于诊断信息的好处在于，可以将客户端输出和信息相结合，以便看到中间结果的最终效果。其缺点是诊断信息和客户端输出集成在一起，并且由于通常会有大量的诊断信息，因此这些消息会将应用程序的输出结果变成一团乱麻。

C++有两个流对象可以替代 cout 的使用。流对象 clog 和 cerr 会将字符数据写入标准 error 流中（C 流指针 stderr），这通常会显示在控制台上，就好像使用的是 cout（输出到标准输出流，C 流指针 stdout），但是可以将它重定向到其他地方。

clog 和 cerr 的差别在于，clog 使用缓冲区输出，这比未缓冲的 cerr 性能更好。但是，如果程序意外终止而没有刷新缓冲区，则可能会有丢失数据之虞。

因为 clog 和 cerr 流对象在预览构建和调试构建中都是可用的，因此应该仅将其应用于程序最终用户乐于看见的信息上面。这使得它们不适合跟踪信息（将在短期内被覆盖）。相反，你应该将它们用于诊断消息，这样你将位于某个可定位的位置（可能是找不到文件或者进程没有执行操作的安全访问权限）。

```
ofstream file;
if (!file.open(argv[1], ios::out))
{
    clog << "cannot open " << argv[1] << endl;
    return 1;
}
```

上述代码是通过两个步骤打开文件的（而不是使用构造函数），如果文件未能打开，open 方法将返回 false。该代码会检查打开文件操作是否成功，如果失败，它将通过 clog 对象通知用户，然后从引用代码的任何函数中返回，因为 file 对象现在无效，无法使用。clog 对象将被缓冲，但在这种情况下，需要立即通知开发者，这是用 endl 控制符执行的，该控制符在流中插入一个换行符，然后刷新流。

默认情况下，clog 和 cerror 流对象将输出标准的 cerror 流，并且这意味着对于一个控制台应用程序，你可以通过重定向流来分离输出 output 流和 error 流。在命令行中，可以通过使用 stdin 值为 0、stdout 值为 1、stderr 值为 2，以及重定向运算符>对标准流进行重定向。比如，在应用程序 app.exe 中可以在 main 函数中调用如下代码：

```
clog << "clog" << endl;
cerr << "cerrn";
cout << "cout" << endl;
```

cerr 对象并没有缓冲，所以无论使用 n 还是 endl 作为换行符都是无关紧要的。当在命令行中运行此命令时，将看到如下内容：

```
C:\Beginning_C++\Chapter_10>app
clog
cerr
cout
```

为了将流重定向到文件，将流句柄重定向到文件（1 表示 `stdout`，2 表示 `stderr`）；控制台将打开文件并将流写入文件：

```
C:\Beginning_C++\Chapter_10>app 2>log.txt
cout
```

```
C:\Beginning_C++\Chapter_10>type log.txt
clog
cerr
```

C++流对象是分层的，因此插入数据到流中的调用将根据流的类型或者是否支持缓冲将数据写入底层流对象。获取和替换流缓冲对象是通过调用 `rdbuf` 方法实现的。如果你希望将应用程序把 `clog` 对象重定向到某个文件，则可以使用如下代码：

```
extern void run_code();

int main()
{
    ofstream log_file;
    if (log_file.open("log.txt")) clog.rdbuf(log_file.rdbuf());

    run_code();

    clog.flush();
    log_file.close();
    clog.rdbuf(nullptr);
    return 0;
}
```

在这段代码中，应用程序代码将在 `run_code` 函数中，其余代码将用于把 `clog` 对象重定向到文件。

注意，当 `run_code` 函数返回时（应用程序完成），文件被显式关闭。这并不是完全必要的，因为 `ofstream` 的析构函数将关闭文件，并且在这种情况下，当 `main` 函数返回时就会发生这种情况。最后一行很重要，标准流对象是在调用 `main` 函数之前被创建的，并且它们将在 `main` 函数返回后的某个时间被销毁，也就是文件对象被销毁之后。为了防止 `clog` 对象访问已经被销毁的文件对象，`rdbuf` 方法被调用时会传递一个 `nullptr` 指针来表示没有缓冲区。

1. 使用 C 运行时追踪信息

通常我们会通过实时运行应用程序来测试代码，并输出跟踪消息以测试算法是否能正常工作。有时候，我们希望测试函数的调用顺序（比如，在 `switch` 语句或 `if` 语句中选择正确的分支），在其他情况下，你将需要测试中间值以查看输出数据是否正确，以及根据上述数据计算的结果是否正确。

跟踪消息会产生大量数据，因此将这些数据发送到控制台是不明智的。跟踪消息仅在调试模式下生成是非常重要的。如果你在正式软件产品代码中留下跟踪信息，它可能会严重影响应用程序性能（稍后将说明）。此外，跟踪信息不太可能被本地化，也不会检查它们是否包含可用于逆向工程程序算法的相关信息。预览版程序中跟踪信息的最后一个问题是，使用软件的客户将认为开发商为其提供的是未经完全测试的产品。更重要的是，当定义了 _DEBUG 符号后，跟踪信息仅在调试版本中生成。

　　C 运行时提供了一系列名称以 _RPT 开头的宏，可以在定义 _DEBUG 符号之后用于跟踪消息。这些宏有单字符和宽字符版本，这些版本只能报告消息和消息所处位置的信息（源文件和行号）。最终这些宏将调用一个名为 _CrtDbgReport 的函数，该函数将生成具有在其他地方设定配置的信息。

　　_RPTn 宏（其中 n 表示 0、1、2、3、4、5）将接收一个格式化字符串，0～5 这几个参数将在发送报告之前被放入字符串。宏的第一个参数表示要报告的信息类型：_CRT_WARN、_CRT_ERROR 或者 _CRT_ASSERT。这些类别中的最后两个是相同的，并且引用了断言，与之有关的详情将在后面介绍。报告宏的第二个参数是一个格式字符串，然后是所需的参数数目。_RPTFn 宏格式相同，但是会包含源文件和行号，以及格式化信息。

　　默认的操作是 _CRT_WARN 消息将不会产生任何输出，_CRT_ERROR 和 _CRT_ASSERT 消息将生成一个弹出窗口，允许中止或调试程序。你可以通过调用 _CrtSetReportMode 函数并提供类别和表示要采取的动作的值，来更改任何这类消息的响应。如果使用 _CRTDBG_MODE_DEBUG，那么消息将被写入调试器输出窗口。如果使用 _CRTDBG_MODE_FILE，那么消息将被写入一个文件，并且你可以打开该文件，将其文件句柄传递给 _CrtSetReportFile 函数。你还可以使用 _CRTDBG_FILE_STDERR 或者 _CRTDBG_FILE_STDOUT 作为将消息发送到标准输出或异常输出的文件句柄，如果使用 _CRTDBG_MODE_WNDW 作为报告模式，则消息将显示在 Abort/Retry/Ignore 这类对话框上。因为这会暂停当前的执行线程，所以它只能用于断言消息（默认动作）：

```
include <crtdbg.h>

extern void run_code();

int main()
{
    _CrtSetReportMode(_CRT_WARN, _CRTDBG_MODE_DEBUG);
    _RPTF0(_CRT_WARN, "Application startedn");

    run_code();

    _RPTF0(_CRT_WARN, "Application endedn");
    return 0;
}
```

　　如果你在消息中没有提供 n，那么下一条消息将附加到消息的末尾，并且在大多数情况下，这不是我们预期的结果（尽管可以通过调用一系列的 _RPTn 宏对此进行判断，最后一个是以 n 作为结尾的）。

　　编译项目时会显示 Visual Studio 的输出窗口（要在调试时显示它，可以在"视图"菜单中的"选项"子菜单下设置），顶部是一个显示输出的组合框，通常将其设置为"build"。如果将其设置为"Debug"，那么将看到在调试会话过程中生成的调试信息。这些将包含有关加载调试符号和从 _RPTn 宏到输出窗口的重定向信息。

如果你喜欢将消息重定向到文件，那么需要使用 Win32 函数 CreateFile 打开该文件，并使用调用_CrtSetReportFile 函数时的函数句柄。

为此，我们需要引用 Windows 头文件：

```
#define WIN32_LEAN_AND_MEAN
#include <Windows.h>
#include <crtdbg.h>
```

WIN32_LEAN_AND_MEAN 宏将减少引用 Windows 头文件的大小。

```
HANDLE file =
    CreateFileA("log.txt", GENERIC_WRITE, 0, 0, CREATE_ALWAYS, 0, 0);
_CrtSetReportMode(_CRT_WARN, _CRTDBG_MODE_FILE);
_CrtSetReportFile(_CRT_WARN, file);
_RPTF0(_CRT_WARN, "Application startedn");

run_code();

_RPTF0(_CRT_WARN, "Application endedn");
CloseHandle(file);
```

上述代码会将警告消息定向到文本文件 log.txt，每次应用程序运行时都会创建新文本。

2. 使用 Windows 追踪信息

OutputDebugString 函数用于向调试器发送消息。该函数通过名为 DBWIN_BUFFER 的共享内存执行此操作。共享内存意味着任何进程都可以访问此内存，因此 Windows 提供了 DBWIN_BUFFER_READY 和 DBWIN_DATA_READY 这两个事件对象，它们用于控制对该内存的读写访问。这些事件对象在内存之间共享，并且可以处于有信号或无信号状态。调试器将通过触发 DBWIN_BUFFER_READY 事件来声明不再使用共享内存，此时 OutputDebugString 函数可以将数据写入共享内存。调试器将等待 DBWIN_DATA_READY 事件，当完成内存的写入时，它将通过 OutputDebugString 函数发出信号，并且读取缓冲区是安全的。写入内存部分的数据将是调用 OutputDebugString 函数进程的进程 ID，其后跟着一个最大容量可达 4kB 的字符串。

问题在于当我们调用 OutputDebugString 函数时，它将等待 DBWIN_BUFFER_READY 事件，这意味着当我们使用此函数时，将把应用程序的性能和另一个进程（通常是调试器）的性能相关联（但也有可能不会）。编写一个进程以访问 DBWIN_BUFFER_READY 共享内存以及相关联的事件很容易，因此生产代码很可能会在某个运行了这类应用的机器上部署。为此，使用条件编译就变得尤为重要，所以 OutputDebugString 函数仅用于调试版本，永远不要将它分发给客户：

```
extern void run_code();

int main()
{
    #ifdef _DEBUG
        OutputDebugStringA("Application startedn");
    #endif
    run_code();
    #ifdef _DEBUG
```

```
        OutputDebugStringA("Application endedn");
    #endif
    return 0;
}
```

我们将需要引用头文件 windows.h 来编译上述代码。对于 _RPT 示例，你必须在调试器下运行此代码以查看输出，或者运行了 DebugView 的这类应用程序（可以从微软的 Technet 网站上获取）。

Windows 提供 DBWinMutex 互斥对象作为访问此共享内存和事件对象的总体键。顾名思义，当你具有互斥体句柄时，将拥有对该资源的互斥访问权限。问题是进程不必具有使用这些资源的互斥体句柄，因此不能保证上述资源的互斥访问，如果应用程序认为自己具有独占访问权，它将真正具有独占访问权限。

10.1.8　断言

断言会检查条件是否为真。断言意味着如果条件不正确，程序不应该继续。很明显不应该在预览版程序代码中使用断言，因此必须使用条件编译。应该使用断言来检查不应该发生的情况，即永远不应该发生的事件。由于条件不会发生，所以预览版构建中不应该有断言。

C 运行时通过头文件<cassert>提供了若干可用的断言宏。除非定义了 NDEBUG 符号，否则表达式中的宏或者任意函数将被调用，并传递其唯一的参数。也就是说，用户不必定义 _DEBUG 符号来使用断言，并且应该采取额外的操作来显式防止调用断言。

这一点值得再次重申。即使没有定义 _DEBUG 符号，断言宏也已被定义，因此断言可以在预览版程序代码中调用。为了防止发生这种情况，用户必须在预览版程序中定义 NDEBUG 符号。

相反，你可以在调试版本中定义 NDEBUG 符号，以可使用跟踪但不必使用断言。

通常，我们会在调试模式下使用断言检查函数中是否满足前置和后置条件，并且需要满足类的不变性条件。比如，你可能有一个二进制缓冲区，在第一个字节位具有特殊值，因此已经编写了一个提取该字节的函数：

```
const int MAGIC=9;

char get_data(char *p, size_t size)
{
    assert((p != nullptr));
    assert((size >= MAGIC));
    return p[MAGIC];
}
```

这里，调用断言是为了检查指针是不是 nullptr，并且缓冲区的尺寸足够大。如果这些断言为真，那么表示通过指针访问第 10 字节是安全的。

虽然对这段代码来说并不是绝对必要的，但断言表达式是在括号中给出的。建立这样的习惯是非常有益处的，因为断言是一个宏，所以表达式中的逗号将被视为一个宏参数分隔符，括号可以避免此问题。

由于默认情况下会在预览版中定义断言宏，因此必须通过在 make 文件中的编译器命令上定义 NDEBUG 符号来禁用它们，或者可以明确声明使用条件编译：

```
#ifndef _DEBUG
#define NDEBUG
```

```
#endif
```

如果一个断言被调用并且其没有通过条件验证，那么将在控制台上打印输出断言信息，以及相关的源文件和行号，然后进程会通过一个 abort 调用被终止。如果进程是使用预览版本的标准库构建的，那么进程的终止很简单，但是如果使用调试版本，那么你将看到标准的"中止/重试/忽略"对话框，其中"中止"和"忽略"选项将终止该进程，"重试"选项将使用即时（Just In Time，JIT）调试将注册的调试器附加到进程。

相比之下，_ASSERT 和 _ASSERTE 宏只有当定义了_DEBUG 时才会被定义，因此这些宏在预览版本中是不可用的。当表达式的值是 false 时，两个宏都会接收一个表达式并生成一条断言消息。_ASSERT 宏的消息将包含源文件和行号，并显示一条消息，声明断言失败。_ASSERTE 宏的消息类似，但是包含执行失败的表达式。

```
_CrtSetReportMode(_CRT_ASSERT, _CRTDBG_MODE_FILE);
_CrtSetReportFile(_CRT_ASSERT, _CRTDBG_FILE_STDOUT);

int i = 99;
_ASSERTE((i > 100));
```

上述代码设置报告模式，以便失败的断言可以在控制台上打印消息（而不是默认值，即"中止/重试/忽略"对话框）。由于变量明显小于 100，因此断言将失败，所以该过程将终止，并且以下消息将打印到控制台上：

test.cpp(23) : Assertion failed: (i > 100)

"中止/重试/忽略"对话框是供选择的。测试应用程序时，可以选择将调试器附加到进程中。如果你认为断言失败是不能接受的，那么可以通过调用_CrtDbgBreak 强制将调试器附加到进程。

```
int i = 99;
if (i <= 100) _CrtDbgBreak();
```

我们不需要使用条件编译，因为在预览版本中_CrtDbgBreak 函数不会执行任何操作。在调试模式下，此代码将触发一个 JIT 调试，这样可以选择关闭应用程序或启动调试器，如果选择后者，则会启动已注册的 JIT 调试器。

10.2 应用程序终止

main 函数是程序的入口点。但是这不是由操作系统直接调用的，因为 C++将在 main 函数被调用之前执行初始化。这包括构造标准库全局对象（cin、cout、cerr、clog 以及它们的宽字符版本），并且为支持 C++库的 C 运行时库执行了一整套初始化操作。此外，还有代码中创建的全局和静态对象。当 main 函数返回时，必须调用全局和静态对象的析构函数，以及在 C 运行时执行的清理工作。

有几种方法可以刻意停止进程。最简单的方式是从 main 函数返回，但这是假定用户代码希望完成的进程返回 main 函数的路径很简单。当然，必须按照顺序终止进程，并且应该避免编写能够在代码中的任意位置终止进程的代码。但是，如果你遇到数据损坏和不可恢复的情况，并且任何其他操作都有可能会损坏更多数据，那么除了终止应用程序之外，可能没有其他更好的选择。

头文件<cstdlib>提供了头文件访问函数的权限，它允许终止应用程序。当 C++程序正常关闭时，C++的基础结构将调用在 main 函数中创建的对象的析构函数（与其构造函数相反的顺序）和静态对象的析构函数（可能是在 main 函数之外的函数中创建的）。atexit 函数允许注册将在 main 执行完毕并调用静态对象析构函数之后的函数（没有参数，无返回值）。你可以通过多次调用此函数来注册多个函数，并且在终止时，将以与注册时相反的顺序调用这些函数。在调用 atexit 函数注册的函数之后，将调用全局对象的析构函数。

还有一个名为_onexit 的函数，它是专门针对微软操作系统的，它也允许在程序正常终止时注册要调用的函数。

exit 和_exit 函数会执行进程正常退出，也就是在关闭进程之前清理 C 运行时并刷新所有打开的文件。exit 函数通过调用任何注册的终止函数执行额外的工作，_exit 函数不会调用这些终止函数，所以会快速退出。这些函数不会调用临时的析构函数或自动对象，因为如果你是使用堆栈对象管理资源的，那么必须在调用 exit 函数之前显示调用析构函数代码。不过，静态和全局对象的析构函数将被调用。

quick_exit 函数将导致正常关闭，但是它不调用任何析构函数，也不会刷新任何流，因此没有资源需要清理。没有调用 atexit 函数注册的函数，但是可以通过 at_quick_exit 函数注册终止函数。调用这些终止函数之后，quick_exit 函数会调用_Exit 函数关闭进程。

我们还可以在不执行清理的情况下，调用 terminate 函数关闭进程。该进程将调用已经向 set_terminate 函数注册的函数，然后调用 abort 函数。如果程序中出现异常，并且没有被捕获（因此传播到 main 函数）C++基础结构将调用 terminate 函数。abort 函数是终止进程最严格的一种机制。

该函数将退出进程，但是不调用对象的析构函数或执行任何其他清理。该函数将引发一个 SIGABORT 信号，因此可以注册一个与 signal 函数有关的函数，它将在进程终止之前被调用。

10.3 异常值

某些函数被设计成执行一个动作并根据该动作返回一个值，比如 sqrt 函数将返回一个数字的平方根。其他函数会执行更复杂的操作，并使用返回值来指示函数是否执行成功。没有关于这类异常值的约定，因此如果函数返回一个简单的整数，并不能保证一个库使用的值与另一个库中函数返回的值具有相同的含义。这意味着我们必须仔细检查所使用的任何库的说明文档。

Windows 提供了常见的异常值，它们可以在头文件 winerror.h 中找到。Windows 软件开发工具包（Software Development Kit，SDK）中的函数仅返回此文件中的值。如果要编写专门用于 Windows 应用程序的库代码，可考虑使用此文件中的异常值，因为可以使用 Win32 FormatMessage 函数获取该异常的详细描述，详情会在下一节阐述。

C 运行时库提供了一个名为 errno 的全局变量（事实上它是一个宏，用户可以将它当作一个变量）。C 函数将返回一个值，以指示它们执行失败，用户可以访问 errno 的值来确定具体的错误是什么。头文件<errno.h>中定义了标准的 POSIX 异常值。errno 变量表示不成功，它只是声明错误，所以只有当一个函数声明存在错误时，才应该访问该变量。strerror 函数将返回一个 C 字符串，其中包含作为参数传递的异常值的描述，这些消息是通过调用 setlocale 函数设置当前 C 语言环境进行本地化。

10.3.1 获取描述信息

要在程序运行时获取 Win32 异常代码的描述，可使用 Win32 FromatMessage 函数。这将获得系统消息或自定义消息的描述（下一节将详细介绍）。如果要使用自定义消息，则必须加载具有消息资源的可执行文件（或 DLL），并将 HMODULE 句柄传递给 FormatMessage 函数。如果要获取系统信息的描述，则无需加载模块，因为 Windows 会为用户执行此操作。比如，如果要调用 Win32 CreateFile 函数来打开某个文件，并且无法找到该文件，该函数将返回一个名为 INVALID_HANDLE_VALUE 的值，表示存在异常。要获取异常的详细信息，则可以调用 GetLastError 函数（返回一个 32 位无符号值，有时也称为 DWORD 或 HRESULT）。然后将异常值传递给 FormatMessage 函数：

```
HANDLE file = CreateFileA(
    "does_not_exist", GENERIC_READ, 0, 0, OPEN_EXISTING, 0, 0);
if (INVALID_HANDLE_VALUE == file)
{
    DWORD err = GetLastError();
    char *str;
    DWORD ret = FormatMessageA(
        FORMAT_MESSAGE_FROM_SYSTEM|FORMAT_MESSAGE_ALLOCATE_BUFFER,
        0, err, LANG_USER_DEFAULT, reinterpret_cast<LPSTR>(&str), 0, 0);
    cout << "Error: "<< str << endl;
    LocalFree(str);
}
else
{
    CloseHandle(file);
}
```

上述代码尝试打开不存在的文件，获取的异常值是与故障相关联的（其值为 ERROR_FILE_NOT_FOUND）。然后代码会调用 FormatMessage 函数获取描述异常的字符串。函数的第一个参数是一个标志，指示函数应该如何工作。在这种情况下，FORMAT_MESSAGE_FROM_SYSTEM 标志表示该异常是系统异常，而 FORMAT_MESSAGE_ ALLOCATE_ BUFFER 标志表示该函数应该分配一个足够大的缓冲区，以使用 Win32 LocalAlloc 函数来保存该字符串。

提示

如果异常是一个用户定义的自定义值，则应该使用 FORMAT_ MESSAGE_FROM_HMODULE 标记，使用 LoadLibrary 打开文件，并使用生成的 HMODULE 作为第二个参数进行传递。

第三个参数是异常消息编号（来自 GetLastError 函数），第四个参数是 LANGID，指示要使用的语言 ID（在本示例中，LANG_USER_DEFAULT 会获取当前登录用户的语言 ID）。FormatMessage 函数将生成格式化的异常值，并且此字符串可能具有替换参数。格式化字符串在缓冲区中返回，你有两个选择：可以分配一个字符缓冲区，并将指针作为第五个参数传递，字符长度作为第六个参数。或者如本例所示，调用 LocalAlloc 函数要求函数分配一个缓冲区。要访问一个函数分配的缓冲区，可以通过第五个参数值传递的指针变量的地址。

　　注意，第五个参数用于指向所分配的缓冲区的指针，或返回系统分配的缓冲区的地址，这就是为什么在这种情况下必须对指向指针的指针进行转型。

　　某些格式化字符可能包含参数，如果包含，则通过第七个参数中的数组传递值（在这种情况下，不传递数组）。上述代码的结果是字符串：

Error: The system cannot find the file specified.

　　使用消息编译器、资源文件和 `FormatMessage` 函数，你可以提供一种从函数返回异常值的机制，然后根据当前的语言环境将它们转化为本地化的字符串。

10.3.2　消息编译器

　　上述示例表明，我们可以获取 Win32 异常的本地化字符串，但是也可以创建自己的异常，并根据绑定到进程或库的资源来提供本地化字符串。如果你希望向最终客户报告异常，则必须确保描述已被本地化。Windows 提供一个名为消息编译器的工具（`mc.exe`），它将使用带有各自语言的消息条目的文本文件，并可以将其编译绑定到某个模块的二进制资源，比如：

```
LanguageNames = (British = 0x0409:MSG00409)
LanguageNames = (French = 0x040c:MSG0040C)


MessageId     = 1
SymbolicName  = IDS_GREETING
Language      = English
Hello
.
Language      = British
Good day
.
Language      = French
Salut

.
```

　　这为同一消息定义了 3 个本地化字符串。这里的消息都是简单的字符串，但是我们可以定义包含占位符的格式化消息并在运行时访问。中性语言是美式英语，此外我们还需要为英式英语和法语定义字符串。用于语言的名称是在文件顶部的 **LanguageNames** 行定义的。文件中这些条目包含的名称后续会用到，语言的代码页以及二进制资源的名称将包含消息资源。`MessageId` 是 `FormatMessage` 函数将使用的标识符，`SymbolicName` 是将在头文件中定义的预处理器符号，因此可以在 C++代码中使用此消息，而不是数字。该文件通过将其传递给命令行程序 `mc.exe` 进行编译，它将创建 5 个文件：一个包含符号定义的头文件、3 个二进制资源文件（`MSG00001.bin` 是默认为中性语言创建的，`MSG00409.bin` 和 `MSG0040C.bin` 是由 **LanguageNames** 行创建的），以及一个资源编译器文件。对于此示例，资源编译器文件（扩展名为.rc）将包含：

```
LANGUAGE 0xc,0x1
1 11 "MSG0040C.bin"
LANGUAGE 0x9,0x1
1 11 "MSG00001.bin"
LANGUAGE 0x9,0x1
1 11 "MSG00409.bin"
```

这是一个可以由 Windows SDK 资源编译器（rc.exe）编译的标准资源文件，它将消息资源编译为可绑定到可执行文件或 DLL 的.res 文件。具有与其绑定的类型 11 的资源的进程或 DLL，可以被 FormatMessage 用作描述异常字符串的数据源。

通常，我们不会使用 1 的消息 ID，因为它不太可能是唯一的，用户更可能希望利用设施代码和严格代码（关于设施代码的详情可以参考头文件 winerror.h）。此外，为了表明消息不是 Windows，在运行 mc.exe 时，用户可以使用/c 开关设置异常代码的客户位。这将意味着异常代码将不会是类似 1 这样简单的值，但这并不重要，因为代码将使用头文件中定义的符号。

10.4 C++的异常

顾名思义，异常是特殊情况，它们不是正常的条件，它们不是我们希望发生的情况，而是可能发生的情况。任何异常情况通常意味着数据将处于不一致的状态，因为使用异常意味着用户需要以事务性思维行事，即操作成功，或者对象的状态应该在尝试操作之前保持一致。当某个代码块中触发异常时，在代码块中执行的任何操作都将是无效的。如果代码块是更大范围代码块的一部分（比如一个函数是另一个函数的一系列函数调用中的一部分），那么其他代码块中的操作将无效。这意味着异常可能会传播到调用堆栈之外的其他代码块，使得依赖操作成功这一结果的对象失效。在某些情况下，异常可以被恢复，因此我们希望防止异常进一步影响其他代码块。

10.4.1 异常规范

异常规范在 C++11 中被弃用了，但是在早期的代码中能看到它们。一个规范是通过 throw 表达式应用到函数声明来给出可以从函数抛出的异常。throw 规范可以是省略号，这意味着函数可以抛出异常，但是不用指定异常的类型。如果规范为空，则表示函数不会抛出异常，这与 C++11 中使用 noexcept 声明符效果相同。noexcept 声明符告知编译器不需要异常处理，因此如果函数中发生异常，异常将不会从函数中冒出，并且也不会立即调用 terminate 函数。在这种情况下，不能保证自动对象的析构函数被调用。

10.4.2 C++异常语法

在 C++中，生成异常是通过抛出一个异常对象实现的。该异常可以是任何你喜欢的内容，例如对象、指针或内置类型，但是由于异常可能会由其他人编写的代码来处理，因此最好将用于表示异常的对象标准化。为此，标准库提供了可以用作基类的异常类。

```
double reciprocal(double d)
{
    if (d == 0)
    {
        // throw 0;
        // throw "divide by zero";
        // throw new exception("divide by zero");
        throw exception("divide by zero");
    }
    return 1.0 / d;
}
```

上述代码会测试参数，如果为 0，那么将抛出一个异常。给出了 4 个示例，所有都是有效的 C++代码，但是只有最后一个版本是可以接受的，因为它使用标准库类（或者从标准库类派生），并遵循由值抛出异常的约定。

当异常被抛出时，异常处理基础架构将接管它。程序执行将在当前代码块停止，异常将在调用堆栈中传播。当异常通过代码块传播时，所有自动对象都将被销毁，但是代码块在堆（heap）上创建的对象不会被销毁。这个过程称为栈展开，在异常移动到调用堆栈上方的堆栈帧之前，每个堆栈帧都将尽可能地被清理。如果异常没有被捕获，它将传播到 main 函数，在这时将调用 terminate 函数处理异常（因此它会终止进程）。

我们可以保护代码来处理传播的异常。代码受到一个 try 代码块的保护，它被捕获到一个相关的 catch 代码块中：

```
try
{
    string s("this is an object");
    vector<int> v = { 1, 0, -1};
    reciprocal(v[0]);
    reciprocal(v[1]);
    reciprocal(v[2]);
}

catch(exception& e)
{
    cout << e.what() << endl;
}
```

与 C++中其他代码块不同，即使 try 和 catch 代码块只包含单行代码，其中的大括号也是必需的。在上面的代码中，对 reciprocal 函数的第二次调用将抛出异常。异常将停止代码块中其余代码的执行，因此不会发生对 reciprocal 函数的第三次调用。相反，异常会被传播出代码块。try 代码块是大括号之间定义的对象的作用域，这意味着这些对象的析构函数将被调用（s 和 v）。然后控制权会传递给相关的 catch 代码块，在这种情况下，只有一个处理程序。catch 代码块是独立于 try 代码块的独立代码块，因此你将无法访问 try 代码块中定义的任何变量。这是有道理的，因为当出现异常时，整个代码块被污染，所以我们不能信任该代码块中创建的任何对象。该代码会使用共同的约定，即异常被引用捕获，以便获得实际的异常对象，而不是一个副本。

共同的约定是：抛出值，并由引用捕获。

标准库提供了一个名为 uncaught_exception 的函数，如果抛出异常但尚未处理，则返回 true。测试这些情况看上去可能是很奇怪的，因为当异常发生时（比如 catch 处理程序），只有异常基础设施代码会被调用，应该将异常代码放在那里。但是，当抛出异常时，还有其他代码被调用，例如堆栈清理期间，被销毁对象的析构函数。应该在析构函数中使用 uncaught_exception 函数来确定对象是否因为异常而被销毁，而不是像销毁普通对象那样，由于对象超出作用域范围或者被删除。比如：

```
class test
{
    string str;
public:
    test() : str("") {}
    test(const string& s) : str(s) {}
    ~test()
```

```
    {
        cout << boolalpha << str << " uncaught exception = "
            << uncaught_exception() << endl;
    }
};
```

这个简单对象表示它是否为由于异常堆栈展开而被销毁。它可以如下测试:

```
void f(bool b)
{
    test t("auto f");
    cout << (b ? "f throwing exception" : "f running fine")
        << endl;
    if (b) throw exception("f failed");
}

int main()
{
    test t1("auto main");
    try
    {
        test t2("in try in main");
        f(false);
        f(true);
        cout << "this will never be printed";
    }
    catch (exception& e)
    {
        cout << e.what() << endl;
    }
    return 0;
}
```

只有在使用 true 值调用 f 函数时才会抛出异常。main 函数调用 f 函数两次,因此使用 false 值(因此 f 函数中不会抛出异常),第二次为 true 值。其输出结果为:

```
f running fine
auto f uncaught exception = false
f throwing exception
auto f uncaught exception = true
in try in main uncaught exception = true
f failed
auto main uncaught exception = false
```

第一次调用 f 函数时,可以正常销毁 test 对象,因为 uncaught_exception 函数将返回 false。第二次调用 f 函数时,函数中的 test 对象在异常被捕获之前销毁,因此 uncaught_exception 函数将返回 true。因为一个异常被抛出,执行离开了 try 代码块,所以 try 代码块中的 test 对象被销毁,uncaught_exception 函数将返回 true。最后,当异常被处理,程序控制返回 catch 代码块之后的代码后,当 main 函数返回时,在 main 函数堆栈上创建的 test 对象将被销毁,因此 uncaught_exception 函数将返回 false。

10.4.3 标准 exception 类

exception 类是 C 字符串的简单容器:字符串作为构造函数参数传递,可通过 what 访问器使用。标准库在<exception>库中声明了 exception 类，并且鼓励从中派生自己的异常类。标准库提供了如表 10-1 所示的派生类，其中大多数是在<stdxcept>中定义的。

表 10-1

类	异 常 情 况
bad_alloc	当 new 运算符不能分配内存时（在<new>中）
bad_array_new_length	当 new 运算符被要求创建一个长度无效的数组时（在<new>中）
bad_cast	当 dynamic_cast 运算符转换引用类型失败时（在<typeinfo>中）
bad_exception	发生意外（在<exception>中）
bad_function_call	调用一个空函数对象（在<functional>中）
bad_typeid	当 typeid 的参数为 null 时（在<typeinfo>中）
bad_weak_ptr	当访问一个弱指针时，引用已经被销毁的对象（在<memory>中）
domain_error	当尝试在定义操作的作用域之外执行操作时
invalid_argument	当参数使用无效值时
length_error	当尝试超过对象预定长度时
logic_error	当存在逻辑错误时，比如类的不变性或前置条件
out_of_range	当尝试访问对象预定区间之外的元素时
overflow_error	当计算结果大于目标类型时
range_error	当计算结果大于该类型的范围
runtime_error	当代码作用域之外发生错误时
system_error	基类包装操作系统错误（在<system_error>中）
underflow_error	当计算结果向下溢出时

表 10-1 中提及的所有类都有一个构造函数，它接受一个 const char*或 const string&参数，与使用 C 字符串的 exception 类相反（如果描述是通过一个字符串对象传递的，那么基类就是采用 c_str 方法构造的）。没有宽字符版本，因此如果要从宽字符的字符串构造异常描述，则必须将其转换。另外应注意，标准 exception 类只有一个构造函数参数，这是通过继承 what 访问器实现的。关于异常可以保存的数据并没有绝对的规则，你可以从 exception 类派生出一个类，并使用希望提供给异常处理程序的任何值构造它。

10.4.4 根据类型捕获异常

每个 try 代码块可以搭配多个 catch 代码块，这意味着可以根据异常类型定制异常处理。catch 子句中的参数类型将按照它们声明的顺序对异常的类型进行测试。异常将由匹配异常类型的第一个处理程序或者基类处理。这着重强调了通过引用捕获异常这一约定。如果作为基类对象捕获，则将生成一个副本，对派生类对象进行分割。大部分情况下的代码将抛出类型继承自 exception 类的对象，因此这意味着 exception 的 catch 句柄将捕获所有异常。

由于代码可以抛出任何对象，因此异常可能会传播出处理程序。C++允许用户通过在 catch

子句中使用省略号来捕获所有内容。

很明显，我们应该把异常处理程序操作从派生最多的到最少的进行排列，并且将省略号处理程序排列到最后（如果用户需要）：

```
try
{
    call_code();
}

catch(invalid_argument& iva)
{
    cout << "invalid argument: " << e.what() << endl;
}
catch(exception& exc)
{
    cout << typeid(exc).name() << ": " << e.what() << endl;
}
catch(...)
{
    cout << "some other C++ exception" << endl;
}
```

如果守护代码未抛出异常，那么 catch 代码块就不会执行。

当你的处理程序检查异常时，它可能会决定不希望抑制异常，这就是被称为重新抛出异常的机制。为此，我们可以使用没有操作数的 throw 语句（这只允许出现在 catch 代码块中），这将重新抛出被捕获的实际异常对象，而不是其副本。

异常是基于线程的，因此很难将异常传播到另一个线程。exception_ptr（在 <exception> 中）类为任意类型的异常对象提供共享所有权的语义。

我们可以通过调用 make_exception_ptr 对象来获取异常对象的共享副本，甚至可以使用 current_exception 获取在 catch 代码块中异常的共享副本。这两个函数都会返回一个 exception_ptr 对象。exception_ptr 对象可以容纳任何类型的异常，而不仅仅是从 exception 类派生的异常，因此从已包装的异常获取信息是特定于异常类型的。exception_ptr 对象对于这些细节一无所知，因此你可以在需要使用共享异常的上下文中（另一个线程）将其传递给 rethrow_exception，然后捕获适当的异常。在下面的代码中，有两个线程在运行。first_thread 函数运行在一个线程上，second_thread 函数运行在另一个线程上：

```
exception_ptr eptr = nullptr;

void first_thread()
{
    try
    {
        call_code();
    }
    catch (...)
    {
        eptr = current_exception();
    }
    // 某些信号机制
}
```

```
void second_thread()
{
    // 其他代码

    // 某些信号机制
    if (eptr != nullptr)
    {
        try
        {
            rethrow_exception(eptr);
        }
        catch(my_exception& e)
        {
            // 处理异常
        }
        eptr = nullptr;
    }
    // 其他代码
}
```

上面的代码看起来像是将 exception_ptr 当作指针使用。实际上，eptr 被创建为一个全局对象，并且使用 nullptr 为其赋值，来构造一个空对象（其中包装的异常是 nullptr）。类似地，与 nullptr 的比较实际上是为了测试已包装的异常。

本书并不是介绍 C++线程的，所以我们不详细介绍两个线程之间的信令。

此代码演示了一个异常的副本，任何异常都可以存储到一个上下文中，然后在另一个上下文中重新抛出并处理。

10.4.5　函数中的 try 语句块

你可能会决定要使用 try 代码块保护整个函数，在这种情况下，可以编写如下代码：

```
void test(double d)
{
    try
    {
        cout << setw(10) << d << setw(10) << reciprocal(d) << endl;
    }

    catch (exception& e)
    {
        cout << "error: " << e.what() << endl;
    }
}
```

这将使用前面定义的 reciprocal 函数，如果参数为 0，它将抛出异常。其替代性的语法如下所示：

```
void test(double d)
try
{
    cout << setw(10) << d << setw(10) << reciprocal(d) << endl;
}
catch (exception& e)
```

```
    {
        cout << "error: " << e.what() << endl;
    }
```

这看起来很奇怪，因为函数原型紧跟着 try...catch 代码块，没有外部的大括号。函数体是 try 代码块中的代码，当这段代码完成后，函数返回。如果函数返回一个值，必须在 try 代码块中处理。在大部分情况下，你将发现这种语法使得代码可读性更差，但是在某些情况下，可能会对构造函数中的初始化器列表有用。

```
class inverse
{
    double recip;
public:
    inverse() = delete;
    inverse(double d) recip(reciprocal(d)) {}
    double get_recip() const { return recip; }
};
```

在上述代码中，我们包装了一个 double 值，它只是传递给构造函数参数的倒数。数据成员通过调用初始化器列表中的 reciprocal 函数进行初始化。由于这是在构造函数体之外执行的，所以在这里发生的异常将直接传递给调用构造函数的代码。如果你希望进行一些额外处理，那么可以在构造函数体内调用 reciprocal 函数：

```
inverse::inverse(double d)
{
    try { recip = reciprocal(d); }
    catch(exception& e) { cout << "invalid value " << d << endl; }
}
```

值得一提的是，异常将被自动重新抛出，因为构造函数中出现任何异常都意味着该对象无效。但是，如有必要，这样可以进行一些额外处理。此解决方法不适用于基类构造函数中抛出的异常，因为虽然可以在派生类构造函数中调用基类构造函数，但编译器将自动调用默认的构造函数。如果你希望编译器调用除默认构造函数之外的构造函数，则必须在初始化器列表中调用它。在构造函数 inverse 中提供异常代码的另一种语法是使用 try 函数代码块：

```
inverse::inverse(double d)
try
    : recip (reciprocal(d)) {}
catch(exception& e) { cout << "invalid value " << d << endl; }
```

这看起来有一点混乱，但是构造函数体仍然在初始化器列表之后给出了数据成员的初始值。任何来自对 reciprocal 函数调用的异常都将被捕获并自动重新抛出。初始化器列表可以包含任何对基类的调用，并且任何数据成员都将被 try 代码块保护。

10.4.6 系统异常

<system_error>库定义了一系列类来封装系统错误。error_category 类提供了一种将数字异常值转化为本地化描述字符串的机制。两个对象可以通过<system_error>中的 generic_category 和 system_category 函数以及<ios>库中名为 isostream_category 的函数获得；所有这些函数都将返回一个 error_category 对象。error_category 类有一

个名为 messgage 的方法，它会返回作为参数传递的异常编号的字符串描述。从 generic_category 函数返回的对象将返回 POSIX 异常的描述性字符串，因此可以使用它来获取 errno 值的描述。从 system_category 函数返回的对象将通过 Win32 FormatMessage 函数返回异常描述，使用 FORMAT_MESSAGE_FROM_SYSTEM 作为 flags 参数，因此可以用于获取字符串对象中 Windows 异常消息的描述性消息。

提示

消息没有额外的参数来传递有参数的 Win32 异常值消息。因此，在这些情况下，用户将收到一条格式化占位符消息。

尽管有这个名称，isostream_category 对象本质上会返回与 generic_category 对象相同的描述。

system_error 异常是一个报告由 error_category 对象描述某个值的类。比如，前面采用 FormatMessage 的示例，可以使用 system_error 重新编写：

```
HANDLE file = CreateFileA(
    "does_not_exist", GENERIC_READ, 0, 0, OPEN_EXISTING, 0, 0);
if (INVALID_HANDLE_VALUE == file)
{
    throw system_error(GetLastError(), system_category());
}
else
{
    CloseHandle(file);
}
```

这里采用的 system_error 构造函数将异常值作为第一个参数（从 Win32 函数 GetLastError 返回的 ulong 型数字）以及一个 system_category 对象，它将用于在调用 system_error::what 方法时，将异常值转换成描述性字符串。

10.4.7　异常嵌套

catch 代码块可以通过调用不提供任何操作数的 throw 语句重新抛出当前的异常，并且在堆栈中进行堆栈展开，直到在调用堆栈中遇到下一个 try 代码块。你可以将当前异常重新抛出并嵌套到另一个异常中。这是通过调用 throw_with_nested 函数（在<exception>中）并传递新异常来实现的。该函数会调用 current_exception 函数，并将异常对象和参数一起包装到嵌套异常中，然后抛出。进一步调用堆栈的 try 代码块可以捕获该异常，但是它只能访问外部异常，不能直接访问内部异常。相反，内部异常可以通过调用 rethrow_if_nested 函数抛出。比如，这里有打开文件的另外一个版本：

```
void open(const char *filename)
{
    try
    {
        ifstream file(filename);
        file.exceptions(ios_base::failbit);
        // 如果文件存在，执行一些操作
    }
    catch (exception& e)
```

```
    {
        throw_with_nested(
            system_error(ENOENT, system_category(), filename));
    }
}
```

该代码用于打开某个文件，如果文件不存在，将设置一个状态位（稍后可以调用 rdstat 方法来测试它）。下一行代码声明了状态位的值，它应该由抛出异常的类处理，并且在这种情况下，提供了 ios_base::failbit。如果构造函数无法打开该文件，则该位将被设置，因此 exceptions 方法将抛出一个异常来响应。在本示例中，异常被捕获并且被包装成了一个嵌套异常。外部异常是一个 system_error 异常，它使用一个 ENOENT 的异常值（这意味着该文件不存在）和一个 error_category 对象进行初始化并解析它，然后将该文件的名称作为附加信息传递。

这个函数可以如下调用：

```
try
{
    open("does_not_exist");
}
catch (exception& e)
{
    cout << e.what() << endl;
}
```

可以访问此处捕获的异常，但是它仅提供有关外部对象的信息：

does_not_exist: The system cannot find the file specified.

该信息是由 system_error 对象使用传递给构造函数的附加信息和类别对象的描述构造的。要获得嵌套对象中的内部对象，必须通过调用 rethrow_if_nested 函数告知系统抛出内部异常。所以，如果不希望打印输出外部异常，可以调用如下函数：

```
void print_exception(exception& outer)
{
    cout << outer.what() << endl;
    try { rethrow_if_nested(outer); }
    catch (exception& inner) { print_exception(inner); }
}
```

这将打印外部异常的描述，然后调用 rethrow_if_nested 函数，它将仅在处理嵌套异常时抛出异常。如果是这样，它将抛出内部异常，并递归调用 print_exception 函数。其输出结果如下：

does_not_exist: The system cannot find the file specified.
ios_base::failbit set: iostream stream error

最后一行是调用 ifstream::exception 方法后抛出的内部异常。

10.4.8 结构化异常处理

Windows 中的原生异常是结构化异常处理（Structured Exceptions Handling，SEH），并且

Visual C++拥有大量的语言扩展，允许捕获这些异常。需要强调的一点是，C++编译器不会把它们与 C++异常相提并论，即编译器知道一个方法是否可能会（或者不会）抛出一个 C++异常，并在分析代码时使用这些信息。C++异常也是根据类型捕获。SEH 并非 C++中的概念，所以编译器将结构化异常视为异步的，这意味着它将 SEH 包含的代码块中的任何代码都视为可能会引发结构化异常。因此编译器将无法执行性能优化。SEH 异常也会被异常代码捕获。

SEH 语言扩展是 Microsoft C/C++的扩展，也就是说，它们可以在 C 和 C++中使用，因此可以处理基础架构不了解对象析构函数的情况。此外，当捕获 SEH 异常时，不会对堆栈或进程的任何其他部分的状态做出假设。

虽然大多数 Windows 函数将以适当的方式捕获由内核生成的 SEH 异常，但某些情况下允许它们传播，比如远程过程调用（Remote Procedure Calls，RPC）函数，或者用于内存管理的函数。对于某些 Wdindows 函数，可以明确要求使用 SEH 处理异常。比如，HeapCreate 函数集将允许 Windows 应用程序创建一个私有堆，用户可以传递 HEAP_GENERATE_EXCEPTIONS 标记来声明创建堆中的异常，以及私有堆中分配或重新分配内存时产生的 SEH 异常。这是因为调用这些函数的开发人员可能会认为这类失败是非常严重的，因为它是不可能恢复的，因此进程应该被终止。由于 SEH 是如此严重的情况，因此应该仔细检查是否应该（这并不是完全不可能的）做一些比报告异常的详细信息更多的一些工作，并终止该进程。

SEH 异常本质上是底层的操作系统异常，但由于它与 C++异常类似，所以熟悉它的语法也是很重要的。比如：

```cpp
char* pPageBuffer;
unsigned long curPages = 0;
const unsigned long PAGESIZE = 4096;
const unsigned long PAGECOUNT = 10;

int main()
{
    void* pReserved = VirtualAlloc(
    nullptr, PAGECOUNT * PAGESIZE, MEM_RESERVE, PAGE_NOACCESS);
    if (nullptr == pReserved)
    {
        cout << "allocation failed" << endl;
        return 1;
    }

    char *pBuffer = static_cast<char*>(pReserved);
    pPageBuffer = pBuffer;

    for (int i = 0; i < PAGECOUNT * PAGESIZE; ++i)
    {
        __try {
            pBuffer[i] = 'X';
        }
        __except (exception_filter(GetExceptionCode())) {
            cout << "Exiting process.n";
            ExitProcess(GetLastError());
        }
    }
    VirtualFree(pReserved, 0, MEM_RELEASE);
    return 0;
```

```
}
```

这里突出显示了 SEH 异常代码。此代码使用 Windows VirtualAlloc 函数来保留大量内存页。保留不分配内存，该操作必须在被称为提交内存的单独操作中执行。Windows 将在被称为页的块中保留（提交）内存，在大多数系统上，如此处所假设，页面大小为 4096 字节。对于 VirtualAlloc 函数的调用表明它应该保留 10 页 4096 字节，稍后将被提交（并使用）。

VirtualAlloc 的第一个参数表示内存的位置，但是由于我们保留内存，这并不重要，所以将 nullptr 传递给了它。如果保留成功，则会返回一个指向该内存的指针。for 循环中一次只将 1 字节的数据写入内存。突出显示的代码通过结构化异常处理保护内存访问。受保护的代码块是以关键字 try 开头的。当出现一个 SEH 异常时，执行将传递异常到异常代码块。这与 C++异常中的 catch 代码块差别很大。首先，除了异常处理程序接收 3 个值之一来指示如何行为。只有值为 EXCEPTION_EXECUTE_HANDLER 时，才能运行处理程序代码块中的代码（在此代码中，会强行关闭进程）。如果值为 EXCEPTION_CONTINUE_SEARCH，那么异常将不被识别，将继续在堆栈上执行搜索，但是不会执行 C++堆栈展开。令人惊讶的值是 EXCEPTION_CONTINUE_EXECUTION，因为这会排除异常，try 代码块将继续执行。用户不能使用 C++异常实现这一点。

通常，SEH 代码将使用异常过滤器函数来确定异常处理程序需要执行哪些操作。在此代码中，该过滤器被称为 exception_filter，它通过调用 Windows 函数 GetExceptionCode 来获取异常代码。此语法很重要，因为此函数只能在异常的上下文中调用。

第一次执行循环时，内存将不会被提交，因为写入内存的代码会发生异常——页面错误。执行将传递该异常到异常处理程序，并通过 exception_filter 函数过滤：

```
int exception_filter(unsigned int code)
{
    if (code != EXCEPTION_ACCESS_VIOLATION)
    {
        cout << "Exception code = " << code << endl;
        return EXCEPTION_EXECUTE_HANDLER;
    }

    if (curPage >= PAGECOUNT)
    {
        cout << "Exception: out of pages.n";
        return EXCEPTION_EXECUTE_HANDLER;
    }

    if (VirtualAlloc(static_cast<void*>(pPageBuffer), PAGESIZE, MEM_COMMIT, PAGE_READWRITE) == nullptr)
    {
        cout << "VirtualAlloc failed.n";
        return EXCEPTION_EXECUTE_HANDLER;
    }

    curPage++;

    pPageBuffer += PAGESIZE;
    return EXCEPTION_CONTINUE_EXECUTION;
}
```

在 SEH 代码中，仅处理你知道的异常非常重要，如果情况已经完全明朗，那么只处理该异常即可。如果你正在访问的 Windows 内存未提交，操作系统会生成一个称为页面错误的异常。在该代码中，异常代码是为了测试它是否是页面错误，如果不是，过滤器会返回并告知异常处理程序运行异常处理程序中的代码并终止进程。如果该异常是一个页面错误，那么我们可以提交下一页。首先，会测试页面编号是否合法（如果不合法，则会关闭进程）。然后，下一页提交另一个 `VirtualAlloc` 调用来声明提交的页面和页面中的字节数。如果函数执行成功，它将返回一个指向已提交页面的指针或空值。只有页面提交成功后，过滤器才会返回一个值 `EXCEPTION_CONTINUE_EXECUTION`，表示异常已被处理，程序可以在引发异常的地方继续往下执行。该代码是使用 `VirtualAlloc` 函数的标准方式，因为这意味着内存页面只有在必要的情况下才被提交。

SEH 还有终止处理程序的概念。当执行通过调用 `return` 语句离开 `__try` 代码块时，或者通过完成代码块中所有代码，或者通过调用 Microsoft 扩展指令 `__leave`，或者是已经出现了一个 SEH，那么被关键字 `__finally` 标记的终止处理程序代码块将被调用。由于终止处理程序总是会被调用，无论是以什么方式退出 `__try` 代码块的，都可以使用它来释放资源。但是，由于 SEH 不执行 C++ 堆栈展开（也不调用析构函数），这意味着我们不能在具有 C++ 对象的函数中使用此代码。实际上，编译器将拒绝编译具有 SEH 和创建 C++ 对象的函数，无论它是在函数栈还是堆上分配的（但是，我们可以使用全局对象或者在调用函数时分配的对象，并将其作为参数进行传递）。`try`/`finally` 结构看上去很有用，但是受到需求的约束，不能将它用在创建 C++ 对象的代码中。

10.4.9 编译器异常开关

目前，是时候解释一下使用 /EHsc 开关编译代码的原因。简而言之，如果不使用此开关，编译器将从标准库代码中发出一个警告，并且因为标准库采用了异常机制，必须使用 /EHsc 开关。警告告知用户要这么做，因此这就是用户该做的事情。

详细的答案就是，/EH 开关有 3 个参数，可以影响如何处理异常。参数 s 指示编译器为同步异常提供基础架构，即 C++ 异常可能会在一个 `try` 代码块中抛出，然后在 `catch` 代码块中处理，并且具有调用 C++ 自动对象析构函数的堆栈展开。参数 c 表示外部 C 函数（即所有 Windows SDK 函数）永远不会抛出 C++ 异常（因此编译可以进行额外优化）。因此，可以使用开关 /EHs 或 /EHsc 编译标准库代码，但是后者将生成更优化的代码。还有一个附加参数，其中 /EHa 表示该代码将使用 `try`/`catch` 代码块捕获同步和异步异常（SEH）。

10.4.10 C++ 和 SEH 混合异常处理

Windows 函数 `RaiseException` 会抛出一个 SEH 异常。第一个参数是异常代码，第二个参数是处理异常发生后进程是否可以继续（0 表示可以）。第三个和第四个参数提供有关异常的附加信息。第 4 个参数是一个指向这些附加参数数组的指针，参数的数目是在第三个参数中给出的。

通过 /EHa 开关，用户可以编写如下代码：

```
try
{
    RaiseException(1, 0, 0, nullptr);
}
```

```
// 合法代码，但是最好不要这么做
catch(...)
{
    cout << "SEH or C++ exception caught" << endl;
}
```

上述代码的问题在于，它会处理所有 SEH 异常。这是非常危险的，因为某些 SEH 异常可能表明进程状态已被损坏，所以继续执行进程是非常危险的。C 运行时库提供了一个名为 _set_se_translator 的函数，它提供了一种机制来指示哪些 SEH 异常可以通过 try 代码块处理。该函数通过使用此原型编写的函数传递指针：

```
void func(unsigned int, EXCEPTION_POINTERS*);
```

第一个参数是异常代码（将从 GetExceptionCode 函数返回），第二个参数是 GetExceptionInformation 函数返回并具有与异常相关的任何其他参数（比如，RaiseException 函数中传递的第三个和第四个参数）。我们可以使用这些值抛出一个 C++异常来替代 SEH。如果你提供了下列函数：

```
void seh_to_cpp(unsigned int code, EXCEPTION_POINTERS*)
{
    if (code == 1) throw exception("my error");
}
```

现在就可以在处理 SEH 异常之前注册该函数：

```
_set_se_translator(seh_to_cpp);
try
{
    RaiseException(1, 0, 0, nullptr);
}
catch(exception& e)
{
    cout << e.what() << endl;
}
```

在此代码中，RaiseException 函数是通过一个值为 1 的自定义 SEH 调用的。这个转换可能不是最有用的，但是它说明了这一点。头文件 winnt.h 中定义了可以在 Windows 代码中引发标准 SEH 异常的异常代码。一个更有用的转换函数如下所示：

```
double reciprocal(double d)
{
    return 1.0 / d;
}

void seh_to_cpp(unsigned int code, EXCEPTION_POINTERS*)
{
    if (STATUS_FLOAT_DIVIDE_BY_ZERO == code ||
        STATUS_INTEGER_DIVIDE_BY_ZERO == code)
    {
        throw invalid_argument("divide by zero");
    }
}
```

可以像下列代码一样调用 reciprocal 函数：

```
_set_se_translator(seh_to_cpp);
try
{
    reciprocal(0.0);
}
catch(invalid_argument& e)
{
    cout << e.what() << endl;
}
```

10.4.11　编写异常安全的类

通常，当编写类时，应该确保类的用户不会受到异常的影响。异常不是错误传播机制。如果类中的方法执行失败，但是可以恢复（对象状态保持一致），则应该使用返回值来指示（很有可能是错误代码）。异常属于例外的情况，即数据无效，以及发生异乎平常的问题时，这种情况是无法恢复的。

当代码发生异常时，有 3 个选项来应对。首先，你可以允许异常在调用堆栈上传播，并将处理异常的任务指派给调用方代码完成。这意味着我们可以在不使用 try 代码块保护的情况下调用代码，即使代码的说明文档指出该代码可能会抛出异常。在这种情况下，用户必须确保异常对调用代码是有意义的。比如，如果你的类被说明文档标记为一个网络类，并使用临时文件来缓冲从网络上接收到的一些数据，则当文件访问代码抛出异常时，exception 对象对于调用方代码是无意义的，因为该客户端代码认为你的类是访问网络数据的，而不是文件数据。不过，如果网络代码引发异常，允许这些异常传播到调用代码可能是有意义的，特别是如果在它们引发的异常涉及外部操作时（比如，拔掉网络电缆或存在安全问题）。

在这种情况下，我们可以应用第二个选项，即可以通过 try 代码块抛出异常来保护代码，捕获已知的异常，并抛出更合适的异常，或者是嵌套原始异常，以便调用代码可以更详细地分析。如果异常是对调用代码有意义的异常，则可以允许它传播出去，但是捕获的原始异常可以在重新抛出之前采取其他操作。

以缓冲网络数据为例，用户可以判别出文件缓冲过程中存在异常，这意味着用户可能无法再读取任何网络数据，因此异常处理代码应该以优雅的方式关闭网络访问。异常发生在文件代码中，而非网络代码中，因为网络的突然关闭是不合情理的，允许当前网络操作完成更有意义（不过要忽略传输的数据），因此不会回传任何异常到网络代码上。

最后一个选项是使用 try 代码块保护所有代码，并捕获和处理异常，因此调用代码完全不需要抛出任何异常。这个选项主要适用于以下两种情况。首先，错误可能是可以恢复的，因此在 catch 子句中用户可以采取一些措施解决问题。在缓冲网络数据示例中，打开一个临时文件时，如果你收到一个请求的文件名已存在的错误，则可以使用另外一个文件名称，然后重试。客户端用户不需要知道发生了这个问题（虽然跟踪这个问题可能是有意义的，以便用户可以在代码测试阶段调查该问题）。其次如果错误是不可恢复的，则使得对象的状态无效并返回错误代码可能更有意义。

代码应该充分利用 C++异常基础架构的行为，这样可以保证自动对象被销毁。因此，当使用内存或其他相应资源时，应该尽可能将它们包装到智能指针中，以便当抛出异常时，该资源能够被智能指针的析构函数释放。采用资源获取即初始化技术（Resource Acquisition Is

Initialization，RAII）的类包含 `vector`、`string`、`fstream` 以及 `make_shared` 函数，因此如果对象构造（或函数调用）成功，这意味着资源已被获取，我们可以通过这些对象使用该资源。这些对象也是资源释放即析构的（Resource Release Destruction，RRD），这意味着当对象被销毁的同时也释放了资源。智能指针类 `unique_ptr` 和 `shared_ptr` 不是 RAII 的，因为它们只是简单地包装资源，资源分配是由其他代码单独执行的。但是，这些类是 RRD 的，你大可放心，如果抛出异常，则资源也同时被释放。

异常处理机制可以提供 3 个层级的异常安全性。最安全的级别是无失效的方法和函数。这时不抛出异常的代码，不允许传播异常。这样的代码将保证能够维护类的不变性，并且对象的状态将是一致的。无故障代码是不能通过简单地捕获异常并处理它们实现的，相反，你必须保护所有代码并捕获和处理所有异常，以确保对象保持一致的状态。

所有内置的 C++类型都是无故障的，你还可以保证所有标准库的类型都具有无故障的析构函数，但是由于容器会在实例被销毁时，调用其包含对象的析构函数，这意味着我们必须确保写入容器的类型也包含无故障的析构函数。

编写无故障类型将涉及大量的细节代码，因此另外一种选择将是强有力的保障。这类代码会抛出异常，但是它们可以确保没有内存泄漏，并且当发生异常时，对象将处于与调用该方法之后相同的状态。这实际上是一个事务操作，而对象被修改或者不被修改，就好像没有尝试执行该操作异常。对于大部分方法来说，它可以为异常安全提供基本的保证。在这种情况下，能够保证无论发生什么都不会内存泄漏，但是当抛出异常时，对象可能处于不一致的状态，因此调用代码应该通过丢弃对象来处理异常。

说明文档很重要。如果对象方法采用了关键字 `throw` 或 `noexcept` 进行标记，那么你应该知道它是无故障的。如果文档中对此做了说明，则应该假设它是拥有强力保证的。否则，用户可以假定对象具有异常安全性的基本保证，如果抛出异常，则该对象就是无效的。

10.5 小结

当编写 C++代码时，应该总是认真对待代码的测试和调试。避免代码出现 bug 的理想方法是编写健壮的、精心设计的代码。理想是难以实现的，所以最好编写方便诊断和调试的代码。C 运行时和 C++标准库为用户提供了大量功能特性，辅助跟踪和报告问题，通过异常代码处理和异常，我们可以使用丰富的工具集报告和处理无法成功执行的函数。

阅读本书后，读者应该知道，C++语言和标准库提供了丰富、灵活和强大的编写代码的方法。更重要的是，一旦读者知道如何使用这种语言和它的库，用 C++编程将成为一种乐趣。